大数据创新人才
培养系列

Spark

编程基础

Python版|第2版

林子雨◎主编 郑海山 赖永炫◎副主编

附
微课视频

SPARK PROGRAMMING
WITH PYTHON
(2ND)

人民邮电出版社
北 京

图书在版编目（CIP）数据

Spark编程基础：Python版：附微课视频 / 林子雨
主编. -- 2版. -- 北京：人民邮电出版社，2024.8
（大数据创新人才培养系列）
ISBN 978-7-115-64403-9

Ⅰ. ①S… Ⅱ. ①林… Ⅲ. ①数据处理软件 Ⅳ.
①TP274

中国国家版本馆CIP数据核字(2024)第093888号

内 容 提 要

本书以 Python 作为开发 Spark 应用程序的编程语言，系统介绍了 Spark 编程的基础知识。全书共 9 章，内容包括大数据技术概述、Spark 的设计与运行原理、大数据实验环境搭建、Spark 环境搭建和使用方法、RDD 编程、Spark SQL、Spark Streaming、Structured Streaming 和 Spark MLlib 等。本书安排了入门级的编程实践内容，以助读者更好地学习和掌握 Spark 编程方法。本书免费提供全套在线教学资源，包括 PPT 课件、习题答案、源代码、数据集、微课视频、上机实验指南等。

本书可以作为高等院校计算机、软件工程、数据科学与大数据技术等专业的进阶级大数据课程教材，用于 Spark 编程实践教学，也可以供相关技术人员参考。

◆ 主　　编　林子雨
　　副 主 编　郑海山　赖永炫
　　责任编辑　孙　澍
　　责任印制　陈　犇

◆ 人民邮电出版社出版发行　　北京市丰台区成寿寺路 11 号
　　邮编　100164　　电子邮件　315@ptpress.com.cn
　　网址　https://www.ptpress.com.cn
　　山东华立印务有限公司印刷

◆ 开本：787×1092　1/16
　　印张：17.5　　　　　　　　2024 年 8 月第 2 版
　　字数：495 千字　　　　　　2024 年 12 月山东第 2 次印刷

定价：65.00 元

读者服务热线：(010)81055256　印装质量热线：(010)81055316
反盗版热线：(010)81055315
广告经营许可证：京东市监广登字 20170147 号

党的二十大报告明确指出"加快发展数字经济，促进数字经济和实体经济深度融合"。"十四五"时期是我国从工业经济向数字经济迈进的关键时期，国家对大数据产业发展提出了新的要求，我们必须加快推进大数据技术的研究与应用创新，同时进一步加快大数据人才的培养。Spark 等大数据技术是大数据人才培养的重要内容，我们期望本书能在这个方面贡献绵薄之力。

《Spark 编程基础（Python 版）》（第 1 版）于 2020 年 3 月出版，至今已经过去了 4 年多的时间。IT 发展的步伐从来不会停止，在过去的 4 年多时间里，Spark 版本不断升级，性能不断提升，在企业界的应用也不断深化。与此同时，与 Spark 有强竞争关系的 Flink 技术迅速发展壮大，对 Spark 构成了强有力的挑战。

为了适应 Spark 技术升级的要求，也为了更好地满足高校教师的教学需求，我们对教材进行了改版。第 2 版的内容变化主要包括以下几个方面：（1）采用 Spark 3.4.0，所有代码全部根据新版本进行修订；（2）增加一章"大数据实验环境搭建"，使本书内容更加完整，减少读者搭建环境的困扰；（3）增加一些 RDD 常用操作的介绍，如 mapPartitions、distinct、union、intersection、subtract、zip、countByKey、aggregate 等，并增加相关实例；（4）在 RDD 编程章节删除读写 HBase 数据库的内容，因为该实验过于复杂，需要搭建 HBase 环境，并且经常会发生各种错误；（5）对 Spark SQL 章节做了较多修改，增加对编写 Spark SQL 独立应用程序的介绍，并增加一个综合实例。需要指出的是，按照 Spark 官网的说法，Spark Streaming 将逐渐被 Structured Streaming 取代，Spark Streaming 已经被标记为"deprecated"，但是，目前很多企业还可以继续使用 Spark Streaming（很多企业不需要应用毫秒级别的响应），而且市场上很多新出版的 Spark 图书也仍然介绍 Spark Streaming，因此，第 2 版仍然保留了 Spark Streaming 的内容。

全书共 9 章，详细介绍了 Spark 的环境搭建和基础编程方法。第 1 章为大数据技术概述，可帮助读者对大数据技术形成总体性认识及了解 Spark 在其中所扮演的角色；第 2 章介绍 Spark 的设计与运行原理；第 3 章介绍大数据实验环境搭建，为后续章节实验的顺利开展奠定基础；第 4 章介绍 Spark 环境搭建和使用方法，为开展 Spark 编程实践铺平道路；第 5 章介绍 RDD 编程，是开展 Spark 高级编程的基础；第 6 章介绍 Spark 中用于结构化数据处理的组件 Spark SQL；第 7 章介绍 Spark Streaming，它是一种构建在 Spark 上的流计算框架，可以满足用户对流数据进行实时计算的需求；第 8 章介绍 Structured Streaming，它是一种基于 Spark SQL 引擎构建的、可扩展且容错的流处理引擎，具有较好的实时性；第 9 章介绍 Spark MLlib。

本书面向计算机、软件工程、数据科学与大数据技术等专业的学生，可以作为专业必修课或选修课教材。本书由林子雨、郑海山和赖永炫执笔，林子雨负责全书规划、统稿、校对和在线资源创作，并撰写第 1 章～第 7 章，郑海山负责撰写第 8 章，赖永炫负责撰写第 9 章。在撰写过程中，厦门大学计算机科学与技术系硕士研究生周凤林、吉晓函、刘浩然、周宗涛、黄万嘉、曹基民等做了大量辅助性工作，在此，向这些同学表示衷心的感谢。同时，感谢夏小云老师在书稿校对过程中的辛勤付出。

Spark 是进阶级大数据课程，读者在使用本书进行学习的过程中，将用到大量相关的大数据基础知识，需要了解各种大数据软件的安装和使用方法，推荐读者访问厦门大学数据库实验室建设的国内高校首个大数据课程公共服务平台，来获得必要的辅助学习内容。同时，本书免费提供配套教学资源的在线浏览和下载，访问该平台即可获取。

在撰写本书的过程中，编者参考了大量的网络资料和相关图书，对 Spark 技术进行了系统梳理，有选择性地把一些重要知识纳入本书，在此向相关作者表示衷心感谢。由于编者能力有限，本书难免存在不足之处，望广大读者不吝赐教。

林子雨
2024 年 7 月于厦门大学大数据课程虚拟教研室

目录 CONTENTS

01 第1章 大数据技术概述

　　大数据时代的来临，带来了各行各业的深刻变革。大数据像能源、原材料一样，已经成为提升国家和企业竞争力的关键要素，被称为"未来的新石油"。正如电力技术的应用引发了生产模式的变革一样，基于互联网技术而发展起来的大数据技术，将会对人们的生产和生活产生颠覆性的影响。

　　本章首先介绍大数据概念与关键技术；然后重点介绍代表性大数据技术，包括 Hadoop、Spark、Flink、Beam 等；最后探讨本书编程语言的选择，并给出与本书配套的在线资源。

1.1　大数据概念与关键技术

　　2013 年被称为"大数据元年"，大数据技术开始辐射到商业的各个角落。随着大数据时代的到来，"大数据"已经成为互联网信息技术行业的流行词汇。本节介绍大数据概念与关键技术。

1.1.1　大数据概念

　　关于"什么是大数据"这个问题，学界和业界比较认可关于大数据的"4V"说法。大数据的 4 个"V"，或者说是大数据的 4 个特点，包含 4 个层面：数据量大（Volume）、数据类型繁多（Variety）、处理速度快（Velocity）和价值密度低（Value）。

大数据概念

　　（1）数据量大。根据知名咨询机构 IDC（Internet Data Center）做出的估测，人类社会产生的数据一直在以每年 50%的速度增长，这被称为"大数据摩尔定律"。这意味着，人类在最近两年产生的数据量相当于之前产生的全部数据量之和。

　　（2）数据类型繁多。大数据的数据类型丰富，包括结构化数据和非结构化数据，其中，前者占 10%左右，主要是指存储在关系数据库中的数据；后者占 90%左右。大数据数据类型繁多，主要包括邮件、音频、视频、位置信息、链接信息、手机呼叫信息、网络日志等。

　　（3）处理速度快。大数据时代的很多应用，都需要基于快速生成的数据给出实时分析结果，用于指导生产和生活实践，因此，数据处理和分析的速度通常要达到秒级响应，这一点与传统的数据挖掘技术有本质的不同，后者通常不要求给出实时分析结果。

（4）价值密度低。大数据的价值密度远远低于传统关系数据库中已经有的那些数据。在大数据时代，很多有价值的信息都是分散在海量数据中的。

1.1.2 大数据关键技术

大数据关键技术

大数据的基本处理流程主要包括数据采集、存储管理、处理分析、结果呈现等环节。因此，从数据分析全流程的角度来看，大数据技术主要包括数据采集与预处理、数据存储与管理、数据处理与分析、数据可视化、数据安全与隐私保护等层面的内容（见表 1-1）。

表 1-1　　　　　　　　　　　　　大数据技术的不同层面及其功能

技术层面	功能
数据采集与预处理	利用 ETL（Extraction-Transformation-Loading，提取-转换-加载）工具将分布的、异构数据源中的数据，如关系数据、平面文件数据等，抽取到临时中间层后进行清洗、转换、集成，最后加载到数据仓库或数据集市中，成为联机分析与处理、数据挖掘的基础；也可以利用日志采集工具（如 Flume、Kafka 等）把实时采集的数据作为流计算系统的输入，进行实时处理与分析
数据存储与管理	利用分布式文件系统、数据仓库、关系数据库、NoSQL 数据库、云数据库等，实现对结构化、半结构化和非结构化海量数据的存储与管理
数据处理与分析	利用分布式并行编程模型和计算框架，结合机器学习和数据挖掘算法，实现对海量数据的处理与分析
数据可视化	对分析结果进行可视化呈现，帮助人们更好地理解数据、分析数据
数据安全与隐私保护	在从大数据中挖掘潜在的巨大商业价值和学术价值的同时，构建隐私数据保护体系和数据安全体系，有效保护个人隐私和数据安全

此外，大数据技术及其代表性软件种类繁多，不同的技术都有其适用和不适用的场景。总而言之，不同的企业应用场景都对应不同的大数据计算模式。根据不同的大数据计算模式，我们可以选择相应的大数据计算产品，具体如表 1-2 所示。

表 1-2　　　　　　　　　　　　　大数据计算模式及其代表产品

大数据计算模式	解决的问题	代表产品
批处理计算	针对大规模数据的批量处理	MapReduce、Spark 等
流计算	针对流数据的实时计算	Flink、TwitterStorm、Yahoo! S4、Flume、Streams、Puma、DStream、Super Mario、银河流数据处理平台等
图计算	针对大规模图结构数据的处理	Pregel、GraphX、Giraph、PowerGraph、Hama、Golden Orb 等
查询分析计算	大规模数据的存储管理和查询分析	Dremel、Hive、Cassandra、Impala 等

批处理计算主要用于对大规模数据的批量处理，这也是我们日常数据分析工作中非常常见的一类数据处理需求。例如，爬虫程序把大量网页抓取过来存储到数据库中以后，我们可以使用 MapReduce 对这些网页数据进行批量处理，生成索引，加快搜索引擎的查询速度。具有代表性的批处理框架包括 MapReduce、Spark 等。

流计算主要用于对来自不同数据源的、连续到达的流数据进行实时分析处理，并给出有价值的分析结果。例如，用户在访问淘宝网等电子商务网站时，用户在网页中的每次单击的相关信息（如选取了什么商品）都会像水流一样实时传送到大数据分析平台，平台采用流计算技术对这些数据进行实时处理与分析，构建用户"画像"，为其推荐可能感兴趣的其他相关商品。典型的流计算框架包括 Flink、Twitter Storm、Yahoo! S4（Simple Scalable Streaming System）等。Twitter Storm 是一个免费、开源的分布式实时计算系统，Storm 在实时计算领域中的地位类似于 Hadoop 在批处理领域中的地位，Storm 可以简单、高效、可靠地处理流数据，并支持多种编程语言。Storm 框架可以方便地与数据库系统进行整合，从而开发出强大的实时计算系统。Storm 可用于许多领域中，如实时分析、在线机器学习、持续计算、远程过程调用（Remote Procedure Call，RPC）、数据 ETL 等。

在大数据时代，许多大数据都是以大规模图或网络的形式呈现的，如社交网络、传染病传播途径、交通事故对路网的影响等数据。此外，许多非图结构的大数据，也常常会被转换为图模型后再进行处理与分析。图计算软件是专门针对图结构数据开发的，非常适合用于处理大规模图结构数据。谷歌公司的 Pregel 是一种基于整体同步并行计算模型（Bulk Synchronous Parallel Computing Model，BSPCM）实现的图计算框架。为了解决大型图的分布式计算问题，Pregel 搭建了一套可扩展的、有容错机制的平台，该平台提供了一套非常灵活的 API，可以描述各种各样的图计算。Pregel 作为分布式图计算的计算框架，主要用于图遍历、最短路径、PageRank 计算等场景。

查询分析计算也是一种在企业中常见的应用场景，主要面向大规模数据的存储管理和查询分析，用户一般只需要输入查询语句[如 SQL（Structured Query Language，结构化查询语言）语句]，就可以快速得到相关的查询结果。典型的查询分析计算产品包括 Dremel、Hive、Cassandra、Impala等。其中，Dremel 是一种可扩展的、交互式的实时查询系统，用于只读嵌套数据的分析；通过结合多级树状执行过程和列式数据结构，它能做到在几秒内完成对万亿张表的聚合查询；系统可以扩展到成千上万的 CPU 上，满足谷歌上万用户操作 PB 级别（1PB=1024TB）的数据，并且可以在 2～3s 内完成 PB 级别数据的查询。Hive 是一个构建于 Hadoop 顶层的数据仓库工具，允许用户输入 SQL 语句进行查询。Hive 在某种程度上可以看作用户编程接口，其本身并不存储和处理数据，而是依赖 HDFS 来存储数据，依赖 MapReduce 来处理数据。Hive 作为比较流行的数据仓库分析工具之一，得到了广泛的应用，但是，由于 Hive 采用 MapReduce 来完成批量数据处理，因此，实时性不好，查询延迟较高。Impala 作为新一代开源大数据分析引擎，支持实时计算，它提供了与 Hive 类似的功能，通过 SQL 语句能查询存储在 Hadoop 的 HDFS 和 HBase 上的 PB 级别海量数据，并在运算性能上比 Hive 高 3～30 倍。

1.2　代表性大数据技术

大数据技术的发展步伐很快，不断有新的技术涌现，这里着重介绍几种目前市场上具有代表性的一些大数据技术，包括 Hadoop、Spark、Flink、Beam 等。

1.2.1　Hadoop

Hadoop 是 Apache 软件基金会旗下的一个开源分布式计算平台，为用户提供了系统底层细节透明的分布式计算架构。Hadoop 是基于 Java 语言开发的，具有很好的跨平台特性，并且可以部署在廉价的计算机集群中。Hadoop 的核心是 HDFS（Hadoop Distributed File System，Hadoop 分布式文件系统）和 MapReduce。借助于 Hadoop，程序员可以轻松地编写分布式并行程序，将其运行在廉价的计算机集群上，完成海量数据的存储与计算。经过多年的发展，Hadoop 生态系统不断完善和成熟，目前已经包含多个子项目（见图 1-1）。除了核心的 HDFS 和 MapReduce，Hadoop 生态系统还包括 YARN、ZooKeeper、HBase、Hive、Pig、Mahout、Flume、Kafka、Ambari 等功能组件。

这里简要介绍部分组件的功能。若要了解 Hadoop 的更多细节内容，读者可以访问本书官方网站，学习《大数据技术原理与应用——概念、存储、处理、分析与应用（第 4 版）》在线视频的内容。

1.　HDFS

HDFS 是针对谷歌分布式文件系统（Google File System，GFS）的开源实现。它是 Hadoop 两大核心组成部分之一，提供了在廉价服务器集群中进行大规模分布式文件存储的能力。HDFS 具有很好的容错能力，并且兼容廉价的硬件设备，因此，用户可以以较低的成本利用现有机器实现大流量和大数据量的读写。

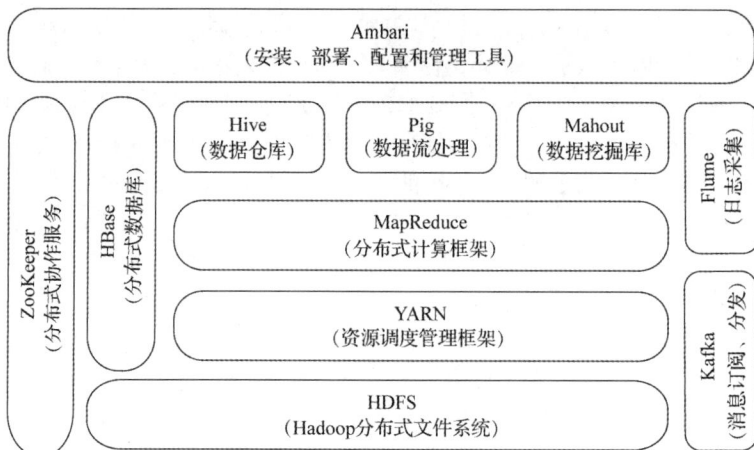

图 1-1　Hadoop 生态系统

HDFS 采用了主从（Master/Slave）结构模型，一个 HDFS 集群包括一个名称节点和若干个数据节点（见图 1-2）。名称节点作为中心服务器，负责管理文件系统的命名空间及客户端对文件的访问。集群中的数据节点一般是一个数据节点运行一个数据节点进程，负责处理文件系统客户端的读/写请求，在名称节点的统一调度下进行数据块的创建、删除和复制等操作。

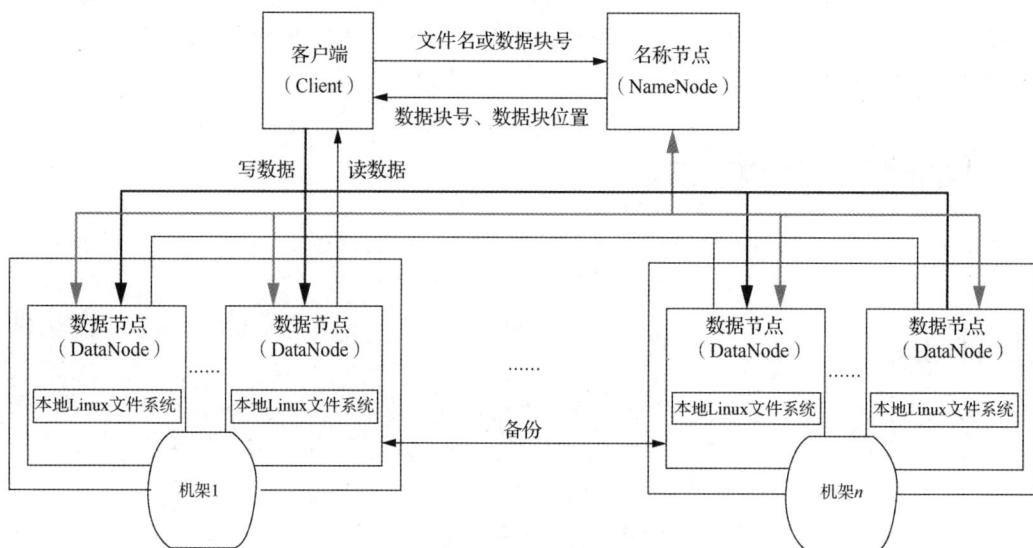

图 1-2　HDFS 的体系结构

用户在使用 HDFS 时，仍然可以像在普通文件系统中那样，使用文件名去存储和访问文件。实际上，在系统内部，一个文件会被切分成若干个数据块，这些数据块被分布存储到若干个数据节点上。当客户端需要访问一个文件时，首先把文件名发送给名称节点，名称节点根据文件名找到对应的数据块（一个文件可能包括多个数据块）；然后根据每个数据块信息找到实际存储各个数据块的数据节点的位置，并把数据节点位置发送给客户端；最后客户端直接访问这些数据节点获取数据。在整个访问过程中，名称节点并不参与数据的传输。这种设计方式，使一个文件的数据能够在不同的数据节点上实现并发访问，大大提高了数据访问速度。

2. MapReduce

MapReduce 是一种分布式并行编程模型，用于大规模数据集（大于 1TB）的并行运算，它将复

4

杂的、运行于大规模集群上的并行计算过程高度抽象为两个函数：Map 和 Reduce。MapReduce 极大地方便了分布式编程工作，编程人员在不会分布式并行编程的情况下，也可以很容易地将自己的程序运行在分布式系统上，完成海量数据集的计算。

在 MapReduce 中（见图 1-3），一个存储在分布式文件系统中的大规模数据集会被切分成许多独立的小数据块，这些小数据块可以被多个 Map 任务并行处理。MapReduce 框架会为每个 Map 任务输入一个数据子集，Map 任务生成的结果会继续作为 Reduce 任务的输入，最终由 Reduce 任务输出最后结果，并写入分布式文件系统。

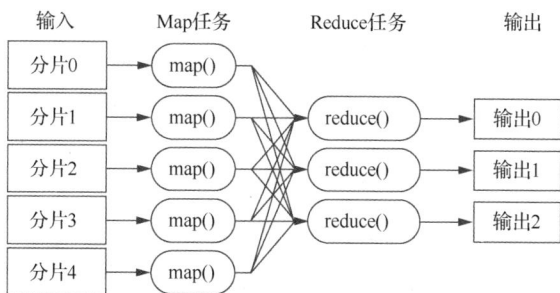

图 1-3　MapReduce 的工作流程

MapReduce 的一个设计理念就是"计算向数据靠拢"，而不是"数据向计算靠拢"。因为移动数据需要大量的网络传输开销，尤其在大规模数据环境下，这种开销尤为惊人，所以移动计算要比移动数据更加经济。本着这个理念，在一个集群中，只要有可能，MapReduce 框架就会将 Map 程序就近地在 HDFS 数据所在的节点运行，即将计算节点和存储节点放在一起运行，从而减少了节点间的数据移动开销。

3. YARN

YARN 是负责集群资源调度管理的组件。YARN 的目标就是实现"一个集群多个框架"，即在一个集群上部署一个统一的资源调度管理框架 YARN。在 YARN 上可以部署其他各种计算框架（见图 1-4），如 MapReduce、Tez、Storm、Giraph、Spark、OpenMPI 等。YARN 为这些计算框架提供统一的资源调度管理服务（包括 CPU、内存等资源），并且能够根据各种计算框架的负载需求，调整各自占用的资源，实现集群资源共享和资源弹性收缩。通过这种方式，可以实现一个集群上的不同应用负载混搭，有效提高了集群的利用率。同时，不同计算框架可以共享底层存储，在一个集群上集成多个数据集，使用多个计算框架来访问这些数据集，从而避免了数据集跨集群移动。最后，这种部署方式也大大降低了企业运维成本。目前，可以运行在 YARN 上的计算框架包括离线批处理框架 MapReduce、内存计算框架 Spark、流计算框架 Storm 和 DAG（Directed Acyclic Graph，有向无环图）计算框架 Tez 等。与 YARN 一样提供类似功能的其他资源管理调度框架还包括 Mesos、Torca、Corona、Borg 等。

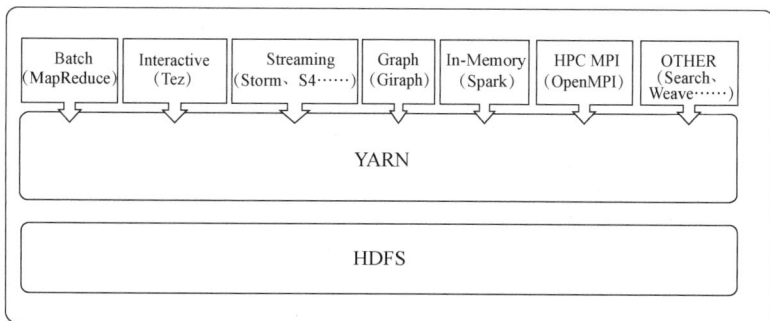

图 1-4　在 YARN 上部署其他各种计算框架

4. ZooKeeper

ZooKeeper 是针对 Google Chubby 的一个开源实现，是高效和可靠的协同工作系统，提供分布式锁之类的基本服务（如统一命名服务、状态同步服务、集群管理、分布式应用配置项的管理等），用于构建分布式应用，能够减轻分布式应用程序所承担的协调任务。ZooKeeper 使用 Java 编写，很容易进行编程接入（它使用了一个和文件树结构相似的数据模型，可以使用 Java 或者 C 来进行编程接入）。

5. HBase

HBase 是针对谷歌 BigTable 的开源实现，是一个高可靠、高性能、面向列、可伸缩的分布式数据库，主要用来存储非结构化和半结构化的松散数据。HBase 可以支持超大规模数据存储，它可以通过水平扩展的方式，利用廉价计算机集群处理由超过 10 亿行和数百万列元素组成的数据表。

图 1-5 描述了 Hadoop 生态系统中 HBase 与其他部分的关系。HBase 利用 MapReduce 来处理 HBase 中的海量数据，实现高性能计算；利用 ZooKeeper 作为协同服务，实现稳定服务和失败恢复；使用 HDFS 作为高可靠的底层存储，利用廉价集群提供海量数据存储能力。当然，HBase 也可以在单机模式下使用，直接使用本地文件系统而不用 HDFS 作为底层数据存储方式。不过，为了提高数据可靠性和系统健壮性，发挥 HBase 处理大量数据等功能，一般使用 HDFS 作为 HBase 的底层数据存储方式。此外，为了方便在 HBase 上进行数据处理，Sqoop 为 HBase 提供了高效、便捷的 RDBMS 数据导入功能，Pig 和 Hive 为 HBase 提供了高层语言支持。

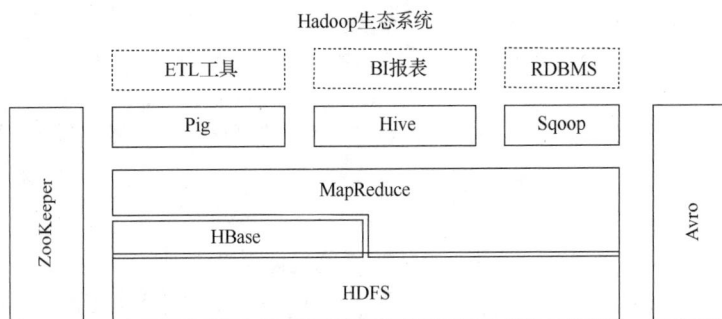

图 1-5　Hadoop 生态系统中 HBase 与其他部分的关系

6. Hive

Hive 是一个基于 Hadoop 的数据仓库工具，可以用于对存储在 Hadoop 文件中的数据集进行数据整理、特殊查询和分析处理。Hive 的学习门槛比较低，因为它提供了类似于关系数据库 SQL 的查询语言——HiveQL。我们可以通过 HiveQL 语句快速实现简单的 MapReduce 统计。Hive 自身可以自动将 HiveQL 语句快速转换成 MapReduce 任务进行运行，而不必开发专门的 MapReduce 应用程序，因而十分适合数据仓库的统计分析。

7. Pig

Pig 是一种数据流语言和运行环境，适用于在 Hadoop 和 MapReduce 平台上查询大型半结构化数据集。虽然编写 MapReduce 应用程序不是十分复杂，但毕竟需要一定的开发经验。Pig 的出现大大简化了 Hadoop 常见的工作任务，它在 MapReduce 的基础上创建了更简单、抽象的过程语言，为 Hadoop 应用程序提供了一种更加接近 SQL 的接口。Pig 是一种相对简单的语言，当我们需要从大型数据集中搜索满足某个给定搜索条件的记录时，Pig 具有的优势要比 MapReduce 具有的明显，对于前者，我们只需要编写一个简单的脚本在集群中自动并行处理与分发，对于后者，我们需要编写一个单独的 MapReduce 应用程序。

8. Mahout

Mahout 是 Apache 软件基金会旗下的一个开源项目，提供一些可扩展的机器学习领域经典算法的实现，旨在帮助开发人员更加方便、快捷地创建智能应用程序。Mahout 包含许多实现，如聚类、分类、推荐过滤、频繁子项挖掘等。此外，通过使用 Hadoop 库，Mahout 可以有效地扩展到云中。

9. Flume

Flume 是 Cloudera 公司开发的一个高可用的、高可靠的、分布式的海量日志采集、聚合和传输系统。Flume 支持在日志系统中定制各类数据发送方，用于收集数据；同时，Flume 提供对数据进行简单处理，并将处理后的数据传输到各种数据接收方的能力。

10. Kafka

Kafka 是由 LinkedIn 公司开发的一种高吞吐量的分布式发布订阅消息系统，用户通过 Kafka 系统可以发布大量的消息，同时也能实时订阅消费消息。在公司的大数据生态系统中，可以把 Kafka 作为数据交换枢纽，不同类型的分布式系统（如关系数据库、NoSQL 数据库、流处理系统、批处理系统等）可以统一接入 Kafka，从而实现与 Hadoop 各个组件之间的不同类型数据的实时高效交换，较好地满足各种企业的应用需求。

11. Ambari

Ambari 是一种基于 Web 的工具，支持 Hadoop 集群的安装、部署、配置和管理。Ambari 目前已支持大多数 Hadoop 组件，包括 HDFS、MapReduce、Hive、Pig、HBase、ZooKeeper、Sqoop 等。

1.2.2 Spark

1. Spark 简介

Spark 最初诞生于美国加利福尼亚大学伯克利分校的 AMP（Algorithms, Machines and People）实验室，是一个可应用于大规模数据处理的快速、通用引擎。如今，它是 Apache 软件基金会下的顶级开源项目之一。Spark 最初的设计目标是使数据分析更快——不仅要程序运行速度快，还要能快速、容易地编写程序。为了使程序运行更快，Spark 提供了内存计算和基于 DAG 的任务调度执行机制，减少了迭代计算时的 I/O（Input/Output，输入/输出）开销；为了使编写程序更为快速、容易，Spark 支持使用简练、优雅的 Scala 语言进行编写，基于 Scala 提供了交互式的编程体验。同时，Spark 支持 Scala、Java、Python、R 等多种编程语言。

Spark 的设计遵循"一个软件栈满足不同应用场景"的理念。后来形成的一套完整 Spark 生态系统既能够提供内存计算框架，也能够支持 SQL 即席查询（Spark SQL）、流计算（Spark Streaming）、机器学习（MLlib）和图计算（GraphX）等。Spark 可以部署在资源管理器 YARN 上，提供一站式的大数据解决方案。因此，Spark 所提供的生态系统同时支持批处理、交互式查询和流数据处理。

2. Spark 与 Hadoop 的对比

Hadoop 虽然已成为大数据技术的事实标准，但其本身还存在诸多缺陷，最主要的缺陷是 MapReduce 计算模型延迟过高，无法胜任实时、快速计算的需求，因而只适用于离线批处理的应用场景。总体而言，Hadoop 中的 MapReduce 计算框架主要存在以下缺点。

（1）表达能力有限。计算都必须转换成 Map 和 Reduce 两个操作，但这并不适合所有的情况，难以描述复杂的数据处理过程。

（2）磁盘 I/O 开销大。每次执行时都需要从磁盘读取数据，并且在计算完成后需要将中间结果写入磁盘中，I/O 开销较大。

（3）延迟高。一次计算可能需要分解成一系列按顺序执行的 MapReduce 任务，任务之间的衔接由于涉及 I/O 开销，会产生较高延迟，而且在前一个任务执行完成之前，其他任务无法开始，因此，其难以胜任复杂、多阶段的计算任务。

Spark 在借鉴 MapReduce 的优点的同时，很好地解决了 MapReduce 所面临的问题。相比于 MapReduce，Spark 主要具有以下优点。

（1）Spark 的计算模式也属于 MapReduce，但不局限于 Map 和 Reduce 操作，它还提供了多种数据集操作类型，编程模型比 MapReduce 更灵活。

（2）Spark 提供了内存计算，中间结果直接存储到内存中，带来了更高的迭代运算效率。

（3）Spark 基于 DAG 的任务调度执行机制，要优于 MapReduce 的迭代执行机制。

如图 1-6 所示，对比 Hadoop MapReduce 与 Spark 的执行流程可以看到，Spark 最大的特点就是将计算数据、中间结果都存储在内存中，大大减少了 I/O 开销。因此，Spark 更适合于迭代运算比较多的数据挖掘与机器学习运算。

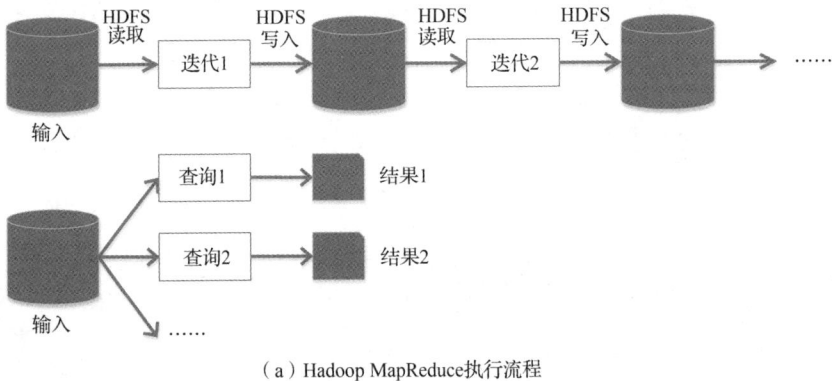

（a）Hadoop MapReduce 执行流程

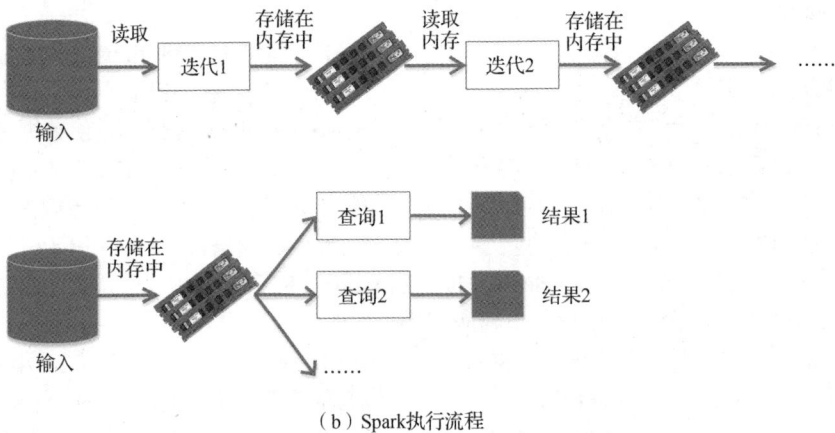

（b）Spark 执行流程

图 1-6　Hadoop MapReduce 与 Spark 的执行流程对比

使用 Hadoop MapReduce 进行迭代计算非常耗费资源，因为每次迭代都需要从磁盘中写入、读取中间数据，I/O 开销大。而 Spark 将数据载入内存后，之后的迭代计算都可以直接使用内存中的中间结果进行运算，避免了从磁盘中频繁读取数据。如图 1-7 所示，Hadoop 与 Spark 在执行逻辑斯谛回归（Logistic Regression）时所需的时间相差巨大。

在实际进行开发时，使用 Hadoop 需要编写不少相对底层的代码，不够高效。相对而言，Spark 提供了多种高层次、简洁的 API（Application Programming Interface，应用程序编程接口）。在通常情况下，对于实现相同功能的应用程序，Spark 的代码量要比 Hadoop 少 1/2～4/5。更重要的是，Spark 提供了实时

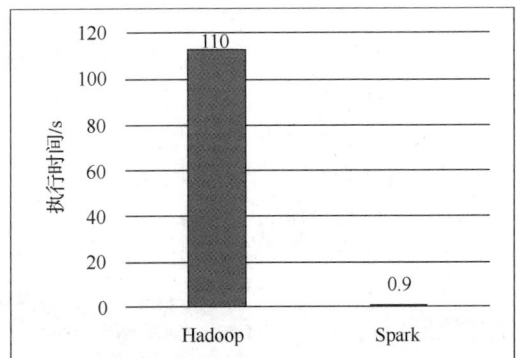

图 1-7　Hadoop 与 Spark 执行逻辑斯谛回归的时间对比

交互式编程反馈，可以方便地验证、调整算法。

近年来，大数据机器学习和数据挖掘的并行化算法研究，成为大数据领域一个较为重要的研究热点。在 Spark 崛起之前，学界和业界普遍关注 Hadoop 平台上的并行化算法设计。但是，MapReduce 的网络和磁盘 I/O 开销大，难以高效地实现需要大量迭代计算的机器学习并行化算法。因此，近年来国内外的研究重点开始转向如何在 Spark 平台上实现各种机器学习和数据挖掘的并行化算法设计。为了方便一般应用领域的数据分析人员使用所熟悉的 R 语言在 Spark 平台上完成数据分析，Spark 提供了一个称为 Spark R 的编程接口，从而使一般应用领域的数据分析人员可以在 R 语言的环境里方便地使用 Spark 的并行化编程接口，利用其强大计算能力。

3. Spark 与 Hadoop 的统一部署

Spark 正以其结构一体化、功能多元化的优势，逐渐成为当今大数据领域热门的大数据计算平台。目前，越来越多的企业放弃 MapReduce，转而使用 Spark 开发企业应用。但是，需要指出的是，Spark 作为计算框架，只是取代了 Hadoop 生态系统中的计算框架 MapReduce，而 Hadoop 中的其他组件依然在企业大数据系统中发挥重要的作用。例如，企业依然需要依赖 Hadoop 的分布式文件系统（HDFS）和分布式数据库（HBase）来实现不同类型数据的存储和管理，并借助于 YARN 实现集群资源的管理和调度。因此，在许多企业实际应用中，Hadoop 和 Spark 的统一部署是一种比较现实、合理的选择。由于 MapReduce、Storm 和 Spark 等都可以运行在资源调度管理框架 YARN 上，因此，企业可以在 YARN 上统一部署各个计算框架（见图 1-8）。

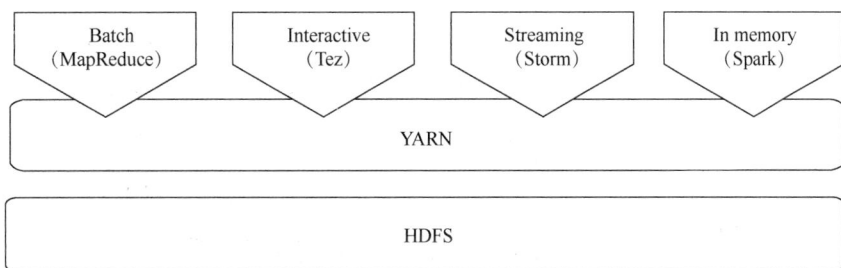

图 1-8 Hadoop 和 Spark 的统一部署

这些不同的计算框架统一运行在 YARN 中，可以带来以下好处：
（1）计算资源按需伸缩；
（2）不同负载应用混搭，集群利用率高；
（3）共享底层存储，避免数据跨集群迁移。

1.2.3 Flink

Flink

1. Flink 简介

Flink 是 Apache 软件基金会的顶级项目之一，是一个针对流数据和批数据的分布式计算框架，设计思想主要来源于 Hadoop、MPP 数据库、流计算系统等。Flink 是由 Java 代码实现的，目前主要依靠开源社区的贡献而发展。Flink 所要处理的主要场景是流数据，批数据只是流数据的一个特例而已，也就是说，Flink 会把所有任务当成流来处理。Flink 可以支持本地的快速迭代以及一些环形的迭代任务。

Flink 的典型特性如下：
- 提供了"批流一体"（即同时支持批处理和流处理）的 DataStream API；
- 提供了多种候选部署方案，如本地模式（Local）、集群模式（Cluster）和云模式（Cloud），对集群模式而言，用户可以采用 Standalone、YARN 或 Kubernetes；
- 提供了一些类库，包括 Table（处理逻辑表查询）、FlinkML（机器学习）、Gelly（图像处理）

和 CEP（复杂事件处理）；

● 提供了较好的 Hadoop 兼容性，不仅可以支持 YARN，还可以支持 HDFS、HBase 等数据源。

Flink 发展越来越成熟，已经拥有丰富的核心组件栈。Flink 核心组件栈分为以下 3 层（见图 1-9）。

（1）物理部署层。Flink 的底层是物理部署层。Flink 可以采用 Local 模式运行，启动单个 JVM，也可以采用 Standalone 集群模式、YARN 集群模式或 Kubernetes 集群模式运行，还可以运行在 GCE（谷歌云服务）和 EC2（亚马逊云服务）上。

（2）Runtime 核心层。该层主要负责对上层不同接口提供基础服务，也是 Flink 分布式计算框架的核心实现层。该层提供了 DataStream API，可以同时支持批处理和流处理。

（3）API&Libraries 层。作为分布式数据处理框架，Flink 在 DataStream API 的基础上抽象出不同应用类型的组件库，如 CEP（复杂事件处理库）、SQL&Table 库（关系型）、FlinkML（机器学习库）等。

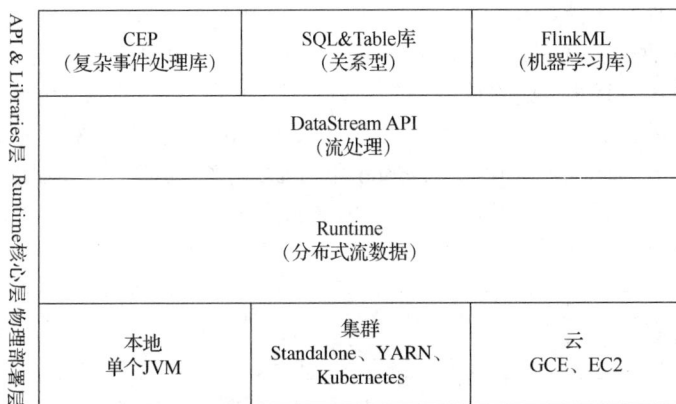

图 1-9　Flink 核心组件栈

2. Flink 和 Spark 的比较

目前开源大数据计算引擎有很多选择，典型的流计算框架包括 Storm、Samza、Flink、Kafka Stream、Spark Streaming 等，典型的批处理框架包括 Spark、Hive、Pig、Flink 等。同时支持流处理和批处理的计算引擎，只有两种选择：一种是 Apache Spark；另一种是 Apache Flink。因此，这里有必要对二者做比较。

Spark 和 Flink 都是 Apache 软件基金会旗下的顶级项目，二者具有很多共同点，具体如下。

● 都是基于内存的计算框架，因此，都可以获得较好的实时计算性能。

● 都有统一的批处理和流处理 API，都支持类似 SQL 的编程接口。

● 都支持很多相同的转换操作，编程都用类似于 Scala Collection API 的函数式编程模式。

● 都有完善的错误恢复机制。

● 都支持"精确一次"（Exactly-once）的语义一致性。

表 1-3～表 1-5 分别给出了 Flink 和 Spark 在 API、支持语言、部署环境方面的比较，从中也可以看出二者具有很大的相似性。

表 1-3　　　　　　　　　　　　　　Flink 和 Spark 在 API 方面的比较

API	Spark	Flink
底层 API	RDD	Process Function
核心 API	DataFrame/DataSet	DataStream
SQL	Spark SQL	Table API&SQL
机器学习	MLlib	FlinkML
图计算	GraphX	Gelly
其他		FlinkCEP

表 1-4 Flink 和 Spark 在支持语言方面的比较

支持语言	Spark	Flink
Java	√	√
Scala	√	√
Python	√	√
R	√	第三方
SQL	√	√

表 1-5 Flink 和 Spark 在部署环境方面的比较

部署环境	Spark	Flink
Local（Single JVM）	√	√
Standalone Cluster	√	√
YARN	√	√
Mesos	√	√
Kubernetes	√	√

　　需要说明的是，在支持语言方面，从 1.17 版本开始，Flink 把所有的 Scala API 都标记为"废弃"（deprecated），并将在未来被彻底移除，所以不建议使用 Scala 语言编写 Flink 程序。另外，从 1.17 版本开始，Gelly 也被从 Flink 中移除了。

　　Flink 和 Spark 还存在一些明显的区别，具体如下。

　　（1）Spark 的技术理念是基于批处理来模拟流计算。Flink 则完全相反，它采用的是基于流计算来模拟批处理。从技术发展方向看，用批处理来模拟流计算有一定的技术局限性，并且这个局限性可能很难突破。Flink 基于流计算来模拟批处理，在技术上有更好的扩展性。

　　（2）Flink 和 Spark 都支持流计算，二者的区别在于，Flink 是一条一条地处理数据，Spark 是基于 RDD（Resilient Distributed Dataset，弹性分布式数据集）小批量处理，所以 Spark 在流处理方面，不可避免地会增加一些延时，实时性没有 Flink 好。Flink 的流计算性能和 Storm 差不多，可以支持毫秒级响应，Spark 则只能支持秒级响应。

　　（3）当全部运行在 Hadoop YARN 上时，Flink 的性能要略好于 Spark，因为 Flink 支持增量迭代，具有对迭代进行自动优化的功能。

　　总体而言，Flink 和 Spark 都是非常优秀的基于内存的分布式计算框架，二者各有优势。Spark 在生态上更加完善，在机器学习的集成和易用性上更有优势；Flink 在流计算上有绝对优势，并且在核心架构和模型上更加通透、灵活。相信在未来很长一段时期内，二者将互相促进，共同成长。

1.2.4　Beam

　　在大数据处理领域，开发者经常要用到很多不同的技术、框架、API、开发语言和 SDK。根据不同的企业业务系统开发需求，开发者很可能会用 MapReduce 进行批处理，用 Spark SQL 进行交互式查询，用 Flink 实现实时流处理，还有可能用到基于云端的机器学习框架。大量的开源大数据产品（如 MapReduce、Spark、Flink、Storm、Apex 等），为大数据开发者提供了丰富工具的同时，也增加了开发者选择合适工具的难度，尤其对新入行的开发者来说更是如此。新的分布式处理框架可能带来更高的性能、更强大的功能和更低的延迟，但是，用户切换到新的分布式处理框架的代价也非常大——需要学习一个新的大数据处理框架，并重写所有的业务逻辑。解决这个问题的思路包括两个部分：首先，需要一个编程范式，能够统一、规范分布式数据处理的需求，如统一批处理和流处理的需求；其次，生成的分

布式数据处理任务，应该能够在各个分布式执行引擎（如 Spark、Flink 等）上执行，用户可以自由切换分布式数据处理任务的执行引擎与执行环境。Apache Beam 的出现，就是为了解决这个问题。

Beam 是由谷歌贡献的 Apache 顶级项目，它的目标是为开发者提供一个易于使用、却又很强大的数据并行处理模型，能够支持流处理和批处理，并兼容多个运行平台。Beam 是一个开源的统一编程模型，开发者可以使用 Beam SDK 来创建数据处理流水线，然后这些程序可以在任何支持的执行引擎上运行，如运行在 Apex、Spark、Flink、Cloud Dataflow 上。Beam SDK 定义了开发分布式数据处理任务业务逻辑的 API 接口，即提供一个统一的编程接口给到上层应用的开发者，开发者不需要了解底层具体的大数据平台开发接口是什么，直接通过 Beam SDK 的接口就可以开发数据处理的加工流程，不管输入是用于批处理的有限数据集，还是用于流处理的无限数据集。对于有限或无限的输入数据，Beam SDK 都使用相同的类来表现，并且使用相同的转换操作进行处理。

如图 1-10 所示，终端用户用 Beam 来实现自己所需的流计算功能，使用的终端语言可以是 Python、Java 等，Beam 为每种语言提供了一个对应的 SDK，用户可以使用相应的 SDK 创建数据处理流水线，用户写出的程序可以被运行在各个 Runner 上，每个 Runner 都实现了从 Beam 流水线到平台功能的映射。目前主流的大数据处理框架 Flink、Spark、Apex 以及谷歌的 Cloud DataFlow 等，都有支持 Beam 的 Runner。通过这种方式，Beam 使用一套高层抽象的 API 屏蔽了多种计算引擎的区别，开发者只需要编写一套代码就可以运行在不同的计算引擎上（如 Apex、Spark、Flink、Cloud Dataflow、Gearpump 和 Samza 等）。

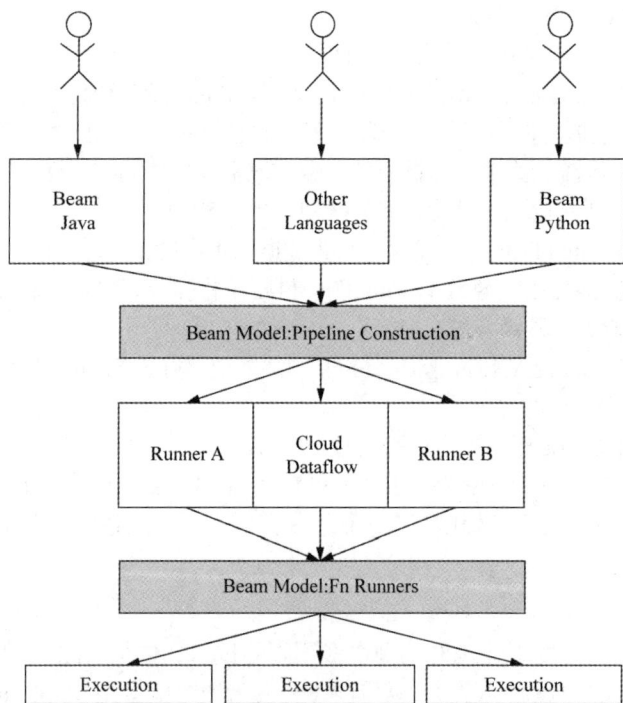

图 1-10　Beam 使用一套高层抽象的 API 屏蔽多种计算引擎的区别

1.3　编程语言的选择

大数据处理框架 Hadoop、Spark、Flink 等都支持多种类型的编程语言。例如，Hadoop 可以支持 C、C++、Java 和 Python 等，Spark 可以支持 R、Python、Java 和 Scala 等。因此，在使用 Spark 等大数据处理框架进行应用程序开发之前，需要

编程语言的选择

选择一门合适的编程语言。

R 语言是专门为统计和数据分析开发的语言，其提供了数据建模、统计分析和可视化等功能，具备简单、易上手的特点。Python 是目前国内外很多大学里流行的入门语言，学习门槛低，简单易用，开发人员可以使用 Python 来开发桌面应用程序和 Web 应用程序；此外，Python 在学术界备受欢迎，常被用于科学计算、数据分析和生物信息学等领域。R 和 Python 都是比较流行的数据分析语言，相对而言，数学和统计领域的工作人员大多使用 R 语言，而计算机领域的工作人员则更多地使用 Python。

Java 是一种热门的编程语言，虽然 Java 没有与 R、Python 一样好的可视化功能，也不是统计建模的最佳工具，但是，如果需要建立一个庞大的应用系统，那么 Java 通常会是较为理想的选择。由于 Java 具有简单、面向对象、分布式、鲁棒、安全、体系结构中立、可移植、高性能、多线程以及动态性等诸多优良特性，因此它被大量应用于企业大型系统开发中，企业对于 Java 人才的需求一直比较旺盛。

Scala 是一门类似 Java 的多范式语言，它整合了面向对象编程和函数式编程的最佳特性，具有诸多优点，主要包括以下几个方面：

（1）具备强大的并发性，支持函数式编程，可以更好地支持分布式系统；

（2）Scala 兼容 Java，可以与 Java 互操作；

（3）Scala 代码简洁、优雅；

（4）Scala 支持高效的交互式编程；

（5）Scala 是 Spark 的开发语言。

开发 Spark 应用程序时，性能最高的编程语言是 Scala，因为 Spark 框架自身就是使用 Scala 语言开发的，用 Scala 语言编写 Spark 应用程序，可以获得最好的性能。但是，目前使用 Python 开发 Spark 应用程序的群体数量要明显多于使用 Scala 开发 Spark 应用程序的群体数量。而且 Python 已经具备了广泛的使用群体，例如，在高校里，其被用于科研工作中进行海量数据的快速处理分析；在一些企业应用场景中，其被用于快速构建大数据分析系统。因此，为了较好满足 Python 使用群体学习 Spark 的需求，本书采用 Python 开发 Spark 应用程序。如果读者对使用 Scala 开发 Spark 应用程序感兴趣，可以参考笔者编写的教材《Spark 编程基础（Scala 版 第 2 版）》。

1.4 在线资源

本书官方网站提供了全部配套资源的在线浏览和下载方式，包括源代码、讲义 PPT、授课视频、技术资料、实验习题、大数据软件、数据集等（见表 1-6）。

表 1-6　　　　　　　　　　　　　本书官方网站的栏目内容说明

网站栏目	内容说明
命令行和代码	在网页上给出了本书所有命令行语句、代码、配置文件等，读者可以直接从网页中复制代码去执行，不需要自己手动输入代码
实验指南	详细介绍了本书中涉及的各种软件安装方法和编程实践细节
下载专区	包含本书各个章节所涉及的软件、代码文件、讲义 PPT、习题和答案、数据集等
Scala 版教程	包含《Spark 编程基础（Scala 版 第 2 版）》的在线授课视频和在线文字教程
先修课程	包含与本书相关的先修课程及其配套资源。为了帮助读者更好地学习，本书提供相关大数据基础知识；需要强调的是，只是建议学习，不是必须学习。即使不学习先修课程，也可以顺利完成本书的学习
综合案例	提供免费共享的 Spark 课程综合实验案例
大数据课程公共服务平台	提供大数据教学资源一站式"免费"在线服务，包括课程教材、讲义 PPT、课程习题、实验指南、学习指南、备课指南、授课视频和技术资料等。本书中涉及的相关大数据技术，在平台上都有相关的配套学习资源

需要说明的是，本书内容属于进阶级大数据知识。在学习本书之前，建议（不是必须）读者具

备一定的大数据基础知识，了解大数据基本概念以及 Hadoop、HDFS、MapReduce、HBase、Hive 等大数据技术。本书官方网站提供了与本书配套的两本入门级教材及其配套在线资源，包括《大数据技术原理与应用——概念、存储、处理、分析与应用（第 4 版）》和《大数据基础编程、实验和案例教程（第 3 版）》，这两本书可以作为本书的先修课程教材。其中，《大数据技术原理与应用——概念、存储、处理、分析与应用（第 4 版）》教材以"构建知识体系、阐明基本原理、开展初级实践、了解相关应用"为原则，旨在为读者搭建起通往大数据知识空间的"桥梁"和纽带，为读者在大数据领域的"精耕细作"奠定基础、指明方向，教材系统论述了大数据的基本概念、大数据处理架构 Hadoop、Hadoop 分布式文件系统 HDFS、分布式数据库 HBase、NoSQL 数据库、云数据库、分布式并行编程模型 MapReduce、大数据处理架构 Spark、流计算、图计算、数据可视化，以及大数据在互联网、生物医学和物流等各个领域的应用；《大数据基础编程、实验和案例教程（第 3 版）》是《大数据技术原理与应用——概念、存储、处理、分析与应用（第 4 版）》教材的配套实验指导书，侧重于介绍大数据软件的安装、使用和基础编程方法，并提供了丰富的实验和案例。

1.5　本章小结

大数据时代已经全面开启，大数据技术在不断地发展进步。大数据技术是一个庞杂的知识体系，Spark 作为基于内存的分布式计算框架，只是其中一种代表性技术。在具体学习 Spark 之前，读者非常有必要建立对大数据技术体系的整体性认识，了解 Spark 和其他大数据技术之间的相互关系。因此，本章从总体上介绍了大数据关键技术以及具有代表性的大数据计算框架。

与本书配套的相关资源的建设，是帮助读者更加快速、高效学习本书的重要保障，因此，本章最后详细列出了与本书配套的各种在线资源，读者可以通过网络自由免费访问。

1.6　习题

1. 请阐述大数据处理的基本流程。
2. 请阐述大数据的计算模式及其代表产品。
3. 请列举 Hadoop 生态系统的各个组件及其功能。
4. Hadoop 分布式文件系统 HDFS 的名称节点和数据节点的功能分别是什么？
5. 试阐述 MapReduce 的基本设计思想。
6. YARN 的主要功能是什么？使用 YARN 可以带来哪些好处？
7. 试阐述 Hadoop 生态系统中 HBase 与其他部分的关系。
8. 数据仓库 Hive 的主要功能是什么？
9. Hadoop 主要有哪些缺点？相比之下，Spark 具有哪些优点？
10. 如何实现 Spark 与 Hadoop 的统一部署？
11. Flink 相对于 Spark 而言，在实现机制上有什么不同？
12. Beam 的设计目的是什么？它具有哪些优点？

第2章 Spark的设计与运行原理

Spark 最初诞生于美国加利福尼亚大学伯克利分校的 AMP 实验室,是一个可应用于大规模数据处理的快速、通用引擎。如今, 它是 Apache 软件基金会旗下的顶级开源项目之一。Spark 最初的设计目标是使数据分析更快——不仅要程序运行速度快, 还要能快速、容易地编写程序。为了使程序运行更快, Spark 提供了内存计算, 减少了迭代计算时的 I/O 开销; 为了使编写程序更为快速、容易, Spark 支持使用简练、优雅的 Scala 语言进行编写, 并基于 Scala 提供了交互式的编程体验。虽然 Hadoop 已成为大数据的事实标准, 但是 MapReduce 分布式计算模型仍存在诸多缺陷。而 Spark 不仅具备了 Hadoop MapReduce 的优点, 且克服了 Hadoop MapReduce 的缺陷。Spark 正以其结构一体化、功能多元化的优势逐渐成为当今大数据领域主流的大数据计算平台。

本章首先简单介绍 Spark 的起源和特点; 然后讲解 Spark 生态系统和运行架构; 最后介绍 Spark 部署方式。

2.1 概述

Spark 最初由美国加利福尼亚大学伯克利分校的 AMP 实验室于 2009 年开发, 是基于内存计算的大数据并行计算框架, 可用于构建大型的、低延迟的数据分析应用程序。Spark 在诞生之初属于研究性项目, 其诸多核心理念均源自学术研究论文。2013 年, Spark 加入 Apache 孵化器项目后, 开始获得迅猛的发展。如今, Spark 已成为 Apache 软件基金会最重要的三大分布式计算系统开源项目(即 Hadoop、Spark、Flink)之一。

Spark 作为大数据计算平台的后起之秀, 在 2014 年打破了 Hadoop 保持的基准排序(Sort Benchmark)纪录, 使用 206 个节点在 23min 的时间里完成了 100TB 数据的排序。Hadoop 则是使用 2000 个节点在 72min 的时间里完成同样数据的排序。也就是说, Spark 仅使用了 1/10 的计算资源, 获得了 3 倍于 Hadoop 的速度。新纪录的诞生, 使 Spark 获得多方追捧, 也表明了 Spark 可以作为一个更加快速、高效的大数据计算平台。目前, Spark 项目被托管在 GitHub 上。从 GitHub 上的统计数据来看, Spark 无论是从贡献者数量还是从提交数量来说, 都是最活跃的开源项目。

Spark 核心开发团队成立了一家名为 Databricks 的公司, 专注于基于 Spark 为行业提供高质量的解决方案。Databricks 每年都会组织召开 Spark

Summit，该会议已经成为 Spark 开发者和用户的技术盛会；在会上，与会者可以获得 Spark 最新发展动向以及大量行业应用案例等。2018 年 6 月，Spark Summit 改为"Spark+AI Summit"，体现了大数据与人工智能的结合。

总体而言，Spark 具有以下几个主要特点。

（1）运行速度快：Spark 使用先进的有向无环图执行引擎，以支持循环流数据与内存计算，其基于内存的执行速度可比 Hadoop MapReduce 快上百倍。

（2）容易使用：Spark 支持使用 Scala、Java、Python 和 R 语言进行编程，简洁的 API 设计有助于用户轻松构建并行程序，并且可以通过 Spark Shell 进行交互式编程。

（3）通用性：Spark 提供了完整而强大的技术栈，包括 SQL 查询、流计算、机器学习和图算法组件，这些组件可以无缝整合在同一个应用中，足以应对复杂的计算。

（4）模块化：Spark 提供了 Spark Core、Spark SQL、Spark Streaming、Structured Streaming、MLlib 和 GraphX 等，它们可以将不同场景的工作负载整合在一起，从而在同一个引擎上执行。用户可以在一个 Spark 应用中完成所有任务，无须为不同场景使用不同引擎，也不需要学习不同的 API；有了 Spark，各种场景的工作负载就有了一站式的处理引擎。

（5）运行模式多样：Spark 可运行于独立的集群模式中，或者运行于 Hadoop 中，也可运行于 Amazon EC2 等云环境中。

（6）支持各种数据源：Spark 的重心在于分布式计算引擎，而不是存储。与 Hadoop 包含计算和存储不同，Spark 解耦了计算和存储。这意味着用户可以用 Spark 读取存储在各种数据源中的数据（包括 HDFS、HBase、Cassandra、MongoDB、Hive 和 RDBMS 等），并在内存中进行处理。用户还可以扩展 Spark 的 DataFrameReader 和 DataFrameWriter，以便将其他数据源（如 Kafka、Kinesis、Azure、Amazon S3 等）的数据读取为 DataFrame 的逻辑数据抽象，以进行操作。

Spark 在捐献给 Apache 软件基金会后，这个开源项目已经累计有来自数百家公司超过 1400 名贡献者参与贡献，全球的 Spark meetup 小组成员更是超过了 50 万人。Spark 的用户已经非常多样化，包含 Python、R、SQL 和 JVM 的开发人员，使用 Spark 的场景从数据科学到商业智能，再到数据工程。Spark 如今已吸引了国内外各大公司的注意，如微软、腾讯、百度、亚马逊等公司均不同程度地使用 Spark 来构建大数据分析应用，并应用到实际的生产环境中。相信在将来，Spark 会在更多的应用场景中发挥重要作用。

2.2 Spark 生态系统

Spark 生态系统

在实际应用中，大数据处理主要包括以下 3 种场景。

（1）复杂的批量数据处理：时间跨度通常在数十分钟到数小时之间。

（2）基于历史数据的交互式查询：时间跨度通常在数十秒到数分钟之间。

（3）基于实时流数据的数据处理：时间跨度通常在数百毫秒到数秒之间。

目前已有很多相对成熟的开源软件用于处理以上 3 种场景。例如，用户可以利用 Hadoop MapReduce 进行批量数据处理，可以用 Impala 进行交互式查询（Impala 与 Hive 相似，但底层引擎不同，Impala 提供了实时交互式 SQL 查询），也可以采用开源流计算框架 Storm 对流数据进行处理。一些企业可能只会涉及其中部分应用场景，只需部署相应软件即可满足业务需求。但是，对互联网公司而言，通常会同时存在以上 3 种场景，所以需要同时部署 3 种软件，这样做难免会带来如下的一些问题。

（1）不同场景之间输入/输出数据无法做到无缝共享，通常需要进行数据格式的转换。

（2）不同的软件需要不同的开发和维护团队，带来了较高的使用成本。

（3）比较难以对同一个集群中的各个系统进行统一的资源协调和分配。

Spark 的设计遵循"一个软件栈满足不同应用场景"的理念。后来形成的一套完整 Spark 生态系统既能够提供内存计算框架，也能够支持 SQL 即席查询、实时流计算、机器学习和图计算等。Spark 可以部署在资源调度管理框架 YARN 上，提供一站式的大数据解决方案。因此，Spark 所提供的生态系统足以应对上述 3 种场景，即同时支持批处理、交互式查询和流数据处理。

如今，Spark 生态系统已经成为伯克利数据分析栈（Berkeley Data Analytics Stack，BDAS）的重要组成部分。BDAS 架构如图 2-1 所示。从图 2-1 中可以看出，Spark 专注于数据的处理分析，数据的存储还是要借助 Hadoop 分布式文件系统 HDFS、Amazon S3 等来实现。因此，Spark 生态系统可以很好地实现与 Hadoop 生态系统的兼容，从而使现有的 Hadoop 应用程序非常容易迁移到 Spark 系统中。

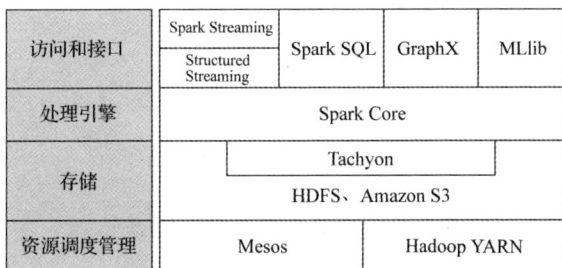

访问和接口	Spark Streaming	Spark SQL	GraphX	MLlib
	Structured Streaming			
处理引擎	Spark Core			
存储	Tachyon			
	HDFS、Amazon S3			
资源调度管理	Mesos		Hadoop YARN	

图 2-1　BDAS 架构

Spark 生态系统主要包含 Spark Core、Spark SQL、Spark Streaming、Structured Streaming、MLlib 和 GraphX 等组件，各个组件的具体功能介绍如下。

（1）Spark Core：Spark Core 包含 Spark 最基础和最核心的功能，如内存计算、任务调度、部署模式、故障恢复、存储管理等，主要面向批处理。Spark Core 建立在统一的抽象 RDD 之上，使其可以以基本一致的方式应对不同的大数据处理场景。需要注意的是，Spark Core 通常被简称为 Spark。

（2）Spark SQL：Spark SQL 是用于结构化数据处理的组件，允许开发人员直接处理 RDD，同时也可查询 Hive、HBase 等外部数据源。Spark SQL 的一个重要特点是其能够统一处理关系表和 RDD，使开发人员不需要自己编写 Spark 应用程序；开发人员可以轻松地使用 SQL 语句进行查询，并进行更复杂的数据分析。

（3）Spark Streaming：Spark Streaming 是一种流计算框架，支持高吞吐量、可容错处理的实时流数据处理；其核心思路是将流数据分解成一系列短小的批处理作业，每个短小的批处理作业都可以使用 Spark Core 进行快速处理。Spark Streaming 支持多种数据输入源，如 Kafka、Flume 和 TCP 套接字等。

（4）Structured Streaming：Structured Streaming 是一种基于 Spark SQL 引擎构建的、可扩展且容错的流处理引擎。通过一致的 API，Structured Streaming 可以使开发人员像写批处理程序一样编写流处理程序，降低了开发难度。

（5）MLlib（机器学习）：MLlib 提供了常用机器学习算法的实现，包括聚类、分类、回归、协同过滤等，降低了机器学习的门槛，开发人员只需具备一定的理论知识就能进行机器学习的工作。

（6）GraphX（图计算）：GraphX 是 Spark 中用于图计算的 API，可认为是 Pregel 在 Spark 上的重写及优化。GraphX 性能良好，拥有丰富的功能和运算符，能在海量数据上自如地运行复杂的图算法。

需要说明的是，无论是 Spark SQL、Spark Streaming、MLlib 还是 GraphX，都可以使用 Spark Core 的 API 处理问题，并且它们的方法几乎是通用的，处理的数据可以共享，不同应用之间的数据可以无缝集成。本书将详细讲解 Spark Core、Spark SQL、Spark Streaming、Structured Streaming、MLlib

等内容，但是，对 GraphX 不做介绍。

表 2-1 给出了在不同的应用场景下，可以选用的 Spark 生态系统中的组件和其他框架。

表 2-1　　　　　不同的应用场景下可选用的 Spark 生态系统中的组件和其他框架

应用场景	时间跨度	Spark 生态系统中的组件	其他框架
复杂的批量数据处理	数十分钟到数小时	Spark Core	MapReduce、Hive
基于历史数据的交互式查询	数十秒到数分钟	Spark SQL	Impala、Dremel、Drill
基于实时流数据的数据处理	数百毫秒到数秒	Spark Streaming、Structured Streaming	Flink、TwitterStorm、Yahoo!S4

2.3　Spark 运行架构

当提及 Spark 运行架构时，就是指 Spark Core 的运行架构。本节首先介绍 Spark 的基本概念和架构设计方法，然后介绍 Spark 运行的基本流程，最后介绍 RDD 的设计与运行原理。

2.3.1　基本概念

在具体讲解 Spark 运行架构之前，先介绍以下几个重要的概念。

（1）RDD：RDD 是分布式内存的一个抽象概念，为用户提供了一种高度受限的共享内存模型。RDD 中的数据是分布式存储的，可以用于分布式并行计算。RDD 中的数据既可以保存在内存中，也可以保存在磁盘中，因此称之为弹性分布式数据集。

（2）DAG：DAG 用于反映 RDD 之间的依赖关系。

（3）Executor：Executor 是运行在工作节点（Worker Node）上的一个执行器，负责运行任务，并为应用程序存储数据。

（4）应用（Application）：用户编写的 Spark 应用程序。

（5）任务（Task）：运行在 Executor 上的工作单元。

（6）作业（Job）：一个作业包含多个 RDD 及作用于相应 RDD 上的各种操作。

（7）阶段（Stage）：阶段是作业的基本调度单位。一个作业会分为多组任务，每组任务被称为"阶段"，或者被称为"任务集"。

基本概念

2.3.2　架构设计方法

如图 2-2 所示，Spark 运行架构主要包括集群资源管理器（Cluster Manager）、运行作业任务的工作节点、每个应用的驱动器（Driver Program，或简称为 Driver）和每个工作节点上负责具体任务的执行器（Executor）等。其中，集群资源管理器可以是 Spark 自带的资源管理器，也可以是 YARN 或 Mesos 等资源调度管理框架；执行器在集群内各工作节点上运行，它会与驱动器进行通信，并负载在工作节点上执行任务。在大多数部署模式中，每个工作节点上只有一个执行器。可以看出，就系统架构而言，Spark 采用"主从架构"，包含一个 Master（即 Driver）和若干个 Worker。

架构设计方法

与 Hadoop MapReduce 计算框架相比，Spark 所采用的 Executor 有两个优点：一是利用多线程来执行具体的任务（Hadoop MapReduce 采用的是进程模型），减少任务的启动开销；二是 Executor 中有一个 BlockManager 存储模块，会将内存和磁盘共同作为存储设备（默认使用内存，当内存不够时，会写到磁盘），当需要多轮迭代计算时，可以将中间结果存储到这个存储模块里。这样下次需要时，就可以直接读写该存储模块里的数据，而不需要读写到 HDFS 等文件系统里，因而有效地减少了 I/O 开销，或者在交互式查询场景下，预先将表缓存到该存储系统上，从而提高读写 I/O 性能。

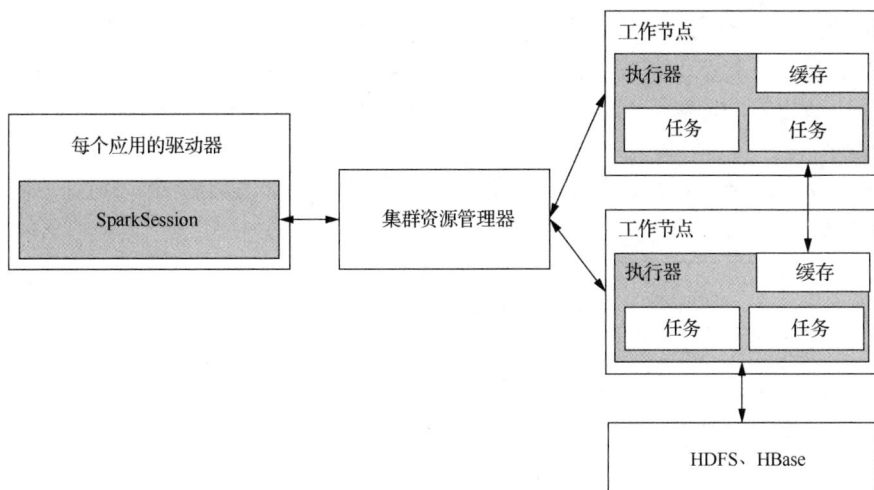

图 2-2 Spark 运行架构

总体而言，在 Spark 中，一个应用由一个驱动器和若干个作业构成，一个作业由多个阶段构成，一个阶段由多个任务组成（见图 2-3）。当执行一个应用时，驱动器会向集群资源管理器申请资源，启动执行器，并向执行器发送应用程序代码和文件，然后在执行器上执行任务，任务执行结束后，执行结果会返回给驱动器，写到 HDFS 或者其他数据库中。

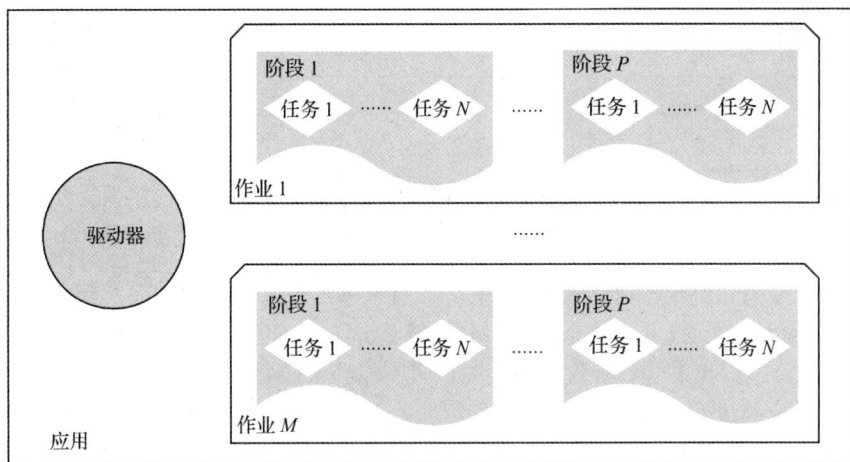

图 2-3 Spark 中各种概念之间的相互关系

2.3.3 Spark 运行的基本流程

如图 2-4 所示，Spark 运行的基本流程如下。

（1）当一个 Spark 应用被提交时，首先需要为这个应用构建基本的运行环境，即由任务控制节点创建一个 SparkContext 对象，由 SparkContext 负责与集群资源管理器的通信以及进行资源的申请、任务的分配和监控等，SparkContext 会向集群资源管理器注册并申请运行 Executor 的资源。SparkContext 可以被看成应用程序连接集群的通道。

（2）集群资源管理器为 Executor 分配资源，并启动 Executor 进程，Executor 运行情况会被发送到集群资源管理器上。

（3）SparkContext 根据 RDD 的依赖关系构建 DAG，将 DAG 提交给 DAG 调度器（DAGScheduler）

Spark 运行的基本
流程

19

进行解析，分解成多个"阶段"（每个阶段都是一个任务集），并且计算出各个阶段之间的依赖关系，然后把一个个"任务集"提交到底层的任务调度器（TaskScheduler）进行处理；Executor 向 SparkContext 申请任务，任务调度器将任务分发给 Executor 运行，同时，SparkContext 将应用程序代码发放给 Executor。

（4）任务在 Executor 上运行，把执行结果反馈给任务调度器，然后反馈给 DAG 调度器，运行完后写入数据并释放所有资源。

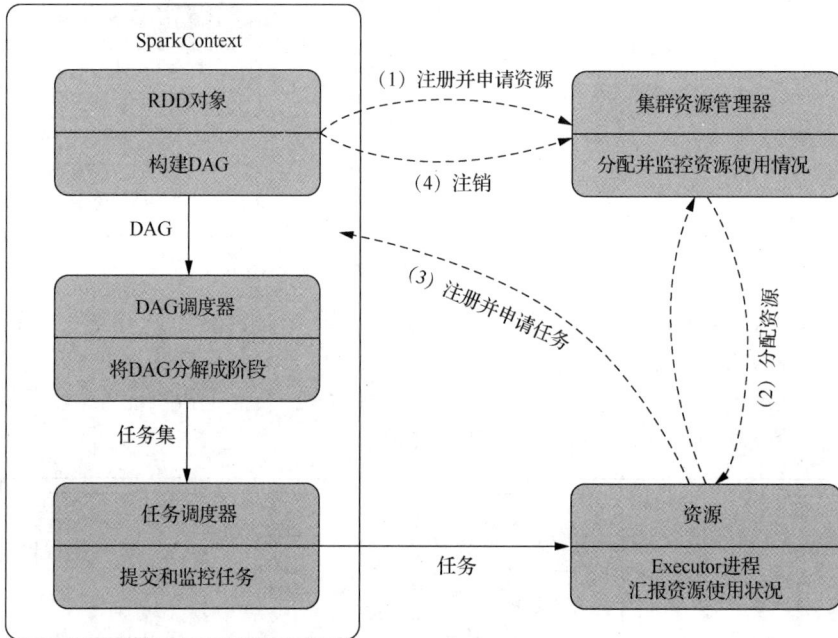

图 2-4　Spark 运行的基本流程

总体而言，Spark 运行架构具有以下特点。

（1）每个应用都有自己专属的 Executor 进程，并且该进程在应用运行期间一直驻留。Executor 进程以多线程的方式运行任务，减少了多进程任务频繁地启动开销，使任务执行变得非常高效和可靠。

（2）Spark 运行过程与集群资源管理器无关，只要能够获取 Executor 进程并保持通信即可。

（3）Executor 上有一个 BlockManager 存储模块，类似于键值存储系统（把内存和磁盘共同作为存储设备）。这样，在处理迭代计算任务时不需要把中间结果写入 HDFS 等文件系统，而是直接存储在这个存储系统上，后续有需要时就可以直接读取；在交互式查询场景下，可以把表提前缓存到这个存储系统上，以提高读写 I/O 性能。

（4）任务采用了数据本地性和推测执行等优化机制。数据本地性是指尽量将计算移动到数据所在的节点上进行，即"计算向数据靠拢"，因为移动计算比移动数据所占用的网络资源要少得多。而且，Spark 采用了延时调度机制，可以在更大程度上实现执行过程优化。例如，拥有数据的节点当前正被其他的任务占用，那么，在这种情况下是否需要将数据移动到其他的空闲节点呢？答案是不一定。这是因为如果经过预测发现当前节点结束当前任务所需的时间比移动数据所需的时间要少，那么，调度就会等待，直到当前节点可用。

2.3.4　RDD 的设计与运行原理

Spark Core 建立在统一的抽象 RDD 之上，从而使 Spark 的各个组件可以无缝进行集成，在同一个应用程序中完成大数据计算任务。RDD 的设计理念源自 AMP 实验室发表的论文《弹性分布式数据集：基于内存集群计算的容错抽象》(*Resilient Distributed Datasets: A Fault-Tolerant Abstraction for In-Memory Cluster Computing*)。

1. RDD 的设计背景

在实际应用中，存在许多迭代式算法（如机器学习算法、图算法等）和交互式数据挖掘工具。这些应用场景的共同之处是，不同计算阶段之间会复用中间结果，即一个阶段的输出结果会作为下一个阶段的输入。MapReduce 框架把中间结果写入 HDFS 中，带来了大量的数据复制、磁盘 I/O 和序列化开销。虽然类似 Pregel 等图计算框架也是将结果保存在内存当中，但是这些框架只能支持一些特定的计算模式，并没有提供一种通用的数据抽象。RDD 就是为了满足这种需求而出现的。它提供了一个抽象的数据架构，我们不必关注底层数据的分布式特性，只需将具体的应用逻辑表达为一系列转换处理。不同 RDD 之间的转换操作形成依赖关系，可以实现流水线化，从而避免了中间结果的存储，大大降低了数据复制、磁盘 I/O 和序列化开销。

RDD 的设计背景、概念和特性

2. RDD 的概念及执行过程

一个 RDD 就是一个分布式对象集合，本质上是一个只读的分区记录集合。每个 RDD 可以分成多个分区，每个分区就是一个数据集片段，并且一个 RDD 的不同分区可以被保存到集群中不同的节点上，从而实现在集群中的不同节点上进行并行计算。RDD 提供了一种高度受限的共享内存模型，用户不能直接修改，只能基于稳定的物理存储中的数据集来创建 RDD，或者通过在其他 RDD 上执行确定的转换操作（如 map、join 和 groupBy）而创建得到新的 RDD。RDD 提供了一组丰富的操作以支持常见的数据运算，分为行动（Action）和转换（Transformation）两种类型，前者用于执行计算并指定输出的形式，后者指定 RDD 之间的相互依赖关系。两类操作的主要区别是，转换操作（如 map、filter、groupBy、join 等）接受 RDD 并返回 RDD，而行动操作（如 count、collect 等）接受 RDD 但是返回非 RDD（即输出一个值或结果）。RDD 提供的转换接口都非常简单，其所支持的操作都是类似于 map、filter、groupBy、join 等粗粒度的数据转换操作，而不是针对某个数据项的细粒度修改。因此，RDD 比较适合对数据集中元素执行相同操作的批处理式应用，而不适合需要异步、细粒度状态的应用，如 Web 应用系统、增量式的网页爬虫等。正因如此，这种粗粒度转换接口设计会使人直觉上认为 RDD 的功能很受限、不够强大。但是，实际上 RDD 已经被实践证明可以很好地应用于许多并行计算应用中，可以具备很多现有计算框架（如 MapReduce、Pregel 等）的表达能力，并且可以应用于这些框架处理不了的交互式数据挖掘应用。

Spark 用 Scala 语言实现了 RDD 的 API，程序员可以通过调用 API 实现对 RDD 的各种操作。RDD 典型的执行过程如下。

① RDD 读入外部数据源（或者内存中的集合）以进行创建操作。

② RDD 经过一系列的转换操作，每一次都会产生不同的 RDD，供给下一个转换操作使用。

③ 最后一个 RDD 经行动操作进行处理，并输出到外部数据源（或者变成 Scala 集合、标量）。

需要说明的是，RDD 采用了惰性调用，即在 RDD 的执行过程中（见图 2-5），真正的计算发生在 RDD 的行动操作；对于行动操作之前的所有转换操作，Spark 只是记录转换操作应用的一些基础数据集以及 RDD 生成的轨迹（即相互之间的依赖关系），而不会触发真正的计算。

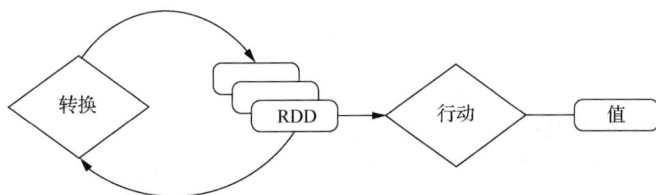

图 2-5　Spark 的转换和行动操作

例如，在图 2-6 中，从输入中逻辑上生成 A 和 C 两个 RDD，经过一系列转换操作，逻辑上生成了 F（也是一个 RDD）。之所以说是逻辑上，是因为这时候计算并没有发生，Spark 只是记录了 RDD 之间的生成和依赖关系，也就是得到 DAG。当 F 要进行计算输出时，也就是当遇到针对 F 的行动操作的时候，Spark 才会生成一个作业，向 DAG 调度器提交作业，触发从起点开始的真正的计算。

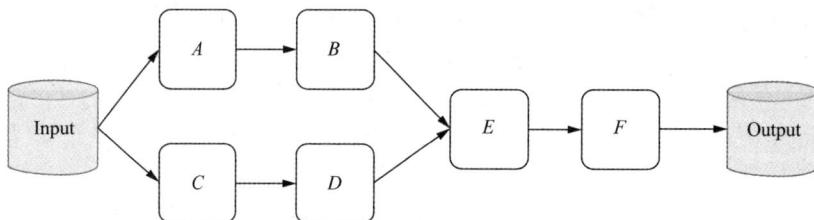

图 2-6　RDD 执行过程的一个实例

上述的这一系列处理称为一个"血缘关系"（Lineage），即 DAG 拓扑排序的结果。采用惰性调用机制以后，通过"血缘关系"连接起来的一系列 RDD 操作就可以实现流水线化（Pipeline），避免了多次转换操作之间数据同步的等待，而且不用担心有过多的中间数据。这是因为这些具有"血缘关系"的操作都流水线化了，一个操作得到的结果不需要保存为中间数据，而是直接流水线化地流入下一个操作进行处理。同时，这种通过"血缘关系"把一系列操作进行流水线化连接的设计方式，也使流水线中每次操作的计算变得相对简单，保证了每个操作在处理逻辑上的单一性。相反，在 MapReduce 的设计中，为了尽可能地减少 MapReduce 过程，在单个 MapReduce 中会写入过多复杂的逻辑。

这里以一个"Hello World"入门级 Spark 程序来解释 RDD 执行过程。这个程序的功能是读取一个 HDFS 文件，计算出包含字符串"Hello World"的行数。

```
1  from pyspark import SparkConf, SparkContext
2  conf = SparkConf().setMaster("local").setAppName("My App")
3  sc = SparkContext(conf = conf)
4  fileRDD = sc.textFile("hdfs://localhost:9000/examplefile")
5  filterRDD = fileRDD.filter(lambda  line: "Hello World" in line)
6  filterRDD.count()
```

可以看出，一个 Spark 应用程序基本是基于 RDD 的一系列操作。第 1 行代码用于导入相关的包；第 2 行和第 3 行代码用于创建 SparkContext 对象；第 4 行代码从 HDFS 文件中读取数据创建一个 RDD；第 5 行代码对 fileRDD 进行转换操作得到一个新的 RDD，即 filterRDD，该 RDD 中的元素都包含"Hello World"；第 6 行代码中的 count() 是一个行动操作，用于计算一个 RDD 集合中包含的元素个数。这个程序的执行过程如下。

① 创建这个 Spark 程序的执行上下文，即创建 SparkContext 对象。

② 从外部数据源（即 HDFS 文件）中读取数据创建 fileRDD 对象。

③ 构建 fileRDD 与 filterRDD 之间的依赖关系，形成 DAG。这时候并没有发生真正的计算，只是记录转换的轨迹，也就是记录 RDD 之间的依赖关系。

④ 执行到第 6 行代码时，count() 是一个行动类型的操作，这时才会触发真正的"从头到尾"的计算，也就是从外部数据源加载数据创建 fileRDD 对象，执行从 fileRDD 到 filterRDD 的转换操作，最后计算出 filterRDD 中包含的元素个数。

3. RDD 特性

总体而言，Spark 采用 RDD 后能够实现高效计算的主要原因如下。

① 高容错性。现有的分布式共享内存、键值存储、内存数据库等，为了实现容错，必须在集群节点之间进行数据复制或者记录日志，也就是在节点之间会发生大量的数据传输。这一点对于数据

密集型应用而言会带来很大的开销。在 RDD 的设计中，数据只读，不可修改。如果需要修改数据，则必须从父 RDD 转换到子 RDD，由此在不同 RDD 之间建立"血缘关系"。因此，RDD 是一种天生具有容错机制的特殊集合，不需要通过数据冗余的方式（如检查点）实现容错，而只需通过 RDD 父子依赖（血缘）关系重新计算得到丢失的分区来实现容错，无须回滚整个系统。这样就避免了数据复制的高开销，而且重算过程可以在不同节点之间并行进行，实现了高容错。此外，RDD 提供的转换操作都是一些粗粒度的操作（如 map、filter 和 join），RDD 依赖关系只需要记录这种粗粒度的转换操作，而不需要记录具体的数据和各种细粒度操作的日志（如对哪个数据项进行了修改），这样就大大降低了数据密集型应用中的容错开销。

② 中间结果持久化到内存。数据在内存中的多个 RDD 操作之间进行传递，不需要"落地"到磁盘上，避免了不必要的读写磁盘的开销。

③ 存放的数据可以是 Java 对象，避免了不必要的对象序列化和反序列化开销。

4. RDD 之间的依赖关系

RDD 中不同的操作会使不同 RDD 分区之间产生不同的依赖关系。DAG 调度器（DAGScheduler）根据 RDD 之间的依赖关系，把 DAG 划分成若干个阶段。RDD 中的依赖关系分为窄依赖（Narrow Dependency）与宽依赖（Wide Dependency），二者的主要区别在于是否包含 Shuffle 操作。

RDD 之间的依赖关系

（1）Shuffle 操作

Spark 中的一些操作会触发 Shuffle 过程，这个过程涉及数据的重新分发，因此会产生大量的磁盘 I/O 和网络传输开销。这里以 reduceByKey(func)操作为例介绍 Shuffle 过程。在 reduceByKey(func)操作中，对所有(key,value)形式的 RDD 元素来说，所有具有相同 key 的 RDD 元素的 value 会被归并，得到(key,value-list)的形式。然后，对这个 value-list 使用 func 函数计算得到聚合值，例如,("hadoop",1)、("hadoop",1)和("hadoop",1)这 3 个键值对会被归并成("hadoop",(1,1,1))的形式，如果 func 是一个求和函数，则可以计算得到汇总结果("hadoop",3)。

这里的问题是，对与一个 key 关联的 value-list 而言，这个 value-list 里面可能包含很多的 value，而这些 value 一般会分布在多个分区里，并且散布在不同的机器上。但是，对 Spark 而言，在执行 reduceByKey 的计算时，必须把与某个 key 关联的所有 value 都发送到同一台机器上。图 2-7 是一个关于 Shuffle 操作的简单实例，假设这里在 3 台不同的机器上有 3 个 Map 任务，即 Map1、Map2 和 Map3，它们分别从输入文本文件中读取数据执行 Map 操作得到了中间结果。为了简化起见，这里让 3 个 Map 任务输出的中间结果都相同，即("a",1)、("b",1)和("c",1)。现在要把 Map 的输出结果发送到 3 个不同的 Reduce 任务中进行处理，Reduce1、Reduce2 和 Reduce3 分别运行在 3 台不同的机器上，并且假设 Reduce1 任务专门负责处理 key 为 "a" 的键值对的词频统计工作，Reduce2 任务专门负责处理 key 为 "b" 的键值对的词频统计工作，Reduce3 任务专门负责处理 key 为 "c" 的键值对的词频统计工作。这时，Map1 必须把("a",1)发送到 Reduce1，把("b",1)发送到 Reduce2，把("c",1)发送到 Reduce3。同理，Map2 和 Map3 也必须完成同样的工作，这个过程就被称为 "Shuffle"。可以看出，Shuffle 的过程（即把 Map 输出的中间结果分发到 Reduce 任务所在的机器）会产生大量的网络数据分发，带来高昂的网络传输开销。

Shuffle 过程不仅会产生大量网络传输开销，还会带来大量的磁盘 I/O 开销。Spark 经常被认为是基于内存的计算框架，为什么也会产生磁盘 I/O 开销呢？对于这个问题，这里有必要解释一下。

在 Hadoop MapReduce 框架中，Shuffle 是连接 Map 和 Reduce 的"桥梁"，Map 的输出结果需要经过 Shuffle 过程以后，也就是经过数据分类以后，再交给 Reduce 进行处理。因此，Shuffle 的性能高低直接影响整个程序的性能和吞吐量。从前述可知，Shuffle 是指对 Map 输出结果进行分区、排序、合并等处理并交给 Reduce 的过程。因此，MapReduce 的 Shuffle 过程分为 Map 端的操作和 Reduce 端的操作，如图 2-8 所示，主要执行以下操作。

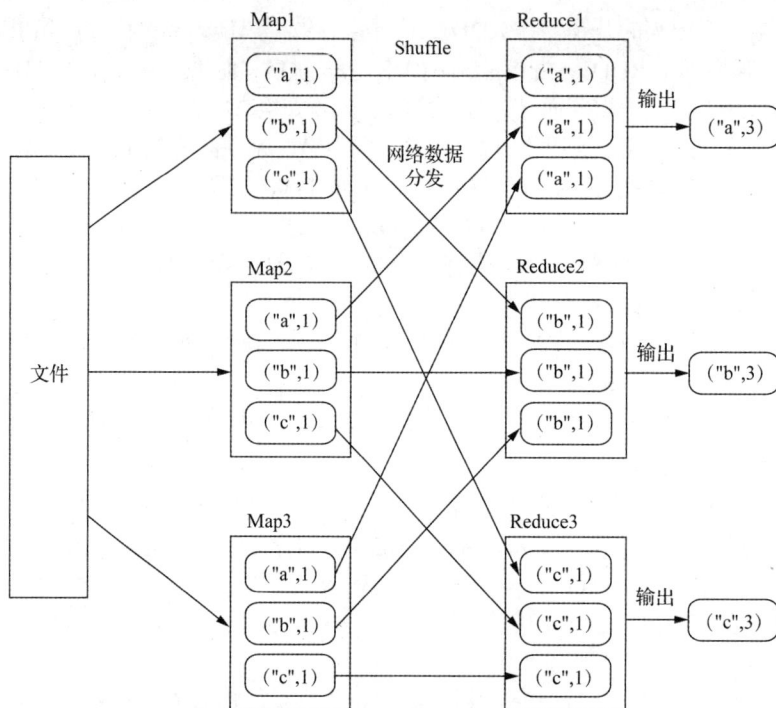

图 2-7　一个关于 Shuffle 操作的简单实例

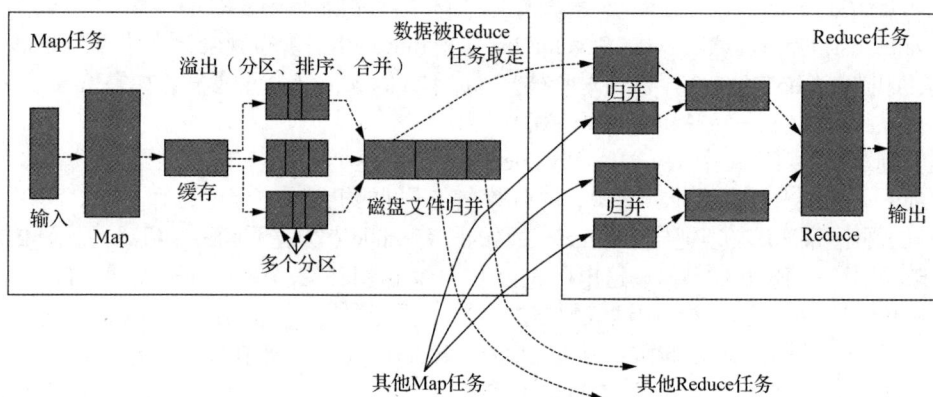

图 2-8　MapReduce 的 Shuffle 过程

① 在 Map 端的 Shuffle 过程。Map 的输出结果首先被写入缓存，当缓存存满后，就启动溢写操作，把缓存中的数据写入磁盘文件，并清空缓存。当启动溢写操作时，首先需要把缓存中的数据进行分区，不同分区的数据发送给不同的 Reduce 任务进行处理，然后对每个分区的数据进行排序（Sort）和合并（Combine），再写入磁盘文件。每次溢写操作会生成一个新的磁盘文件，随着 Map 任务的执行，磁盘中就会生成多个溢写文件。在 Map 任务全部结束之前，这些溢写文件会被归并（Merge）成一个大的磁盘文件。然后，通知相应的 Reduce 任务来领取需要自己处理的那个分区数据。

② 在 Reduce 端的 Shuffle 过程。Reduce 任务从 Map 端的不同 Map 机器领回需要自己处理的数据，对数据进行归并后交给 Reduce 进行处理。

Spark 作为 MapReduce 框架的一种改进，自然也实现了 Shuffle 的逻辑（见图 2-9）。

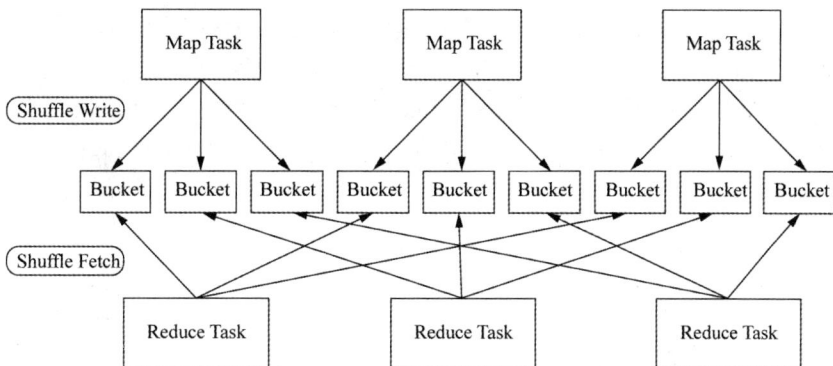

图 2-9　Spark 中的 Shuffle 过程

　　首先，在 Map 端的 Shuffle 写入（Shuffle Write）方面，每一个 Map 任务会根据 Reduce 任务的数量创建出相应的桶（Bucket），因此，桶的数量是 $m×r$，其中 m 是 Map 任务的个数，r 是 Reduce 任务的个数。Map 任务产生的结果会根据设置的分区（Partition）算法填充到每个桶中去。分区算法可以自定义，也可以采用系统默认的算法；默认的算法是根据每个键值对(key,value)中的 key，把键值对散列到不同的桶中去。当 Reduce 任务启动时，它会根据自己任务的 id 和所依赖的 Map 任务的 id，从远端或是本地取得相应的桶，作为 Reduce 任务的输入进行处理。

　　这里的桶是一个抽象概念，在实现中每个桶可以对应一个文件，也可以对应文件的一部分。但是，从性能角度而言，每个桶对应一个文件的实现方式会导致 Shuffle 过程生成过多的文件。例如，如果有 1000 个 Map 任务和 1000 个 Reduce 任务，就会生成 100 万个文件，这样会给文件系统带来沉重的负担。

　　因此，在最新的 Spark 版本中，采用了多个桶写入一个文件的方式（见图 2-10）。每个 Map 任务不会为每个 Reduce 任务单独生成一个文件，而是把每个 Map 任务所有的输出数据都写入同一个文件中。因为每个 Map 任务中的数据会被分区，所以使用索引（Index）文件来存储具体 Map 任务输出数据在同一个文件中如何被分区的信息。在 Shuffle 过程中，每个 Map 任务会产生两个文件，即数据文件和索引文件。其中，数据文件存储当前 Map 任务的输出结果，索引文件则存储数据文件中数据的分区信息。下一个阶段的 Reduce 任务就是根据索引文件来获取需要自己处理的那个分区的数据。

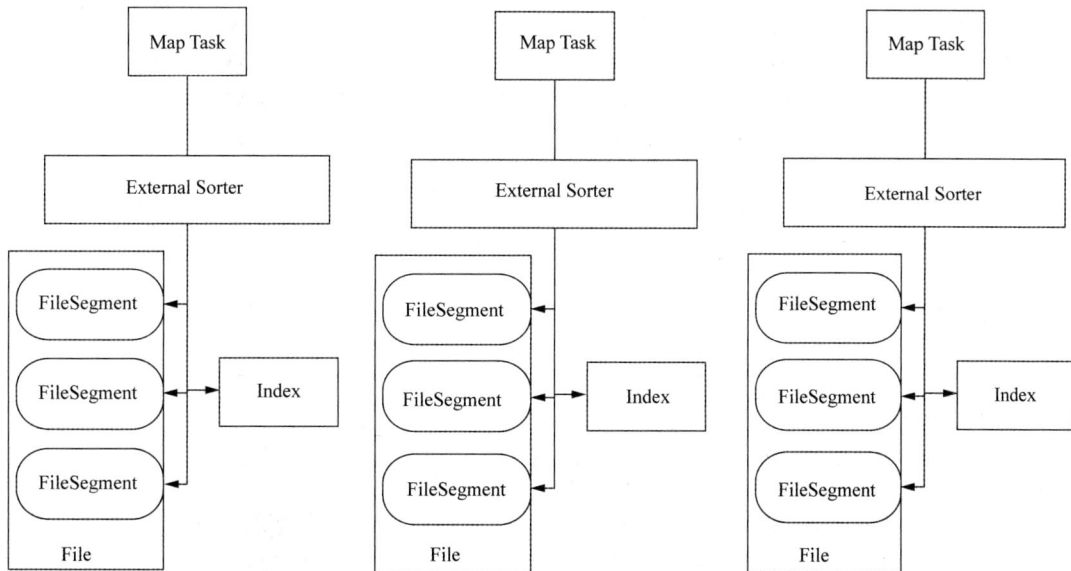

图 2-10　Spark Shuffle 把多个桶写入一个文件

其次，在 Reduce 端的 Shuffle 读取（Shuffle Fetch）方面，在 Hadoop MapReduce 的 Shuffle 过程中，在 Reduce 端，Reduce 任务会到各个 Map 任务那里把自己要处理的数据都拉到本地，并对拉过来的数据进行归并和排序，使相同 key 的不同 value 按序归并到一起，供 Reduce 任务使用。这个归并和排序的过程，在 Spark 中是如何实现的呢？虽然 Spark 属于 MapReduce 体系，但是对传统的 MapReduce 算法进行了一定的改进。Spark 假定在大多数应用场景中，Shuffle 数据的排序操作不是必需的。例如，在进行词频统计时，如果强制地进行排序，只会使性能变差，因此，Spark 并不在 Reduce 端做归并和排序，而是采用了称为 Aggregator 的机制。Aggregator 本质上是一个 HashMap，其中的每个元素都是（K,V）形式。以词频统计为例，它会将从 Map 端拉取到的每一个(key,value)更新或是插入 HashMap 中。若在 HashMap 中没有查找到这个 key，则把这个(key,value)插入其中；若查找到这个 key，则把 value 的值累加到 V 上。这样就不需要预先把所有的(key,value)进行归并和排序，而是来一个处理一个，避免了外部排序这一步骤。但同时需要注意的是，Reduce 任务所拥有的内存，必须足以存放属于自己处理的所有 key 和 value 值，否则会产生内存溢出问题。因此，Spark 文档中建议用户在涉及这类操作的时候尽量增加分区的数量，也就是增加 Map 和 Reduce 任务的数量。增加 Map 和 Reduce 任务的数量虽然可以减小分区的大小，使内存可容纳这个分区，但是，在 Shuffle Write 环节，桶的数量是由 Map 和 Reduce 任务的数量决定的。任务越多，桶的数量就越多，就需要更多的缓冲区（Buffer），进而带来更多的内存消耗。因此，在内存使用方面，用户会陷入一个两难的境地：一方面，为了减少内存的使用，需要采取增加 Map 和 Reduce 任务数量的策略；另一方面，Map 和 Reduce 任务数量的增多，又会带来内存开销更大的问题。最终，为了减少内存的使用，只能将 Aggregator 的操作从内存移到磁盘上进行。也就是说，尽管 Spark 经常被称为"基于内存的分布式计算框架"，但是它的 Shuffle 过程依然需要把数据写入磁盘。

（2）窄依赖和宽依赖

以是否包含 Shuffle 操作为判断依据，RDD 中的依赖关系可以分为窄依赖（Narrow Dependency）与宽依赖（Wide Dependency）。图 2-11 展示了两种依赖之间的区别。

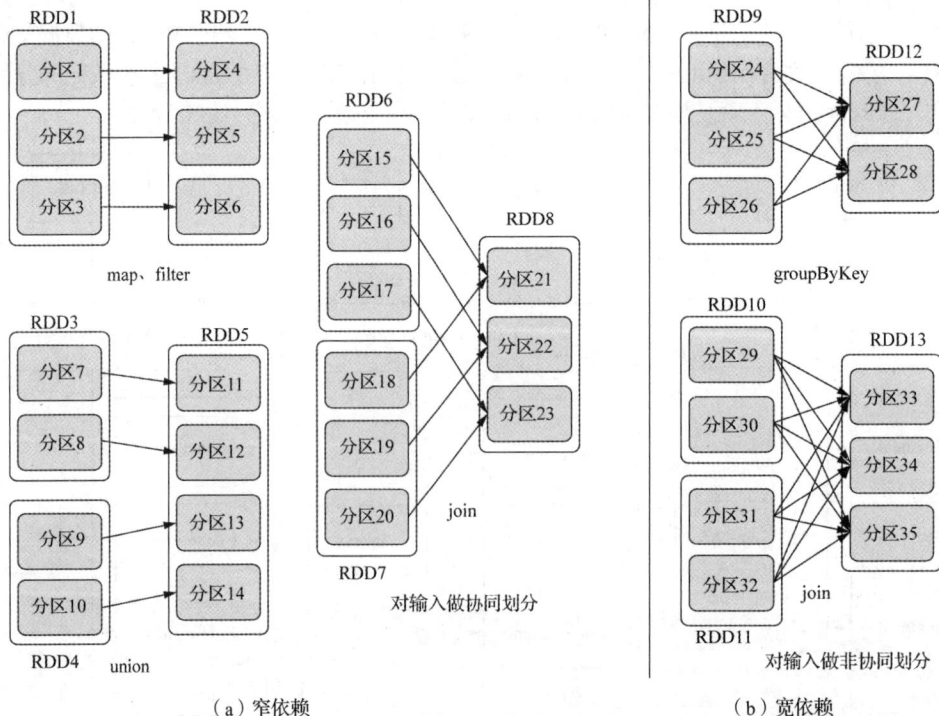

（a）窄依赖 　　　　　　　　　　　　　　　（b）宽依赖

图 2-11　窄依赖与宽依赖的区别

　　窄依赖表现为一个父 RDD 的分区对应于一个子 RDD 的分区或多个父 RDD 的分区对应于一个子 RDD 的分区。例如，在图 2-11（a）中，RDD1 是 RDD2 的父 RDD，RDD2 是子 RDD，RDD1 的分区 1 对应于 RDD2 的一个分区（即分区 4）；再如，RDD6 和 RDD7 都是 RDD8 的父 RDD，RDD6 中的分区（分区 15）和 RDD7 中的分区（分区 18），两者都对应于 RDD8 中的一个分区（分区 21）。

　　宽依赖则表现为存在一个父 RDD 的一个分区对应一个子 RDD 的多个分区。例如，在图 2-11（b）中，RDD9 是 RDD12 的父 RDD，RDD9 中的分区 24 对应了 RDD12 中的两个分区（即分区 27 和分区 28）。

　　总体而言，如果父 RDD 的一个分区只被一个子 RDD 的一个分区所使用就是窄依赖，否则就是宽依赖。窄依赖典型的操作包括 map、filter、union 等，不会包含 Shuffle 操作；宽依赖典型的操作包括 groupByKey、sortByKey 等，通常会包含 Shuffle 操作。对于连接（join）操作，可以分为以下两种情况。

　　① 对输入进行协同划分，属于窄依赖[见图 2-11（a）]。协同划分（Co-partitioned）是指多个父 RDD 的某一分区的所有"键"（key）落在子 RDD 的同一个分区内，不会产生同一个父 RDD 的某一分区落在子 RDD 的两个分区的情况。

　　② 对输入进行非协同划分，属于宽依赖[见图 2-11（b）]所示。

　　Spark 的这种依赖关系设计，使其具有了天生的容错性，大大加快了 Spark 的执行速度。这是因为 RDD 数据集通过"血缘关系"记住了它是如何从其他 RDD 中演变过来的，"血缘关系"记录的是粗颗粒度的转换操作行为。当这个 RDD 的部分分区数据丢失时，它可以通过"血缘关系"获取足够的信息来重新运算和恢复丢失的数据分区，由此带来了性能的提升。相比较而言，在两种依赖关系中，窄依赖的失败恢复更为高效，它只需要根据父 RDD 分区重新计算丢失的分区即可（不需要重新计算所有分区），而且可以并行地在不同节点进行重新计算。对宽依赖而言，单个节点失效通常意味着重新计算过程会涉及多个父 RDD 分区，开销较大。此外，Spark 还提供了数据检查点和记录日志，用于持久化中间 RDD，从而使在进行失败恢复时不需要追溯到最开始的阶段。在进行故障恢复时，Spark 会对数据检查点开销和重新计算 RDD 分区的开销进行比较，从而自动选择最优的恢复策略。

　　5. 阶段的划分

　　Spark 根据 DAG 中的 RDD 依赖关系将一个作业分成多个阶段。对宽依赖和窄依赖而言，窄依赖对作业的优化很有利。在逻辑上，每个 RDD 操作都是一个 fork/join（一种用于并行执行任务的框架），把计算 fork 到每个 RDD 分区，完成计算后对各个分区得到的结果进行 join 操作，然后利用 fork/join 执行下一个 RDD 操作。如果把一个 Spark 作业直接翻译到物理实现（即执行完一个 RDD 操作再继续执行另一个 RDD 操作），这样是很不经济的。首先，每一个 RDD（即使是中间结果）都需要保存到内存或磁盘中，时间和空间开销大；其次，join 作为全局路障（Barrier），代价是很高昂的，即要完成所有分区上的计算以后，才能进行 join 操作得到结果，但是这样一来，作业执行进度就会严重受制于最慢的那个节点。如果子 RDD 的分区到父 RDD 的分区是窄依赖，就可以实施经典的 fusion 优化，把两个 fork/join 合并为一个；如果连续的变换操作序列都是窄依赖，就可以把很多的 fork/join 合并为一个。通过这种合并，不但减少了大量的全局路障，而且无须保存很多中间结果 RDD，这样可以极大地提升性能。在 Spark 中，这个合并过程就被称为"流水线（Pipeline）优化"。

阶段的划分

　　可以看出，只有窄依赖可以实现流水线优化。对于窄依赖的 RDD，可以以流水线的方式计算所有父分区，不会造成网络之间的数据混合；对于宽依赖的 RDD，则通常伴随着 Shuffle 操作，即首先需要计算好所有父分区数据，然后在节点之间进行 Shuffle 操作，这个过程会涉及不同任务之间的等待，无法实现流水线式的处理。因此，RDD 之间的依赖关系就成为把 DAG 划分成不同阶段的依据。

Spark 通过分析各个 RDD 之间的依赖关系生成了 DAG，再通过分析各个 RDD 中的分区之间的依赖关系来决定如何划分阶段，具体划分方法是：在 DAG 中进行反向解析，遇到宽依赖就断开（因为宽依赖涉及 Shuffle 操作，无法实现流水线式处理）；遇到窄依赖就把当前的 RDD 加入当前的阶段中（因为窄依赖不会涉及 Shuffle 操作，可以实现流水线式处理），具体的阶段划分算法请参见 AMP 实验室发表的论文《弹性分布式数据集：基于内存的集群计算容错抽象》（*Resilient Distributed Datasets: A Fault-Tolerant Abstraction for In-Memory Cluster Computing*）。例如，如图 2-12 所示，假设从 HDFS 中读取数据生成 3 个不同的 RDD（即 A、C 和 E），通过一系列转换操作后再将计算结果返回 HDFS。对 DAG 进行解析时，在依赖图中进行反向解析，由于从 RDD A 到 RDD B 的转换以及从 RDD B 和 RDD F 到 RDD G 的转换都属于宽依赖，因此，在宽依赖处断开后可以得到 3 个阶段，即阶段 1、阶段 2 和阶段 3。可以看出，在阶段 2 中，从 map 到 union 都是窄依赖，这两步操作可以形成一个流水线操作。例如，分区 7 通过 map 操作生成的分区 9，可以不用等待分区 8 到分区 10 这个转换操作的计算结束，而是继续进行 union 操作，转换得到分区 13，这样一来，流水线执行方式就大大提高了计算的效率。

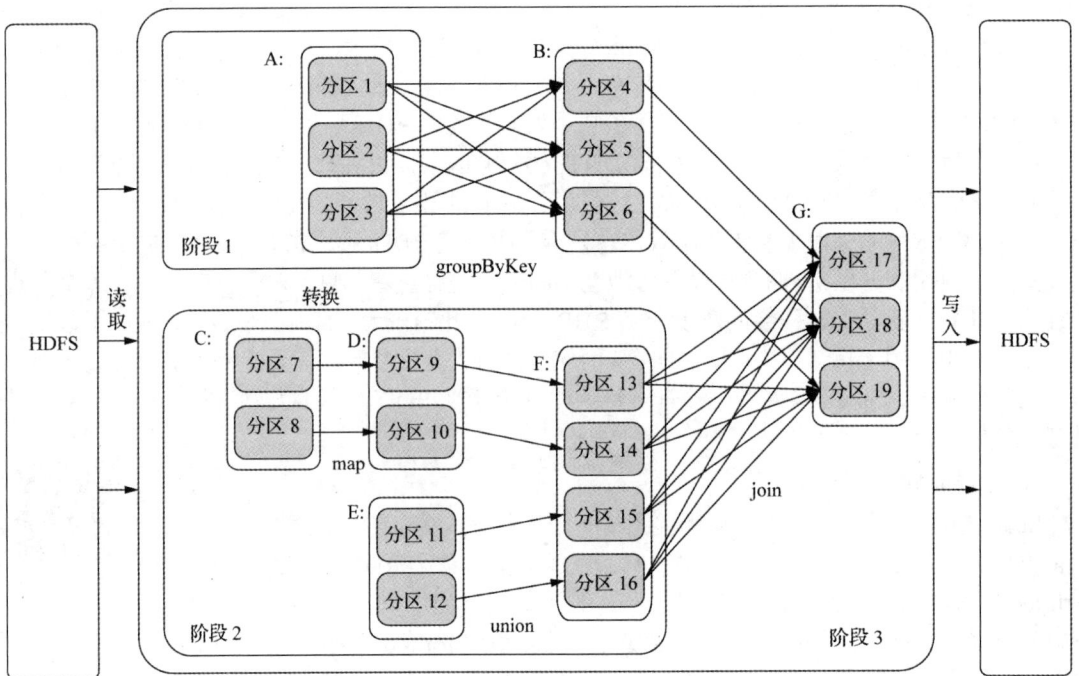

图 2-12　根据 RDD 分区的依赖关系划分阶段

由上述论述可知，把一个 DAG 划分成多个阶段以后，每个阶段都代表了一组关联的、相互之间没有 Shuffle 依赖关系的任务组成的任务集合。每个任务集合会被提交给任务调度器（TaskScheduler）进行处理，由任务调度器将任务分发给 Executor 运行。

6. RDD 执行过程总结

通过上述对 RDD 概念、依赖关系和阶段划分的介绍，结合之前介绍的 Spark 基本执行流程，这里再对 RDD 在 Spark 架构中的执行过程（见图 2-13）进行总结。

（1）创建 RDD 对象。

（2）SparkContext 负责计算 RDD 之间的依赖关系，构建 DAG。

RDD 执行过程

（3）DAGScheduler 负责把 DAG 分解成多个阶段，每个阶段中包含多个任务，每个任务会被任务调度器分发给各个工作节点（Worker Node）上的 Executor 去执行。

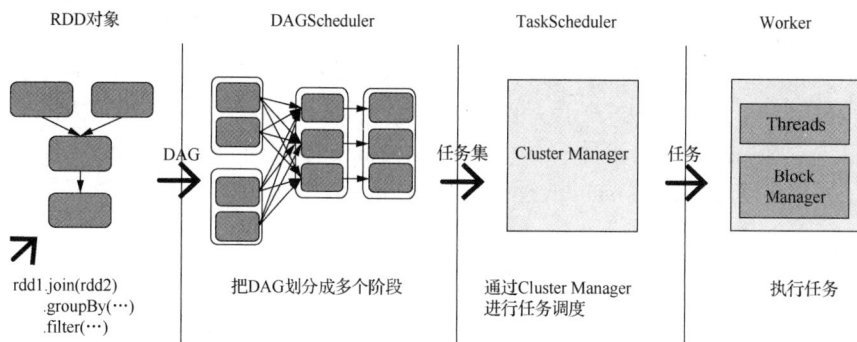

图 2-13　RDD 在 Spark 中的执行过程

2.4　Spark 部署方式

"随处运行"一直是 Spark 的目标。Spark 最初被设计运行在 Mesos 中，随着使用人数和部署需求的不断增多，Spark 增加了 Local、Standalone 和 YARN 模式。随着 Kubernetes 击败 Mesos 成为流行的容器编排系统，Spark 运行在 Kubernetes 中的数量突飞猛进。

Spark 支持 5 种类型的部署方式，包括 Local、Standalone、Spark on Mesos、Spark on YARN 和 Spark on Kubernetes。Local 模式是单机模式，常用于本地开发测试；后 4 种都属于集群部署模式，用于企业的实际生产环境。

1.　Standalone 模式

与 MapReduce 1.0 框架类似，Spark 框架本身也自带完整的资源调度管理服务，可以独立部署到一个集群中，而不需要依赖其他系统来为其提供资源调度管理服务。当采用 Standalone 模式时，在架构的设计上，Spark 与 MapReduce 1.0 完全一致，都是由一个 Master 和若干个 Slave 构成，并且以槽（Slot）作为资源分配单位。不同的是，Spark 中的槽不再像 MapReduce 1.0 那样分为 Map 槽和 Reduce 槽，而是只设计了统一的一种槽提供给各种任务来使用。

2.　Spark on Mesos 模式

Mesos 是一种资源调度管理框架，可以为运行在它上面的 Spark 提供服务。由于 Mesos 和 Spark 存在一定的"血缘关系"，开发人员在设计开发 Spark 框架的时候，就充分考虑了对 Mesos 的支持。因此，相对而言，Spark 运行在 Mesos 上，要比运行在 YARN 上更加灵活、自然。目前，Spark 官方推荐采用这种模式，所以许多公司在实际应用中也采用该模式。

3.　Spark on YARN 模式

Spark 可运行于 YARN 上，与 Hadoop 进行统一部署，即"Spark on YARN"。其架构如图 2-14 所示，资源管理和调度依赖 YARN，分布式存储则依赖 HDFS。

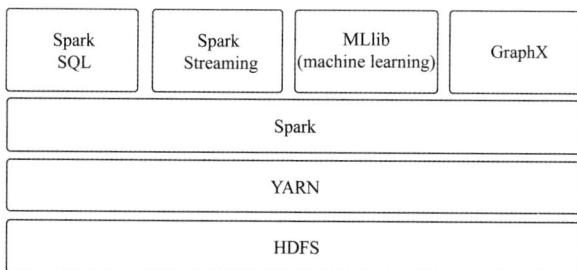

图 2-14　Spark on YARN 架构

4. Spark on Kubernetes 模式

Kubernetes 作为一个广受欢迎的开源容器协调系统，是谷歌于 2014 年酝酿的项目，与 Mesos 功能类似。Kubernetes 自 2014 年以来热度一路飙升，短短几年时间就已超越了大数据分析领域的"明星"产品 Hadoop。Spark 从 2.3.0 版本开始引入对 Kubernetes 的原生支持，从而开发人员可以将编写好的数据处理程序直接通过 spark-submit 提交到 Kubernetes 集群。

2.5 本章小结

深刻理解 Spark 的设计与运行原理是学习 Spark 的基础。作为一种分布式计算框架，Spark 在设计上充分借鉴、吸收了 MapReduce 的核心思想，并对 MapReduce 中存在的问题进行了改进，获得了很好的实时性能。

RDD 是 Spark 的数据抽象，是只读的分布式数据集，开发人员可以通过转换操作在转换过程中对 RDD 进行各种变换。一个复杂的 Spark 应用程序，就是通过一次又一次的 RDD 操作组合完成的。RDD 操作包括两种类型，即转换操作和行动操作。Spark 采用了惰性机制，在代码中遇到转换操作时，并不会马上开始计算，而只是记录转换的轨迹；只有当遇到行动操作时，才会触发"从头到尾"的计算。当遇到行动操作时，就会生成一个作业。这个作业会被划分成若干个阶段，每个阶段包含若干个任务，各个任务会被分发到不同的节点上并行执行。

Spark 可以采用 5 种部署方式，包括 Local、Standalone、Spark on Mesos、Spark on YARN 和 Spark on Kubernetes。Local 模式是单机模式，常用于本地开发测试；后 4 种都属于集群部署模式，常用于企业的实际生产环境。

2.6 习题

1. Spark 是基于内存计算的大数据计算平台，请阐述 Spark 的主要特点。

2. Spark 的出现是为了解决 Hadoop MapReduce 的不足，试列举 Hadoop MapReduce 的几个缺陷，并说明 Spark 具备哪些优点。

3. 美国加利福尼亚大学伯克利分校提出的数据分析栈 BDAS 认为目前的大数据处理可以分为哪 3 个类型？

4. Spark 已打造出结构一体化、功能多样化的大数据生态系统，请阐述 Spark 的生态系统。

5. 请阐述 "Spark on YARN" 的概念。

6. 请阐述 Spark 的如下几个主要概念：RDD、DAG、阶段、分区、窄依赖、宽依赖。

7. Spark 对 RDD 的操作主要分为行动和转换两种类型，两种操作的区别是什么？

第3章　大数据实验环境搭建

　　大数据实验环境的搭建是顺利完成本书各个实验的基础。首先，本书的所有实验都是在 Linux 操作系统下完成的，因此，本章先介绍 Linux 操作系统的安装方法；其次，本书内容涉及 Hadoop 和 Spark 的组合使用，因此，本章会介绍 Hadoop 的安装方法；最后，本章会介绍关系数据库 MySQL、Kafka 与 Anaconda 的安装与使用方法，这 3 个软件会在后续章节的实验中被使用。

3.1　Linux 操作系统的安装

Linux 操作系统的安装

　　Linux 是一套免费使用和自由传播的类 UNIX 操作系统，是一个基于 POSIX 和 UNIX 的多用户、多任务、支持多线程和多 CPU 的操作系统。Linux 有许多服务于不同目的的发行版，包括对不同计算机结构的支持、对一个具体区域或语言的本地化、实时应用和嵌入式系统等，已经有超过 300 个发行版，但是，目前在全球范围内只有 10 个左右的发行版被普遍使用，如 Fedora、Debian、Ubuntu、RedHat、SuSE、CentOS 等。

　　Linux 的发行版可以大体分为两类：一类是商业公司维护的发行版；另一类是社区组织维护的发行版。前者以知名的 RedHat 为代表，后者以 Debian 为代表。Debian 是社区类 Linux 的典范，是迄今为止最遵循 GNU 规范的 Linux 操作系统。Ubuntu 严格来说不能算一个独立的发行版，它是基于 Debian 的 unstable 版本加强而来的。Ubuntu 就是一个拥有 Debian 所有的优点以及自己所加强优点的近乎完美的 Linux 桌面系统，使用占比较高，网络上资料最齐全，因此，本书采用 Ubuntu。

　　本节介绍 Linux 操作系统的安装方法，内容包括下载安装文件、Linux 操作系统的安装方式、安装虚拟机和 Linux。

3.1.1　下载安装文件

　　本书采用的 Linux 发行版是 Ubuntu。同时，为了更好地支持汉化（如更容易输入中文），本书采用了 Ubuntu Kylin 发行版。Ubuntu Kylin 是针对中国用户定制的 Ubuntu 发行版，里面包含了一些中国特色的软件（如中文拼音输入法），并根据中国人的使用习惯，对系统做了一些优化。

Ubuntu Kylin 较新的版本是 22.04 LTS，但是，在实际使用过程中发现，该版本对计算机的资源消耗较多，在使用虚拟机方式安装时，系统运行起来速度较慢。因此，本书选择较低的版本 Ubuntu Kylin 16.04 LTS。这个版本不仅降低了对计算机配置的要求，还保证了大数据各种软件的顺利安装和运行，可帮助读者很好地完成本书的各个实验。

我们可以通过以下两种途径下载 Ubuntu Kylin 发行版的安装映像文件。

第一种方式是进入 Windows 操作系统，访问 Ubuntu 官网下载。进入 Ubuntu 官网的下载页面后（见图 3-1），官网会提供两种版本的安装映像文件下载地址，即 32 位版本和 64 位版本。如果计算机硬件配置较低，内存小于 2GB，建议选择 32 位版本；如果内存大于 4GB，建议选择 64 位版本。

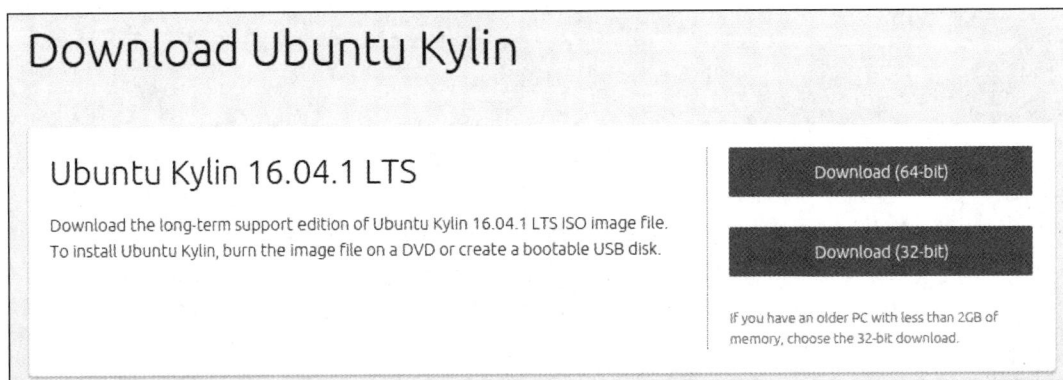

Download Ubuntu Kylin

Ubuntu Kylin 16.04.1 LTS

Download the long-term support edition of Ubuntu Kylin 16.04.1 LTS ISO image file.
To install Ubuntu Kylin, burn the image file on a DVD or create a bootable USB disk.

Download (64-bit)

Download (32-bit)

If you have an older PC with less than 2GB of memory, choose the 32-bit download.

图 3-1　Ubuntu Kylin 官网下载页面

第二种方式是进入 Windows 操作系统，访问本书官方网站，进入"下载专区"，在"软件"目录下找到安装映像文件 ubuntukylin-16.04-desktop-amd64.iso 并下载到本地。不过，本书官方网站仅提供了 64 位版本的 Linux 操作系统安装镜像文件。

3.1.2　Linux 操作系统的安装方式

Linux 操作系统的安装主要有以下两种方式。

（1）虚拟机安装方式：在 Windows 操作系统上安装虚拟机软件（如 VirtualBox 或 VMware），然后在虚拟机软件上安装 Linux 操作系统。采用这种安装方式时，Linux 操作系统就相当于运行在 Windows 上的一个软件。如果要使用 Linux 操作系统，则需要在计算机开机后，首先启动进入 Windows 操作系统，然后在 Windows 操作系统中打开虚拟机软件（如 VirtualBox），最后在虚拟机软件中启动 Linux，才能使用 Linux 操作系统。

（2）双系统安装方式：直接把 Linux 操作系统安装在计算机"裸机"上，而不是安装在 Windows 操作系统上。采用这种安装方式时，Linux 操作系统和 Windows 操作系统的地位是平等的。当计算机开机时，屏幕上会显示提示信息，让用户选择要启动的系统，如果用户选择 Windows 操作系统，计算机就继续启动进入 Windows 操作系统；如果用户选择 Linux 操作系统，计算机就继续启动进入 Linux 操作系统。

对虚拟机安装方式而言，由于同时要运行 Windows 操作系统和 Linux 操作系统，因此，这种安装方式对计算机硬件的要求较高。计算机较新且具备 4GB 以上内存时，可以选择虚拟机安装方式；如果计算机较旧或配置内存小于 4GB，建议选择双系统安装方式，否则，在配置较低的计算机上运行 Linux 虚拟机，系统运行速度会非常慢。

由于大多数大数据初学者对 Windows 操作系统比较熟悉，对 Linux 操作系统可能稍显陌生，因此，本书采用虚拟机安装方式安装 Linux 操作系统。

3.1.3　虚拟机和 Linux 操作系统的安装

当采用虚拟机安装方式时，计算机一定要具备 8GB 以上的内存，否则，运行速度会很慢。计算机的硬盘配置需要在 100GB 以上。

1. 安装虚拟机软件

常用的虚拟机软件包括 VMware 和 VirtualBox 等。VirtualBox 属于开源软件，免费；VMware 属于商业软件，需要付费。从易用性的角度，VMware 要比 VirtualBox 更胜一筹，因此，本书采用 VMware。用户可以访问 VMware 官网下载安装文件，也可以到本书官方网站下载（位于"下载专区"的"软件"目录下，文件名是 VMware-workstation-full-17.0.1.exe）。下载后，请在 Windows 操作系统中安装 VMware。

2. 安装 Linux 操作系统

进入 Windows 操作系统，启动 VMware 软件，按照以下两大步骤完成 Linux 操作系统的安装：首先需要创建一个虚拟机，然后在虚拟机上安装 Linux 操作系统。

打开 VMware，在"主页"选项卡中，可以看到图 3-2 所示的界面，单击"创建新的虚拟机"。

图 3-2　VMware 首界面

在出现的界面中，选择"典型(推荐)"，如图 3-3 所示。

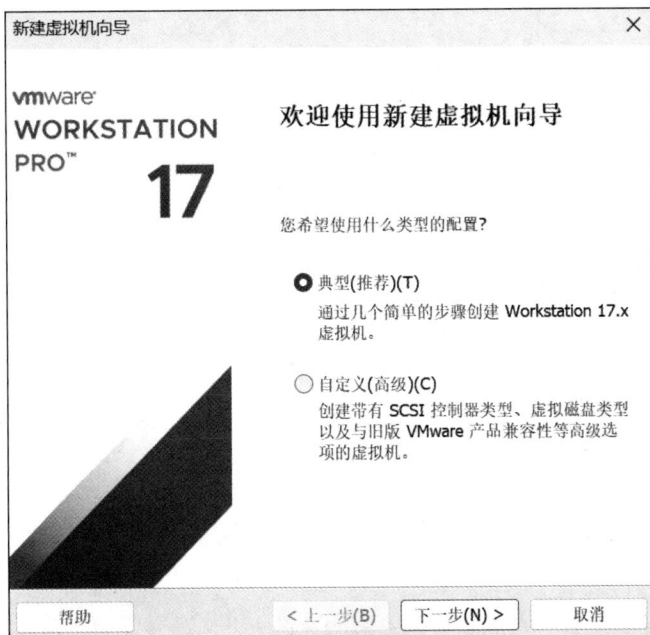

图 3-3　新建虚拟机向导

在出现的界面中，选中"安装程序光盘映像文件(iso)"（见图 3-4），单击"浏览"按钮，在出现的界面中找到之前已经准备好的 Ubuntu 安装映像文件 ubuntukylin-16.04-desktop-amd64.iso（见图 3-5），单击"打开"按钮，把它加入进来，然后单击"下一步"按钮。

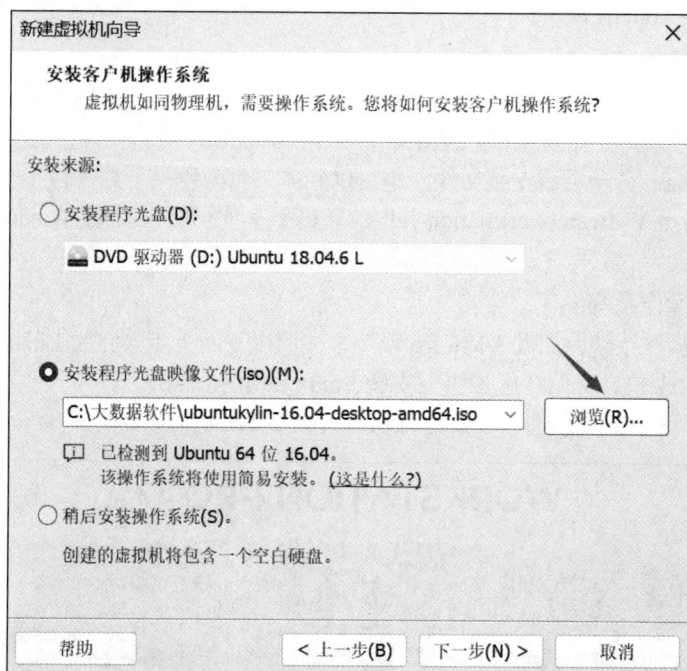

图 3-4　选中"安装程序光盘映像文件（iso）"

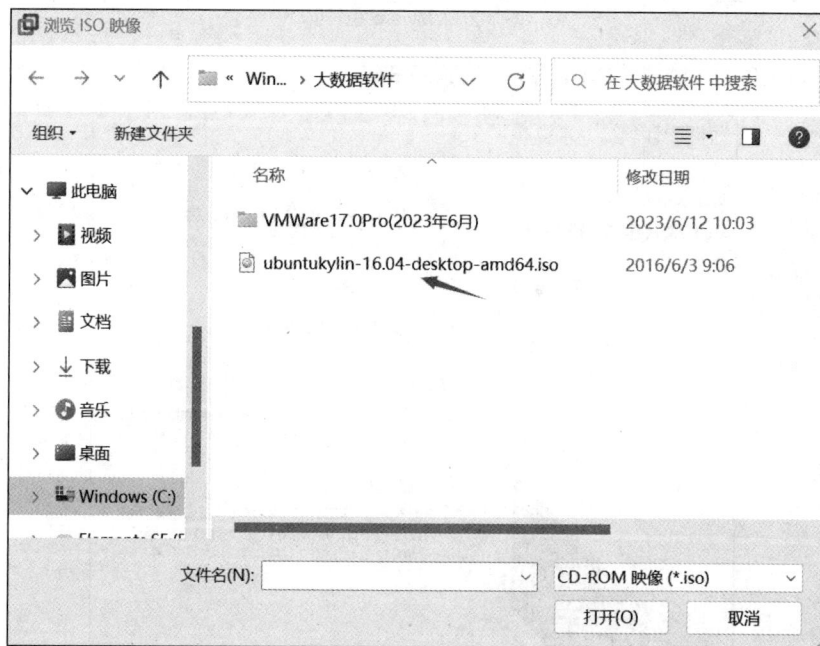

图 3-5　打开映像文件

在出现的界面中进行个性化 Linux 设置，例如，将"全名"设置为"xmudblab"，将"用户名"设置为"dblab"，将"密码"设置为"123456"（见图 3-6），然后单击"下一步"按钮。

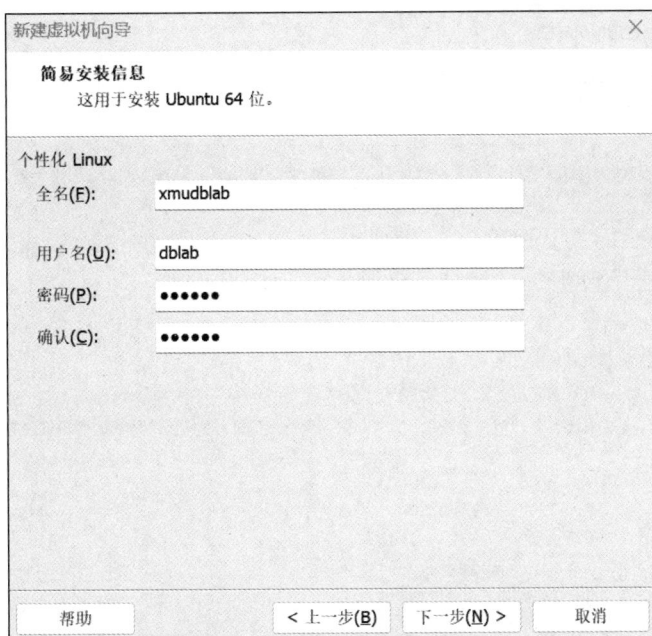

图 3-6 个性化 Linux 设置

在出现的界面中，设置"虚拟机名称"为"hadoop01"，并设置虚拟机文件的保存位置（见图 3-7），然后单击"下一步"按钮。

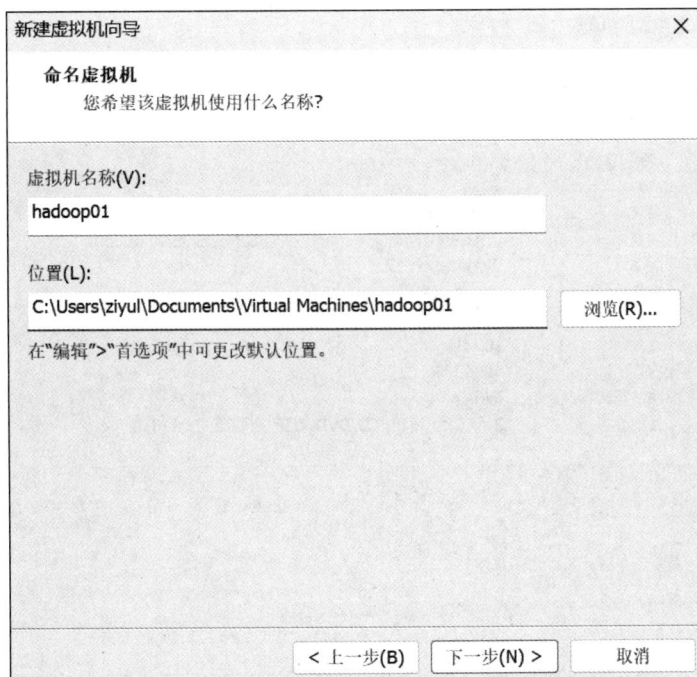

图 3-7 命名虚拟机

在出现的界面中，对磁盘空间大小进行设置（见图 3-8）。一般而言，开展大数据实验需要在虚拟机中安装各种大数据软件，至少需要消耗 40GB 磁盘空间，因此，建议把磁盘空间设置为 50～100GB。同时，需要把"将虚拟磁盘存储为单个文件"选中，然后单击"下一步"按钮。

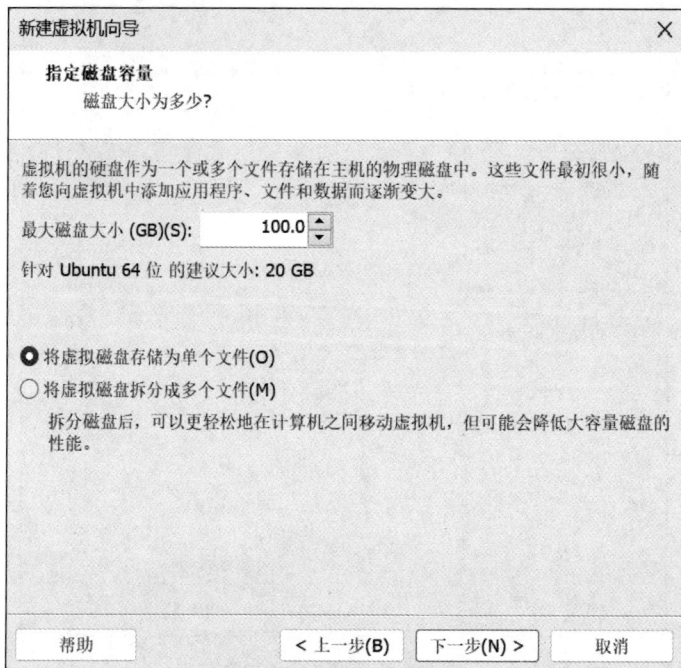

图 3-8　设置磁盘空间大小

在出现的界面中，单击"自定义硬件"按钮，对内存大小进行设置（见图 3-9）。

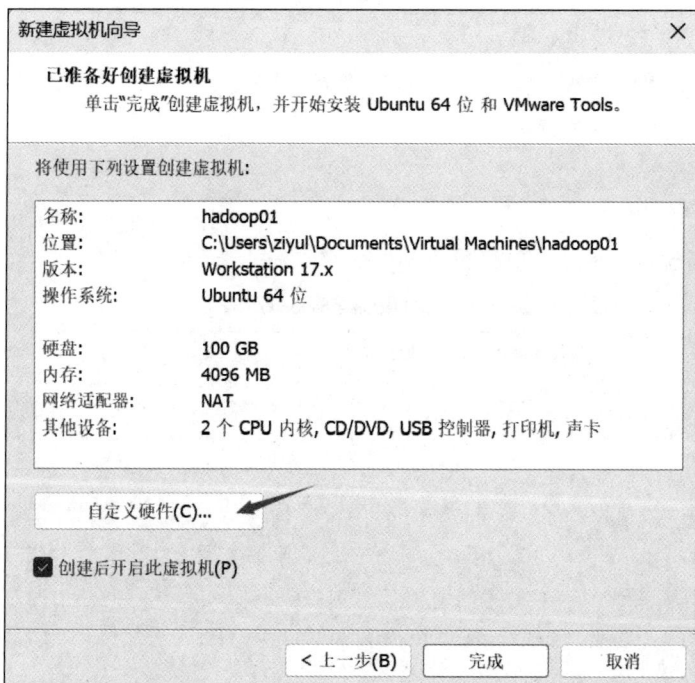

图 3-9　自定义硬件

在出现的界面中，对虚拟机的内存进行设置，例如，如果计算机的内存有 32GB，则可以把虚拟机内存设置为 16GB（见图 3-10），最小要设置为 4GB，然后单击"关闭"按钮，返回到图 3-9 所示界面，单击"完成"按钮。这时，VMware 就会开始自动安装 Ubuntu 操作系统。

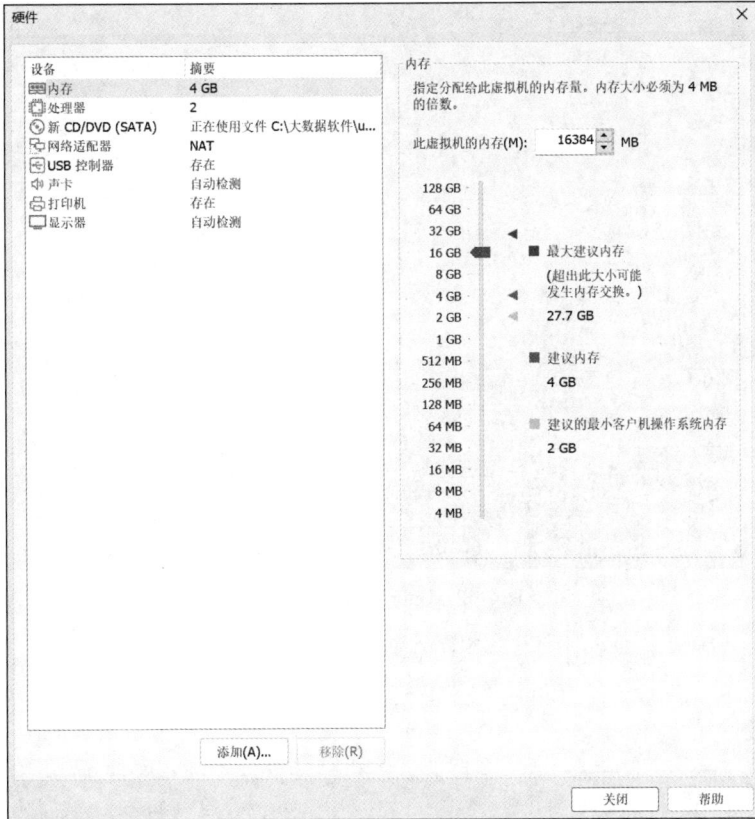

图 3-10　设置内存大小

系统安装完成以后，会出现图 3-11 所示的登录界面。单击"xmudblab"用户图标，输入密码，就可以登录 Ubuntu 系统了。登录后的 Ubuntu 操作系统界面如图 3-12 所示。

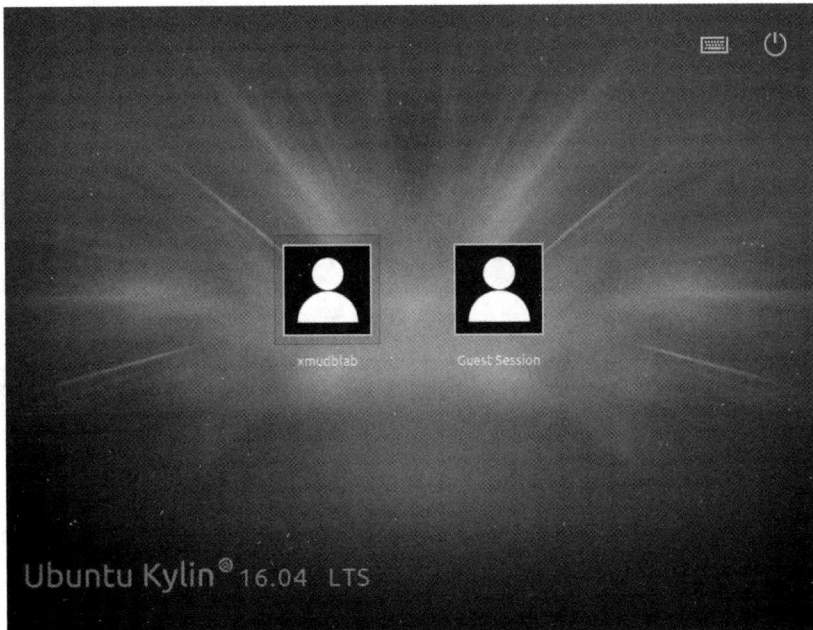

图 3-11　Ubuntu 登录界面

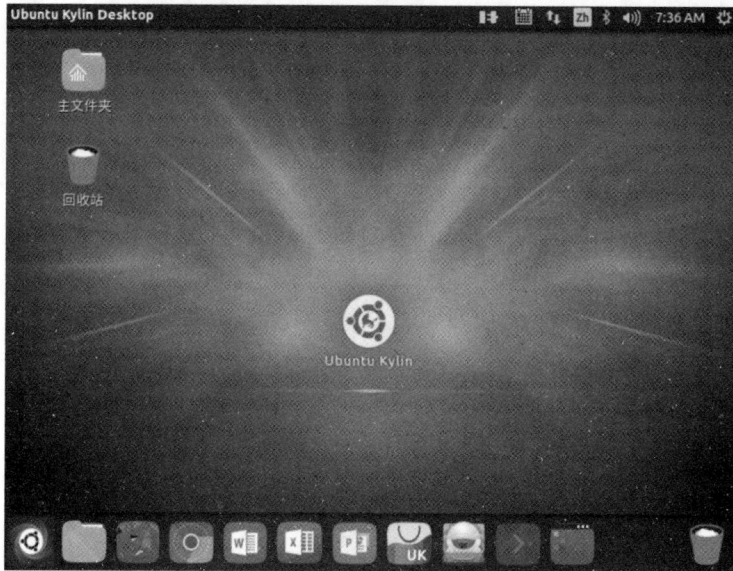
图 3-12 Ubuntu 操作系统界面

在系统界面底部的一排按钮中，有一个经常被使用的按钮是"终端"（Terminal）按钮（见图 3-13）。单击这个按钮，就可以新建一个 Linux 终端，也就是 Linux Shell 环境。当然，也可以使用组合键"Ctrl+Alt+T"新建一个终端。

图 3-13 "终端"按钮

在系统界面底部的一排按钮中，另一个经常被使用的按钮是"文件夹"按钮（见图 3-14）。单击这个按钮，就可以打开文件夹管理界面（见图 3-15），然后就可以像 Windows 操作系统一样进行各种操作。VMware 支持 Windows 操作系统与 Linux 虚拟机之间的双向复制，用户既可以把 Windows 操作系统中的文件或文字直接复制并粘贴到 Linux 虚拟机中，也可以把 Linux 虚拟机中的文件或文字复制并粘贴到 Windows 操作系统中。

图 3-14 "文件夹"按钮

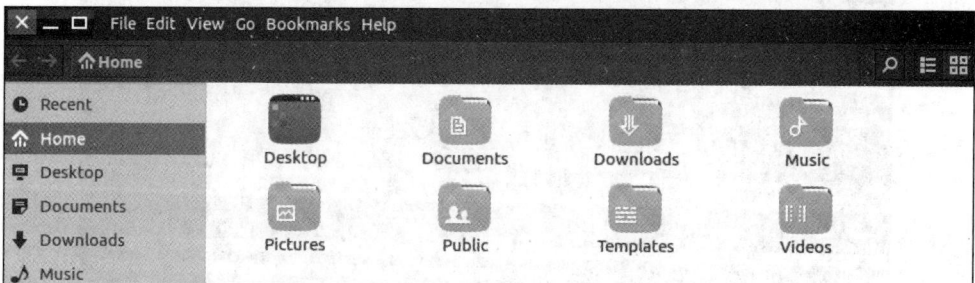
图 3-15 文件夹管理界面

当需要退出当前登录界面或"关机"时，可单击系统界面右上角的"齿轮"图标，会出现图 3-16 所示的界面。单击"Log Out…"就可以退出当前登录界面；单击"Shut Down…"就可以执行"关机"，也就是关闭 Ubuntu 操作系统，而不是关闭 Windows 操作系统。

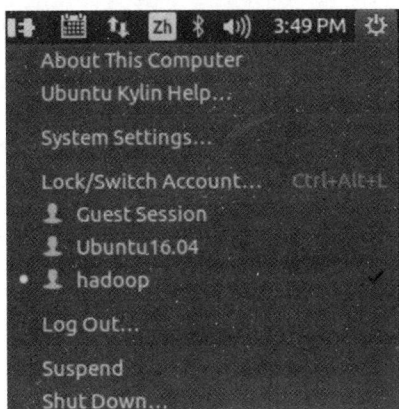

图 3-16　退出登录或"关机"界面

3.2　Hadoop 的安装

Hadoop 是一个开源的、可运行于大规模集群上的分布式计算平台，它主要包含分布式并行编程模型 MapReduce 和分布式文件系统 HDFS 等功能，已经在业内得到广泛应用。借助 Hadoop，程序员可以轻松地编写分布式并行程序，将其运行于计算机集群上，完成海量数据的存储与处理分析。

本节首先简要介绍 Hadoop 的发展情况，然后阐述安装 Hadoop 之前的一些必要准备工作，最后介绍 Hadoop 的安装模式，包括单机模式、伪分布式模式和分布式模式。

3.2.1　Hadoop 简介

Hadoop 是 Apache 软件基金会旗下的一个开源分布式计算平台，为用户提供了系统底层细节透明的分布式基础架构。Hadoop 是基于 Java 语言开发而成的，具有很好的跨平台特性，并且可以部署在廉价的计算机集群中。Hadoop 的核心是 Hadoop 分布式文件系统（Hadoop Distributed File System，HDFS）和 MapReduce。

Hadoop 简介和安装 Hadoop 前的准备工作

Apache Hadoop 版本分为 3 代，分别是 Hadoop 1.0、Hadoop 2.0 和 Hadoop 3.0。第一代 Hadoop 包含 0.20.x、0.21.x 和 0.22.x 三大版本，其中 0.20.x 最后演化成 1.0.x，变成了稳定版，0.21.x 和 0.22.x 则增加了 HDFS HA 等重要的新特性。第二代 Hadoop 包含 0.23.x 和 2.x 两大版本，它们完全不同于 Hadoop 1.0，是一套全新的架构，均包含 HDFS Federation 和 YARN（Yet Another Resource Negotiator，另一种资源协调者）两个系统。Hadoop 2.0 是基于 JDK 1.7 开发的，JDK 1.7 在 2015 年 4 月已停止更新，于是 Hadoop 社区基于 JDK1.8 重新发布一个新的 Hadoop 版本，也就是 Hadoop 3.0。因此，到了 Hadoop 3.0 以后，JDK 版本的最低依赖从 1.7 变成了 1.8。Hadoop 3.0 中引入了一些重要的功能和优化，包括 HDFS 可擦除编程、多名称节点支持、任务级别的 MapReduce 本地优化、基于 cgroup 的内存和磁盘 I/O 隔离等。本书采用 Hadoop 3.3.5。

除了免费开源的 Apache Hadoop，还有一些商业公司推出 Hadoop 的发行版。2008 年，Cloudera 成为第一个 Hadoop 商业化公司，并在 2009 年推出第一个 Hadoop 发行版。此后，很多大公司加入 Hadoop 产品化的行列，如 MapR、Hortonworks、星环等。2018 年 10 月，Cloudera 和 Hortonworks 宣布合并。一般而言，商业化公司推出的 Hadoop 发行版也是以 Apache Hadoop 为基础的，但是前者比后者具有更好的易用性、更多的功能以及更高的性能。

3.2.2　安装 Hadoop 前的准备工作

本小节介绍安装 Hadoop 前的一些准备工作，包括创建 hadoop 用户、更新 APT、安装 SSH 和安装 Java 环境等。

1. 创建 hadoop 用户

这里需要创建一个名称为 hadoop 的普通用户，后续所有操作都会使用该用户名登录 Linux 操作系统。前面在安装 Linux 操作系统时，设置了一个名称为 xmudblab 的用户，接下来就可以使用 xmudblab 用户身份登录 Linux 操作系统，然后打开一个终端（组合键"Ctrl+Alt+T"），使用以下命令创建一个用户 hadoop。

```
$ sudo useradd -m hadoop -s /bin/bash
```

通过该命令，我们创建了可以登录系统的 hadoop 用户，并使用/bin/bash 作为 Shell。

接着使用以下命令为 hadoop 用户设置密码。

```
$ sudo passwd hadoop
```

由于我们以学习为目的，不需要把密码设置得过于复杂，因此这里把密码简单设置为 hadoop，也就是，用户名和密码相同，方便记忆。注意，这里需要按照提示输入两次密码。

然后使用以下命令为 hadoop 用户增加管理员权限，以方便部署和避免一些对新手来说比较棘手的权限问题。

```
$ sudo adduser hadoop sudo
```

最后单击屏幕右上角的"齿轮"图标，选择"Log Out…"，注销当前登录的 xmudblab 用户，返回到 Linux 操作系统的登录界面。在登录界面中选择刚创建的 hadoop 用户并输入密码进行登录。

再次说明，在本书后续的学习过程中，全部采用 hadoop 用户身份登录 Linux 操作系统。

2. 更新 APT

为了确保 Hadoop 安装过程顺利进行，建议在 Linux 终端中执行下面命令更新 APT 软件。

```
$ sudo apt-get update
```

3. 安装 SSH

SSH（Secure Shell）是建立在应用层和传输层基础上的安全协议，也是较可靠、专为远程登录会话和其他网络服务提供安全性保障的协议。利用 SSH 协议可以有效防止远程管理过程中的信息泄露问题。SSH 最初是 UNIX 操作系统上的一个程序，后来又迅速扩展到其他操作平台。SSH 是由客户端和服务器端的软件组成的：服务器端是一个守护进程，它在后台运行并响应来自客户端的连接请求；客户端包含 SSH 程序以及如 scp（远程备份）、slogin（远程登录）、sftp（安全文件传输）等的其他应用程序。

为什么在安装 Hadoop 之前要配置 SSH 呢？这是因为 Hadoop 名称节点（NameNode）需要启动集群中所有机器的 Hadoop 守护进程，这个过程需要通过 SSH 登录来实现。Hadoop 并没有提供 SSH 输入密码登录的形式，因此，为了能够顺利登录集群中的每台机器，需要将所有机器配置为"名称节点可以无密码登录它们"。

Ubuntu 默认已安装了 SSH 客户端，因此，这里还需要安装 SSH 服务器端，请在 Linux 的终端中执行以下命令。

```
$ sudo apt-get install openssh-server
```

安装后，可以使用以下命令登录本机。

```
$ ssh localhost
```

执行该命令后会出现图 3-17 所示的提示信息（SSH 首次登录提示），输入"yes"，然后按提示输入密码 hadoop，就登录到本机了。

```
hadoop@DBLab-XMU:~$ ssh localhost
The authenticity of host 'localhost (127.0.0.1)' can't be established.
ECDSA key fingerprint is a9:28:e0:4e:89:40:a4:cd:75:8f:0b:8b:57:79:67:86.
Are you sure you want to continue connecting (yes/no)? yes
```

图 3-17　SSH 登录提示信息

这里在理解上会有一点 "绕弯"。也就是说，原本我们登录进入 Linux 操作系统以后，就是在本机上，这时，在终端中输入的每条命令都是直接提交给本机去执行，然后我们又在本机上使用 SSH 方式登录到本机，这时，我们在终端中输入的命令通过 SSH 方式提交给本机处理。如果换成包含两台独立计算机的场景，SSH 登录会更容易理解。例如，有两台计算机 A 和 B 都安装了 Linux 操作系统，计算机 B 上安装了 SSH 服务器端，计算机 A 上安装了 SSH 客户端，计算机 B 的 IP 地址是 59.77.16.33，我们在计算机 A 上执行命令 "ssh 59.77.16.33"，就实现了通过 SSH 方式登录计算机 B 上面的 Linux 操作系统；我们在计算机 A 的 Linux 终端中输入的命令，都会提交给计算机 B 上的 Linux 操作系统执行，也就是说，在计算机 A 上操作计算机 B 中的 Linux 操作系统。现在，我们只有一台计算机，就相当于计算机 A 和 B 都在同一台机器上，所以理解起来就会有点 "绕弯"。

但是，这样登录需要每次输入密码，所以需要配置成 SSH 无密码登录会比较方便，而且 Hadoop 集群中，名称节点要登录某台机器（数据节点）时，也不可能人工输入密码，所以也需要设置成 SSH 无密码登录。

首先，输入命令 "exit" 退出刚才的 SSH，就回到了原先的终端窗口；然后利用 ssh-keygen 生成密钥，并将密钥加入授权中，命令如下。

```
$ cd ~/.ssh/              #若没有该目录，请先执行一次 ssh localhost
$ ssh-keygen -t rsa       #会有提示，都按 "Enter" 键即可
$ cat ./id_rsa.pub >> ./authorized_keys  #加入授权
```

此时，再执行 ssh localhost 命令，无须输入密码就可以直接登录了，如图 3-18 所示。

```
hadoop@ubuntu:~$ ssh localhost
Welcome to Ubuntu 16.04.7 LTS (GNU/Linux 4.4.0-210-generic x86_64)

 * Documentation:  https://help.ubuntu.com
 * Management:     https://landscape.canonical.com
 * Support:        https://ubuntu.com/advantage

31 packages can be updated.
2 updates are security updates.

Last login: Mon Jun 12 00:24:04 2023 from 127.0.0.1
```

图 3-18　SSH 登录后的提示信息

4. 安装 Java 环境

由于 Hadoop 本身是使用 Java 语言编写的，因此 Hadoop 的开发和运行都需要 Java 的支持。对 Hadoop 3.3.5 而言，要求使用 JDK 1.8 或者更新的版本。

访问 Oracle 官网下载 JDK 1.8 安装包，或者访问本书官方网站，进入 "下载专区"，在 "软件" 目录下找到文件 jdk-8u371-linux-x64.tar.gz 并下载到本地。这里假设下载好的 JDK 安装文件保存在 Ubuntu 操作系统的 "/home/hadoop/Downloads/" 目录下。

执行以下命令创建 "/usr/lib/jvm" 目录，以用来存放 JDK 文件。

```
$ cd /usr/lib
$ sudo mkdir jvm    #创建 "/usr/lib/jvm" 目录，以用来存放 JDK 文件
```

执行以下命令对安装文件进行解压缩。

```
$ cd ~ #进入 hadoop 用户的主目录
$ cd Downloads
$ sudo tar -zxvf ./jdk-8u371-linux-x64.tar.gz -C /usr/lib/jvm
```

执行以下命令设置环境变量。

```
$ vim ~/.bashrc
```

上面命令使用 Vim 编辑器打开了 hadoop 用户的环境变量配置文件，请在这个文件的开头位置，添加以下几行内容。

```
export JAVA_HOME=/usr/lib/jvm/jdk1.8.0_371
export JRE_HOME=${JAVA_HOME}/jre
export CLASSPATH=.:${JAVA_HOME}/lib:${JRE_HOME}/lib
export PATH=${JAVA_HOME}/bin:$PATH
```

保存.bashrc 文件并退出 Vim 编辑器，然后执行以下命令让.bashrc 文件的配置立即生效。

```
$ source ~/.bashrc
```

这时，我们可以使用以下命令查看是否安装成功。

```
$ java -version
```

如果能够在屏幕上返回以下信息，则说明安装成功。

```
java version "1.8.0_371"
Java(TM) SE Runtime Environment (build 1.8.0_371-b11)
Java HotSpot(TM) 64-Bit Server VM (build 25.371-b11, mixed mode)
```

至此，我们成功安装了 Java 环境。

3.2.3 Hadoop 的 3 种安装模式

Hadoop 的 3 种
安装模式

Hadoop 包括 3 种安装模式。

• 单机模式：只在一台机器上运行，存储采用本地文件系统，没有采用分布式文件系统 HDFS。

• 伪分布式模式：存储采用分布式文件系统 HDFS，但是，HDFS 的名称节点和数据节点都在同一台机器上。

• 分布式模式：存储采用分布式文件系统 HDFS，而且 HDFS 的名称节点和数据节点位于不同机器上。

3.2.4 下载 Hadoop 安装文件

下载 Hadoop 安装
文件

本书采用的 Hadoop 版本是 3.3.5，读者可以到 Hadoop 官网下载安装文件，或者可以到本书官方网站的"下载专区"中下载安装文件。单击进入"下载专区"后，在"软件"文件夹中找到文件 hadoop-3.3.5.tar.gz，将其下载到本地，保存到"/home/hadoop/Downloads/"目录下。

下载完安装文件以后，需要对文件进行解压缩。按照 Linux 操作系统使用的默认规范，用户安装的软件一般存放在"/usr/local/"目录下。请使用 hadoop 用户身份登录 Linux 操作系统，打开一个终端，执行以下命令。

```
$ sudo tar -zxvf ~/Downloads/hadoop-3.3.5.tar.gz -C /usr/local    #解压缩到/usr/local 中
$ cd /usr/local/
$ sudo mv ./hadoop-3.3.5/ ./hadoop              #将文件夹名改为 hadoop
$ sudo chown -R hadoop:hadoop ./hadoop          #修改文件权限
```

Hadoop 解压缩后即可使用。我们可以输入以下命令来检查 Hadoop 是否可用，可用则会显示 Hadoop 版本信息。

```
$ cd /usr/local/hadoop
$ ./bin/hadoop version
```

3.2.5　单机模式配置

Hadoop 默认模式为非分布式模式（单机模式），无须进行其他配置即可运行。Hadoop 附带了丰富的例子，执行以下命令可以查看所有例子。

```
$ cd /usr/local/hadoop
$ ./bin/hadoop jar ./share/hadoop/mapreduce/hadoop-mapreduce-examples-
3.3.5.jar
```

单机模式配置

上述命令执行后，会显示所有例子的简介信息，包括 grep、join、wordcount 等。这里选择运行 grep 例子，我们可以先在 "/usr/local/hadoop" 目录下创建一个文件夹 input，并复制一些文件到该文件夹下，然后运行 grep 程序，将 input 文件夹中的所有文件作为 grep 的输入，让 grep 程序从所有文件中筛选出符合正则表达式 "dfs[a-z.]+" 的单词，并统计单词出现的次数，最后把统计结果输出到 "/usr/local/hadoop/output" 文件夹中。完成上述操作的具体命令如下。

```
$ cd /usr/local/hadoop
$ mkdir input
$ cp ./etc/hadoop/*.xml ./input        #将配置文件复制到 input 目录下
$ ./bin/hadoop jar ./share/hadoop/mapreduce/hadoop-mapreduce-examples-*.jar grep
./input ./output 'dfs[a-z.]+'
$ cat ./output/*                       #查看运行结果
```

执行命令成功后，将输出作业的相关信息，如图 3-19 所示，输出的结果显示符合正则表达式的单词 "dfsadmin" 出现了 1 次（见图 3-19）。

图 3-19　grep 程序运行结果

需要注意的是，Hadoop 默认不会覆盖结果文件，因此，再次运行上面实例会提示出错。如果要再次运行，需要先使用以下命令把 output 文件夹删除。

```
$ rm -r ./output
```

3.2.6　伪分布式模式配置

Hadoop 可以在单个节点（一台机器）上以伪分布式的方式运行，同一个节点既作为名称节点（NameNode）又作为数据节点（DataNode），读取的是分布式文件系统 HDFS 中的文件。

伪分布式模式配置

1．修改配置文件

用户需要配置相关文件，才能够让 Hadoop 在伪分布式模式下顺利运行。Hadoop 的配置文件位于 "/usr/local/hadoop/etc/hadoop/" 中。在进行伪分布式模式配置时，需要修改两个配置文件，即 core-site.xml 和 hdfs-site.xml。

使用 Vim 编辑器打开 core-site.xml 文件，它的初始内容如下。

```
<configuration>
</configuration>
```

修改以后，core-site.xml 文件的内容如下。

```
<configuration>
    <property>
        <name>hadoop.tmp.dir</name>
        <value>file:/usr/local/hadoop/tmp</value>
        <description>Abase for other temporary directories.</description>
    </property>
    <property>
```

```
        <name>fs.defaultFS</name>
        <value>hdfs://localhost:9000</value>
    </property>
</configuration>
```

在上面的配置文件中，hadoop.tmp.dir 用于保存临时文件。若没有配置 hadoop.tmp.dir 这个参数，则默认使用的临时目录为"/tmp/hadoo-hadoop"，但这个目录在 Hadoop 重启时有可能被系统清理掉而导致产生一些意想不到的问题，因此，必须配置这个参数。fs.defaultFS 这个参数用于指定 HDFS 的访问地址，其中，9000 是端口号。

同样，需要修改配置文件 hdfs-site.xml，修改后的内容如下。

```
<configuration>
    <property>
        <name>dfs.replication</name>
        <value>1</value>
    </property>
    <property>
        <name>dfs.namenode.name.dir</name>
        <value>file:/usr/local/hadoop/tmp/dfs/name</value>
    </property>
    <property>
        <name>dfs.datanode.data.dir</name>
        <value>file:/usr/local/hadoop/tmp/dfs/data</value>
    </property>
</configuration>
```

在 hdfs-site.xml 文件中，dfs.replication 这个参数用于指定副本的数量，这是因为在分布式文件系统 HDFS 中，数据会被冗余存储多份，以保证可靠性和可用性。但是，由于这里采用伪分布式模式，只有一个节点，只可能有 1 个副本，因此，设置 dfs.replication 的值为 1。dfs.namenode.name.dir 用于设置名称节点的元数据保存目录，dfs.datanode.data.dir 用于设置数据节点的数据保存目录，这两个参数必须设置，否则后面会出错。

有关配置文件 core-site.xml 和 hdfs-site.xml 的内容，读者可以直接到本书官方网站的"下载专区"下载（位于"代码"→"第 3 章"→"伪分布式模式配置"子目录中）。

需要指出的是，Hadoop 的运行方式（如是运行在单机模式下还是运行在伪分布式模式下）是由配置文件决定的；启动 Hadoop 时会读取配置文件，然后根据配置文件来决定运行在什么模式下。因此，如果需要从伪分布式模式切换回单机模式，只需要删除 core-site.xml 中的配置项即可。

2. 进行名称节点格式化

修改配置文件以后，要进行名称节点格式化，执行以下命令。

```
$ cd /usr/local/hadoop
$ ./bin/hdfs namenode -format
```

如果成功地完成了格式化，则会看到"successfully formatted"的提示信息（见图 3-20）。

图 3-20　进行名称节点格式化后的提示信息

如果在执行这一步时提示错误信息 "Error: JAVA_HOME is not set and could not be found"，则说明之前设置 JAVA_HOME 环境变量的时候，没有设置成功。此时，请按前面的讲解先设置好 JAVA_HOME 环境变量，否则，后面的过程都无法顺利进行。

3. 启动 Hadoop

执行以下命令启动 Hadoop。

```
$ cd /usr/local/hadoop
$ ./sbin/start-dfs.sh  #start-dfs.sh 是一个完整的可执行文件，中间没有空格
```

Hadoop 启动完成后，可以通过命令 jps 来判断是否成功启动，具体如下。

```
$ jps
```

若成功启动，则会列出以下进程：DataNode、NameNode 和 SecondaryNameNode（见图 3-21）。如果看不到 SecondaryNameNode 进程，请执行命令 "./sbin/stop-dfs.sh" 关闭 Hadoop 相关进程，然后再次尝试启动。如果看不到 NameNode 或 DataNode 进程，则表示配置不成功，请仔细检查之前步骤或通过查看启动日志排查原因。

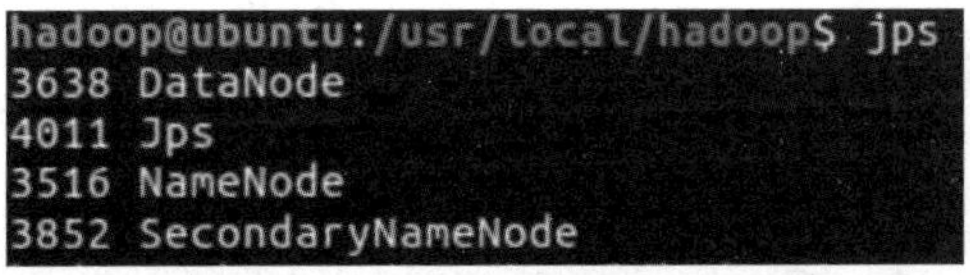

图 3-21　Hadoop 启动成功以后的进程

4. 使用 Web 界面查看 HDFS 信息

成功启动 Hadoop 后，在 Linux 操作系统中（不是 Windows 操作系统）打开浏览器，在地址栏中输入地址 http://localhost:9870，打开 HDFS 的 Web 界面（见图 3-22），就可以查看名称节点和数据节点信息，还可以在线查看 HDFS 中的文件。

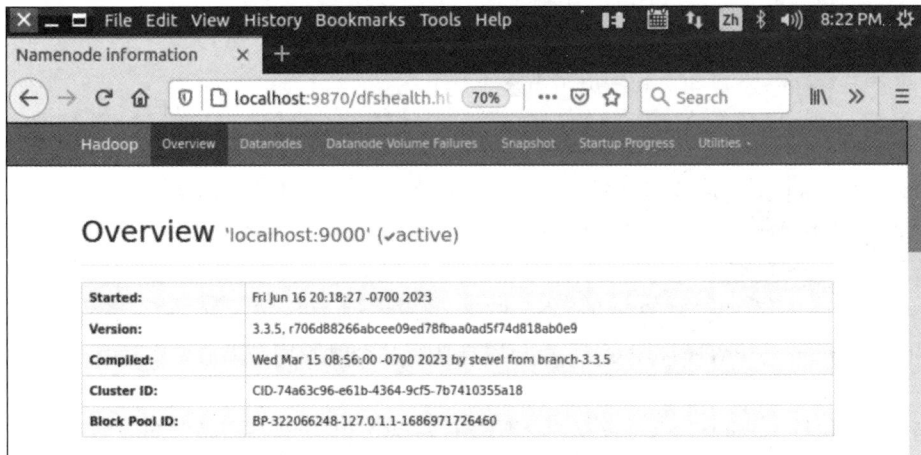

图 3-22　HDFS 的 Web 界面

5. 运行 Hadoop 伪分布式模式实例

单机模式下，grep 程序读取的是本地数据；伪分布式模式下，读取的则是分布式文件系统 HDFS 上的数据。要使用 HDFS，首先需要在 HDFS 中创建用户目录（本书统一采用 hadoop 用户名登录 Linux 操作系统），命令如下。

```
$ cd /usr/local/hadoop
$ ./bin/hdfs dfs -mkdir -p /user/hadoop
```

上面的命令是分布式文件系统 HDFS 的操作命令，目前只需要按照命令操作即可。

接着需要把本地文件系统的"/usr/local/hadoop/etc/hadoop"目录中的所有 XML 文件作为输入文件，复制到分布式文件系统 HDFS 中的"/user/hadoop/input"目录中，命令如下。

```
$ cd /usr/local/hadoop
$ ./bin/hdfs dfs -mkdir input    #在 HDFS 中创建 hadoop 用户对应的 input 目录
$ ./bin/hdfs dfs -put ./etc/hadoop/*.xml input    #把本地文件复制到 HDFS 中
```

复制完成后，可以通过以下命令查看 HDFS 中的文件列表。

```
$ ./bin/hdfs dfs -ls input
```

执行上述命令以后，可以看到 input 目录下的文件信息。

运行 Hadoop 自带的 grep 程序，命令如下。

```
$ ./bin/hadoop jar ./share/hadoop/mapreduce/hadoop-mapreduce-examples-3.3.5.jar grep
input output 'dfs[a-z.]+'
```

运行结束后，可以通过以下命令查看 HDFS 中的 output 文件夹中的内容。

```
$ ./bin/hdfs dfs -cat output/*
```

运行结果如图 3-23 所示。

图 3-23　在 Hadoop 伪分布式模式下运行 grep 程序的结果

需要强调的是，Hadoop 运行程序时，输出目录不能存在，否则会提示以下错误信息。

```
org.apache.hadoop.mapred.FileAlreadyExistsException: Output directory hdfs://localhost:
9000/user/hadoop/output already exists
```

因此，若想要再次运行 grep 程序，则需要执行以下命令删除 HDFS 中的 output 文件夹。

```
$ ./bin/hdfs dfs -rm -r output    #删除 output 文件夹
```

6. 关闭 Hadoop

如果要关闭 Hadoop，则可以执行以下命令。

```
$ cd /usr/local/hadoop
$ ./sbin/stop-dfs.sh
```

下次启动 Hadoop 时，无须进行名称节点的初始化（否则会出错）。也就是说，不需要再次执行"hdfs namenode -format"命令，每次启动 Hadoop 只需要直接运行 start-dfs.sh 命令即可。

7. 配置 PATH 环境变量

前面在启动 Hadoop 时，都要加上命令的路径，例如，"./sbin/start-dfs.sh"这个命令中就带上了路径。实际上，通过设置 PATH 环境变量，就可以在执行命令时不用带上命令本身所在的路径，例如，我们打开一个 Linux 终端，在任何一个目录下执行"ls"命令时，都没有带上 ls 命令的路径。这里执行 ls 命令时，是执行"/bin/ls"这个程序。之所以不需要带上路径，是因为 Linux 操作系统已经把 ls 命令的路径加入 PATH 环境变量中，当执行 ls 命令时，系统是根据 PATH 这个环境变量中包含的目录位置，逐一进行查找，直至在这些目录位置下找到匹配的 ls 程序（若没有匹配的程序，则系统会提示该命令不存在）。

知道了这个原理以后，我们同样可以把 start-dfs.sh、stop-dfs.sh 等命令所在的目录"/usr/local/hadoop/sbin"加入环境变量 PATH 中，这样，以后在任何目录下都可以直接使用命令"start-dfs.sh"启动 Hadoop，不用带上命令路径。具体操作方法是，首先使用 Vim 编辑器打开"~/.bashrc"这个文件，然后在这个文件的最前面位置加入以下单独一行内容。

```
export PATH=$PATH:/usr/local/hadoop/sbin
```

在后面的学习过程中，如果要把其他命令的路径也加入 PATH 环境变量中，则需要继续修改"~/.bashrc"这个文件。只要用英文冒号":"把新的路径与以前的路径隔开即可，例如，要把"/usr/local/hadoop/bin"路径增加到 PATH 环境变量中，只要将其追加到后面即可，命令如下。

```
export PATH=$PATH:/usr/local/hadoop/sbin:/usr/local/hadoop/bin
```

添加后，执行命令"source ~/.bashrc"使设置生效。设置生效后，在任何目录下启动 Hadoop，都只要直接输入 start-dfs.sh 命令即可。同理，停用 Hadoop，只需要在任何目录下输入 stop-dfs.sh 命令即可。

3.2.7　分布式模式配置

当 Hadoop 采用分布式模式部署和运行时，存储采用分布式文件系统 HDFS，而且 HDFS 的名称节点和数据节点位于不同机器上。这时，数据就可以分布到多个节点上，不同数据节点上的数据计算并行执行，MapReduce 分布式计算能力才能真正发挥作用。

分布式模式配置

这里使用 3 个节点（两台物理机器）来搭建集群环境，主机名分别为 hadoop01、hadoop02 和 hadoop03。3 个节点上的 Hadoop 组件分布如表 3-1 所示。

表 3-1　　　　　　　　　　　　　　　　　　**Hadoop 集群组件分布**

	hadoop01	hadoop02	hadoop03
HDFS	NameNode DataNode	DataNode	DataNode SecondaryNameNode
YARN	ResourceManager NodeManager	NodeManager	NodeManager

1. 安装虚拟机

在 3.1.3 小节中，我们已经安装了虚拟机 hadoop01，请按照相同的方法再安装另外两个虚拟机 hadoop02 和 hadoop03，或者可以采用"克隆"虚拟机的方式快速生成两个新的虚拟机。由于 hadoop02 和 hadoop03 是从节点，不需要安装很多的软件，因此它们的配置可以比 hadoop01 的配置低一些。例如，对 hadoop02 和 hadoop03 而言，内存只需要配置为 4GB，磁盘只需要配置为 20GB。

安装好虚拟机 hadoop02 和 hadoop03 以后，参照 3.2.2 小节的方法，首先创建 hadoop 用户，然后使用 hadoop 用户身份登录 Linux 操作系统，安装 SSH 服务器端，并安装 Java 环境。

2. 网络配置

在 Ubuntu 中，在 hadoop01 节点上执行以下命令修改主机名。

```
$ sudo vim /etc/hostname
```

执行上面命令后，就打开了"/etc/hostname"这个文件，这个文件里面记录了主机名。打开这个文件以后，里面就只有"ubuntu"这一行内容，直接删除，并修改为"hadoop01"（注意是区分大小写的），然后保存并退出 Vim 编辑器，这样就完成了主机名的修改。此时需要重启 Linux 操作系统，才能看到主机名的变化。

要注意观察主机名修改前后的变化。在修改主机名之前，如果用 hadoop 用户身份登录 Linux 操作系统，打开终端，进入 Shell 命令提示符状态，会显示以下内容。

```
hadoop@ ubuntu:~$
```

修改主机名并重启 Linux 操作系统之后，用 hadoop 用户身份登录 Linux 操作系统，打开终端，进入 Shell 命令提示符状态，会显示以下内容。

```
hadoop@ hadoop01:~$
```

同理，请按照相同的方法，把虚拟机 hadoop02 和 hadoop03 中的主机名分别修改为"hadoop02"和"hadoop03"，并重启 Linux 操作系统。

然后使用 ifconfig 命令获取每台虚拟机的 IP 地址，具体命令如下。

```
$ ifconfig
```

图 3-24 给出了 ifconfig 命令的执行结果。从中可以看到，hadoop01 的 IP 地址是 192.168.91.128（你的机器 IP 地址可能与这个不同）。同理，可以查询到 hadoop02 的 IP 地址是 192.168.91.129，hadoop03 的 IP 地址是 192.168.91.130。

图 3-24 ifconfig 命令执行结果

需要注意的是，每台机器的 IP 地址建议设置为固定 IP 地址，不要使用动态分配 IP 地址，否则，每次重启系统以后有可能 IP 地址会动态变化，导致后面搭建的集群无法连接。下面介绍把机器的 IP 地址设置为固定 IP 地址的方法。

在 Ubuntu 操作系统中新建一个终端，执行以下命令查询网关地址。

```
$ netstat -nr
```

查询结果如图 3-25 所示。从该图中可以看到，网关地址是 192.168.91.2。

图 3-25 查询网关地址

单击 Ubuntu 操作系统界面右上角的"齿轮"图标（见图 3-26），在弹出的菜单中选择"System Settings…"。

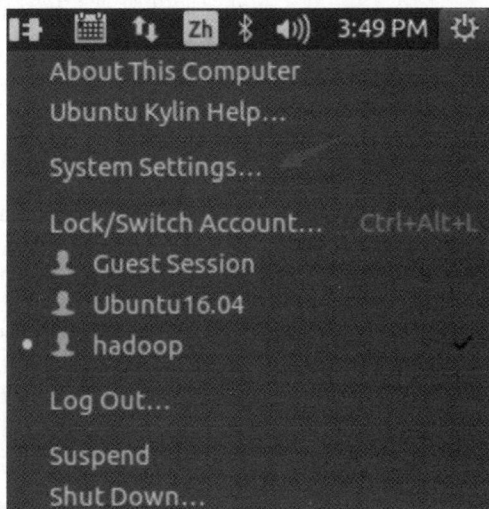

图 3-26 打开系统设置界面

在出现的界面中，单击"Network"按钮，如图 3-27 所示。

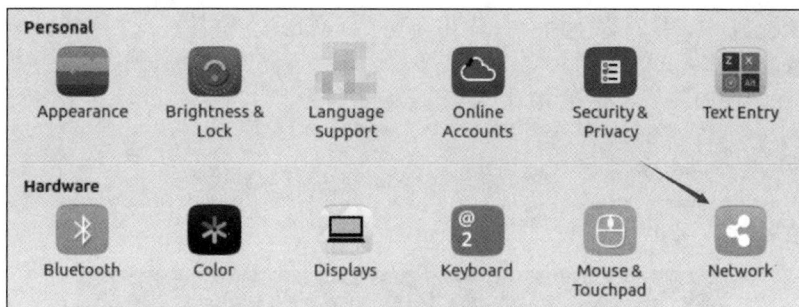

图 3-27　打开网络设置界面

在出现的界面中，单击"Options…"按钮，如图 3-28 所示。

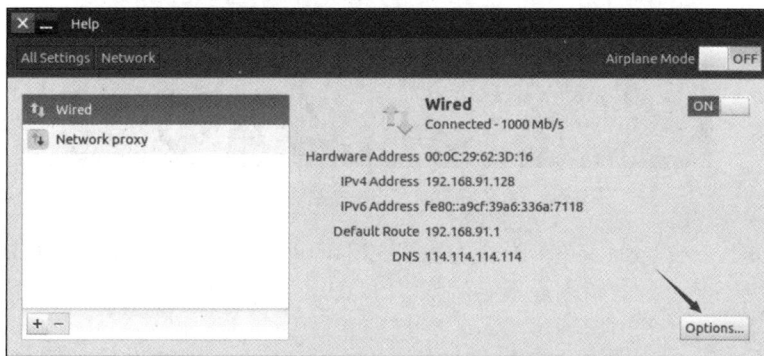

图 3-28　单击"Options…"按钮

在出现的界面中，在"Method"下拉列表中选择"Manual"，然后把"Address"设置为"192.168.91.128"，把"Netmask"设置为"255.255.255.0"，把"Gateway"设置为"192.168.91.2"，把"DNS servers"设置为"114.114.114.114"，单击界面底部的"Save"按钮，如图 3-29 所示。然后重新启动 Ubuntu 操作系统，IP 地址就生效了。注意，系统重启以后，一定要使用 ifconfig 命令检查 IP 地址是否已经设置成功，同时，也要在 Ubuntu 中打开一个浏览器，测试一下是否可以正常访问网络（如访问百度网站）。

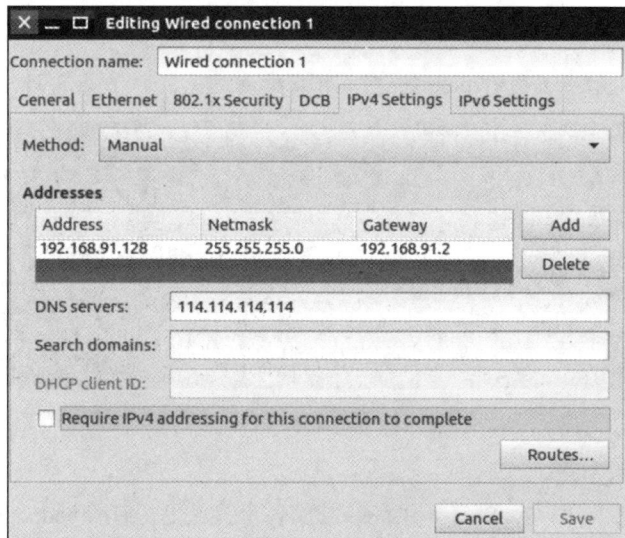

图 3-29　IP 地址设置界面

然后在 hadoop01 中，执行以下命令打开并修改 "/etc/hosts" 文件。

```
$ sudo vim /etc/hosts
```

在 hosts 文件中增加以下 3 条 IP 地址和主机名映射关系。

```
192.168.91.128    hadoop01
192.168.91.129    hadoop02
192.168.91.130    hadoop03
```

修改后的结果如图 3-30 所示。

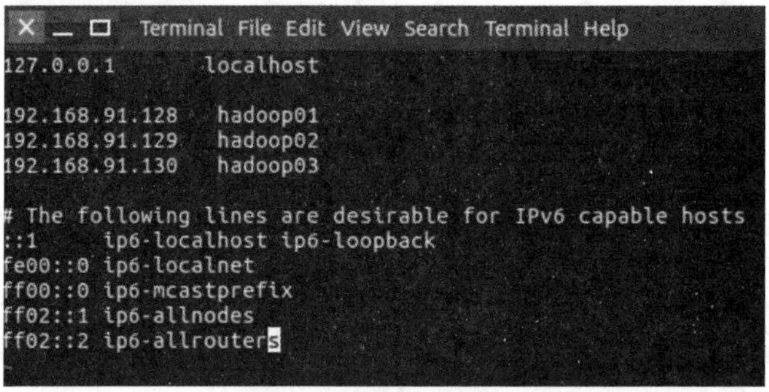

图 3-30　修改 IP 地址和主机名映射关系后的结果

需要注意的是，一般 hosts 文件中只能有一个 127.0.0.1 映射，其对应主机名为 localhost。如果有多余 127.0.0.1 映射，应删除，特别是不能存在 "127.0.0.1 hadoop01" 这样的映射记录。修改后需要重启 Linux 操作系统。

上面完成了 hadoop01 的配置，接下来要继续完成对其他节点的配置与修改。请参照上面的方法，分别到 hadoop02 和 hadoop03 中，在 hosts 文件中增加以下 3 条 IP 地址和主机名映射关系。

```
192.168.91.128    hadoop01
192.168.91.129    hadoop02
192.168.91.130    hadoop03
```

修改完成以后，请重新启动 Linux 操作系统。

需要在各个节点上都执行以下命令，测试是否相互 ping 得通。如果 ping 不通，后面就无法顺利配置成功。

```
$ ping hadoop01 -c 3    #只 ping 3 次就会停止，否则要按 "Ctrl+C" 组合键中断 ping 命令
$ ping hadoop02 -c 3
$ ping hadoop03 -c 3
```

例如，在 hadoop01 节点上执行 ping 命令。如果 ping 通，会显示图 3-31 所示的结果。

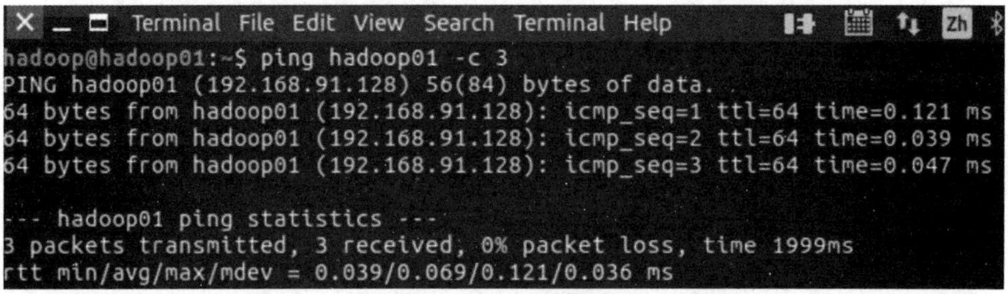

图 3-31　执行 ping 命令的结果

3. SSH 无密码登录节点

必须让 hadoop01 节点可以以 SSH 无密码登录到各个节点上（包括 hadoop01 可以以 SSH 无密码登录自己）。

首先需要再次确认 3 个节点上已经安装了 SSH 服务器端。如果之前没有安装，需要执行如下命令安装 SSH 服务器端。

```
$ sudo apt-get install openssh-server
```

然后生成 hadoop01 节点的公匙，如果之前已经生成过公钥（在 3.2.2 小节安装 Hadoop 前的准备工作时生成过一次公钥），则必须删除原来生成的公钥，重新生成一次，因为前面我们对主机名进行了修改。在 hadoop01 节点执行以下命令。

```
$ cd ~/.ssh              #如果没有该目录，先执行一次 ssh localhost
$ rm ./id_rsa*          #删除之前生成的公匙（如果已经存在）
$ ssh-keygen -t rsa     #执行该命令后，遇到提示信息，一直按"Enter"键即可
```

为了让 hadoop01 节点能够 SSH 无密码登录本机，需要在 hadoop01 节点上执行以下命令。

```
$ cat ./id_rsa.pub >> ./authorized_keys
```

完成后可以执行命令"ssh hadoop01"来验证一下，该过程中可能会遇到提示信息，只要输入"yes"即可。测试成功后，请执行"exit"命令返回原来的终端。

接下来，在 hadoop01 节点上将公匙传输到 hadoop02 和 hadoop03 节点上。

```
$ scp ~/.ssh/id_rsa.pub hadoop@hadoop02:/home/hadoop/
$ scp ~/.ssh/id_rsa.pub hadoop@hadoop03:/home/hadoop/
```

上面的命令中，scp（secure copy）用于在 Linux 下进行远程备份文件，类似于 cp 命令。不过，cp 只能在本机中备份。执行 scp 命令时会要求输入 hadoop02 和 hadoop03 节点上 hadoop 用户的密码，输入完成后会提示传输完毕，如图 3-32 所示。传输完成以后，在 hadoop02 和 hadoop03 节点上的"/home/hadoop"目录下就可以看到文件 id_rsa.pub 了。

图 3-32　执行 scp 命令的结果

接着在节点 hadoop02 和 hadoop03 上分别执行以下命令将 SSH 公匙加入授权。

```
$ mkdir ~/.ssh          #如果不存在该文件夹就需要先创建，若已存在，则忽略本命令
$ cat ~/id_rsa.pub >> ~/.ssh/authorized_keys
$ rm ~/id_rsa.pub       #用完以后就可以删掉
```

这样，在 hadoop01 节点上就可以以 SSH 无密码登录到各个节点了（包括 hadoop01、hadoop02 和 hadoop03）。在 hadoop01 节点上执行以下命令进行检验。

```
$ ssh hadoop02
$ ssh hadoop03
```

执行结果如图 3-33 所示。

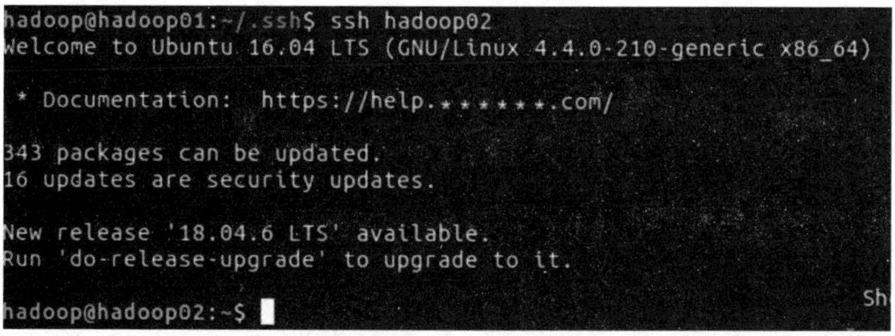

图 3-33　执行 ssh 命令的结果

4. 下载安装文件

如果 hadoop01 节点上已经安装过 Hadoop（如之前安装过伪分布式的 Hadoop），则需要首先删除已经安装的 Hadoop。

在 hadoop01 节点上下载 Hadoop 安装文件，并执行以下命令。

```
$ sudo tar -zxvf ~/Downloads/hadoop-3.3.5.tar.gz -C /usr/local        #解压缩到/usr/local 中
$ cd /usr/local/
$ sudo mv ./hadoop-3.3.5/ ./hadoop                  #将文件夹名改为 hadoop
$ sudo chown -R hadoop:hadoop ./hadoop              #修改文件权限
```

5. 配置 PATH 环境变量

在前面的伪分布式安装内容中，已经介绍过 PATH 环境变量的配置方法。按照同样的方法进行配置，这样就可以在任意目录中直接使用 hadoop、hdfs 等命令了。如果还没有配置 PATH 环境变量，那么需要在 hadoop01 节点上进行配置。首先执行命令"vim ~/.bashrc"，也就是使用 Vim 编辑器打开"~/.bashrc"文件，然后在该文件最上面的位置加入下面一行内容。

```
export PATH=$PATH:/usr/local/hadoop/bin:/usr/local/hadoop/sbin
```

保存后执行命令"source ~/.bashrc"，使配置生效。

6. 配置集群/分布式环境

在配置集群/分布式模式时，需要修改"/usr/local/hadoop/etc/hadoop"目录下的配置文件，这里仅设置正常启动所必需的设置项，包括 workers、core-site.xml、hdfs-site.xml、mapred-site.xml、yarn-site.xml 共 5 个文件，更多设置项可查看官方说明。

（1）修改文件 workers

需要把所有数据节点的主机名写入该文件，每行一个。把 hadoop01 节点中的 workers 文件中原来的 localhost 删除，添加以下 3 行内容。

```
hadoop01
hadoop02
hadoop03
```

（2）修改文件 core-site.xml

把 hadoop01 节点中的 core-site.xml 文件修改为以下内容。

```
<configuration>
    <property>
        <name>fs.defaultFS</name>
        <value>hdfs://hadoop01:9000</value>
    </property>
    <property>
        <name>hadoop.tmp.dir</name>
        <value>file:/usr/local/hadoop/tmp</value>
        <description>Abase for other temporary directories.</description>
    </property>
</configuration>
```

各个配置项的含义可以参考前面伪分布式模式中的介绍，这里不再赘述。

（3）修改文件 hdfs-site.xml

对 Hadoop 的分布式文件系统 HDFS 而言，一般采用冗余存储，冗余因子通常为 3，也就是说，一份数据保存 3 份副本，所以 dfs.replication 的值设置为 3。把 hadoop01 节点中的 hdfs-site.xml 设置为以下内容。

```
<configuration>
    <property>
        <name>dfs.namenode.secondary.http-address</name>
        <value>hadoop03:50090</value>
```

```
        </property>
        <property>
            <name>dfs.replication</name>
            <value>3</value>
        </property>
        <property>
            <name>dfs.namenode.name.dir</name>
            <value>file:/usr/local/hadoop/tmp/dfs/name</value>
        </property>
        <property>
            <name>dfs.datanode.data.dir</name>
            <value>file:/usr/local/hadoop/tmp/dfs/data</value>
        </property>
</configuration>
```

（4）修改文件 mapred-site.xml

hadoop01 节点中的 "/usr/local/hadoop/etc/hadoop" 目录下有一个 mapred-site.xml，把 mapred-site.xml 文件配置成以下内容。

```
<configuration>
    <property>
        <name>mapreduce.framework.name</name>
        <value>yarn</value>
    </property>
    <property>
        <name>mapreduce.jobhistory.address</name>
        <value>hadoop01:10020</value>
    </property>
    <property>
        <name>mapreduce.jobhistory.webapp.address</name>
        <value>hadoop01:19888</value>
    </property>
    <property>
        <name>yarn.app.mapreduce.am.env</name>
        <value>HADOOP_MAPRED_HOME=/usr/local/hadoop</value>
    </property>
    <property>
        <name>mapreduce.map.env</name>
        <value>HADOOP_MAPRED_HOME=/usr/local/hadoop</value>
    </property>
    <property>
        <name>mapreduce.reduce.env</name>
        <value>HADOOP_MAPRED_HOME=/usr/local/hadoop</value>
    </property>
</configuration>
```

（5）修改文件 yarn-site.xml

把 hadoop01 节点中的 yarn-site.xml 文件配置成以下内容。

```
<configuration>
    <property>
        <name>yarn.resourcemanager.hostname</name>
        <value>hadoop01</value>
    </property>
    <property>
        <name>yarn.nodemanager.aux-services</name>
        <value>mapreduce_shuffle</value>
    </property>
</configuration>
```

上述 5 个文件全部配置完成以后，需要把 hadoop01 节点上的 "/usr/local/hadoop" 文件夹复制到各个节点上。如果之前已经运行过伪分布式模式，建议在切换到集群模式之前，首先删除在伪分布式模式下生成的临时文件。具体来说，需要首先在 hadoop01 节点上执行以下命令。

```
$ cd /usr/local/hadoop
$ sudo rm -r ./tmp              #删除 Hadoop 临时文件
$ sudo rm -r ./logs/*           #删除日志文件
$ cd /usr/local
$ tar -zcf ~/hadoop.master.tar.gz ./hadoop     #先压缩再复制
$ cd ~
$ scp ./hadoop.master.tar.gz hadoop02:/home/hadoop
$ scp ./hadoop.master.tar.gz hadoop03:/home/hadoop
```

然后在 hadoop02 和 hadoop03 节点上分别执行以下命令。

```
$ cd ~
$ sudo rm -r /usr/local/hadoop        #删掉旧的（如果存在）
$ sudo tar -zxf ~/hadoop.master.tar.gz -C /usr/local
$ sudo chown -R hadoop /usr/local/hadoop
```

首次启动 Hadoop 集群时，需要先在 hadoop01 节点上进行名称节点的格式化（只需要进行这一次，后面再启动 Hadoop 时，不要再次格式化名称节点），执行以下命令。

```
$ cd /usr/local/hadoop
$ ./bin/hdfs namenode -format
```

现在就可以启动 Hadoop 了。启动需要在 hadoop01 节点上进行，执行以下命令。

```
$ cd /usr/local/hadoop
$ ./sbin/start-dfs.sh
$ ./sbin/start-yarn.sh
$ ./sbin/mr-jobhistory-daemon.sh start historyserver
```

通过命令 jps 可以查看各个节点所启动的进程。如果已经正确启动，则在 hadoop01 节点上可以看到 NameNode、ResourceManager、JobHistoryServer 和 NodeManager 进程，如图 3-34 所示。

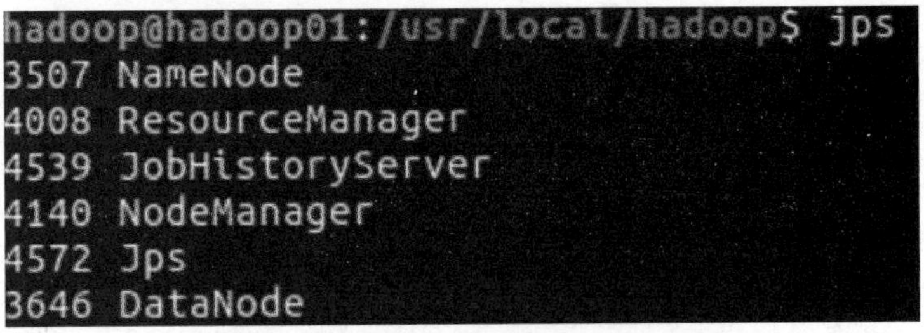

图 3-34　hadoop01 节点上启动的进程

在 hadoop02 节点上可以看到 NodeManager 和 DataNode 进程，如图 3-35 所示。

图 3-35　hadoop02 节点上启动的进程

在 hadoop03 节点上可以看到 DataNode、SecondaryNameNode 和 NodeManager 进程，如图 3-36 所示。

```
hadoop@hadoop03:~$ jps
2853 DataNode
2974 SecondaryNameNode
3199 Jps
3087 NodeManager
```

图 3-36　hadoop03 节点上启动的进程

缺少任一进程都表示出错。另外，还需要在 hadoop01 节点上通过以下命令查看数据节点是否正常启动。

```
$ cd /usr/local/hadoop
$ ./bin/hdfs dfsadmin -report
```

如果屏幕信息中的“Live datanodes”为 3，则说明集群启动成功，如图 3-37 所示。

```
-------------------------------------------------
Live datanodes (3):

Name: 192.168.91.128:9866 (hadoop01)
Hostname: hadoop01
Decommission Status : Normal
Configured Capacity: 88644902912 (82.56 GB)
DFS Used: 24576 (24 KB)
Non DFS Used: 33771974656 (31.45 GB)
DFS Remaining: 50346414080 (46.89 GB)
DFS Used%: 0.00%
DFS Remaining%: 56.80%
Configured Cache Capacity: 0 (0 B)
Cache Used: 0 (0 B)
Cache Remaining: 0 (0 B)
Cache Used%: 100.00%
Cache Remaining%: 0.00%
Xceivers: 0
Last contact: Wed Aug 09 20:24:03 CST 2023
Last Block Report: Wed Aug 09 20:18:39 CST 2023
Num of Blocks: 0
```

图 3-37　通过 dfsadmin 命令查看数据节点的状态

当然，也可以在任意一个节点的 Linux 操作系统的浏览器中输入地址“http://hadoop01:9870/”，通过 Web 界面查看名称节点和数据节点的状态（见图 3-38）。如果不成功，则可以通过启动日志排查原因。

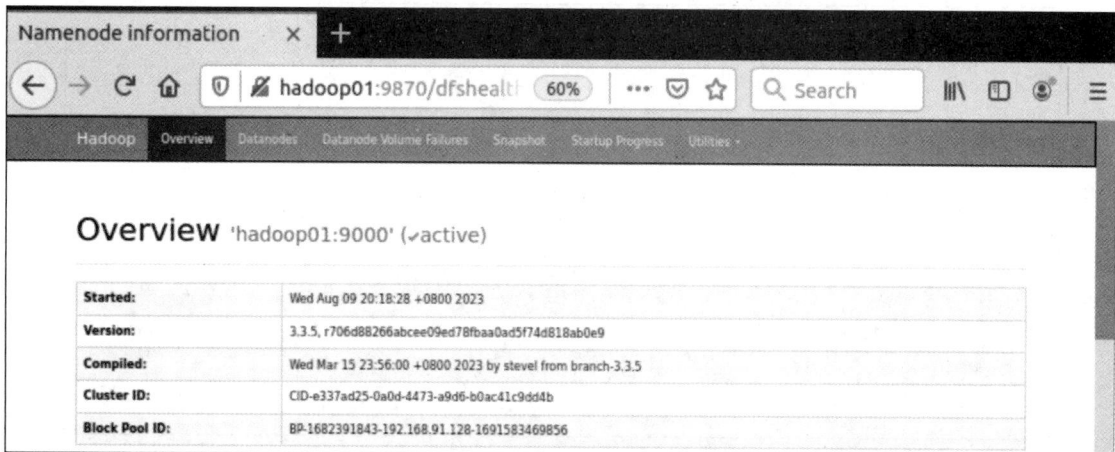

图 3-38　Hadoop 集群的 Web 界面

这里再次强调，在伪分布式模式与分布式模式之间切换时需要注意以下事项。

- 从分布式切换到伪分布式时，不要忘记修改 workers 配置文件。
- 在二者之间切换时，若遇到无法正常启动的情况，则可以删除所涉及节点的临时文件夹，这样虽然之前的数据会被删掉，但能保证集群正确启动。所以如果集群以前能启动，但后来启动不了，特别是数据节点无法启动，不妨试着删除所有节点（包括 Slave 节点）上的“/usr/local/hadoop/tmp”文件夹，再重新执行一次“hdfs namenode -format”，再次启动即可。

7. 执行分布式模式实例

执行分布式模式实例过程与执行伪分布式模式实例过程一样，首先创建 HDFS 上的用户目录，在 hadoop01 节点上执行以下命令。

```
$ hdfs dfs -mkdir -p /user/hadoop #此前已经配置了 PATH 环境变量，所以不用路径全称
```

然后在 HDFS 中创建一个 input 目录，并把“/usr/local/hadoop/etc/hadoop”目录中的配置文件作为输入文件复制到 input 目录中，命令如下。

```
$ hdfs dfs -mkdir input
$ hdfs dfs -put /usr/local/hadoop/etc/hadoop/*.xml input
```

接着就可以运行 MapReduce 作业了，命令如下。

```
$ hadoop jar /usr/local/hadoop/share/hadoop/mapreduce/hadoop-mapreduce-examples-3.3.5.jar
grep input output 'dfs[a-z.]+'
```

运行时的输出信息与伪分布式模式的类似，会显示 MapReduce 作业的进度，如图 3-39 所示。

```
2023-08-09 20:31:25,858 INFO mapreduce.Job:  map 0% reduce 0%
2023-08-09 20:31:31,954 INFO mapreduce.Job:  map 100% reduce 0%
2023-08-09 20:31:39,117 INFO mapreduce.Job:  map 100% reduce 100%
2023-08-09 20:31:39,143 INFO mapreduce.Job: Job job_1691583549452_0002 completed succes
sfully
2023-08-09 20:31:39,208 INFO mapreduce.Job: Counters: 54
```

图 3-39 运行 MapReduce 作业时的输出信息

执行过程可能会有点慢，但是，如果迟迟没有进度，如 5min 都没看到进度变化，那么不妨重启 Hadoop 再次测试。若重启还不行，则很有可能是由内存不足引起的，建议增大虚拟机的内存，或者通过更改 YARN 的内存配置来解决。

在执行过程中，可以在 Linux 操作系统中打开浏览器，在地址栏中输入“http://hadoop01:8088/cluster”，通过 Web 界面查看任务进度。只需在 Web 界面中单击“Tracking UI”这一列的“ApplicationMaster”链接（见图 3-40），就可以看到作业的执行情况，如图 3-41 所示。

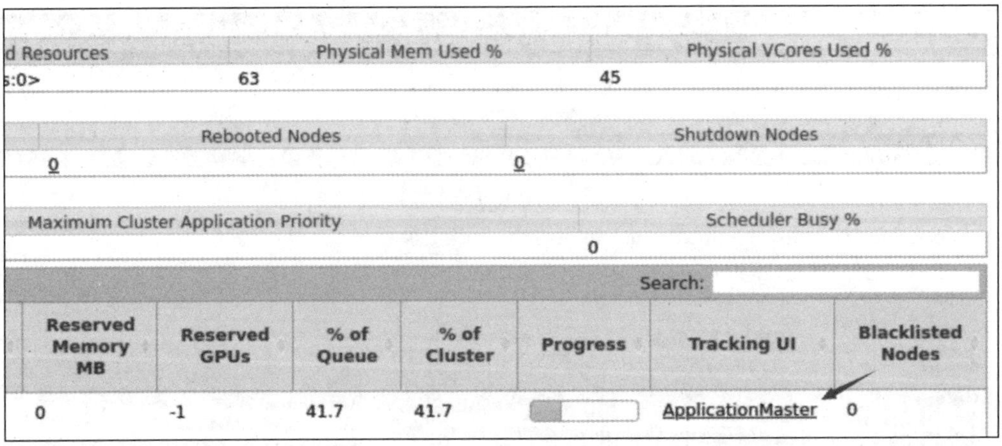

图 3-40 通过 Web 界面查看集群和 MapReduce 作业的信息

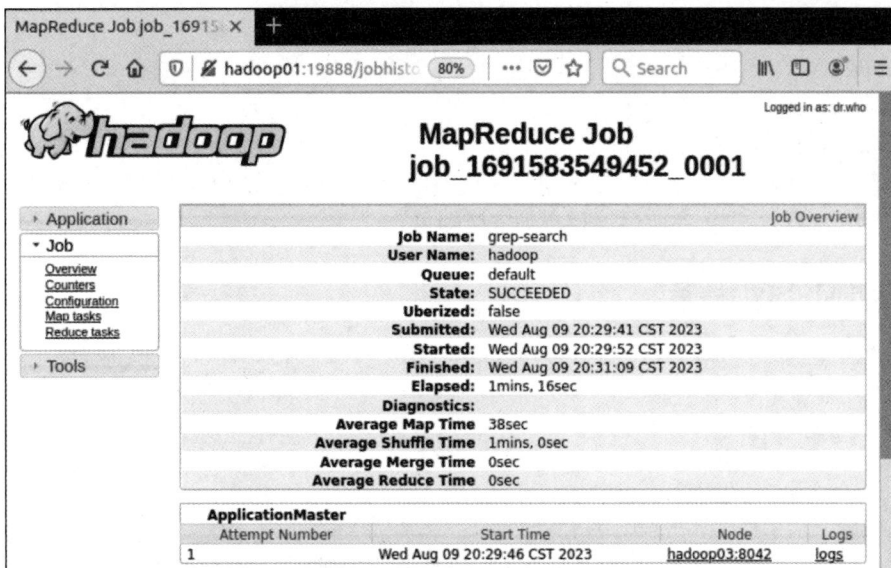

图 3-41　作业的执行情况

MapReduce 作业执行完后的输出结果如图 3-42 所示。

```
hadoop@hadoop01:/usr/local/hadoop$ ./bin/hdfs dfs -cat output/*
1       dfsadmin
1       dfs.replication
1       dfs.namenode.secondary.http
1       dfs.namenode.name.dir
1       dfs.datanode.data.dir
```

图 3-42　MapReduce 作业执行完后的输出结果

最后，关闭 Hadoop 集群，需要在 hadoop01 节点上执行以下命令。

```
$ stop-yarn.sh
$ stop-dfs.sh
$ mr-jobhistory-daemon.sh stop historyserver
```

至此，我们就顺利完成了 Hadoop 集群搭建。

3.3　MySQL 的安装

MySQL 的安装

MySQL 是一个关系数据库管理系统（Relational Database Management System，RDBMS）应用软件，由瑞典的 MySQL AB 公司开发，目前属于 Oracle 旗下产品。在 Web 应用方面，MySQL 是业界流行的关系数据库管理系统应用软件之一。

3.3.1　执行安装命令

在安装 MySQL 之前，需要更新软件源以获得最新版本，命令如下。

```
$ sudo apt-get update
```

然后执行以下命令安装 MySQL。

```
$ sudo apt-get install mysql-server
```

上述命令会安装以下包。

- apparmor。
- mysql-client-5.7。

- mysql-common。
- mysql-server。
- mysql-server-5.7。
- mysql-server-core-5.7。

因此，我们无须再安装 mysql-client 等。安装过程会提示设置 MySQL 数据库 root 用户的密码，如设置密码为 123456，设置完成后等待自动安装即可。

3.3.2 启动 MySQL 服务

默认情况下，安装完成就会自动启动 MySQL。我们可以手动关闭 MySQL 服务，然后再次启动 MySQL 服务，命令如下。

```
$ service mysql stop
$ service mysql start
```

执行以下命令来确认是否启动成功。

```
$ sudo netstat -tap | grep mysql
```

如图 3-43 所示，如果 MySQL 节点处于 LISTEN 状态，则表示启动成功。

```
hadoop@hadoop01:~$ sudo netstat -tap | grep mysql
tcp        0      0 localhost:mysql         *:*                     LISTEN      1088/my
sqld
```

图 3-43　netstat 命令执行结果

3.3.3 进入 MySQL Shell 界面

执行以下命令进入 MySQL Shell 界面。

```
$ mysql -u root -p
```

该命令执行以后，系统会提示输入 MySQL 数据库的 root 用户密码，本书把密码统一设置为 hadoop。然后就进入了"mysql>"命令提示符状态，如图 3-44 所示。

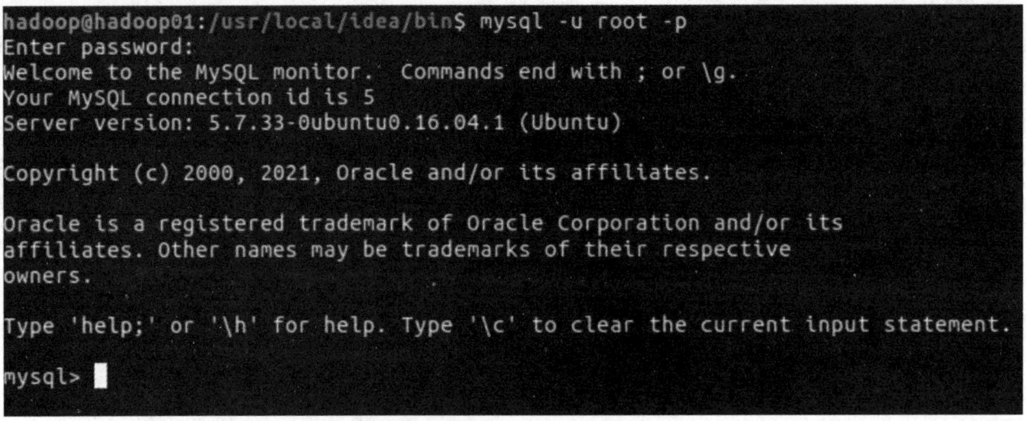

```
hadoop@hadoop01:/usr/local/idea/bin$ mysql -u root -p
Enter password:
Welcome to the MySQL monitor.  Commands end with ; or \g.
Your MySQL connection id is 5
Server version: 5.7.33-0ubuntu0.16.04.1 (Ubuntu)

Copyright (c) 2000, 2021, Oracle and/or its affiliates.

Oracle is a registered trademark of Oracle Corporation and/or its
affiliates. Other names may be trademarks of their respective
owners.

Type 'help;' or '\h' for help. Type '\c' to clear the current input statement.

mysql>
```

图 3-44　启动进入 MySQL Shell 界面

在"mysql>"命令提示符之后，就可以输入各种 SQL 语句，对 MySQL 数据库进行操作。

3.3.4 解决 MySQL 出现的中文乱码问题

当向 MySQL 数据库导入数据时，可能会出现中文乱码问题，其原因是 character_set_server 默认设置为 latin1，而不是中文编码。要查询 MySQL 数据库当前的字符编码格式，可以使用如下命令。

```
mysql> show variables like 'char%';
```

执行该命令以后，会出现类似图 3-45 所示的信息。

```
mysql> show variables like "char%";
+--------------------------+----------------------------+
| Variable_name            | Value                      |
+--------------------------+----------------------------+
| character_set_client     | utf8                       |
| character_set_connection | utf8                       |
| character_set_database   | utf8                       |
| character_set_filesystem | binary                     |
| character_set_results    | utf8                       |
| character_set_server     | latin1 ←                   |
| character_set_system     | utf8                       |
| character_sets_dir       | /usr/share/mysql/charsets/ |
+--------------------------+----------------------------+
8 rows in set (0.00 sec)
```

图 3-45　查看数据库字符编码格式

单个设置修改字符编码格式，例如，使用以下命令。

```
mysql> set character_set_server=utf8;
```

但是，通过这种方式设置字符编码格式，重启 MySQL 服务以后就会失效。因此，建议按照如下方式修改字符编码格式。

（1）修改配置文件

在 Linux 操作系统中新打开一个终端，使用 Vim 编辑器编辑"/etc/mysql/mysql.conf.d/mysqld.cnf"文件，命令如下。

```
$ vim /etc/mysql/mysql.conf.d/mysqld.cnf
```

注意，上面的命令是在 Linux Shell 命令提示符下执行的，而不是在"mysql>"命令提示符下执行的，一定要注意区分。打开 mysqld.cnf 文件以后，请在[mysqld]下面添加一行"character_set_server=utf8"，如图 3-46 所示。

```
[mysqld]
#
# * Basic Settings
#
user             = mysql
pid-file         = /var/run/mysqld/mysqld.pid
socket           = /var/run/mysqld/mysqld.sock
port             = 3306
basedir          = /usr
datadir          = /var/lib/mysql
tmpdir           = /tmp
lc-messages-dir  = /usr/share/mysql
character_set_server=utf8
skip-external-locking
```

图 3-46　修改配置文件

（2）重启 MySQL 服务

在 Linux 终端的 Shell 命令提示符（不是"mysql>"命令提示符）下执行以下命令重启 MySQL 服务。

```
$ service mysql restart
```

（3）登录 MySQL 查看当前字符编码格式

重启 MySQL 服务以后，再次使用以下命令查询 MySQL 数据库当前的字符编码格式。

```
mysql> show variables like 'char%';
```

执行该命令以后，会出现类似图 3-47 所示的信息。

图 3-47　修改数据库字符编码格式以后的提示信息

从图 3-47 中可以看出，字符编码格式已经修改为 utf8。

3.4　Kafka 的安装

本节首先简要介绍 Kafka，然后介绍 Kafka 的安装和使用方法。

Kafka 的安装

3.4.1　Kafka 简介

Kafka 是一种高吞吐量的分布式发布订阅消息系统。为了帮助大家更好地理解和使用 Kafka，这里介绍一下 Kafka 的相关概念。

- Broker：Kafka 集群包含一个或多个服务器，这些服务器被称为 Broker。
- Topic：每条发布到 Kafka 集群的消息都有一个类别，这个类别被称为 Topic。物理上不同 Topic 的消息分开存储，逻辑上一个 Topic 的消息虽然保存于一个或多个 Broker 上，但用户只需指定消息的 Topic，即可生产或消费数据，而不必关心数据存于何处。
- Partition：是物理上的概念，每个 Topic 包含一个或多个 Partition。
- Producer：负责发布消息到 Kafka Broker。
- Consumer：消息消费者，向 Kafka Broker 读取消息的客户端。
- Consumer Group：每个 Consumer 属于一个特定的 Consumer Group，我们可为每个 Consumer 指定 Group Name；若不指定 Group Name，则属于默认的 Group。

3.4.2　Kafka 的安装和使用

访问 Kafka 官网下载页面，下载 Kafka 稳定版本 kafka_2.12-3.5.1.tgz，或者直接到本书官方网站的"下载专区"下的"软件"目录中下载安装文件 kafka_2.12-3.5.1.tgz。为了让 Flink 应用程序能够顺利使用 Kafka 数据源，在下载 Kafka 安装文件的时候要注意 Kafka 版本号一定要与自己计算机上已经安装的 Scala 版本号一致。本书安装的 Flink 版本号是 1.17.0，Scala 版本号是 2.12，所以一定要选择 Kafka 版本号是以 2.12 开头的。例如，到 Kafka 官网中，可以下载安装文件 kafka_2.12-3.5.1.tgz，前面的 2.12 就是支持的 Scala 版本号，后面的 3.5.1 是 Kafka 自身的版本号。

执行以下命令安装 Kafka。

```
$ cd ~/Downloads #假设安装文件放在这个目录下
$ sudo tar -zxvf kafka_2.12-3.5.1.tgz -C /usr/local
$ cd /usr/local
$ sudo mv kafka_2.12-3.5.1 kafka
$ sudo chown -R hadoop ./kafka
```

首先需要启动 Kafka。请登录 Linux 操作系统（本书统一使用 hadoop 用户身份登录），打开一个终端，输入以下命令启动 ZooKeeper 服务。

```
$ cd /usr/local/kafka
$ ./bin/zookeeper-server-start.sh config/zookeeper.properties
```

注意，执行上面命令以后，终端窗口会返回一堆信息，然后就停住不动了，没有回到 Shell 命令提示符状态，这时，不要误以为死机了，而是 ZooKeeper 服务器已经启动，正处于服务状态，所以不要关闭这个终端窗口。一旦关闭，ZooKeeper 服务就停止了。

另外打开第二个终端，然后输入以下命令启动 Kafka 服务。

```
$ cd /usr/local/kafka
$ ./bin/kafka-server-start.sh config/server.properties
```

同样，执行上面命令以后，终端窗口会返回一堆信息，然后就会停住不动，没有回到 Shell 命令提示符状态，这时，同样不要误以为死机了，而是 Kafka 服务器已经启动，正处于服务状态，所以不要关闭这个终端窗口。一旦关闭，Kafka 服务就停止了。

当然，还有一种方式是采用以下加了 "&" 的命令。

```
$ cd /usr/local/kafka
$ bin/kafka-server-start.sh config/server.properties &
```

这样，Kafka 就会在后台运行，即使关闭了这个终端，Kafka 也会一直在后台运行。不过，采用这种方式，有时候我们往往就忘记了还有 Kafka 在后台运行，所以建议暂时不要用这种命令形式。

下面先测试 Kafka 是否可以正常使用。再打开第三个终端，然后输入以下命令创建一个自定义名称为 "wordsendertest" 的 Topic。

```
$ cd /usr/local/kafka
$ ./bin/kafka-topics.sh --create --zookeeper localhost:2181 \
> --replication-factor 1 --partitions 1 --topic wordsendertest
#这个 Topic 叫 wordsendertest，2181 是 ZooKeeper 默认的端口号，--partitions 是 Topic 中的分区数
#--replication-factor 是备份的数量，在 Kafka 集群中使用，由于这里是单机版，所以不用备份
#用 list 列出所有创建的 Topic，查看上面创建的 Topic 是否存在
$ ./bin/kafka-topics.sh --list --zookeeper localhost:2181
```

这个名称为 "wordsendertest" 的 Topic，就是专门负责采集发送一些单词的。

下面用生产者（Producer）来产生一些数据，请在当前终端内继续输入以下的命令。

```
$ ./bin/kafka-console-producer.sh --broker-list localhost:9092 \
> --topic wordsendertest
```

上面命令执行后，就可以在当前终端（假设名称为 "生产者终端"）内用键盘输入一些英文单词，例如，可以输入以下单词。

```
hello hadoop
hello flink
```

这些单词就是数据源，会被 Kafka 捕捉到，以后发送给消费者。现在可以启动一个消费者，来查看刚才生产者产生的数据。另外打开第四个终端，输入以下命令。

```
$ cd /usr/local/kafka
$./bin/kafka-console-consumer.sh --bootstrap-server localhost:9092 \
> --topic wordsendertest --from-beginning
```

可以看到，屏幕上会显示出以下结果，也就是刚才在另一个终端里面输入的内容。

```
hello hadoop
hello flink
```

3.5 Anaconda 的安装和使用方法

Anaconda 是基于 Python 的数据处理和科学计算平台，它内置了 Python 和许多非常有用的第三方库。安装 Anaconda 就相当于把 Python 和一些常用的库（如 NumPy、pandas、MatplotLib 等）自动安装好了。Linux 操作系统中已经默认自带

Anaconda 的安装和使用方法

了 Python 环境，但是，没有关系，我们依然可以同时安装 Anaconda，而且安装 Anaconda 后，也不会影响 Linux 操作系统已经自带的 Python。

由于访问国外 Anaconda 网站速度较慢，所以我们一般选择国内的镜像网站进行下载，这里可以选择下载 Anaconda3-2023.07-2-Linux-x86_64.sh。

在 Linux 终端中执行以下命令安装 Anaconda。

```
$ cd /home/hadoop/Downloads #假设安装文件在这个目录下
$ sh ./Anaconda3-2023.07-2-Linux-x86_64.sh
```

执行上述命令后，会出现图 3-48 所示的界面，要求阅读许可文件，用户可以按"Enter"键开始阅读许可文件；许可文件比较长，用户可以按空格键向下翻页；当出现"Do you accept the license terms? [yes|no]"时，输入"yes"即可。

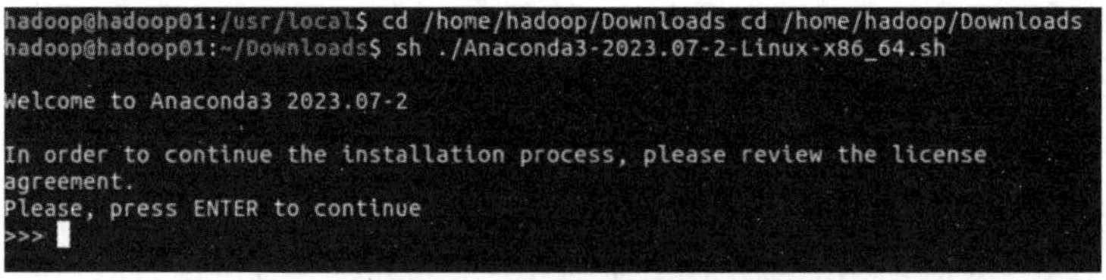

图 3-48　安装命令执行后出现的界面

当出现设置安装路径提示时（见图 3-49），可以自行设置一个路径，也可以选择默认的路径"/home/hadoop/anaconda3"。如果选择默认路径，则可以直接按"Enter"键。

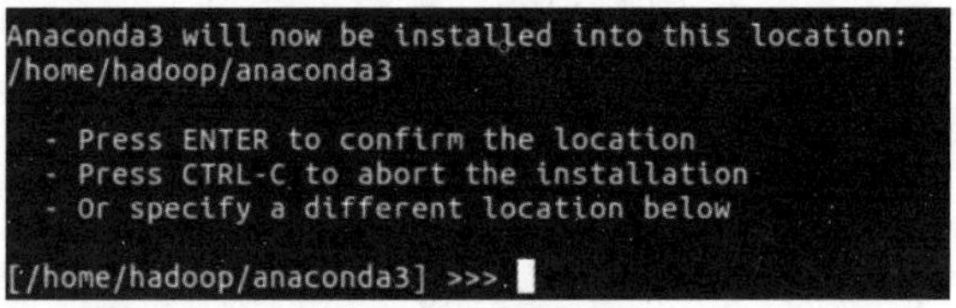

图 3-49　设置安装路径

当询问是否需要初始化时（见图 3-50），可以输入"yes"并按"Enter"键，这样，Anaconda 就安装成功了。

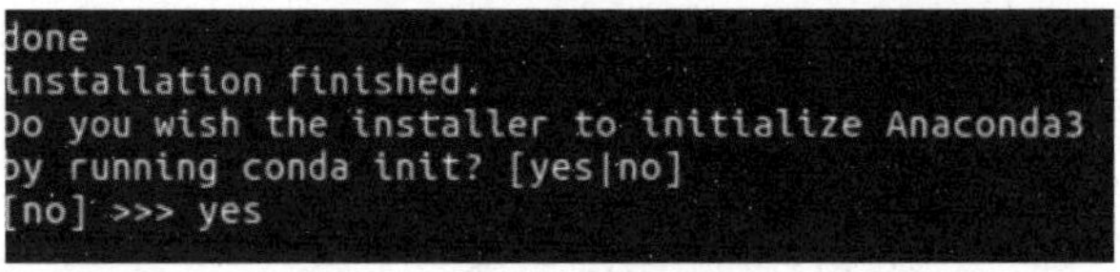

图 3-50　设置初始化

关闭当前的 Linux 终端，再新建一个终端。可以看到，命令提示符变成了类似以下的格式（多了一个前缀 base）。

```
(base) hadoop@hadoop01:~$
```

由于 Anaconda 是国外软件，后期安装 Anaconda 其他模块时，都需要访问国外网站下载文件，速度很慢，因此，我们可以选择更改 Anaconda 的数据源，从而加快访问速度，具体需要执行以下命令新建一个.condarc 文件。

```
$ vim ~/.condarc
```

然后在该文件中输入以下内容并保存。

```
channels:
  - defaults
show_channel_urls: true
```

```
channel_alias: https://mirrors.tuna.********.edu.cn/anaconda
default_channels:
 - https://mirrors.tuna.********.edu.cn/anaconda/pkgs/main
 - https://mirrors.tuna.********.edu.cn/anaconda/pkgs/free
 - https://mirrors.tuna.********.edu.cn/anaconda/pkgs/r
 - https://mirrors.tuna.********.edu.cn/anaconda/pkgs/pro
 - https://mirrors.tuna.********.edu.cn/anaconda/pkgs/msys2
custom_channels:
 conda-forge: https://mirrors.tuna.********.edu.cn/anaconda/cloud
 msys2: https://mirrors.tuna.********.edu.cn/anaconda/cloud
 bioconda: https://mirrors.tuna.********.edu.cn/anaconda/cloud
 menpo: https://mirrors.tuna.********.edu.cn/anaconda/cloud
 pytorch: https://mirrors.tuna.********.edu.cn/anaconda/cloud
 simpleitk: https://mirrors.tuna.********.edu.cn/anaconda/cloud
```

在 Linux 终端内执行 python 命令（见图 3-51），可以看到当前的 Python 版本信息。

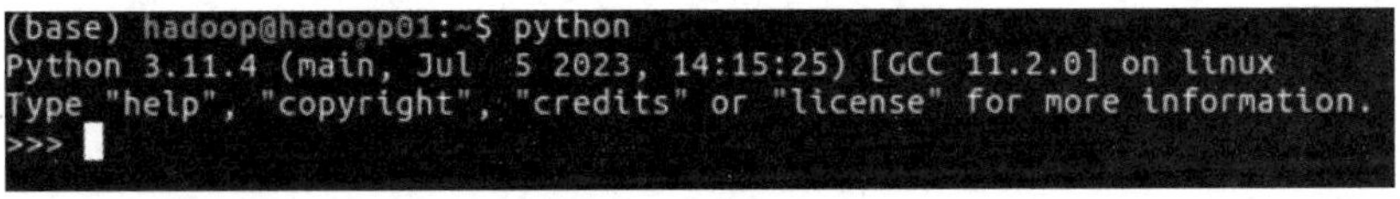

图 3-51　执行 python 命令

Python 3.11.4 这个版本太高，会与本书后面安装的 Spark 3.4.0 存在兼容性问题，所以安装结束后，需要额外安装可与 Spark 3.4.0 兼容的 Python 3.8。用户可以在 anaconda3 目录下执行以下命令安装 Python 3.8。

```
$ conda create -n pyspark python=3.8
```

上面命令中"pyspark"是我们给这个版本的 Python 环境起的名字。当安装过程出现"Proceed ([y]/n)?"的询问时，输入"y"即可。

安装 Python 3.8 结束以后，可以把 Python 环境切换到 PySpark，命令如下。

```
$ conda activate pyspark
```

然后执行以下命令测试是否切换成功。

```
$ python
```

如果切换成功，会显示图 3-52 所示的结果。

图 3-52　环境切换成功的结果

最后，执行以下命令退出 Python 环境。

```
>>> exit()
```

3.6　本章小结

本书所有软件都是安装和运行在 Linux 操作系统上的，因此，顺利安装好 Linux 操作系统并掌握 Linux 操作系统的基本使用方法是开展后续章节内容学习的前提和基础。Linux 操作系统可以采用双系统方式安装，也可以采用虚拟机方式安装，建议采用虚拟机方式安装。本章详细介绍了如何安装虚拟机和 Linux 操作系统。

Hadoop 是当前流行的分布式计算框架，在企业中得到了广泛部署和应用。Hadoop 和 Flink 可以配合使用，由 Hadoop 负责数据存储，由 Flink 负责数据计算。本章介绍了如何安装 Hadoop。

本章最后介绍了 MySQL、Kafka 和 Anaconda 的安装与使用方法。

实验 1 Linux、Hadoop 和 MySQL 的安装与使用

一、实验目的

（1）掌握虚拟机的安装方法。
（2）掌握在 Linux 虚拟机中安装 Hadoop 和 MySQL 的方法。
（3）熟悉 HDFS 的基本使用方法。
（4）掌握 MySQL 和 SQL 语句的基本用法。

二、实验平台

虚拟机软件：VMware Workstation Pro 17.0.1。
操作系统：Ubuntu 16.04。
Hadoop 版本：3.3.5。
MySQL：5.7。

三、实验内容和要求

1.　安装 Linux 虚拟机

请登录 Windows 操作系统，下载 VMware 软件和 Ubuntu 16.04 镜像文件。

除了可访问 VMware 软件的官网和 Ubuntu 操作系统的官网进行下载，读者还可以直接到本书官方网站"下载专区"下的"软件"中下载 Ubuntu 安装文件 ubuntukylin-16.04-desktop-amd64.iso 和虚拟机软件 VMware-workstation-full-17.0.1.exe。

首先，在 Windows 操作系统上安装虚拟机软件 VMware，然后在虚拟机软件 VMware 上安装 Ubuntu 16.04 操作系统。

2.　使用 Linux 操作系统的常用命令

启动 Linux 虚拟机，进入 Linux 操作系统，通过查阅相关 Linux 书籍和网络资料，完成以下操作：
（1）切换到目录/usr/bin；
（2）查看目录/usr/local 下所有的文件；
（3）进入/usr 目录，创建一个名为 test 的目录，并查看有多少目录存在；
（4）在/usr 下新建目录 test1，再复制这个目录内容到/tmp；
（5）将上面的/tmp/test1 目录重命名为 test2；
（6）在/tmp/test2 目录下新建 word.txt 文件并输入一些字符串，然后保存并退出；
（7）查看 word.txt 文件内容；
（8）将 word.txt 文件所有者改为 root 用户，并查看属性；
（9）找出/tmp 目录下文件名为 test2 的文件；
（10）在/目录下新建文件夹 test，然后在/目录下打包成 test.tar.gz；
（11）将 test.tar.gz 解压缩到/tmp 目录下。

3.　安装 Hadoop

进入 Linux 操作系统，使用 1 个节点完成 Hadoop 伪分布式模式的安装。完成 Hadoop 的安装以后，运行 Hadoop 自带的 WordCount 测试样例。

4．HDFS 常用操作

使用 hadoop 用户身份登录进入 Linux 操作系统，启动 Hadoop，参照相关 Hadoop 书籍或网络资料，使用 Hadoop 提供的 Shell 命令完成以下操作：

（1）启动 Hadoop，在 HDFS 中创建用户目录"/user/hadoop"；

（2）在 Linux 操作系统的本地文件系统的"/home/hadoop"目录下新建一个文本文件 test.txt，并在该文件中随便输入一些内容，然后上传到 HDFS 的"/user/hadoop"目录下；

（3）把 HDFS 中"/user/hadoop"目录下的 test.txt 文件下载到 Linux 操作系统的本地文件系统中的"/home/hadoop/下载"目录下；

（4）将 HDFS 中"/user/hadoop"目录下的 test.txt 文件的内容输出到终端中进行显示；

（5）在 HDFS 中"/user/hadoop"目录下创建子目录 input，把"/user/hadoop"目录下的 test.txt 文件复制到"/user/hadoop/input"目录下；

（6）删除 HDFS 中"/user/hadoop"目录下的 test.txt 文件，删除"/user/hadoop"目录下 input 子目录及其子目录下的所有内容。

5．在 MySQL 中创建数据库

在 Linux 中安装 MySQL，进入 MySQL Shell 环境，使用 SQL 语句完成以下操作：

（1）显示系统中存在哪些数据库；

（2）把某个数据库设置为当前数据库；

（3）显示当前数据库里面存在哪些表；

（4）创建一个数据库 flinkdb；

（5）把 flinkdb 设置为当前数据库；

（6）在 flinkdb 中创建一个表 person，该表中有 id（序号，自动增长）、xm（姓名）、xb（性别）和 csny（出身年月）4 个字段；

（7）查看 person 表的结构；

（8）向 person 表中插入两条记录，即('张三','男','1997-01-02')和('李四','女','1996-12-02')；

（9）修改 person 表中的某条记录，例如，将张三的出生年月改为"1971-01-10"；

（10）删除张三的记录；

（11）删除 person 表；

（12）删除数据库 flinkdb。

四、实验报告

实验报告		
题目：	姓名：	日期：
实验环境：		
实验内容与完成情况：		
出现的问题：		
解决方案（列出遇到并解决的问题和解决方案，以及没有解决的问题）：		

04 第4章 Spark环境搭建和使用方法

搭建 Spark 环境是开展 Spark 编程的基础。作为一种分布式处理框架，Spark 可以部署在集群中运行，也可以部署在单机上运行。同时，由于 Spark 仅仅是一种计算框架，不负责数据的存储和管理，因此通常需要对 Spark 和 Hadoop 进行统一部署，由 Hadoop 中的 HDFS 和 HBase 等组件负责数据存储，由 Spark 负责完成计算。

本章首先介绍 Local 模式的 Spark 安装方法、如何在 PySpark 中运行代码以及如何使用 spark-submit 命令提交运行程序；然后介绍 Standalone 模式的 Spark 集群环境的搭建方法、如何在集群上运行 Spark 应用程序以及 Spark on YARN 模式；接下来介绍如何安装 PySpark 类库；最后介绍如何开发 Spark 独立应用程序以及如何安装和使用 PyCharm。本章中的所有源代码可以从本书官方网站"下载专区"的"代码"→"第 4 章"下载。

4.1 安装 Spark（Local 模式）

安装 Spark（Local 模式）

由第 2 章中的内容可知，Spark 部署模式主要有 5 种：Local 模式（本地模式或单机模式）、Standalone 模式（使用 Spark 自带的简单集群管理器）、Spark on YARN 模式（使用 YARN 作为集群管理器）、Spark on Mesos 模式（使用 Mesos 作为集群管理器）和 Spark on Kubernetes 模式。本节介绍 Local 模式（本地模式）的 Spark 安装，后面会介绍集群模式的 Spark 安装与使用方法。

4.1.1 基础环境

Spark 和 Hadoop 可以部署在一起，相互协作，由 Spark 负责数据的计算，由 Hadoop 的 HDFS、HBase 等组件负责数据的存储和管理。另外，虽然 Spark 和 Hadoop 都可以安装在 Windows 操作系统中使用，但是建议在 Linux 操作系统中安装和使用。

本书采用以下环境配置。
- Linux 操作系统：Ubuntu 16.04。
- Hadoop：3.3.5 版本。
- JDK：1.8 版本。
- Spark：3.4.0 版本。

4.1.2 下载安装文件

Spark 和 Hadoop 都是 Apache 软件基金会旗下的开源分布式计算平台，因此，我们可以从 Spark 和 Hadoop 官网免费获得这些 Apache 开源社区软件。在大数据技术的基础学习阶段，我们可以直接安装和使用 Spark 与 Hadoop 官网提供的开源版本。

登录 Linux 操作系统（本书统一采用 hadoop 用户身份登录），打开浏览器，访问 Spark 官网，下载 3.4.0 版本的 Spark 安装文件 spark-3.4.0-bin-without-hadoop.tgz，保存在"/home/hadoop/Downloads"目录下。

除了可到 Spark 官网下载安装文件，还可以直接在本书官方网站"下载专区"下的"软件"目录中下载 Spark 安装文件 spark-3.4.0-bin-without-hadoop.tgz。

下载完安装文件以后，需要对文件进行解压缩。按照 Linux 操作系统使用的默认规范，用户安装的软件一般存放在"/usr/local/"目录下。请使用 hadoop 用户身份登录 Linux 操作系统，使用组合键"Ctrl+Alt+T"打开一个"终端"（也就是一个 Linux Shell 环境，用户可以在终端窗口里面输入和执行各种 Shell 命令），执行以下命令。

```
$ sudo tar -zxf ~/Downloads/spark-3.4.0-bin-without-hadoop.tgz -C /usr/local/
$ cd /usr/local
$ sudo mv ./spark-3.4.0-bin-without-hadoop ./spark
$ sudo chown -R hadoop:hadoop ./spark  #hadoop 是当前登录 Linux 操作系统的用户名
```

经过上述操作以后，Spark 就被解压缩到"/usr/local/spark"目录下，这个目录是本书默认的 Spark 安装目录。

4.1.3 配置相关文件

1. 修改 spark-env.sh 文件

安装文件解压缩以后，还需要修改 Spark 的配置文件 spark-env.sh。首先，可以复制一份由 Spark 安装文件自带的配置文件模板，命令如下。

```
$ cd /usr/local/spark
$ cp ./conf/spark-env.sh.template ./conf/spark-env.sh
```

然后使用 Vim 编辑器打开 spark-env.sh 文件进行编辑，在该文件的第 1 行添加以下配置信息。

```
export SPARK_DIST_CLASSPATH=$(/usr/local/hadoop/bin/hadoop classpath)
```

有了上面的配置信息以后，Spark 就可以把数据存储到 Hadoop 分布式文件系统（HDFS）中，也可以从 HDFS 中读取数据。如果没有配置上面的信息，Spark 就只能读写本地数据，无法读写 HDFS 中的数据。

2. 修改.bashrc 文件

需要特别强调的是，.bashrc 文件中必须包含以下环境变量的设置。

（1）SPARK_HOME：表示 Spark 安装路径在哪里。

（2）PYSPARK_PYTHON：表示 Spark 去哪里寻找 Python 执行器。

（3）JAVA_HOME：告知 Spark Java 安装在什么位置。

（4）HADOOP_CONF_DIR：告知 Spark Hadoop 的配置文件在哪里。

（5）HADOOP_HOME：告知 Spark Hadoop 安装在哪里。

此外，还可以为 Spark 配置 PATH 环境变量。

如果已经设置了上面的 5 个环境变量，则不需要重复添加设置；如果还没有设置，则需要使用 Vim 编辑器打开.bashrc 文件，命令如下。

```
$ vim ~/.bashrc
```

把该文件修改为以下内容。

```
export JAVA_HOME=/usr/lib/jvm/jdk1.8.0_371
export JRE_HOME=${JAVA_HOME}/jre
export CLASSPATH=.:${JAVA_HOME}/lib:${JRE_HOME}/lib
export HADOOP_HOME=/usr/local/hadoop
export SPARK_HOME=/usr/local/spark
export HADOOP_CONF_DIR=$HADOOP_HOME/etc/hadoop
export PYSPARK_PYTHON=/home/hadoop/anaconda3/envs/pyspark/bin/python3.8
export PATH=$PATH:${JAVA_HOME}/bin:$HADOOP_HOME/bin:$SPARK_HOME/bin
```

最后，需要在 Linux 终端中执行以下命令让该环境变量生效。

```
$ source ~/.bashrc
```

此外，还可以对 Spark 运行过程的日志信息进行设置，只显示错误级别的信息，执行以下命令。

```
$ cd /usr/local/spark/conf
$ sudo mv log4j2.properties.template log4j.properties
$ vim log4j.properties
```

打开 log4j.properties 以后，把 rootLogger.level 设置为以下形式（文件中的其他内容不要修改）。

```
rootLogger.level=error
```

4.1.4 验证 Spark 是否安装成功

配置完成后就可以直接使用 Spark，不需要像 Hadoop 那样运行启动命令。通过运行 Spark 自带的实例 SparkPi，可以验证 Spark 是否安装成功，命令如下。

```
$ cd /usr/local/spark
$ ./bin/run-example SparkPi
```

执行时会输出很多屏幕信息，导致难以找到最终的输出结果。为了从大量的输出信息中快速找到想要的执行结果，我们可以使用 grep 命令对其进行过滤，命令如下。

```
$ ./bin/run-example SparkPi 2>&1 | grep "Pi is roughly"
```

上述命令涉及 Linux Shell 中关于流水线的知识，读者可以查看网络资料学习流水线命令的用法，此处不再赘述。过滤后的运行结果中只会包含 π 的近似值，类似以下信息。

```
Pi is roughly 3.14159570797854
```

4.2 在 PySpark 中运行代码

在学习 Spark 程序开发之前，建议读者先通过 PySpark 进行交互式编程，加深对 Spark 程序开发的理解。PySpark 提供了简单的方式来学习 API，并且提供了交互的方式来分析数据。输入一条语句后，PySpark 会立即执行语句并返回结果，这就是我们所说的交互式解释器（Read-Eval-Print Loop，REPL）。它为我们提供了交互式执行环境，表达式计算完成以后就会立即输出结果，而不必等到整个程序运行完毕。因此，我们可以即时查看中间结果并对程序进行修改，这样一来，就可以在很大程度上提高程序开发效率。Spark 支持 Scala 和 Python，由于 Spark 框架本身就是使用 Scala 语言开发的，因此，使用 spark-shell 命令会默认进入 Scala 的交互式执行环境。如果要进入 Python 的交互式执行环境，则需要执行 pyspark 命令。

与其他 Shell 工具不一样的是，在其他 Shell 工具中，我们只能使用单机的硬盘和内存来操作数据，而 PySpark 可用来与分布式存储在多台机器上的内存或硬盘上的数据进行交互，并且处理过程的分发由 Spark 自动控制完成，不需要用户参与。

4.2.1 pyspark 命令

pyspark 命令及其常用的参数如下。

```
$ pyspark --master <master-url>
```

Spark 的运行模式取决于传递给 SparkContext 的<master-url>的值。<master-url>可以是表 4-1 中的任一种形式。

表 4–1　　　　　　　　　　　pyspark 命令中的<master–url>参数及其含义

<master-url>参数	含义
local	使用一个 Worker 线程本地化运行 Spark（完全不并行）
local[*]	使用与逻辑 CPU 个数相同数量的线程来本地化运行 Spark（逻辑 CPU 个数=物理 CPU 个数×每个物理 CPU 包含的 CPU 核数）
local[K]	使用 K 个 Worker 线程本地化运行 Spark（在理想情况下，K 应该根据运行机器的 CPU 个数来确定）
spark://HOST:PORT	Spark 采用独立（Standalone）集群模式，连接到指定的 Spark 集群，默认端口是 7077
yarn	Spark 采用 YARN 集群模式时,进一步分为两种情况。(1)当 spark-shell 命令中的另一个参数--deploy-mode 的值为 client 时，以客户端模式连接 YARN 集群，集群的位置可以在 HADOOP_CONF_DIR 环境变量中找到；当用户提交了作业之后，不能关掉 Client，Driver Program 驻留在 Client 中，负责调度作业的执行；此时该模式适合运行交互类型的作业，常用于开发测试阶段。(2)当 spark-shell 命令中的另一个参数--deploy-mode 的值为 cluster 时，以集群模式连接 YARN 集群，集群的位置可以在 HADOOP_CONF_DIR 环境变量中找到；当用户提交了作业之后，就可以关掉 Client，作业会继续在 YARN 上运行；此时该模式不适合运行交互类型的作业，常用于企业生产环境
mesos://HOST:PORT	Spark 采用 Mesos 集群模式时，连接到指定的 Mesos 集群，默认端口是 5050
k8s://HOST:PORT	连接到 Kubernetes 集群，进一步分为两种情况：（1）当 spark-shell 命令中的另一个参数--deploy-mode 的值为 client 时，以客户端模式连接 Kubernetes 集群；（2）当 spark-shell 命令中的另一个参数--deploy-mode 的值为 cluster 时，以集群模式连接 Kubernetes 集群

在 Spark 中采用 Local 模式启动 PySpark 的命令主要包含以下参数。

- --master：这个参数表示当前的 PySpark 要连接到哪个 Master，如果是 local[*]，就使用 Local 模式（本地模式）启动 PySpark。其中，中括号内的星号表示需要使用几个 CPU 核心（Core），也就是启动几个线程模拟 Spark 集群。
- --jars：这个参数用于把相关的 JAR 包添加到 CLASSPATH 中；如果有多个 JAR 包，则可以使用逗号分隔符连接它们。

例如，要采用 Local 模式，在 4 个 CPU 核心上执行 pyspark 命令，具体命令如下。

```
$ cd /usr/local/spark
$ ./bin/pyspark --master local[4]
```

或者，可以在 CLASSPATH 中添加 code.jar，具体命令如下。

```
$ cd /usr/local/spark
$ ./bin/pyspark --master local[4] --jars code.jar
```

执行"pyspark--help"命令可以获取完整的选项列表，具体命令如下。

```
$ cd /usr/local/spark
$ ./bin/pyspark --help
```

4.2.2　启动 PySpark

在 Linux 终端中执行 pyspark 命令，就可以启动进入 Python 版本的 Spark 交互式执行环境。在执行 pyspark 命令时，可以不带任何参数。如果已经按照 4.1.3 小节设置了 PYSPARK_PYTHON 环境变量，就可以直接执行以下命令启动 PySpark。

```
$ cd /usr/local/spark
$ ./bin/pyspark
```

启动以后会进入 PySpark 交互式执行环境，如图 4-1 所示。

图 4-1　PySpark 交互式执行环境

当使用 pyspark 命令且没有带上任何参数时，默认使用 Local[*]模式启动以进入 PySpark 交互式执行环境。

现在，就可以在里面输入 Python 代码进行调试了。例如，在 Python 命令提示符 ">>>" 后面输入一个表达式 "8*2+5"，然后按 "Enter" 键，就会立即得到结果。

```
>>> 8*2+5
21
```

最后，执行以下命令退出 PySpark。

```
>>> exit()
```

4.3　使用 spark-submit 命令提交运行程序

通过 spark-submit 命令可以提交应用程序，该命令的语法格式如下。

```
spark-submit
  --master <master-url>  #<master-url>的含义与表 4-1 中的相同
  --deploy-mode <deploy-mode>  #部署模式
  ... #其他参数
  <application-file>  #Python 代码文件
  [application-arguments]  #传递给主类的主方法参数
```

执行 "spark-submit--help" 命令可以获取完整的选项列表，具体命令如下。

```
$ cd /usr/local/spark
$ ./bin/spark-submit --help
```

运行 Spark 安装好后自带的样例程序 SparkPi，它的功能是计算得到 π 的近似值（3.1415926）。在 Linux Shell 中执行以下命令运行 SparkPi。

```
$ cd /usr/local/spark
$ bin/spark-submit \
> --master local[*] \
> /usr/local/spark/examples/src/main/python/pi.py 10 2>&1 | grep "Pi is roughly"
```

4.4　Spark 集群环境搭建（Standalone 模式）

Standalone 模式是 Spark 自带的一种集群模式。不同于前面的 Local 模式需要启动多个进程来模拟集群的功能，Standalone 模式是真实地在多个机器之间搭建 Spark 集群的环境，开发人员可以利用该模式搭建 Spark 集群，以用于实际的大数据处理。

本节介绍 Spark 集群环境的搭建方法，包括搭建 Hadoop 集群、安装 Spark、配置环境变量、配置 Spark、启动和关闭 Spark 集群等。

使用 spark-submit 命令提交运行程序

Spark 集群环境搭建（Standalone 模式）

4.4.1　集群概况

这里采用 3 台机器（节点）作为实例来演示如何搭建 Spark 集群。其中，1 台机器（节点）作为 Master 节点和 Worker 节点（主机名为 hadoop01，IP 地址为 192.168.91.128），另外两台机器（节点）只作为 Worker 节点，主机名分别为 hadoop02 和 hadoop03，IP 地址分别为 192.168.91.129 和 192.168.91.130。3 个节点都使用 hadoop 用户身份登录 Linux 操作系统。

4.4.2　搭建 Hadoop 集群

Spark 作为分布式计算框架，需要与 Hadoop 分布式文件系统（HDFS）组合起来使用，通过 HDFS 实现数据的分布式存储，通过 Spark 实现数据的分布式计算。因此，需要在同一个集群中同时部署 Hadoop 和 Spark。这样一来，Spark 就可以读写 HDFS 中的文件。如图 4-2 所示，在一个集群中同时部署 Hadoop 和 Spark 时，HDFS 的数据节点（DataNode，DN）和 Spark 的工作节点（Worker Node）是部署在一起的。这样就可以实现"计算向数据靠拢"，在数据所保存的地方进行计算，减少网络数据的传输。关于 Hadoop 集群的搭建，读者可以参考 3.2.7 小节的内容，按照分布式模式进行搭建。

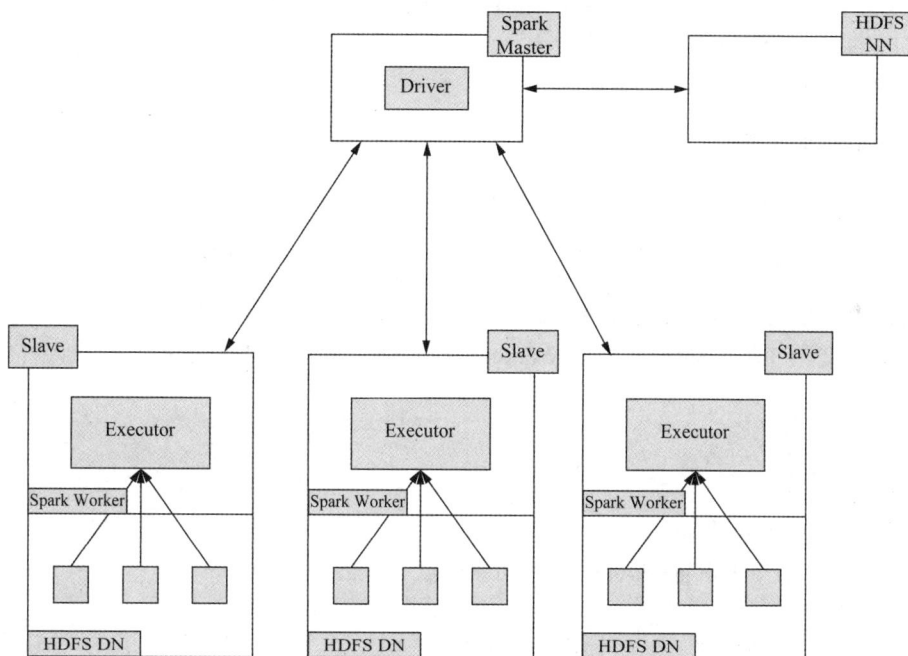

图 4-2　在一个集群中同时部署 Hadoop 和 Spark

4.4.3　安装 Anaconda3

参照 3.5 节的内容，在所有节点上完成安装 Anaconda3 的所有步骤，包括安装 Anaconda3、设置国内源、创建 PySpark 环境等。hadoop01 节点此前已经安装 Anaconda3，这里不用重复安装，只需要为 hadoop02 和 hadoop03 安装 Anaconda3。

在所有节点上执行以下命令把 Python 环境设置为 PySpark。

```
$ conda activate pyspark
```

然后执行以下命令测试 Python 环境是否设置成功。

```
$ python
```

最后执行以下命令退出 Python 环境。

```
>>> exit()
```

到此为止，所有节点上的 Python 环境就创建成功了。

4.4.4 在集群中安装 Spark

hadoop01 节点在前面 Local 模式安装过程中已经安装了 Spark，这里不用重复安装。

4.4.5 配置环境变量

在 hadoop02 和 hadoop3 节点的终端中执行以下命令。

```
$ vim ~/.bashrc
```

在.bashrc 中添加以下配置。

```
export JAVA_HOME=/usr/lib/jvm/jdk1.8.0_371
export CLASSPATH=.:${JAVA_HOME}/lib:${JRE_HOME}/lib
export HADOOP_HOME=/usr/local/hadoop
export SPARK_HOME=/usr/local/spark
export HADOOP_CONF_DIR=$HADOOP_HOME/etc/hadoop
export PYSPARK_PYTHON=/home/hadoop/anaconda3/envs/pyspark/bin/python3.8
```

执行以下 source 命令使配置立即生效。

```
$ source ~/.bashrc
```

4.4.6 Spark 的配置

1. 配置 workers 文件

在 hadoop01 节点上执行以下命令将 workers.template 改名为 workers。

```
$ cd  /usr/local/spark/
$ sudo mv  ./conf/workers.template  ./conf/workers
```

在 workers 文件中设置 Spark 集群的 Worker 节点。编辑 workers 文件的内容，把默认内容 localhost 替换成以下内容。

```
hadoop01
hadoop02
hadoop03
```

2. 配置 spark–env.sh 文件

在 hadoop01 节点上编辑 spark-env.sh 文件的内容，添加以下内容。

```
#PART1
export JAVA_HOME=/usr/lib/jvm/jdk1.8.0_371
export HADOOP_HOME=/usr/local/hadoop
export HADOOP_CONF_DIR=/usr/local/hadoop/etc/hadoop
export YARN_CONF_DIR==/usr/local/hadoop/etc/hadoop

#PART2
export SPARK_MASTER_HOST=hadoop01
export SPARK_MASTER_PORT=7077
export SPARK_MASTER_WEBUI_PORT=8081
export SPARK_DIST_CLASSPATH=$(/usr/local/hadoop/bin/hadoop classpath)
export SPARK_HISTORY_OPTS="
-Dspark.history.fs.logDirectory=hdfs://hadoop01:9000/sparklog
-Dspark.history.fs.cleaner.enabled=true"
```

```
#PART3
export SPARK_WORKER_CORES=1
export SPARK_WORKER_MEMORY=1GB
export SPARK_EXECUTOR_CORES=1
export SPARK_EXECUTOR_MEMORY=1GB
export SPARK_DRIVER_MEMORY=1GB
export SPARK_WORKER_PORT=7078
export SPARK_WORKER_WEBUI_PORT=8082
```

3. 创建历史服务器日志目录

在 hadoop01 节点的 Linux 终端中执行以下命令启动 HDFS。

```
$ cd /usr/local/hadoop
$ ./sbin/start-dfs.sh
```

执行以下命令在 HDFS 中创建日志目录 sparklog 并赋予权限。

```
$ cd /usr/local/hadoop
$ ./bin/hdfs dfs -mkdir /sparklog
$ ./bin/hdfs dfs -chmod 777 /sparklog
```

4. 配置 spark-defaults.conf 文件

在 hadoop01 节点上执行以下命令。

```
$ cd /usr/local/hadoop
$ sudo mv spark-defaults.conf.template spark-defaults.conf
$ vim spark-defaults.conf
```

在 spark-defaults.conf 中写入以下配置信息。

```
spark.eventLog.enabled true  #开启 Spark 的日志记录功能

spark.eventLog.dir hdfs://hadoop01:9000/sparklog  #日志记录的保存路径

spark.eventLog.compress true  #是否启动压缩
```

5. 配置 Worker 节点

在 hadoop01 节点上执行以下命令，将 Master 节点（hadoop01 节点）上的/usr/local/spark 文件夹复制到各个 Worker 节点上（即 hadoop02 和 hadoop03 节点）。

```
$ cd /usr/local/
$ tar -zcf ~/spark.master.tar.gz ./spark
$ cd ~
$ scp ./spark.master.tar.gz hadoop02:/home/hadoop
$ scp ./spark.master.tar.gz hadoop03:/home/hadoop
```

在 hadoop02 和 hadoop03 节点上分别执行以下操作。

```
$ cd ~
$ sudo rm -rf /usr/local/spark/
$ sudo tar -zxf ~/spark.master.tar.gz -C /usr/local
$ sudo chown -R hadoop /usr/local/spark
```

4.4.7　启动 Spark 集群

1. 启动 Hadoop 集群

在 Master 节点（hadoop01 节点）上执行以下命令。

```
$ cd /usr/local/hadoop/
$ sbin/start-all.sh
```

2. 启动历史服务器

在 Master 节点（hadoop01 节点）上执行以下命令。

```
$ cd /usr/local/spark/
$ ./sbin/start-history-server.sh
```

启动成功以后，使用 jps 命令查看进程，可以看到一个名称为 "HistoryServer" 的进程。

3. 启动 Master 节点

在 Master 节点（hadoop01 节点）上执行以下命令。

```
$ cd /usr/local/spark/
$ sbin/start-master.sh
```

4. 启动所有 Worker 节点

在 Master 节点（hadoop01 节点）上执行以下命令。

```
$ cd /usr/local/spark/
$ sbin/start-workers.sh
```

这时，在 hadoop01 节点上使用 jps 命令查看进程，可以看到类似以下的进程。

```
5409 DataNode
6434 ResourceManager
7156 Master
7380 Worker
7418 Jps
5228 NameNode
7022 HistoryServer
6607 NodeManager
```

5. 查看集群信息

在 Master 主机上打开浏览器，访问 http://hadoop01:8081，就可以通过浏览器查看 Spark 独立集群管理器的集群信息（见图 4-3）。

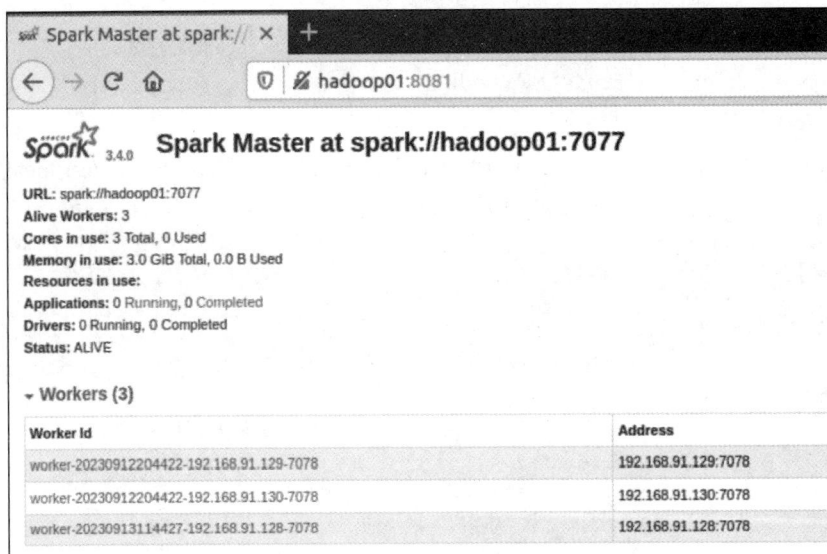

图 4-3　查看 Spark 集群信息

4.4.8　关闭 Spark 集群

在 Master 节点（hadoop01 节点）上执行如下命令，关闭 Spark 集群。

首先，关闭 Master 节点（hadoop01 节点），命令如下。

```
$ cd /usr/local/spark
$ sbin/stop-master.sh
```

然后，关闭 Worker 节点，命令如下。

```
$ sbin/stop-workers.sh
```

最后，关闭 Hadoop 集群，命令如下。

```
$ cd /usr/local/hadoop/
$ sbin/stop-all.sh
```

4.5　在集群上运行 Spark 应用程序

在集群上运行 Spark
应用程序

Spark 集群部署主要包括 4 种模式，分别是 Standalone 模式（使用 Spark 自带的简单集群管理器）、YARN 模式（使用 YARN 作为集群管理器）、Mesos 模式（使用 Mesos 作为集群管理器）和 Kubernetes 模式（使用 Kubernetes 作为集群管理器）。根据集群部署模式的不同，在集群上运行 Spark 应用程序可以有多种方法，本节介绍采用独立集群管理器时如何提交运行程序。

4.5.1　启动 Spark 集群

登录 Linux 操作系统，打开一个终端，启动 Hadoop 集群，命令如下。

```
$ cd /usr/local/hadoop/
$ sbin/start-all.sh
```

然后启动 Spark 的 Master 节点和所有 Worker 节点，命令如下。

```
$ cd /usr/local/spark/
$ sbin/start-master.sh
$ sbin/start-workers.sh
```

4.5.2　提交运行程序

1.　在集群中运行应用程序

向独立集群管理器提交应用，需要把 spark://hadoop01:7077 作为主节点参数传递给 spark-submit。运行 Spark 安装好后自带的样例程序 SparkPi，它的功能是计算得到 π 的近似值（3.1415926）。在 Linux Shell 中执行以下命令运行 SparkPi。

```
$ cd /usr/local/spark
$ bin/spark-submit \
> --master spark://hadoop01:7077 \
> /usr/local/spark/examples/src/main/python/pi.py 10 2>&1  | grep "Pi is roughly"
```

2.　在集群中运行 PySpark

我们可以用 PySpark 连接到独立集群管理器上，在 Linux Shell 中执行以下命令启动 PySpark 环境。

```
$ cd /usr/local/spark/
$ bin/pyspark  --master  spark://hadoop01:7077
```

假设 HDFS 的根目录下已经存在一个文件 README.md，在 PySpark 环境中执行以下相关语句。

```
>>> textFile = sc.textFile("hdfs://hadoop01:9000/README.md")
>>> textFile.count()
105
>>> textFile.first()
'# Apache Spark'
```

3.　查看集群信息

执行完上述操作以后，就可以在独立集群管理 Web 界面查看应用的运行情况。打开浏览器，访问 http://hadoop01:8081/，可以看到图 4-4 所示的相关信息。

在浏览器中输入 "http://hadoop01:18080/" 可以查看历史服务器的信息，如图 4-5 所示。

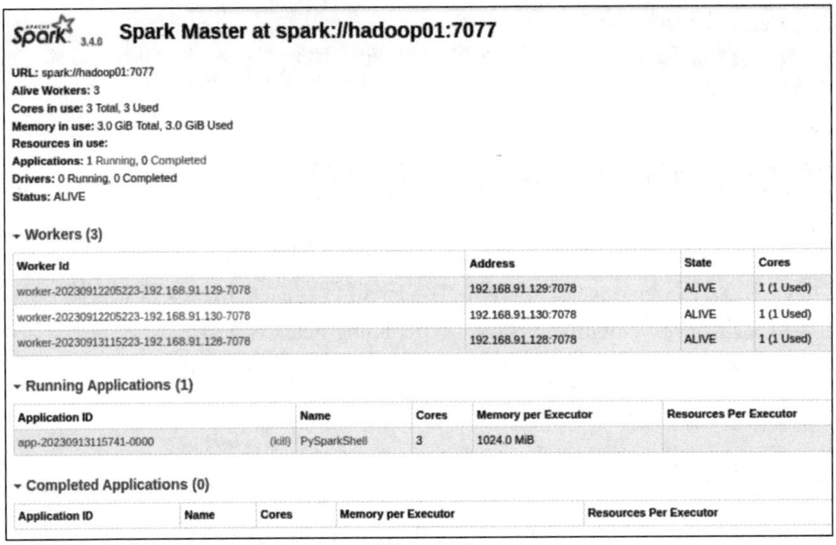

图 4-4　查看 Spark 集群中应用程序的运行情况

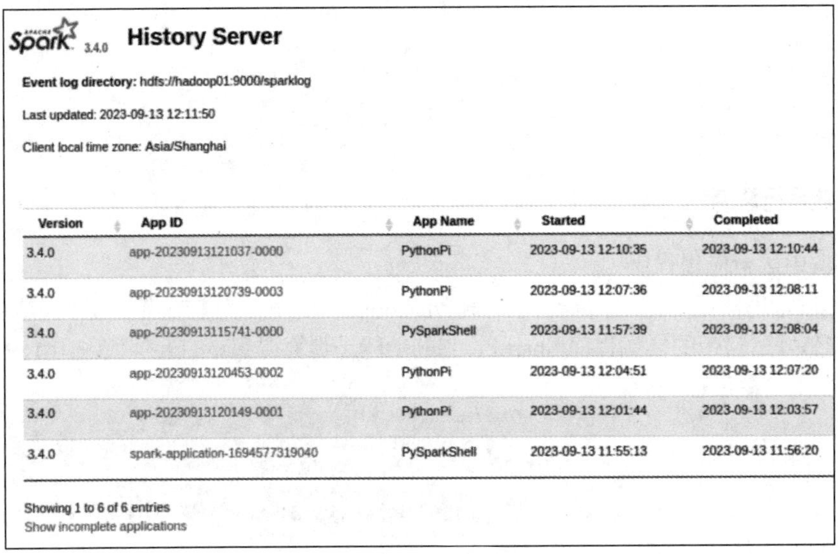

图 4-5　查看历史服务器信息

4.6　Spark on YARN 模式

Spark on YARN
模式

本节首先简要介绍 Spark on YARN 模式，然后介绍 Spark on YARN 模式的部署，接下来介绍如何采用 YARN 模式运行 PySpark 和如何通过 spark-submit 命令提交程序到 YARN 集群，最后介绍 Spark on YARN 的两种部署模式。

4.6.1　概述

从理论上而言，如果我们想要一个稳定的 Spark 生产环境，那么最好的选择是 Standalone HA（High Available）模式（关于 Standalone HA 模式部署方法，可以参考相关网络资料）。但是，在企业中，服务器的资源总是很有限的，许多企业不管做什么业务，基本上会搭建 Hadoop 集群，因而也就会有 YARN 集群。对企业来说，在已有 YARN 集群的前提下再单独准备 Standalone 集群会导致资源的利

用率不高，所以在多数场景下，企业会将 Spark 运行到 YARN 集群中。YARN 本身是一个资源调度管理框架，负责对运行在内部的计算框架（如 Spark）进行资源调度管理。作为典型的计算框架，Spark 一般也是直接运行在 YARN 中，并接受 YARN 的资源调度和管理。对 Spark on YARN 模式而言，无须部署 Spark 集群，只需要找一台服务器充当 Spark 客户端，即可提交任务到 YARN 集群中运行。

在 Spark on YARN 模式中，Master 角色由 YARN 的 ResourceManager 担任，Worker 角色由 YARN 的 NodeManager 担任，Driver 角色运行在 YARN 容器中或运行在提交任务的客户端进程中，Executor 运行在 YARN 容器中。

要想使用 Spark on YARN 模式，需要满足以下 3 个条件。

（1）已经安装了 Hadoop 集群（意味着已经同时安装了 YARN 集群）。

（2）需要具有 Spark 客户端工具，如 spark-submit 可以把 Spark 程序提交到 YARN 中。

（3）需要有被提交的程序。

4.6.2　Spark on YARN 模式的部署

Spark on YARN 模式的部署非常简单，不需要修改任何配置文件，只需要确保环境变量被正确配置。在 hadoop01 节点上打开"/usr/local/spark/conf/spark-env.sh"文件，确保里面包含以下两个环境变量的配置内容。

```
export HADOOP_CONF_DIR=/usr/local/hadoop/etc/hadoop
export YARN_CONF_DIR==/usr/local/hadoop/etc/hadoop
```

4.6.3　采用 YARN 模式运行 PySpark

要想采用 YARN 模式运行 PySpark，我们可以在 hadoop01 节点上执行以下命令。

```
$ cd /usr/local/hadoop
$ ./sbin/start-yarn.sh          #启动 YARN 集群
$ cd /usr/local/spark
$ ./bin/pyspark --master yarn
```

启动成功以后，在浏览器中输入 http://hadoop01:8088 并按"Enter"键，打开 YARN 集群管理页面（见图 4-6），在里面就可以查看当前运行的 PySpark 的信息。

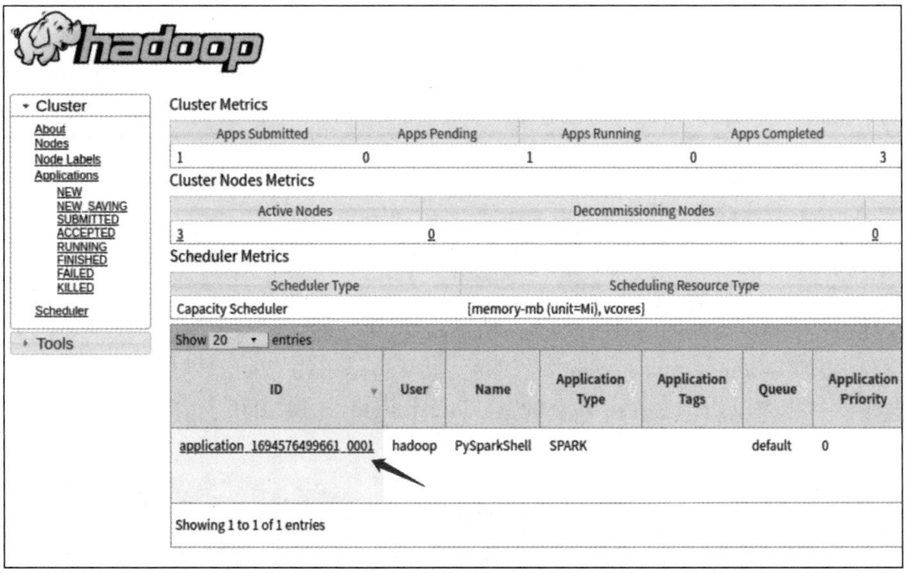

图 4-6　YARN 集群管理页面

假设 HDFS 的根目录下已经存在一个文件 README.md，下面在 PySpark 环境中执行相关语句。

```
>>> textFile=sc.textFile("hdfs://master:9000/README.md")
>>> textFile.count()
105
>>> textFile.first()
'# Apache Spark'
```

4.6.4　通过 spark-submit 命令提交程序到 YARN 集群

要想通过 spark-submit 命令提交程序到 YARN 集群中，我们可以执行以下命令。

```
$ cd /usr/local/spark
$ bin/spark-submit \
> --master yarn \
> /usr/local/spark/examples/src/main/python/pi.py 10 2>&1 | grep "Pi is roughly"
```

执行完上述命令以后，就可以在 YARN 集群管理 Web 界面查看应用的运行情况。打开浏览器，访问 http://hadoop01:8088，就可以看到相关信息。

4.6.5　Spark on YARN 的两种部署模式

Spark on YARN 包含两种部署模式：一种是 Cluster 模式；另一种是 Client 模式。这两种模式的区别在于 Driver 的运行位置，具体对比如下。

（1）Cluster 模式：Driver 运行在 YARN 容器内部，与 ApplicationMaster 在同一个容器内。

（2）Client 模式：Driver 运行在客户端进程中，例如，Driver 运行在 spark-submit、pyspark、spark-shell 客户端进程中。

表 4-2 对两种模式进行了比较。总体而言，Client 模式一般适用于学习和测试的场景，Cluster 模式适用于生产环境。

表 4-2　　　　　　　　　　　　　　**Cluster 模式与 Client 模式的对比**

比较项	Cluster 模式	Client 模式
Driver 运行位置	YARN 容器内部	客户端进程中
通信效率	高	低于 Cluster 模式
日志查看	日志输出在容器内，不方便查看	日志输出在客户端的标准输出流中，方便查看
生产环境是否使用	推荐使用	不推荐使用
稳定性	稳定	受到客户端进程影响

下面使用 Client 模式运行程序。

```
$ cd /usr/local/spark
$ bin/spark-submit \
> --master yarn \
> --deploy-mode client \
> /usr/local/spark/examples/src/main/python/pi.py 10 2>&1 | grep "Pi is roughly"
```

如果没有添加"--deploy-mode client"，实际上默认也是采用 Client 模式。

上面命令执行结束以后，会在屏幕上输出"Pi is roughly 3.141280"。

下面使用 Cluster 模式运行程序。

```
$ cd /usr/local/spark
$ bin/spark-submit \
> --master yarn \
> --deploy-mode cluster \
> /usr/local/spark/examples/src/main/python/pi.py 10 2>&1 | grep "Pi is roughly"
```

上面命令执行结束以后，屏幕上不会输出"Pi is roughly 3.141280"，这个信息需要到日志中查找：在浏览器中输入 http://hadoop01:8088 并按"Enter"键，会出现图 4-7 所示的界面；单击界面中"ID"下方的链接，会出现图 4-8 所示的界面；单击界面中"Logs"下方的链接，会出现图 4-9 所示的界面；单击界面中"stdout:……"链接，会出现图 4-10 所示的界面，里面就包含了日志信息"Pi is roughly 3.138240"。

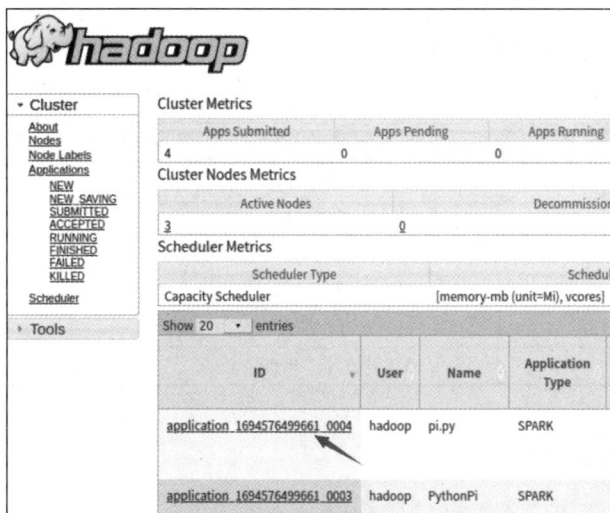

图 4-7　YARN 集群管理 Web 界面（1）

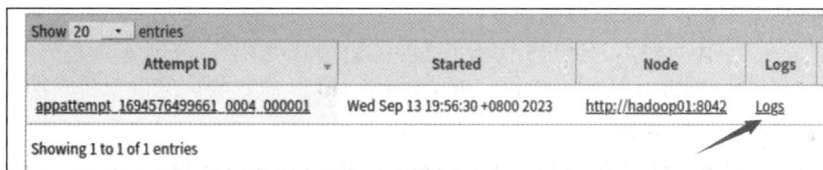

图 4-8　YARN 集群管理 Web 界面（2）

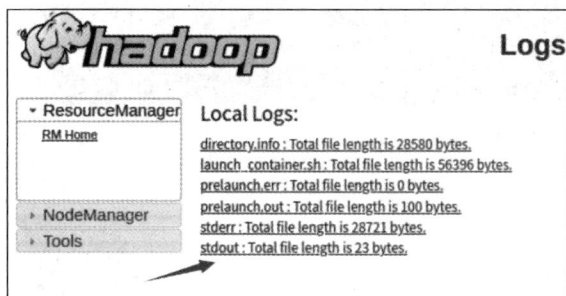

图 4-9　YARN 集群管理 Web 界面（3）

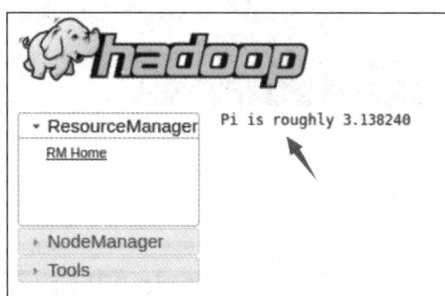

图 4-10　YARN 集群管理 Web 界面（4）

4.7　安装 PySpark 类库

本节首先介绍类库与框架的区别，然后介绍 PySpark 类库的具体安装方法。

安装 PySpark 类库

4.7.1　类库与框架的区别

类库和框架是两个不同的概念。类库是其他人已经开发好的代码，不能独立运行，可以被导入其他程序中使用，例如，pandas 就是 Python 的一个第三方类库，我们在编写 Python 程序时，可以导入 pandas 类库，编写数据清洗程序代码。框架是可以独立运行并提供编程结构的一种软件产品，例如，Spark 就是一个计算框架，它自己可以独立运行，不需要被导入其他程序中使用。PySpark 就是一个 Python 的类库，内置了 Spark API，不能自己独立运行，需要使用"import pyspark"语句被导入基于 Python 的 Spark 应用程序中。这里要特别注意，PySpark 类库和"bin/pyspark"是完全不同的两个概念，"bin/pyspark"是一个客户端程序，不是类库，它提供了交互式的 Python 客户端，用于编写基于 Spark API 的程序。表 4-3 给出了 PySpark 类库与 Spark 框架的比较。

表 4-3　　　　　　　　　　PySpark 类库与 Spark 框架的比较

比较项	PySpark 类库	Spark 框架
底层语言	Python	Scala
上层语言支持	仅 Python	Python/Java/Scala/R
集群化分布式运行	不支持，仅支持单机	支持
定位	Python 类库（客户端）	标准框架（客户端和服务器端）
是否可以以守护进程方式运行	不可以	可以
应用场景	本地开发调试 Python 程序	生产环境集群化运行

4.7.2　PySpark 类库的安装

在 hadoop01 节点中打开一个终端，执行以下命令。

```
$ conda activate pyspark
```

安装 PySpark 类库，执行以下命令。

```
$ pip install pyspark==3.4.0 -i https://pypi.tuna.********.edu.cn/simple
```

安装结束后，进入 Python 环境，执行"import pyspark"命令测试是否安装成功（见图 4-11）。如果没有报错，就表示安装成功。

图 4-11　执行"import pyspark"命令

然后在 hadoop02 和 hadoop03 节点上也分别执行与上面同样的操作。

4.8　开发 Spark 独立应用程序

PySpark 交互式环境通常用于开发和测试，当要把应用程序部署到企业实际生产环境中时，我们需要编写独立应用程序。这里通过一个简单的应用程序 WordCount 来演示如何通过 Spark API 开发一个独立应用程序。

开发 Spark 独立应用程序

4.8.1　编写程序

使用 Python 进行 Spark 编程比使用 Java 和 Scala 要简单得多。使用 Scala 或 Java 编写 Spark 程序时，需要使用 sbt 或者 Maven 工具进行编译打包。使用 Python 编写的 Spark 程序，则不需要编译打包，可以直接执行。

下面打开一个 Linux 终端，新建一个代码文件 "/usr/local/spark/mycode/python/WordCount.py"，具体内容如下。

```
1  from pyspark import SparkConf, SparkContext
2  conf = SparkConf().setMaster("local[*]").setAppName("My App")
3  sc = SparkContext(conf = conf)
4  logFile = "file:///usr/local/spark/README.md"
5  logData = sc.textFile(logFile, 2).cache()
6  numAs = logData.filter(lambda line: 'a' in line).count()
7  numBs = logData.filter(lambda line: 'b' in line).count()
8  print('Lines with a: %s, Lines with b: %s' % (numAs, numBs))
9  sc.stop()
```

这段代码的功能是：第 1 行用于导入相关依赖包（就是前面已经安装好的 PySpark 类库）；第 2 行和第 3 行用于生成一个 SparkContext 对象，该对象是 Spark 应用程序的入口；第 4 行设置文件路径，"file:///usr/local/spark/README.md" 是一个本地文件，它位于 Linux 操作系统的本地目录 "/usr/local/spark" 下；第 5 行负责读取 README.md 文件生成 RDD；第 6 行和第 7 行分别统计 RDD 元素中包含字母 a 和字母 b 的行数；第 8 行输出统计结果；第 9 行结束当前 SparkContext 的服务。对于这段 Python 代码，我们可以在 hadoop01 节点上直接使用以下命令执行。

```
$ conda activate pyspark
$ cd /usr/local/spark/mycode/python
$ python WordCount.py
```

执行上述命令后，可以得到以下结果。

```
Lines with a: 72, Lines with b: 39
```

4.8.2　通过 spark-submit 运行程序

假设采用了 Standalone 模式的集群，对于前面得到的 WordCount.py，我们可以通过 spark-submit 将其提交到 Spark 中运行，命令如下。

```
$ /usr/local/spark/bin/spark-submit \
> --master spark://hadoop01:7077 \
> /usr/local/spark/mycode/python/WordCount.py
```

执行上述命令后，可以得到以下结果。

```
Lines with a: 72, Lines with b: 39
```

4.9　PyCharm 的安装和使用

本节首先介绍 PyCharm 的安装，然后介绍如何使用 PyCharm 开发 Spark 程序。

PyCharm 的安装和使用

4.9.1　安装 PyCharm

到 PyCharm 官网下载安装文件 pycharm-community-2022.2.3.tar.gz，然后执行以下命令解压缩文件。

```
$ cd ~/Downloads          #假设安装文件在该目录下
$ sudo tar -zxvf pycharm-community-2022.2.3.tar.gz -C /usr/local
$ cd /usr/local
$ sudo mv pycharm-community-2022.2.3 pycharm
$ sudo chown -R hadoop pycharm
```

然后执行以下命令启动 PyCharm。

```
$ cd /usr/local/pycharm
$ ./bin/pycharm.sh
```

启动以后，需要进行相关配置。如图 4-12 所示，单击"Customize"，在"Color theme"下拉列表中选择"IntelliJ Light"。

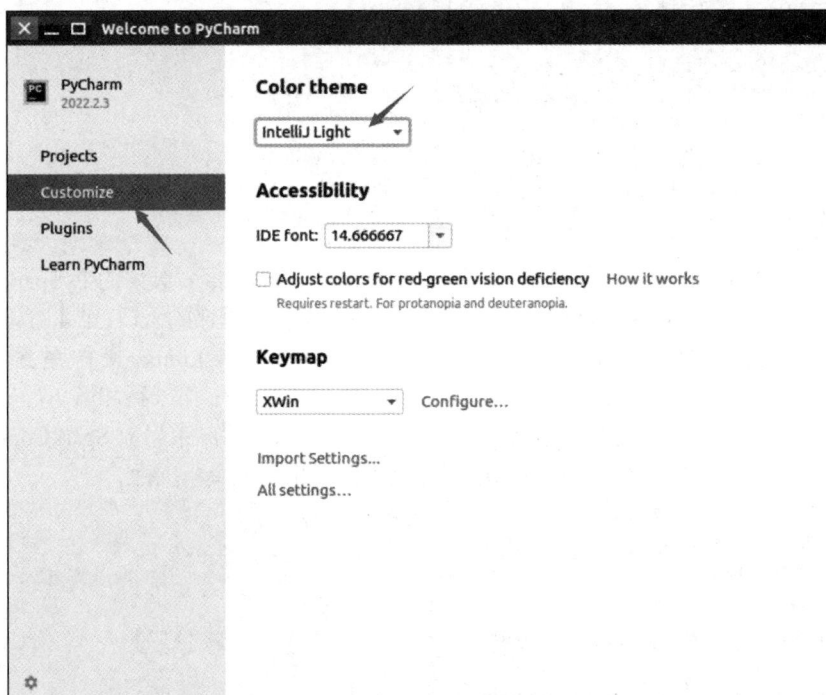

图 4-12　配置颜色主题

单击"Projects"，再单击"New Project"，新建一个项目，如图 4-13 所示。

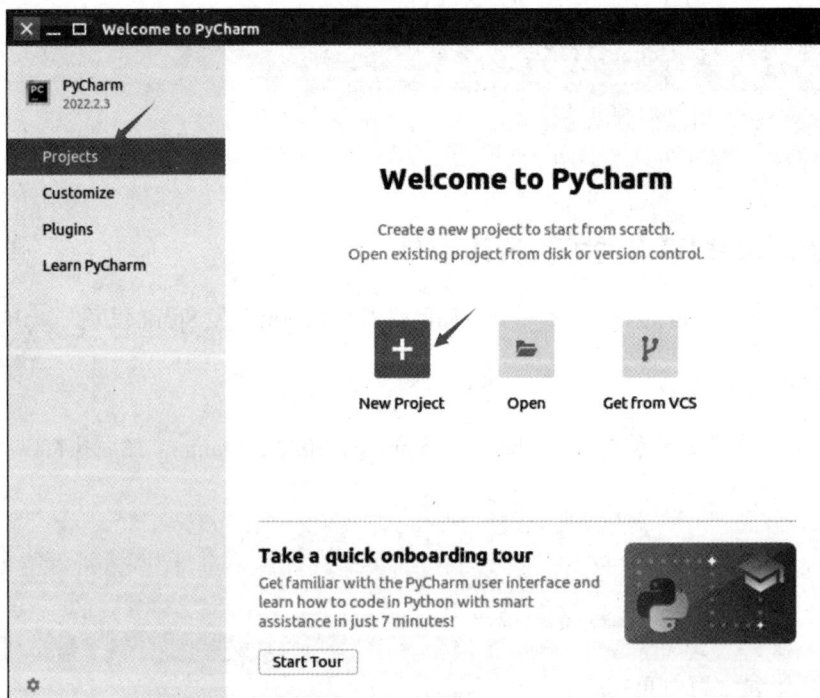

图 4-13　新建项目

对项目进行配置，如图 4-14 所示，在 "Location" 右侧设置项目的保存路径和名称，例如设置为
"/home/hadoop/PycharmProjects/PySpark"，然后单击 "Previously configured interpreter"，再单击 "Add
Interpreter"，接着单击 "Add Local Interpreter"。

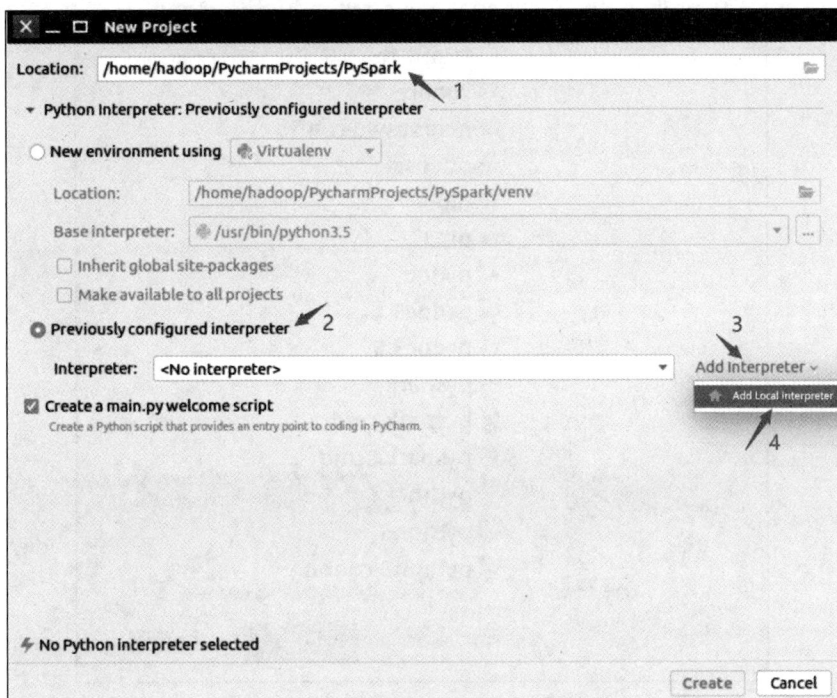

图 4-14　配置项目

在出现的界面中，单击 "Conda Environment"，在界面右侧单击 "..." 按钮，如图 4-15 所示。

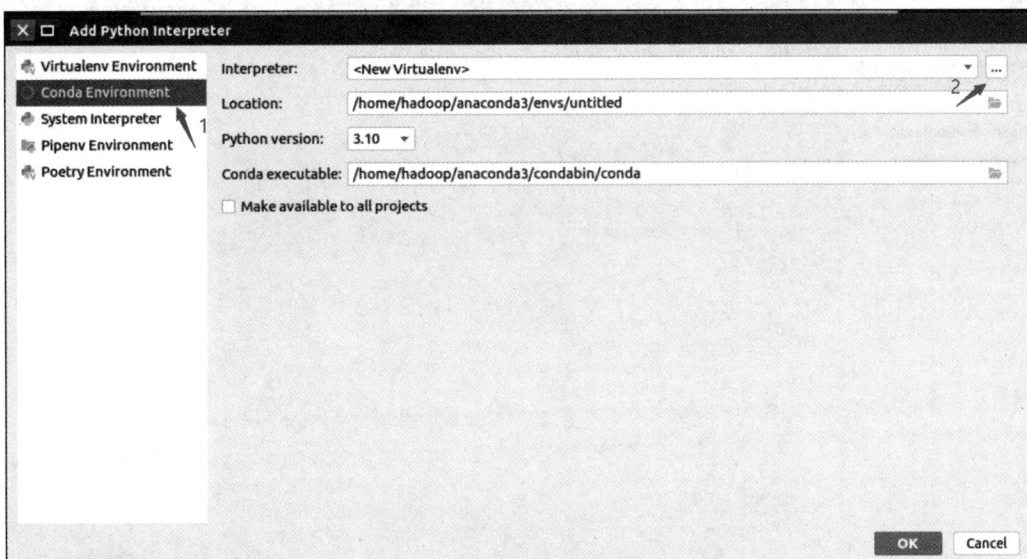

图 4-15　增加 Python 解释器

在出现的界面中，找到 Python 解释器的路径 "/home/hadoop/anaconda3/envs/pyspark/bin/python"，
单击 "OK" 按钮，如图 4-16 所示。

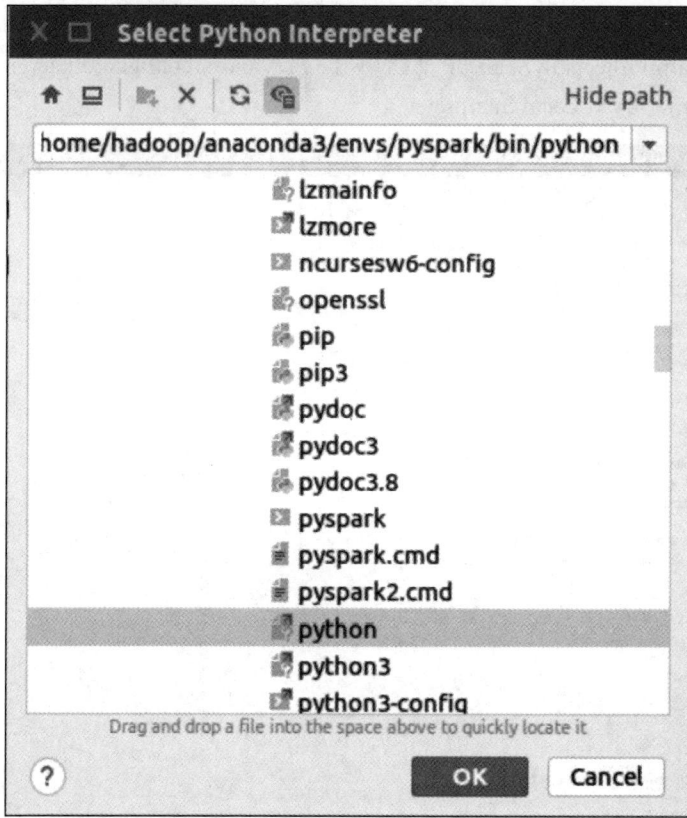

图 4-16　找到 Python 解释器的路径

在出现的界面中，把"Make available to all projects"选中，单击"OK"按钮，如图 4-17 所示。

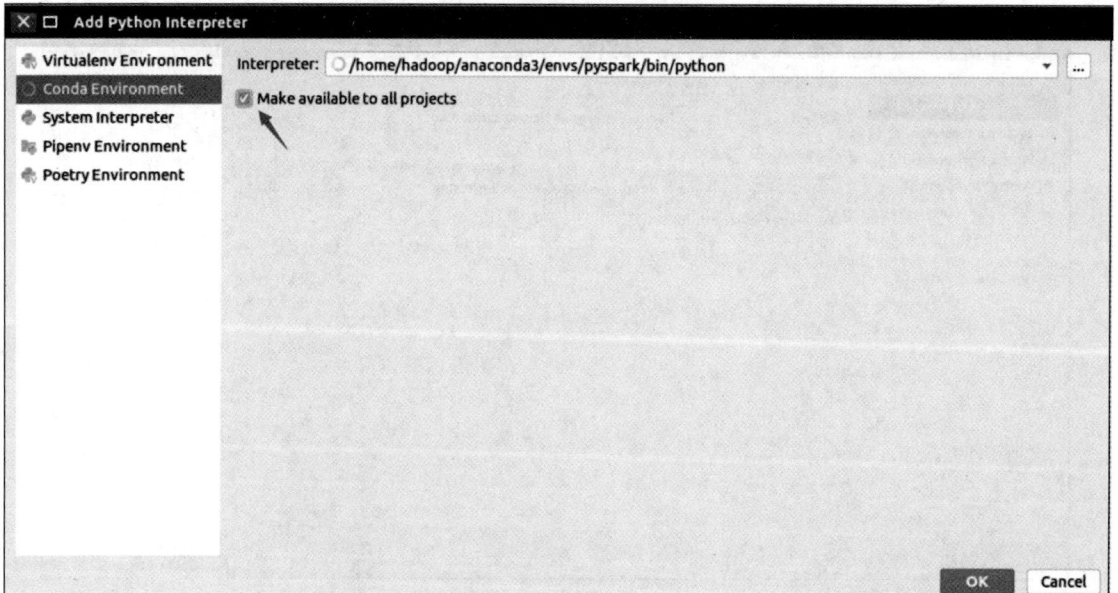

图 4-17　选中"Make available to all projects"

最后，在图 4-18 所示的界面中，单击"Create"按钮，完成项目的创建。

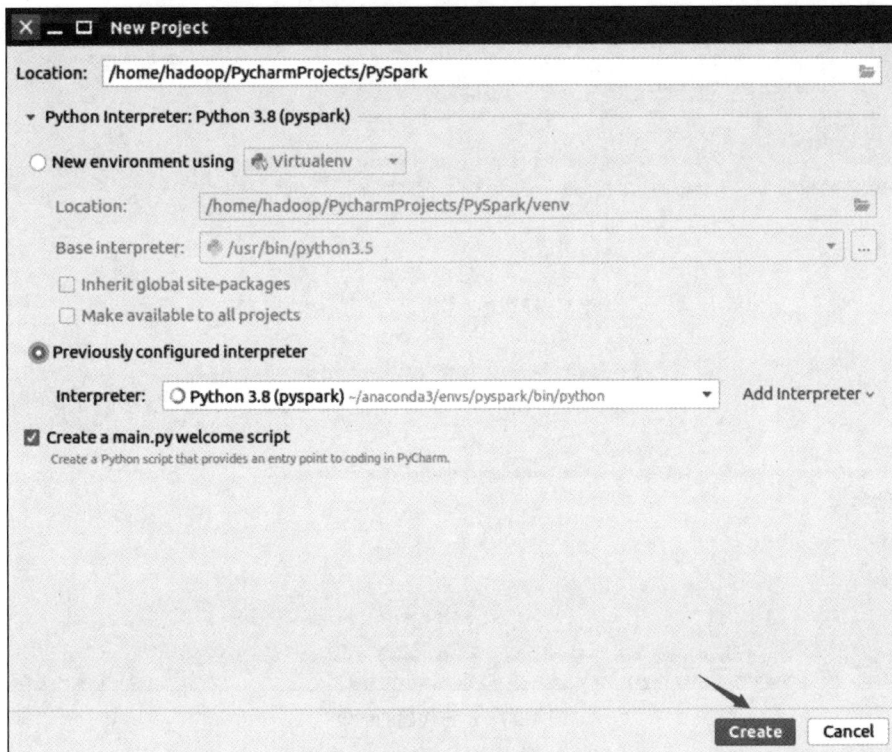

图 4-18　创建项目

　　创建好项目以后，系统会默认创建一个 main.py 文件，此时可以在该文件区域内单击鼠标右键，在弹出的快捷菜单中单击 "Run 'main'"，如图 4-19 所示。

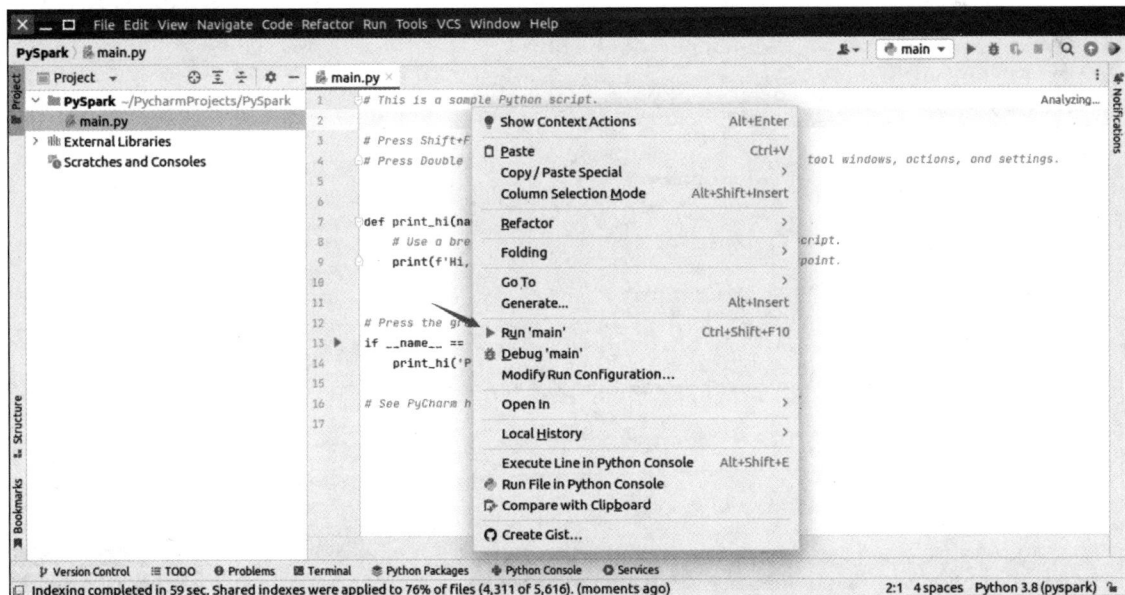

图 4-19　运行代码

　　如果代码运行成功，就会在界面下方控制台区域输出 "Hi, PyCharm"（见图 4-20），表明 Python 解释器工作正常。

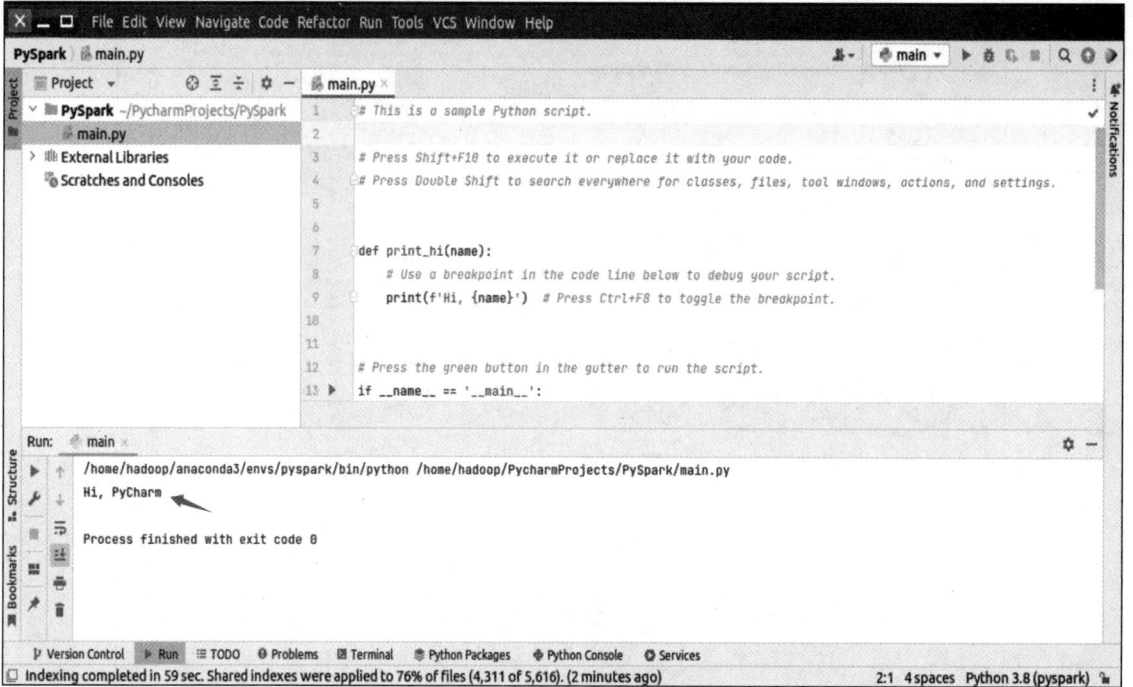

图 4-20　运行代码的结果

在界面的底部单击"Python3.8(pyspark)"，接着在弹出的菜单中单击"Interpreter Settings..."（见图 4-21），以查看 Python 解释器的相关信息。

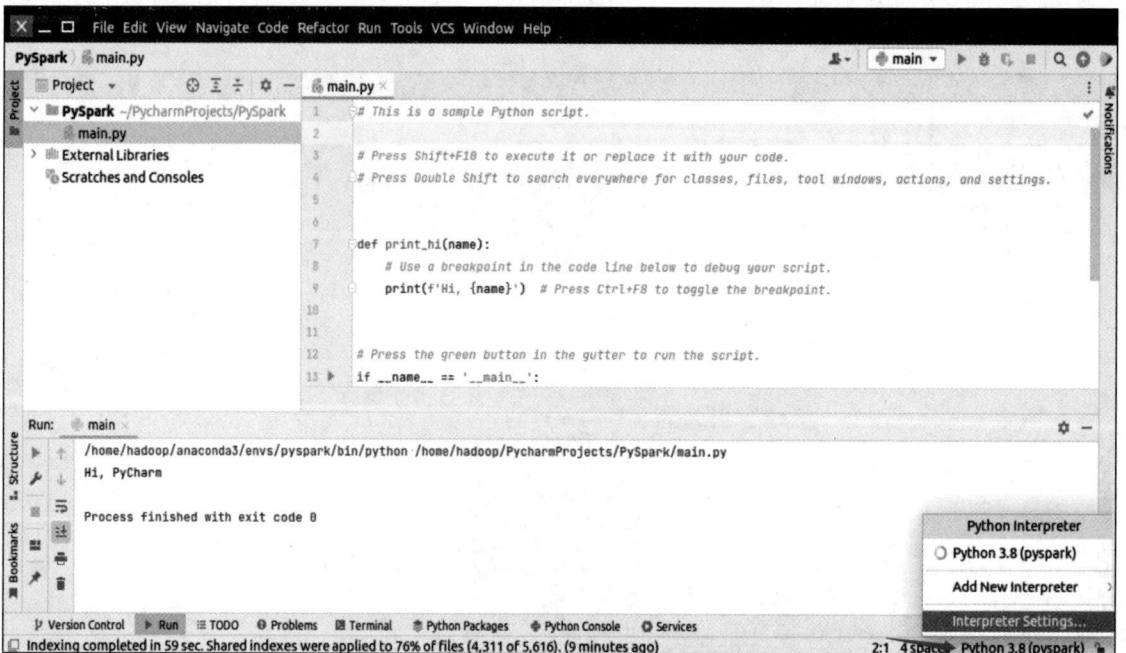

图 4-21　查看 Python 解释器的相关信息

在出现的界面中，单击"Python Interpreter"（见图 4-22），可以看到，在右侧界面中存在一个名称为 pyspark 的包，说明已经成功导入 PySpark 类库，可支持进行 Spark 程序的开发。

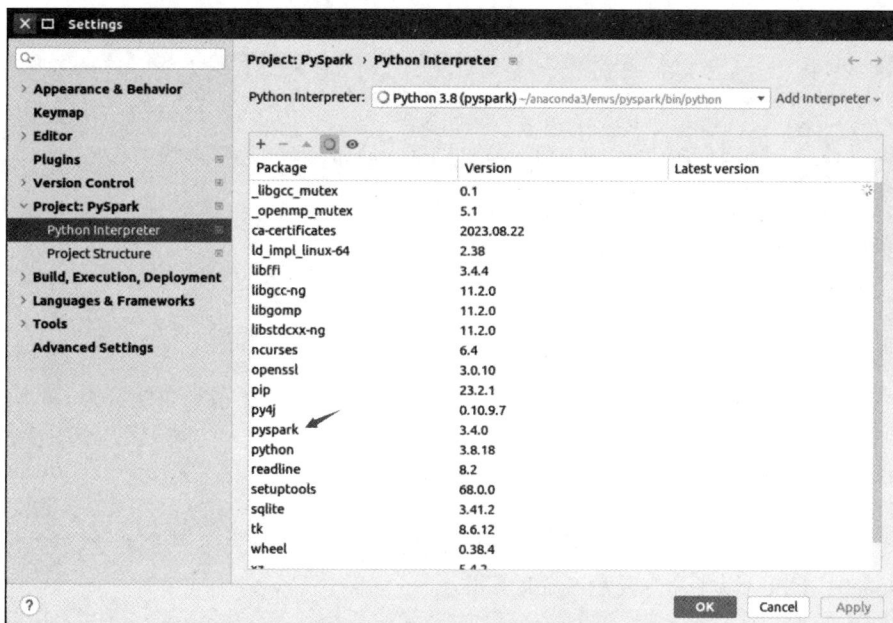

图 4-22 Python 解释器的相关信息

4.9.2 使用 PyCharm 开发 Spark 程序

在上面的步骤中，我们在 PyCharm 中新建了一个项目 PySpark，接下来在该项目中新建一个代码文件 WordCount.py。如图 4-23 所示，在项目名称"PySpark"上单击鼠标右键，在弹出的快捷菜单中单击"New"，在弹出的子菜单中单击"Python File"。

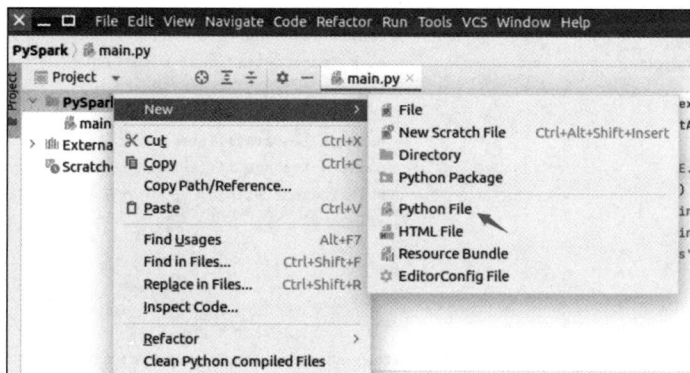

图 4-23 新建 Python 代码文件

在出现的界面中，输入代码文件名称"WordCount"（见图 4-24），然后按"Enter"键，系统就会创建一个代码文件 WordCount.py。

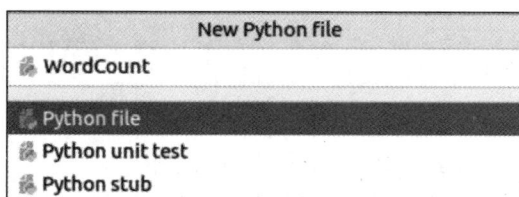

图 4-24 设置代码文件名称

87

在 WordCount.py 文件中输入以下内容。

```
#coding:utf8
from pyspark import SparkConf, SparkContext
if __name__ == '__main__':
    conf = SparkConf().setMaster("local[*]").setAppName("My App")
    sc = SparkContext(conf = conf)
    logFile = "file:///usr/local/spark/README.md"
    logData = sc.textFile(logFile, 2).cache()
    numAs = logData.filter(lambda line: 'a' in line).count()
    numBs = logData.filter(lambda line: 'b' in line).count()
    print('Lines with a: %s, Lines with b: %s' % (numAs, numBs))
    sc.stop()
```

在运行程序之前，需要首先开启 Hadoop 集群和 Spark 集群。为了节省系统资源、加快运行速度，虽然此前我们安装了 3 个虚拟机，但是这里可以只开启 hadoop01 这一个虚拟机，不用开启 hadoop02 和 hadoop03。在 hadoop01 上执行以下命令开启 Hadoop 集群。

```
$ cd /usr/local/hadoop
$ ./sbin/start-dfs.sh  #这里只启动了 HDFS，没有启动 YARN
```

在 hadoop01 上执行以下命令开启 Spark 集群。

```
$ cd /usr/local/spark
$ ./sbin/start-all.sh  #同时启动了 Spark 的 Master 和 Worker
```

然后在 PyCharm 中运行 WordCount.py，就可以在控制台输出程序运行结果，如图 4-25 所示。

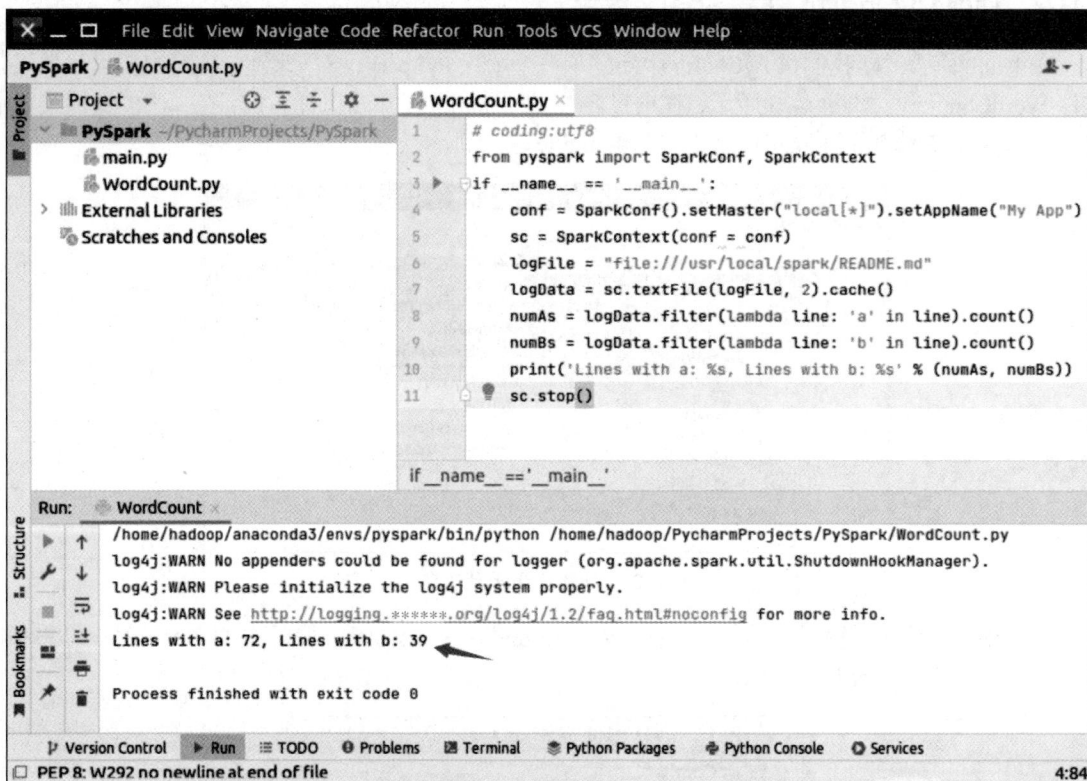

图 4-25 程序运行结果

如果需要读取 HDFS 文件，只需要把 logFile 设置为以下内容。

```
logFile = "hdfs://hadoop01:9000/README.md"
```

需要注意的是，需要提前把本地文件 "/usr/local/spark/README.md" 上传到 HDFS 中。

4.10　本章小结

　　Spark 可以支持多种部署模式，但在日常学习和应用开发环节，开发人员可以使用单机环境进行部署。本章首先介绍了 Spark 在单机环境下的安装配置方法，然后介绍了交互式编程环境 PySpark，它可以立即解释、执行用户输入的语句。Spark 支持 Java、Python 和 Scala 等编程语言，使用 pyspark 命令启动进入的是 Python 交互式环境。在开发 Spark 独立应用程序时，采用 Python 语言编写的 Spark 程序可以直接通过 spark-submit 提交运行。

　　在实际应用中，企业会搭建 Spark 集群，而不是单机部署，因此，本章介绍了 Spark 集群环境的搭建方法以及如何在集群上运行 Spark 程序。YARN 是目前被企业广泛使用的资源调度管理框架，因此，本章介绍了 Spark on YARN 模式的集群搭建方法。在程序开发环节，我们经常会使用 PySpark 类库去开发 Spark 应用程序，因此，本章介绍了 PySpark 类库的安装方法和独立应用程序开发方法。采用开发工具可以大幅提升程序开发效率，因此，本章最后介绍了开发工具 PyCharm 的安装和使用方法。

4.11　习题

1. 请阐述 Spark 的 5 种部署模式。
2. 请阐述 Spark 和 Hadoop 的相互关系。
3. 请阐述 PySpark 启动时，<master-url>分别采用 local、local[*]和 local[k]，具体有什么区别。
4. 请阐述 Spark on YARN 包含哪两种部署模式。
5. 请总结开发 Spark 独立应用程序的基本步骤。
6. 请阐述 Standalone 模式的 Spark 集群环境搭建的基本过程。
7. 请阐述框架与类库的区别。
8. 请阐述在集群上运行 Spark 应用程序的具体方法。

实验 2　Spark 的安装和使用

一、实验目的

　　（1）掌握在 Linux 虚拟机中安装 Spark 的方法。
　　（2）掌握使用 Spark 访问本地文件和 HDFS 文件的方法。

二、实验平台

　　操作系统：Ubuntu 16.04。
　　Spark 版本：3.4.0。
　　Hadoop 版本：3.3.5。
　　Python 版本：3.8.18。

三、实验内容和要求

　　1. 安装 Spark
　　（1）进入 Linux 操作系统，参考第 3 章内容完成 Hadoop 伪分布式模式的安装。完成 Hadoop 的安装以后，再安装 Spark（Local 模式）。启动 PySpark，在命令行模式下读取 Hadoop 中的某个文件，并显示文件的第 1 行内容。

（2）进入 Linux 操作系统，参考第 3 章内容完成 Hadoop 分布式模式的安装，完成 Hadoop 的安装以后，再采用 3 个节点安装 Spark（Standalone 模式）。启动 PySpark，在命令行模式下读取 Hadoop 中的某个文件，并显示文件的第 1 行内容。

2. Spark 读取文件系统的数据

采用"Hadoop 伪分布式模式+Spark（Local 模式）"或"Hadoop 分布式模式+Spark（Standalone 模式）"完成以下题目。

（1）在 pyspark 中读取 Linux 操作系统本地文件"/home/hadoop/test.txt"，然后统计出文件的行数。

（2）在 pyspark 中读取 HDFS 系统文件"/user/hadoop/test.txt"（如果该文件不存在，请先创建），然后统计出文件的行数。

（3）编写独立应用程序，读取 HDFS 系统文件"/user/hadoop/test.txt"（如果该文件不存在，请先创建），然后统计出文件的行数。通过 spark-submit 将该程序提交到 Spark 中运行。

四、实验报告

实验报告		
题目：	姓名：	日期：
实验环境：		
实验内容与完成情况：		
出现的问题：		
解决方案（列出遇到并解决的问题和解决方案，以及没有解决的问题）：		

05 第5章 RDD编程

RDD 是 Spark 的核心概念，它是一个只读的、可分区的分布式数据集，这个数据集可全部或部分缓存在内存中，在多次计算间重用。Spark 用 Scala 语言实现了 RDD 的 API，程序员可以通过调用 API 实现对 RDD 的各种操作，从而实现各种复杂的应用。

本章首先介绍 RDD 的创建方法、各种 RDD 操作以及持久化和分区方法；然后介绍键值对 RDD 的各种操作，并给出把 RDD 写入文件、数据库，以及从文件、数据库读取数据生成 RDD 的方法；最后介绍 3 个 RDD 编程综合实例。本章中的所有源代码都可以从本书官方网站"下载专区"的"代码"→"第 5 章"下载。

5.1 RDD 编程基础

本节介绍 RDD 编程的基础知识，包括 RDD 创建、RDD 操作、持久化和分区等，并给出一个简单的 RDD 编程实例。

5.1.1 RDD 创建

Spark 采用 textFile()方法从文件系统中加载数据创建 RDD，该方法把文件的 URI 作为参数，这个 URI 可以是本地文件系统的地址、分布式文件系统 HDFS 的地址或 Amazon S3 的地址等。

RDD 创建

1. 从文件系统中加载数据创建 RDD

（1）从本地文件系统中加载数据

从本地文件系统中加载数据生成 RDD。假设本地文件系统中有一个文件"/usr/local/spark/mycode/rdd/word.txt"，该文件中包含以下 3 行英文句子。

```
Hadoop is good
Spark is fast
Spark is better
```

在 PySpark 交互式环境中，执行以下命令。

```
>>> lines = sc.textFile("file:///usr/local/spark/mycode/rdd/
word.txt")
>>> lines.foreach(print)
Hadoop is good
Spark is fast
Spark is better
```

在上述命令中使用了 Spark 提供的 SparkContext 对象，名称为 sc，它是 PySpark 启动的时候自动创建的，在交互式编程环境中可以直接使用。如果是编写独立应用程序，则可以通过以下语句生成 SparkContext 对象。

```
from pyspark import SparkConf, SparkContext
conf = SparkConf().setMaster("local").setAppName("My App")
sc = SparkContext(conf = conf)
```

此外，在上述命令中，lines.foreach(print)语句用于输出 RDD 中的每个元素。执行 sc.textFile()方法以后，Spark 从本地文件 word.txt 中加载数据到内存，在内存中生成一个 RDD 对象 lines。lines 是 org.apache.spark.rdd.RDD 类的一个实例，这个 RDD 里面包含若干个元素，每个元素的类型是字符串类型。也就是说，从 word.txt 文件中读取出来的每一行文本内容都称为 RDD 中的一个元素。如果 word.txt 中包含 1000 行，那么 lines 这个 RDD 中就会包含 1000 个字符串类型的元素。由于 word.txt 文件中只包含 3 行文本内容，则生成的 RDD（即 lines）中就会包含 3 个字符串类型的元素，分别是 "Hadoop is good"、"Spark is fast"和"Spark is better"（见图 5-1）。

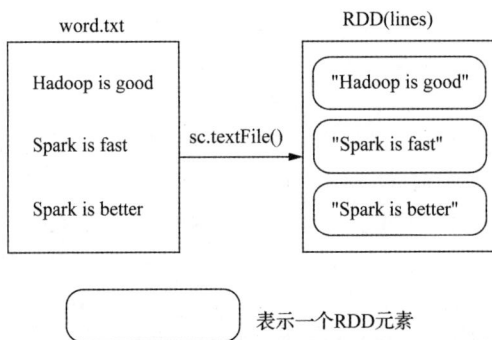

图 5-1　从文件中加载数据生成 RDD

如果要在 PyCharm 中调试程序，则可以编写以下代码。

```
#coding:utf8
from pyspark import SparkConf, SparkContext
if __name__ == '__main__':
    conf = SparkConf().setMaster("local[*]").setAppName("My App")
    sc = SparkContext(conf = conf)
    lines = sc.textFile("file:///usr/local/spark/mycode/rdd/word.txt")
    lines.foreach(print)
    sc.stop()
```

（2）从分布式文件系统 HDFS 中加载数据

在根据第 3 章的内容完成 Hadoop 和 Spark 环境搭建以后，HDFS 的访问地址是 hdfs://hadoop01:9000/。假设在 HDFS 中已经创建了与当前 Linux 操作系统登录用户 hadoop 对应的用户目录 "/user/hadoop"，并且在该目录下新建了 word.txt。启动 HDFS，就可以让 Spark 对 HDFS 中的数据进行操作。从 HDFS 中加载数据的命令如下（下面 3 条命令是完全等价的，我们可以使用其中任意一种方式）。

```
>>> lines = sc.textFile("hdfs://hadoop01:9000/user/hadoop/word.txt")
>>> lines = sc.textFile("/user/hadoop/word.txt")
>>> lines = sc.textFile("word.txt")
```

执行从 HDFS 中加载数据的命令后，Spark 将会从 HDFS 中读取 word.txt 生成 RDD（名称为 lines）。然后，执行以下命令输出该 RDD 中的每个元素。

```
>>> lines.foreach(print)
Hadoop is good
Spark is fast
```

```
Spark is better
```

2. 通过并行化集合（列表）创建 RDD

通过调用 SparkContext 的 parallelize 方法，可以从一个已经存在的集合（列表）上创建 RDD（见图 5-2），从而实现并行化处理。具体命令如下。

```
>>> array = [1,2,3,4,5]
>>> rdd = sc.parallelize(array)
>>> rdd.foreach(print)
1
2
3
4
5
```

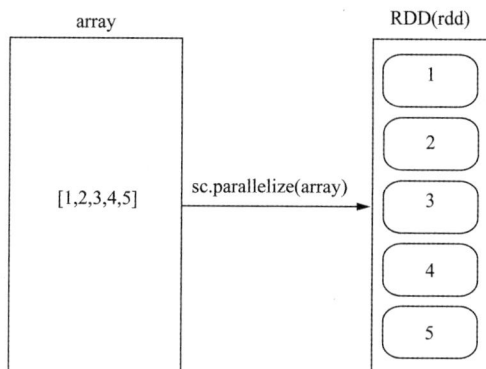

图 5-2 从列表创建 RDD 示意图

5.1.2 RDD 操作

RDD 操作（也称为"算子"）包括两种类型，即转换（Transformation）操作和行动（Action）操作。

转换操作

1. 转换操作

对 RDD 而言，每一次转换操作都会产生不同的 RDD，供给下一个操作使用。RDD 的转换过程是惰性求值的，也就是说，整个转换过程只是记录了转换的轨迹，并不会发生真正的计算；只有遇到行动操作时，才会触发"从头到尾"的真正计算。表 5-1 列出了常用的 RDD 转换操作 API，其中很多操作都是高阶函数，例如，filter(func)就是一个高阶函数，这个函数的输入参数 func 也是一个函数。

表 5–1　　　　　　　　　　　　常用的 RDD 转换操作 API

操作	说明
filter(func)	筛选出满足函数 func 的元素，并返回一个新的数据集
map(func)	将每个元素传递到函数 func 中，并将结果返回为一个新的数据集
mapPartitions(func)	对 RDD 中的每个分区的迭代器对象进行操作，将每个迭代器对象传递到函数 func 中，并将结果返回为一个新的数据集
flatMap(func)	与 map()相似，但每个输入元素都可以映射到 0 个或多个输出结果
groupBy(func)	对数据集按照指定的规则进行分组
groupByKey()	应用于(K,V)键值对的数据集时，返回一个新的(K, Iterable)形式的数据集
reduceByKey(func)	应用于(K,V)键值对的数据集时，返回一个新的(K,V)形式的数据集，其中每个值是将每个 key 传递到函数 func 中进行聚合后得到的结果

续表

操作	说明
sortBy(func)	根据一定的规则对数据进行排序
distinct()	对 RDD 内部的元素进行去重，并把去重后的元素放到新的 RDD 中
union()	对两个 RDD 进行并集运算，并返回新的 RDD
intersection()	对两个 RDD 进行交集运算，并返回新的 RDD
subtract()	对两个 RDD 进行差集运算，并返回新的 RDD
zip()	把两个 RDD 中的元素以键值对的形式进行合并

下面将结合具体实例对这些 RDD 转换操作 API 进行逐一介绍。

（1）filter(func)

有关 filter(func)的一个简单实例，代码如下。

```
>>> lines = sc.textFile("file:///usr/local/spark/mycode/rdd/word.txt")
>>> linesWithSpark = lines.filter(lambda line: "Spark" in line)
>>> linesWithSpark.foreach(print)
Spark is better
Spark is fast
```

filter()

上述语句执行过程如图 5-3 所示。在第 1 行语句中，执行 sc.textFile()方法把 word.txt 文件中的数据加载到内存生成一个 RDD（即 lines），这个 RDD 中的每个元素都是字符串类型，即每个 RDD 元素都是一行文本内容。在第 2 行语句中，执行 lines.filter()操作，filter()的输入参数 "lambda line: "Spark" in line" 是一个匿名函数，或者被称为 "Lambda 表达式"；该操作的含义是，依次取出 lines 这个 RDD 中的每个元素，将当前取到的元素赋值给 Lambda 表达式中的 line 变量，然后执行 Lambda 表达式的函数体部分，即"Spark" in line，如果 line 中包含 "Spark" 这个单词，就把这个元素加入新的 RDD（即 linesWithSpark）中，否则，就丢弃该元素。最终，新生成的 RDD（即 linesWithSpark）中的所有元素都包含单词 "Spark"。

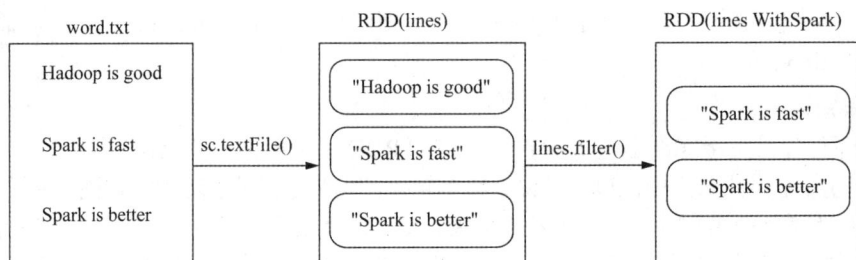

图 5-3　filter()操作实例执行过程示意图

（2）map(func)

有关 map(func)的一个简单实例，代码如下。

```
>>> data = [1,2,3,4,5]
>>> rdd1 = sc.parallelize(data)
>>> rdd2 = rdd1.map(lambda x:x+10)
>>> rdd2.collect()
[11, 12, 13]
```

map()、mapPartitions()和flatMap()

上述语句执行过程如图 5-4 所示。第 1 行语句创建了一个包含 5 个整型元素的列表 data。第 2 行语句执行 sc.parallelize(data)，从列表 data 中生成一个 RDD（即 rdd1），rdd1 中包含 5 个整型元素，即 1、2、3、4、5。第 3 行语句执行 rdd1.map()操作，map()的输入参数 "lambda x:x+10" 是一个 Lambda 表达式。rdd1.map(lambda x:x+10)的含义是，依次取出 rdd1 这个 RDD 中的每个元素，将当前取到的元素赋值给 Lambda 表达式中的变量 x，然后执行 Lambda 表达式的函数体部分

"x+10"，也就是把变量 x 的值与 10 相加后，作为函数的返回值，并作为一个元素放入新的 RDD（即 rdd2）中。最终，新生成的 RDD（即 rdd2）中包含 5 个整型元素，即 11、12、13、14、15。

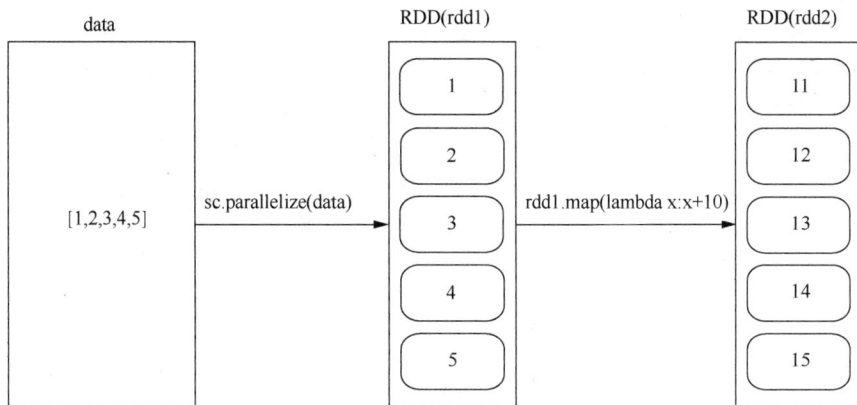

图 5-4　map()操作实例执行过程示意图（1）

下面是另一个实例。

```
>>> lines = sc.textFile("file:///usr/local/spark/mycode/rdd/word.txt")
>>> words = lines.map(lambda line:line.split(" "))
>>> words.foreach(print)
['Hadoop', 'is', 'good']
['Spark', 'is', 'fast']
['Spark', 'is', 'better']
```

上述语句执行过程如图 5-5 所示。在第 1 行语句中，执行 sc.textFile()方法把 word.txt 文件中的数据加载到内存生成一个 RDD（即 lines），这个 RDD 中的每个元素都是字符串类型，即每个 RDD 元素都是一行文本，例如，lines 中的第 1 个元素是"Hadoop is good"，第 2 个元素是"Spark is fast"，第 3 个元素是"Spark is better"。在第 2 行语句中，执行 lines.map()操作，map()的输入参数 lambda line:line.split(" ")是一个 Lambda 表达式。lines.map(lambda line:line.split(" "))的含义是，依次取出 lines 这个 RDD 中的每个元素，将当前取到的元素赋值给 Lambda 表达式中的变量 line，然后执行 Lambda 表达式的函数体部分 line.split(" ")。因为 line 是一行文本，如"Hadoop is good"，一行文本中包含很多个单词，单词之间以空格进行分隔，所以 line.split(" ")的功能是，以空格为分隔符把 line 拆分成一个个单词，拆分后得到的单词都封装在一个列表对象中，成为新的 RDD（即 words）的一个元素。例如，"Hadoop is good"被拆分后，得到"Hadoop"、"is"和"good"3 个单词，它们会被封装到一个列表对象中，即["Hadoop", "is", "good"]，成为 words 这个 RDD 的一个元素。

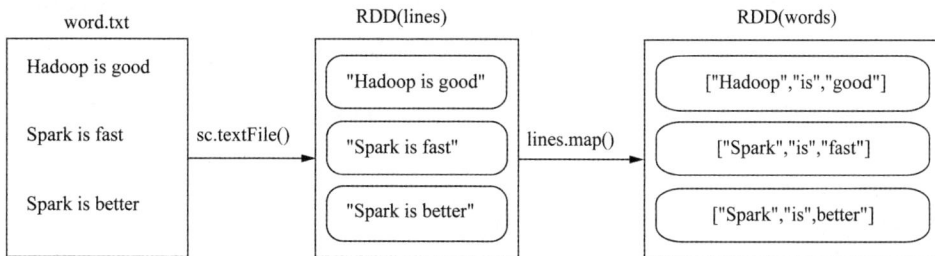

图 5-5　map()操作实例执行过程示意图（2）

在上面的例子中，我们传递给 map()的是一个 Labmda 表达式。实际上，我们也可以单独定义一个方法传递给 map()，实现代码如下。

```
#coding:utf8
```

```
from pyspark import SparkConf, SparkContext
if __name__ == '__main__':
    conf = SparkConf().setMaster("local[*]").setAppName("My App")
    sc = SparkContext(conf = conf)
    data = [1,2,3,4,5]
    rdd1 = sc.parallelize(data)
    def add(data):
        return data + 10
    print(rdd1.map(add).collect())
    sc.stop()
```

通常而言，Labmda 表达式的函数体只能写成一行语句。如果函数体需要写成多行语句，建议单独定义方法以传递给 map()。

（3）mapPartitions(func)

map()是对 RDD 中的每一个元素进行操作，mapPartitions()则是对 RDD 中的每个分区的迭代器进行操作。mapPartitions()的优势是可以提高性能，例如，对一个含有 100 条日志数据的分区进行操作，使用 map()时，要执行 100 次计算；使用 mapPartitions()之后，一个任务会一次性接收一个分区内的所有数据，统一执行一次计算。如果 map()执行的过程中还需要创建对象，如创建 Redis 连接或者 JDBC 连接等，那么 map()需要为每个元素创建一个连接，而 mapPartitions()只需要为每个分区创建一个连接，这样就大大降低了数据库连接的开销。mapPartitons()的缺点是，如果一个分区有很多数据，一次操作处理可能会导致内存溢出；普通的 map()一般不会导致内存溢出。

下面是一个具体实例。

```
#coding:utf8
from pyspark import SparkConf, SparkContext
if __name__ == '__main__':
    conf = SparkConf().setMaster("local[*]").setAppName("My App")
    sc = SparkContext(conf = conf)
    rdd1 = sc.parallelize([1, 2, 3, 4], 2)    #设置两个分区
    def myFunction(iter):
        result = list()
        print("=============")
        for it in iter:
            result.append(it*2)
        return result
    rdd2 = rdd1.mapPartitions(myFunction)
    print(rdd2.collect())
    sc.stop()
```

程序的运行结果如下。

```
=============
=============
[2, 4, 6, 8]
```

从程序运行结果可以看出，由于在程序中设置了两个分区，因此，myFunction()被调用了两次，而不是 4 次。

（4）flatMap(func)

有关 flatMap(func)的一个简单实例，代码如下。

```
>>> lines = sc.textFile("file:///usr/local/spark/mycode/rdd/word.txt")
>>> words = lines.flatMap(lambda line:line.split(" "))
>>> words.collect()
['Hadoop', 'is', 'good', 'Spark', 'is', 'fast', 'Spark', 'is', 'better']
```

上述语句执行过程如图 5-6 所示。在第 1 行语句中，执行 sc.textFile()方法把 word.txt 文件中的数据加载到内存生成一个 RDD（即 lines），这个 RDD 中的每个元素都是字符串类型，即每个 RDD 元

素都是一行文本。在第 2 行语句中，执行 lines.flatMap()操作，flatMap()的输入参数 line:line.split(" ")是一个 Lambda 表达式。lines.flatMap(lambda line:line.split(" "))的结果，等价于以下两步操作的结果。

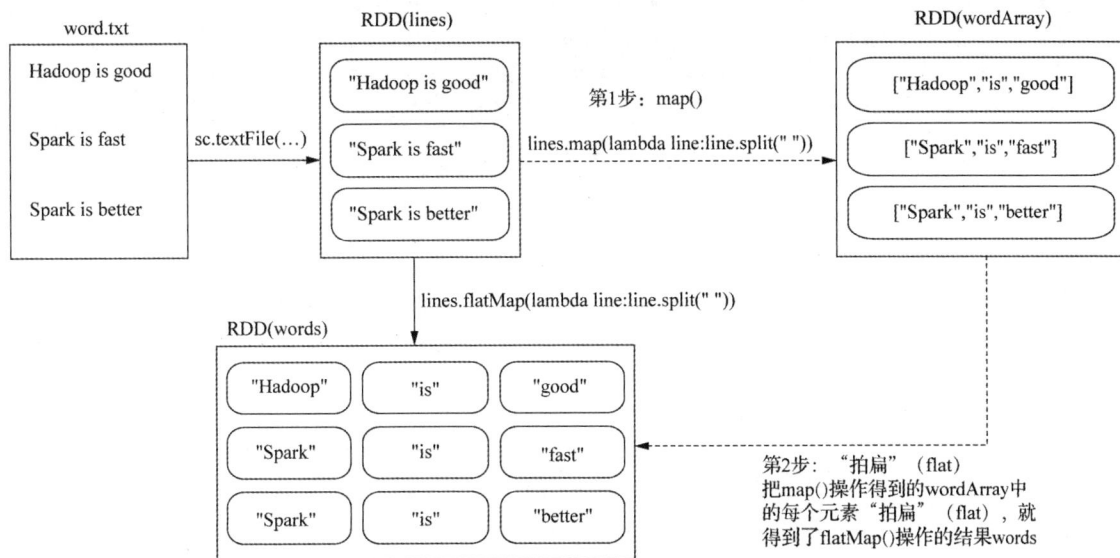

图 5-6　flatMap()操作实例执行过程示意图

第 1 步：map()。执行 lines.map(lambda line: line.split(" "))操作，从 lines 转换得到一个新的 RDD（即 wordArray），wordArray 中的每个元素都是一个列表，例如，第 1 个元素是["Hadoop", "is", "good"]，第 2 个元素是["Spark", "is", "fast"]，第 3 个元素是["Spark", "is", "better"]。

第 2 步：拍扁（flat）。flatMap()操作中的"flat"是一个很形象的动作——"拍扁"，也就是把 wordArray 中的每个 RDD 元素都"拍扁"成多个元素。所有这些被"拍扁"以后得到的元素，构成一个新的 RDD，即 words。例如，wordArray 中的第 1 个元素是["Hadoop", "is", "good"]，被"拍扁"以后得到 3 个新的字符串类型的元素，即"Hadoop"、"is"和"good"；wordArray 中的第 2 个元素是["Spark", "is", "fast"]，被"拍扁"以后得到 3 个新的元素，即"Spark"、"is"和"fast"；wordArray 中的第 3 个元素是["Spark", "is","better"]，被"拍扁"以后得到 3 个新的元素，即"Spark"、"is"和"better"。最终，这些被"拍扁"以后得到的 9 个字符串类型的元素构成一个新的 RDD（即 words）。也就是说，words 里面包含 9 个字符串类型的元素，分别是"Hadoop"、"is"、"good"、"Spark"、"is"、"fast"、"Spark"、"is"、"better"。

这里再给出 flatMap()的一个实例。

```
>>> rdd1 = sc.parallelize([[1,2], [3,4]])
>>> rdd2 = rdd1.flatMap(lambda x:x)
>>> rdd2.collect()
[1, 2, 3, 4]
```

（5）groupBy(func)

有关 groupBy(func)的一个简单实例，代码如下。

```
>>> rdd1 = sc.parallelize(["Hadoop", "Spark", "Storm", "Flink", "Flume"])
>>> rdd2 = rdd1.groupBy(lambda x:x[0])
>>> rdd2.collect()
[('S',<pyspark.resultiterable.ResultIterable object at 0x7fda9f0a6b20>), ('H',<pyspark.
resultiterable.ResultIterable object at 0x7fda9f08b310>), ('F',<pyspark.resultiterable.
ResultIterable object at 0x7fda9f08b4c0>)]
```

groupBy()、groupBykey()和 reduceBykey()

上面代码的含义是，根据单词的首字母进行分组，首字母相同的单词会被分到同一个组中。

（6）groupByKey()

有关 groupByKey()的一个简单实例，代码如下。

```
>>> words = sc.parallelize([("Hadoop",1),("is",1),("good",1), \
... ("Spark",1),("is",1),("fast",1),("Spark",1),("is",1),("better",1)])
>>> words1 = words.groupByKey()
>>> words1.foreach(print)
('Hadoop', <pyspark.resultiterable.ResultIterable object at 0x7fb210552c88>)
('better', <pyspark.resultiterable.ResultIterable object at 0x7fb210552e80>)
('fast', <pyspark.resultiterable.ResultIterable object at 0x7fb210552c88>)
('good', <pyspark.resultiterable.ResultIterable object at 0x7fb210552c88>)
('Spark', <pyspark.resultiterable.ResultIterable object at 0x7fb210552f98>)
('is', <pyspark.resultiterable.ResultIterable object at 0x7fb210552e10>)
```

如图 5-7 所示，在这个实例中，名称为 words 的 RDD 中包含 9 个元素，每个元素都是(K,V)键值对类型。words1 = words.groupByKey()操作执行以后，所有 key 相同的键值对的 value 都被归并到一起。例如，("is",1)、("is",1)、("is",1)这 3 个键值对的 key 相同，它们就会被归并成一个新的键值对("is",(1,1,1))，其中 key 是"is"，value 是(1,1,1)，而且 value 会被封装成 Iterable 对象（一种可迭代集合）。

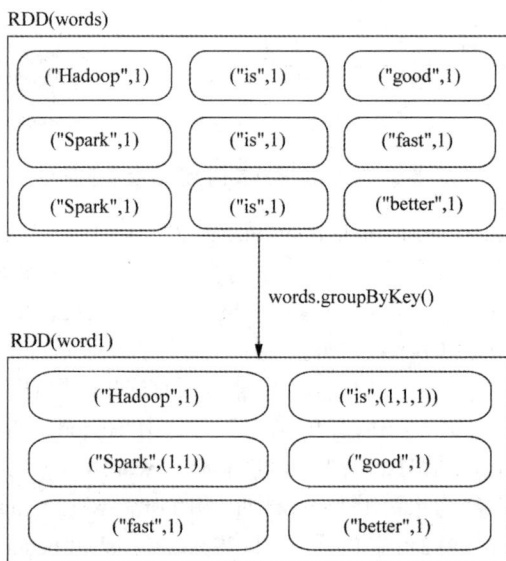

图 5-7　groupByKey()操作实例执行过程示意图

（7）reduceByKey(func)

有关 reduceByKey(func)的一个简单实例，代码如下。

```
>>> words = sc.parallelize([("Hadoop",1),("is",1),("good",1),("Spark",1), \
... ("is",1),("fast",1),("Spark",1),("is",1),("better",1)])
>>> words1 = words.reduceByKey(lambda a,b:a+b)
>>> words1.foreach(print)
('good', 1)
('Hadoop', 1)
('better', 1)
('Spark', 2)
('fast', 1)
('is', 3)
```

如图 5-8 所示，在这个实例中，名称为 words 的 RDD 中包含 9 个元素，每个元素都是(K,V)键值对类型。words.reduceByKey(lambda a,b:a+b)操作执行以后，所有 key 相同的键值对的 value 首先被归并到一起，例如，("is",1)、("is",1)、("is",1)这 3 个键值对的 key 相同，它们就会被归并成一个新的键值对("is",(1,1,1))，其中，key 是"is"，value 是一个 value-list，即(1,1,1)。然后使用 func 函数对(1,1,1)

聚合到一起，这里的 func 函数是一个 Lambda 表达式，即 lambda a,b:a+b，它的功能是对(1,1,1)这个 value-list 中的每个元素进行汇总求和。把 value-list 中的第 1 个元素（即 1）赋值给参数 a，把 value-list 中的第 2 个元素（也是 1）赋值给参数 b，执行 a+b 得到 2，然后对 value-list 中的元素执行下一次计算，把刚才求和得到的 2 赋值给 a，把 value-list 中的第 3 个元素（即 1）赋值给 b，再次执行 a+b 计算得到 3。最终，就得到聚合后的结果('is',3)。

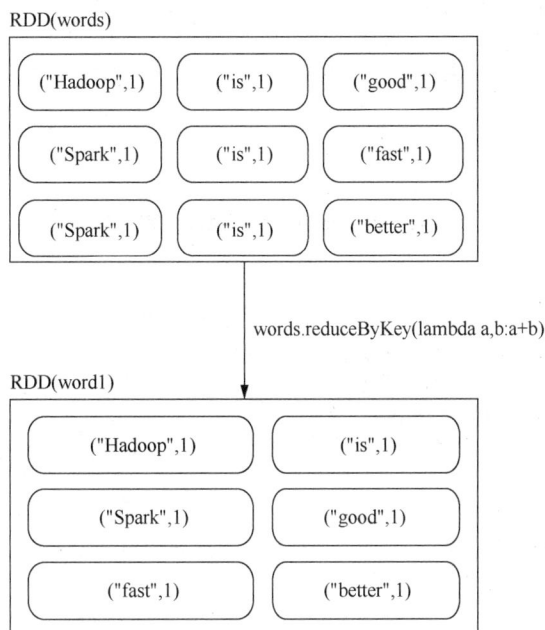

图 5-8　reduceByKey()操作实例执行过程示意图

（8）sortBy(func)

有关 sortBy(func)的一个具体实例，代码如下。

```
>>> rdd1 = sc.parallelize([3, 1, 2, 4],1)      #设置 1 个分区，保证全局有序
>>> rdd2 = rdd1.sortBy(lambda x:x)
>>> rdd2.foreach(print)
1
2
3
4
>>> rdd2 = rdd1.sortBy(lambda x:x,False)        #使用参数 False，实现降序排列
>>> rdd2.foreach(print)
4
3
2
1
```

（9）distinct()

distinct()实际是对 map()及 reduceByKey()的封装。这里给出一个简单实例，代码如下。

```
>>> rdd1 = sc.parallelize(["Flink","Spark","Spark"])
>>> rdd2 = rdd1.distinct()
>>> rdd2.foreach(print)
Flink
Spark
```

如图 5-9 所示，rdd1 中有 3 个元素，即"Flink"、"Spark"和"Spark"，执行 rdd1.distinct()以后，两个重复的元素"Spark"就会被去掉一个，只保留一个，得到的结果 rdd2 中只包含两个元素，即"Flink"和"Spark"。

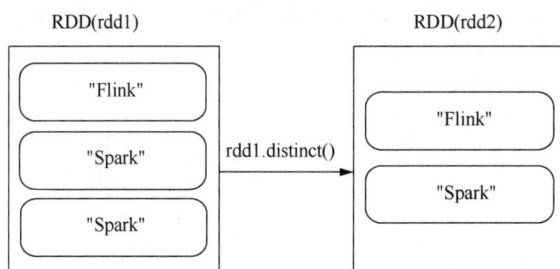

图 5-9　distinct()操作实例执行过程示意图

（10）union()

union()操作的整个过程不会对元素进行去重。下面是一个具体实例。

```
>>> rdd1 = sc.parallelize([1,2,3])
>>> rdd2 = sc.parallelize([3,4,5])
>>> rdd3 = rdd1.union(rdd2)
>>> rdd3.collect()
[1, 2, 3, 3, 4, 5]
```

union()、intersection()和subtract()

如图 5-10 所示，rdd1 中有 3 个元素，即 1、2 和 3，rdd2 中有 3 个元素，即 3、4 和 5，执行 rdd1.union(rdd2)以后得到的结果 rdd3 中包含 6 个元素，即 1、2、3、3、4 和 5，可以看出，整个过程没有对元素进行去重。

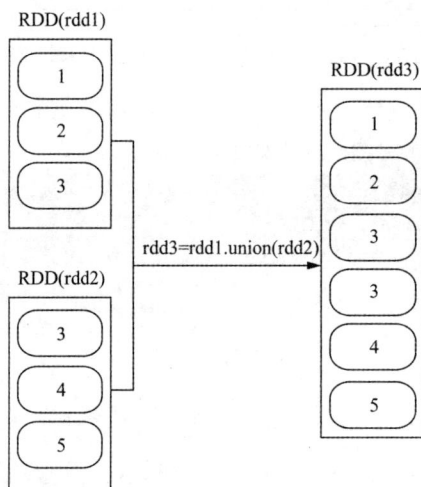

图 5-10　union()操作实例执行过程示意图

（11）intersection()

有关 intersection()的一个具体实例，代码如下。

```
>>> rdd1 = sc.parallelize([1,2,3])
>>> rdd2 = sc.parallelize([3,4,5])
>>> rdd3 = rdd1.intersection(rdd2)
>>> rdd3.collect()
[3]
```

如图 5-11 所示，rdd1 中有 3 个元素，即 1、2 和 3，rdd2 中有 3 个元素，即 3、4 和 5，执行 rdd1.intersection (rdd2)以后得到的结果 rdd3 中包含 1 个元素，即 3。

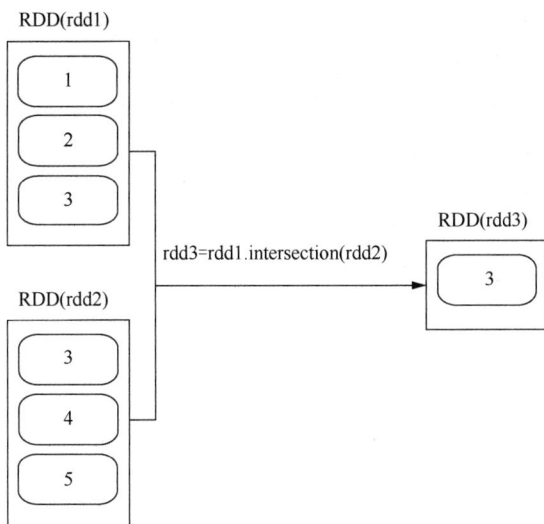

图 5-11　intersection()操作实例执行过程示意图

（12）subtract()

subtract()操作的整个过程不会对元素去重。下面是一个具体实例。

```
>>> rdd1 = sc.parallelize([1,2,3])
>>> rdd2 = sc.parallelize([3,4,5])
>>> rdd3 = rdd1.subtract(rdd2)
>>> rdd3.collect()
[1, 2]
```

如图 5-12 所示，rdd1 中有 3 个元素，即 1、2 和 3，rdd2 中有 3 个元素，即 3、4 和 5，执行 rdd1.subtract(rdd2)以后得到的结果 rdd3 中包含 2 个元素，即 1 和 2，也就是说，最终返回的是在 rdd1 中存在但不在 rdd2 中的元素。

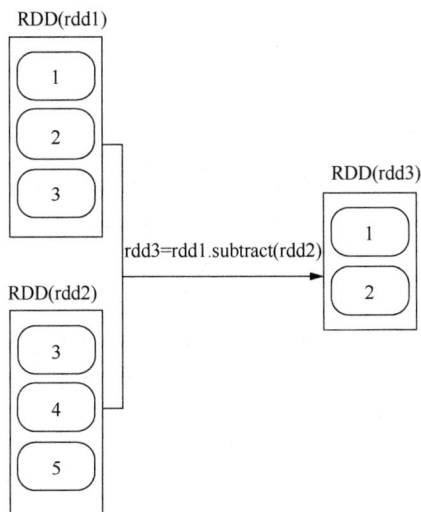

图 5-12　subtract()操作实例执行过程示意图

（13）zip()

使用 zip()操作时，需要确保两个 RDD 中的元素个数是相同的。下面是一个具体实例。

```
>>> rdd1 = sc.parallelize([1,2,3])
```

zip()

```
>>> rdd2 = sc.parallelize(["Hadoop","Spark","Flink"])
>>> rdd3 = rdd1.zip(rdd2)
>>> rdd3.collect()
[(1,'Hadoop'),(2,'Spark'),(3,'Flink')]
```

如图 5-13 所示，rdd1 中有 3 个元素，即 1、2 和 3，rdd2 中有 3 个元素，即"Hadoop"、"Spark"和"Flink"，执行 rdd1.zip(rdd2)以后得到的结果 rdd3 中包含 3 个元素，即(1,"Hadoop")、(2,"Spark")和(3,"Flink")。

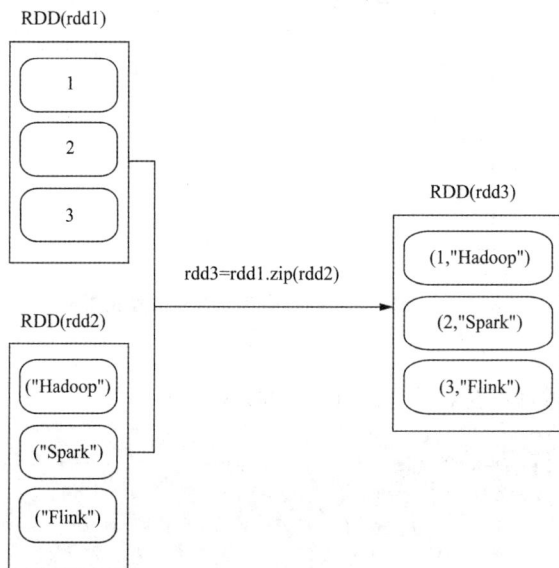

图 5-13　zip()操作实例执行过程示意图

2. 行动操作

行动操作是真正触发计算的操作。Spark 程序只有执行到行动操作时，才会执行真正计算，从文件中加载数据，完成一次又一次转换操作，最终完成行动操作得到结果。表 5-2 列出了常用的 RDD 行动操作 API。

行动操作

表 5–2　　　　　　　　　　　　　常用的 RDD 行动操作 API

操作	说明
count()	返回数据集中的元素个数
collect()	以列表的形式返回数据集中的所有元素
first()	返回数据集中的第 1 个元素
take(n)	以列表的形式返回数据集中的前 *n* 个元素
reduce(func)	通过函数 func（输入两个参数并返回一个值）聚合数据集中的元素
foreach(func)	将数据集中的每个元素传递到函数 func 中运行
countByKey()	对于键值对类型的 RDD 进行计算，统计出每个键出现的次数
aggregate(zeroValue, seqOp, combOp)	首先使用函数 seqOp 把每个分区的元素进行聚合，然后使用函数 combOp 对所有分区进行聚合，且聚合时可以使用初始值 zeroValue

下面通过实例来介绍表 5-2 中的各个行动操作，这里同时给出了在 PySpark 环境中执行的代码及其执行结果。

```
>>> rdd = sc.parallelize([1,2,3,4,5])
>>> rdd.count()
5
>>> rdd.first()
```

```
1
>>> rdd.take(3)
[1,2,3]
>>> rdd.reduce(lambda a,b:a+b)
15
>>> rdd.collect()
[1,2,3,4,5]
>>> rdd.foreach(lambda elem:print(elem))
1
2
3
4
5
```

这里首先使用 sc.parallelize([1,2,3,4,5])生成了一个 RDD，变量名称为 rdd，rdd 中包含 5 个元素，分别是 1、2、3、4 和 5，因此，rdd.count()语句执行以后返回的结果是 5。执行 rdd.first()语句后，会返回第 1 个元素，即 1。当执行完 rdd.take(3)语句以后，会以列表的形式返回 rdd 中的前 3 个元素，即[1,2,3]。执行完 rdd.reduce(lambda a,b:a+b)语句后，会得到对 rdd 中的所有元素（即 1、2、3、4、5）进行求和以后的结果，即 15。在执行 rdd.reduce(lambda a,b:a+b)时，系统会把 rdd 中的第 1 个元素 1 传入参数 a，把 rdd 的第 2 个元素 2 传入参数 b，执行 a+b 计算得到求和结果 3；然后，把这个求和的结果 3 传入参数 a，把 rdd 的第 3 个元素 3 传入参数 b，执行 a+b 计算得到求和结果 6；接着，把 6 传入参数 a，把 rdd 的第 4 个元素 4 传入参数 b，执行 a+b 计算得到求和结果 10；最后，把 10 传入参数 a，把 rdd 的第 5 个元素 5 传入参数 b，执行 a+b 计算得到求和结果 15。接下来，执行 rdd.collect()，以列表的形式返回 rdd 中的所有元素，可以看出，执行结果是一个列表[1,2,3,4,5]。在这个实例的最后，执行了语句 rdd.foreach(lambda elem:print(elem))，该语句会依次遍历 rdd 中的每个元素，把当前遍历到的元素赋值给变量 elem，并使用 print(elem)输出 elem 的值。实际上，rdd.foreach(lambda elem:print(elem))可以被简化成 rdd.foreach(print)，执行结果是一样的。

需要特别强调的是，当采用 Local 模式在单机上执行时，rdd.foreach(print)语句会输出一个 RDD 中的所有元素。但是，当采用集群模式执行时，在 Worker 节点上执行输出语句是输出到 Worker 节点的 stdout 中，而不是输出到任务控制节点 Driver 中，因此，任务控制节点 Driver 中的 stdout 是不会显示输出语句的这些输出内容的。为了能够把所有 Worker 节点上的输出信息也显示到 Driver 中，就需要使用 collect()方法，例如，print(rdd.collect())。但是，由于 collect()方法会把各个 Worker 节点上的所有 RDD 元素都抓取到 Driver 中，因此，这可能会导致 Driver 所在节点发生内存溢出。在实际编程中，需要谨慎使用 collect()方法。

下面给出一个关于 countByKey()操作的实例。

```
>>> rdd = sc.parallelize([("hadoop",1),("spark",1),("spark",1)])
>>> result = rdd.countByKey()
>>> print(result)
defaultdict(<class 'int'>,{'hadoop': 1,'spark': 2})
```

最后给出一个关于 aggregate()操作的实例。

```
>>> rdd1 = sc.parallelize([1,2,3,4],2)
>>> result = rdd1.aggregate(0,lambda a,b:a+b,lambda a,b:a+b)
>>> print(result)
10
```

惰性机制

3. 惰性机制

惰性机制是指整个转换过程只是记录了转换的轨迹，并不会发生真正计算；只有遇到行动操作时，才会触发"从头到尾"的真正计算。这里给出一段简单的语句来解释 Spark 的惰性机制。

```
>>> lines = sc.textFile("file:///usr/local/spark/mycode/rdd/word.txt")
```

```
>>> lineLengths = lines.map(lambda s:len(s))
>>> totalLength = lineLengths.reduce(lambda a,b:a+b)
>>> print(totalLength)
```

在上述语句中，第 1 行语句的 textFile()是一个转换操作，执行后，系统只会记录这次转换，并不会真正读取 word.txt 文件的数据到内存中；第 2 行语句的 map()也是一个转换操作，系统只是记录这次转换，不会真正执行 map()方法；第 3 行语句的 reduce()方法是一个"行动"类型的操作，这时，系统会生成一个作业，触发真正计算。也就是说，这时才会加载 word.txt 的数据到内存，生成 lines 这个 RDD。lines 中的每个元素都是一行文本。对 lines 执行 map()方法，计算这个 RDD 中每个元素的长度（即一行文本包含的单词个数），得到新的 RDD（即 lineLengths），这个 RDD 中的每个元素都是整型，表示文本的长度。最后，在 lineLengths 上调用 reduce()方法，执行 RDD 元素求和，得到所有文本长度的总和。

5.1.3 持久化

在 Spark 中，RDD 采用惰性求值的机制，每次遇到行动操作，都会从头开始执行计算。每次调用行动操作，都会触发一次从头开始的计算。这对迭代计算而言，代价是很大的，因为迭代计算经常需要多次重复使用同一组数据。下面就是多次计算同一个 RDD 的例子。

```
>>> list = ["Hadoop","Spark","Hive"]
>>> rdd = sc.parallelize(list)
>>> print(rdd.count()) #行动操作，触发一次"从头到尾"的真正计算
3
>>> print(','.join(rdd.collect())) #行动操作，触发一次"从头到尾"的真正计算
Hadoop,Spark,Hive
```

实际上，可以通过持久化（缓存）机制来避免这种重复计算的开销，具体方法是使用 persist()方法将一个 RDD 标记为持久化。之所以要"标记为持久化"，是因为出现 persist()语句的地方，并不会马上计算生成 RDD 并把它持久化，而是要等到遇到第一个行动操作触发真正计算以后，才会把计算结果进行持久化。持久化后的 RDD 将会被保留在计算节点的内存中，被后面的行动操作重复使用。

persist()的圆括号中包含的是持久化级别参数，其可以有以下不同的级别。

persist(MEMORY_ONLY)：表示将 RDD 作为反序列化的对象存储于 JVM 中，如果内存不足，就要按照 LRU 原则替换缓存中的内容。

persist(MEMORY_AND_DISK)：表示将 RDD 作为反序列化的对象存储在 JVM 中，如果内存不足，超出的分区将会被存放在硬盘上。

一般而言，使用 cache()方法时，会调用 persist(MEMORY_ONLY)。针对上面的实例，增加持久化语句以后的执行过程如下。

```
>>> list = ["Hadoop","Spark","Hive"]
>>> rdd = sc.parallelize(list)
>>> rdd.cache() #会调用persist(MEMORY_ONLY)，但是，语句执行到这里，并不会缓存rdd，因为这时rdd
                #还没有被计算生成
>>> print(rdd.count())      #第一次行动操作，触发一次"从头到尾"的真正计算，这时上面的rdd.cache()
                            #才会被执行，把这个rdd放到缓存中
3
>>> print(','.join(rdd.collect()))   #第二次行动操作，不需要触发"从头到尾"的计算，只需要重复
                                     #使用上面缓存中的rdd
Hadoop,Spark,Hive
```

持久化 RDD 会占用内存空间，当不再需要 RDD 时，就可以使用 unpersist()手动地把持久化的

RDD 从缓存中移除，释放内存空间。

5.1.4 分区

1. 分区的作用

作为弹性分布式数据集，RDD 通常很大，会被分成很多个分区，分别保存在不同的节点上。如图 5-14 所示，一个集群中包含 4 个工作节点，分别是 WorkerNode1、WorkerNode2、WorkerNode3 和 WorkerNode4。假设有两个 RDD，即 rdd1 和 rdd2，其中 rdd1 包含 5 个分区（即 p1、p2、p3、p4 和 p5），rdd2 包含 3 个分区（即 p6、p7 和 p8）。

对 RDD 进行分区，第一个作用是增加并行度。例如，在图 5-14 中，rdd2 的 3 个分区 p6、p7 和 p8 分布在 3 个不同的工作节点 WorkerNode2、WorkerNode3 和 WorkerNode4 上，在这 3 个工作节点上可分别启动 1 个线程对这 3 个分区的数据进行并行处理，增加任务的并行度。

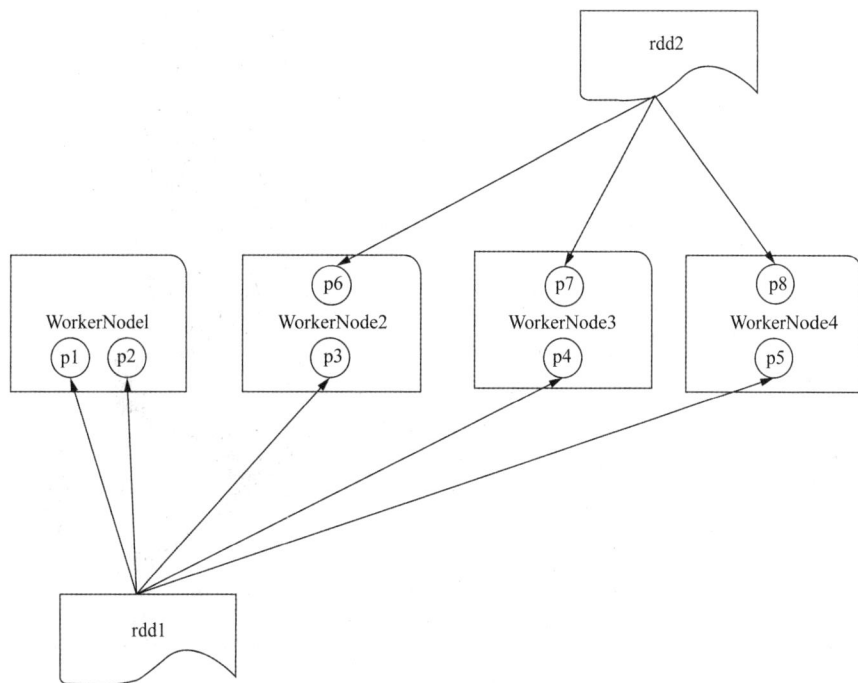

图 5-14　RDD 分区被保存在不同节点上

对 RDD 进行分区，第二个作用是减少通信开销。在分布式系统中，通信的代价是巨大的，控制数据分布以获得最少的网络传输可以极大地提升整体性能。Spark 程序可以通过控制 RDD 分区方式来减少网络通信的开销，下面通过一个实例来解释。

连接（join）是查询分析中经常使用的一种操作。假设在某种应用中需要对两个表进行连接操作，第 1 个表是一个很大的用户信息表 UserData(UserID，UserInfo)，其中 UserID 和 UserInfo 是 UserData 表的两个字段，UserInfo 包含某个用户所订阅的主题信息；第 2 个表是 Events(UserID，LinkInfo)，这个表比较小，只记录了过去 5min 内发生的事件，即某个用户查看了哪个链接。为了对用户访问情况进行统计，需要周期性地对 UserData 和 Events 这两个表进行连接操作，获得 (UserID,UserInfo,LinkInfo) 这种形式的结果，从而知道某个用户订阅的是哪个主题，以及访问了哪个链接。

用 Spark 来实现上述应用场景。在执行 Spark 作业时，首先，UserData 表会被加载到内存中，生成 RDD（假设 RDD 的名称为 userData），RDD 中的每个元素是 (UserID，UserInfo) 这种形式的键值对，即 key 是 UserID，value 是 UserInfo；Events 表也会被加载到内存中生成 RDD（假设名称为 events），RDD 中的每个元素是(UserID,LinkInfo)这种形式的键值对，key 是 UserID，value 是 LinkInfo。由于 UserData 是一个很大的表，通常会被存放到 HDFS 中，Spark 系统会根据每个 RDD 元素的数据来源，把每个 RDD 元素放在相应的节点上。例如，从工作节点 u_1 上的 HDFS 文件块（block）中读取到的记录，其生成的 RDD 元素（(UserID,UserInfo)形式的键值对）就会被放在工作节点 u_1 上，从工作节点 u_2 上的 HDFS 文件块（block）中读取到的记录，其生成的 RDD 元素会被放在工作节点 u_2 上，最终，userData 这个 RDD 的元素就会分布在工作节点 u_1、u_2、……、u_m 上。

然后执行连接操作 userData.join(events)，得到连接结果。如图 5-15 所示，在默认情况下，连接操作会将两个数据集中的所有 key 的散列值都求出来，将散列值相同的记录传送到同一台机器上，之后在该机器上对所有 key 相同的记录进行连接操作。例如，对 userData 这个 RDD 而言，它在节点 u_1 上的所有 RDD 元素都需要根据 key 的值进行散列操作，然后根据散列值再分发到 j_1、j_2、……、j_k 这些工作节点上；在工作节点 u_2 上的所有 RDD 元素也需要根据 key 的值进行散列操作，然后根据散列值再分发到 j_1、j_2、……、j_k 这些工作节点上；同理，u_3、u_4、……、u_m 等工作节点上的 RDD 元素都需要进行同样的操作。对 events 这个 RDD 而言，也需要执行同样的操作。可以看出，在这种情况下，每次进行连接操作都会有数据混洗的问题，造成了很大的网络传输开销。

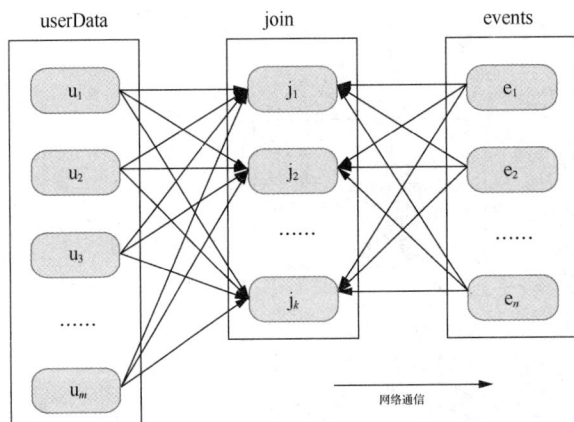

图 5-15　未分区时对 UserData 和 Events 两个表进行连接操作

实际上，由于 userData 这个 RDD 要比 events 大很多，因此，我们可以选择对 userData 进行分区。例如，采用散列分区方法，把 userData 这个 RDD 分成 m 个分区，这些分区分布在工作节点 u_1、u_2、……、u_m 上。对 userData 进行分区以后，在执行连接操作时，就不会产生图 5-15 中的数据混洗情况。如图 5-16 所示，由于已经对 userData 根据散列值进行了分区，因此，在执行连接操作时，不需要把 userData 中的每个元素进行散列求值以后再分发到其他工作节点上，只需要对 events 这个 RDD 的每个元素求散列值（采用与 userData 相同的散列函数）。然后根据散列值把每个 events 中的 RDD 元素分发到对应的工作节点 u_1、u_2、……、u_m 上面。整个过程中，只有 events 发生了数据混洗，产生了网络通信，而 userData 的数据都是在本地引用，不会产生网络传输开销。由此可以看出，Spark 通过数据分区，可以大大降低一些特定类型的操作（如 join()、leftOuterJoin()、groupByKey()、reduceByKey()等）的网络传输开销。

2. 分区的原则

RDD 分区的一个原则是使分区的个数尽量等于集群中的 CPU 核心（Core）数量。对不同的 Spark 部署模式（Local 模式、Standalone 模式、YARN 模式、Mesos 模式）而言，都可以通过设置 spark.default.parallelism 这个参数的值来配置默认的

分区的原则

分区数量。一般而言，各种模式下的默认分区数量如下。

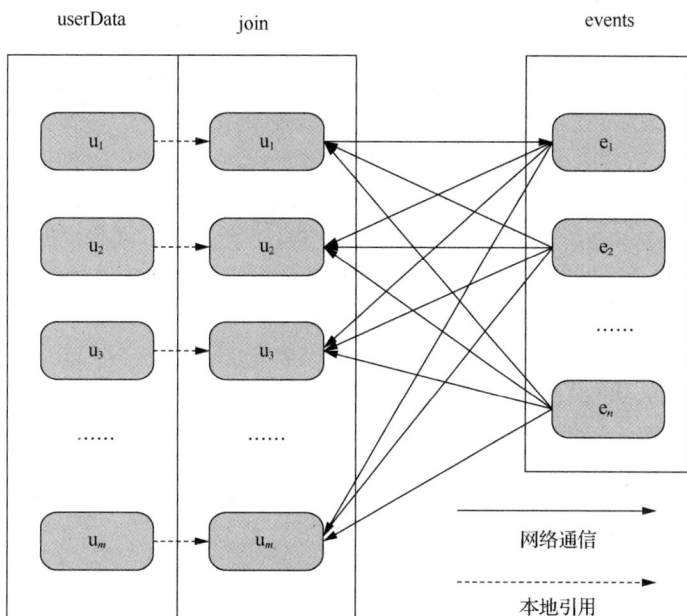

图 5-16　采用分区以后对 UserData 和 Events 两个表进行连接操作

Local 模式：默认为本地机器的 CPU 数量。若设置了 local[N]，则默认为 N。

Standalone 或 YARN 模式：在"集群中所有 CPU 核心数量总和"和"2"这二者中取较大值作为默认值。

Mesos 模式：默认的分区数为 8。

3．设置分区的个数

手动设置分区的个数，主要有两种方式：创建 RDD 时手动指定分区个数；使用 repartition()方法重新设置分区个数。

（1）创建 RDD 时手动指定分区个数

在调用 textFile()和 parallelize()的时候，手动指定分区个数即可，语法格式如下。

```
sc.textFile(path, partitionNum)
```

其中，path 参数用于指定要加载文件的地址，partitionNum 参数用于指定分区个数。

下面是一个分区的实例。

```
>>> list = [1,2,3,4,5]
>>> rdd = sc.parallelize(list,2)  #设置两个分区
```

对 parallelize()而言，如果没有在方法中指定分区个数，则默认为 spark.default.parallelism。对 textFile()而言，如果没有在方法中指定分区个数，则默认为 min(defaultParallelism,2)，其中 defaultParallelism 对应的就是 spark.default.parallelism。如果是从 HDFS 中读取文件，则分区个数为文件分片数。

（2）使用 repartition()方法重新设置分区个数

通过转换操作得到新 RDD 时，直接调用 repartition()方法即可。举例如下。

```
>>> data = sc.parallelize([1,2,3,4,5],2)
>>> len(data.glom().collect())  #显示 data 这个 RDD 的分区数量
2
>>> rdd = data.repartition(1)   #对 data 这个 RDD 进行重新分区
```

```
>>> len(rdd.glom().collect())    #显示 rdd 这个 RDD 的分区个数
1
```

4. 自定义分区方法

Spark 提供了自带的 HashPartitioner（散列分区）与 RangePartitioner（区域分区），能够满足大多数应用场景的需求。与此同时，Spark 也支持自定义分区方式，即通过提供一个自定义的分区函数来控制 RDD 的分区方式，从而利用领域知识进一步减少通信开销。需要注意的是，Spark 的分区函数针对的是(key,value)类型的 RDD，也就是说，RDD 中的每个元素都是(key,value)类型，然后分区函数根据 key 对 RDD 元素进行分区。因此，当需要对一些非(key,value)类型的 RDD 进行自定义分区时，需要首先把 RDD 元素转换为(key,value)类型，再使用分区函数。

自定义分区方法

下面是一个实例，要求根据 key 值的最后一位数字将 key 写入不同的文件中，例如，10 写入 part-00000，11 写入 part-00001，12 写入 part-00002。打开一个 Linux 终端，使用 Vim 编辑器创建一个代码文件 "/usr/local/spark/mycode/rdd/TestPartitioner.py"，输入以下代码。

```python
from pyspark import SparkConf, SparkContext
def MyPartitioner(key):
    print("MyPartitioner is running")
    print('The key is %d' % key)
    return key%10
def main():
    print("The main function is running")
    conf = SparkConf().setMaster("local").setAppName("MyApp")
    sc = SparkContext(conf = conf)
    data = sc.parallelize(range(10),5)
    data.map(lambda x:(x,1)) \
            .partitionBy(10,MyPartitioner) \
            .map(lambda x:x[0]) \
            .saveAsTextFile("file:///usr/local/spark/mycode/rdd/partitioner")
if __name__ == '__main__':
    main()
```

在上述代码中，data=sc.parallelize(range(10),5)这行代码执行后，会生成一个名称为 data 的 RDD，这个 RDD 中包含 0、1、2、3、……、9 共 10 个整型元素，并被分成 5 个分区。data.map(lambda x:(x,1))表示把 data 中的每个整型元素取出来，转换成(key,value)类型。例如，把 1 这个元素取出来以后转换成(1,1)，把 2 这个元素取出来以后转换成(2,1)，这是因为自定义分区函数要求 RDD 元素的类型必须是(key,value)类型。partitionBy(10,MyPartitioner)表示调用自定义分区函数，把(0,1)、(1,1)、(2,1)、(3,1)、……、(9,1)这些 RDD 元素根据尾号分成 10 个分区。划分分区完成以后，再使用 map(lambda x:x[0])，把(0,1)、(1,1)、(2,1)、(3,1)、……、(9,1)等(key,value)类型元素的 key 提取出来，得到 0、1、2、3、……、9。最后调用 saveAsTextFile()方法把 RDD 的 10 个整型元素写入本地文件中。

使用以下命令运行 TestPartitioner.py。

```
$ cd /usr/local/spark/mycode/rdd
$ python3 TestPartitioner.py
```

或者，使用以下命令运行 TestPartitioner.py。

```
$ cd /usr/local/spark/mycode/rdd
$ /usr/local/spark/bin/spark-submit TestPartitioner.py
```

程序运行后会返回以下信息。

```
The main function is running
MyPartitioner is running
The key is 0
MyPartitioner is running
```

```
The key is 1
…
MyPartitioner is running
The key is 9
```

运行结束后可以看到，在本地文件系统的 "file:///usr/local/spark/mycode/rdd/partitioner" 目录下面，会生成 part-00000、part-00001、part-00002、…、part-00009 和 _SUCCESS 等文件。其中，part-00000 文件中包含数字 0，part-00001 文件中包含数字 1，part-00002 文件中包含数字 2。

5.1.5　综合实例

假设有一个本地文件 "/usr/local/spark/mycode/rdd/word.txt"，里面包含很多行文本，每行文本由多个单词构成，单词之间用空格分隔。使用如下语句可以对 word.txt 中的单词进行词频统计（即统计每个单词出现的次数）。

综合实例

```
>>> lines = sc. \
... textFile("file:///usr/local/spark/mycode/rdd/word.txt")
>>> wordCount = lines.flatMap(lambda line:line.split(" ")). \
... map(lambda word:(word,1)).reduceByKey(lambda a,b:a+b)
>>> print(wordCount.collect())
[('good', 1), ('Spark', 2), ('is', 3), ('better', 1), ('Hadoop', 1), ('fast', 1)]
```

图 5-17 所示为上述词频统计程序的执行过程。

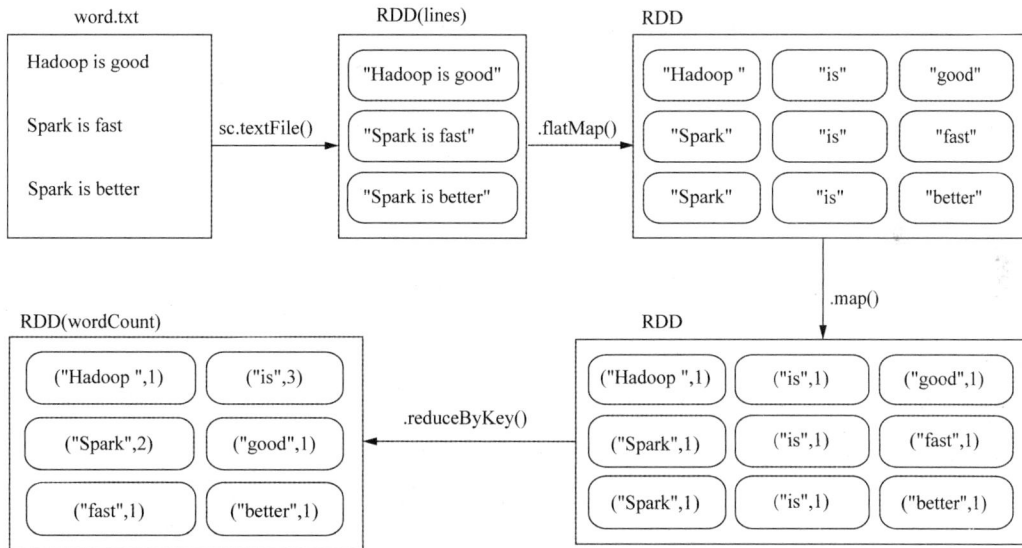

图 5-17　词频统计程序的执行过程示意图

在实际应用中，单词文件可能非常大，会被保存到 Hadoop 分布式文件系统 HDFS 中，Spark 和 Hadoop 会统一部署在一个集群上。如图 5-18 所示，HDFS 的名称节点（HDFS NN）和 Spark 的主节点（Spark Master）可以分开部署，而 HDFS 的数据节点（HDFS DN）和 Spark 的从节点（Spark Worker）会部署在一起。这时采用 Spark 进行分布式处理，可以大大提高词频统计程序的执行效率，这是因为 Spark Worker 可以就近处理与自己部署在一起的 HDFS 数据节点中的数据。

对词频统计程序 WordCount 而言（见图 5-19），该程序分布式运行在每个 Slave 节点的每个分区上，统计本分区内的单词计数，然后将它传回给 Driver，再由 Driver 合并来自各个分区的所有单词计数，形成最终的单词计数。

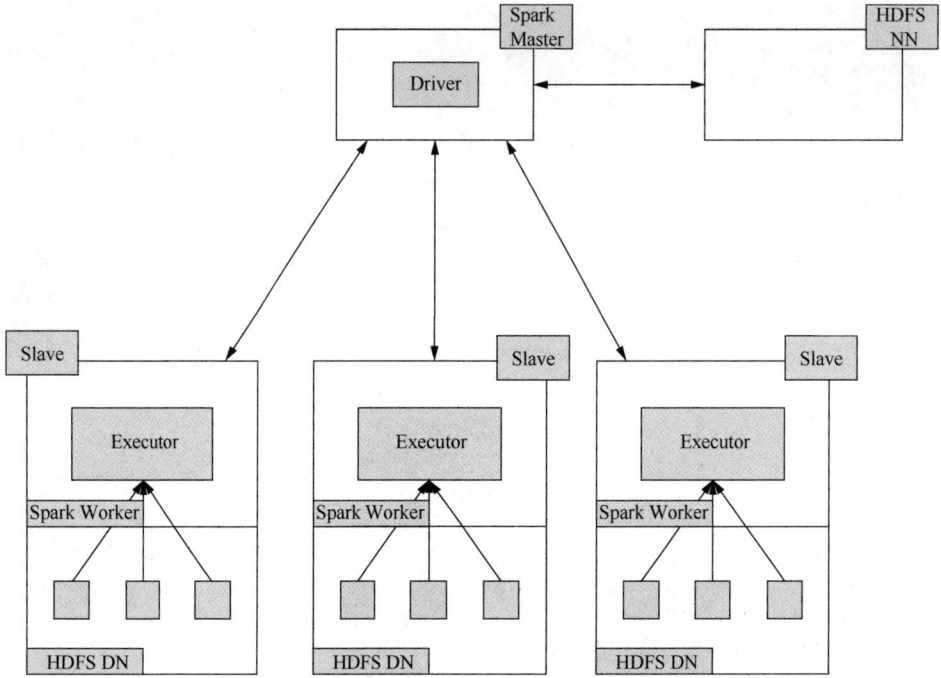

图 5-18　在一个集群中同时部署 Hadoop 和 Spark

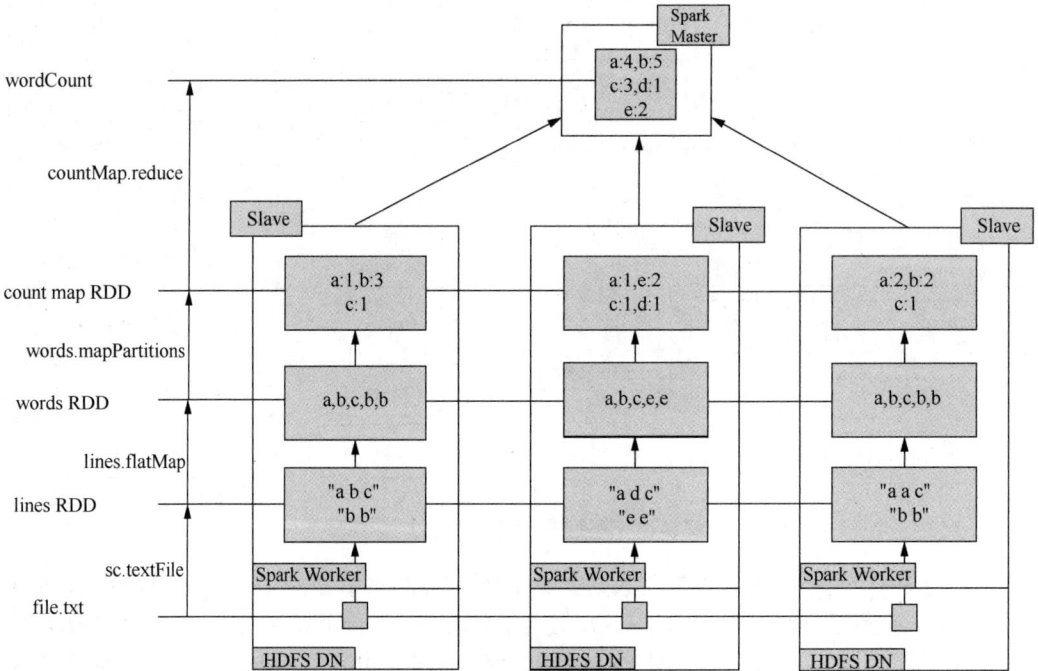

图 5-19　在集群中执行词频统计的过程示意图

5.2　键值对 RDD

键值对 RDD（Pair RDD）是指每个 RDD 元素都是(key,value)键值对类型。它是一种常见的 RDD 类型，可应用于很多应用场景。

5.2.1　键值对 RDD 的创建

键值对 RDD 的创建主要有以下两种方式。

1. 从文件中加载生成 RDD

假设已经存在一个 Linux 操作系统本地文件 "/usr/local/spark/mycode/pairrdd/
word.txt"，里面包含以下一些英文句子。

```
I love Hadoop
Hadoop is good
Spark is fast
```

首先使用 textFile()方法从文件中加载数据，然后使用 map()函数转换得到相应的键值对 RDD，
举例如下。

```
>>> lines = sc.textFile("file:///usr/local/spark/mycode/pairrdd/word.txt")
>>> pairRDD = lines.flatMap(lambda line:line.split(" ")).map(lambda word:(word,1))
>>> pairRDD.foreach(print)
('I',1)
('love',1)
('Hadoop',1)
……
```

在上述语句中，map(lambda word:(word,1))函数的作用是，取出 RDD 中的每个元素，也就是每
个单词，赋值给 word，然后把 word 转换成(word,1)的键值对形式。

2. 通过并行集合（列表）创建 RDD

下面代码从一个列表创建一个键值对 RDD。

```
>>> list = ["Hadoop","Spark","Hive","Spark"]
>>> rdd = sc.parallelize(list)
>>> pairRDD = rdd.map(lambda word:(word,1))
>>> pairRDD.foreach(print)
(Hadoop,1)
(Spark,1)
(Hive,1)
(Spark,1)
```

5.2.2　常用的键值对转换操作

常用的键值对转换操作包括 reduceByKey(func)、groupByKey()、keys()、values()、sortByKey()、
mapValues(func)、join()和 combineByKey()等。

1. reduceByKey(func)

reduceByKey(func)的功能是，使用 func 函数合并具有相同键的值，它作用于
键值对(K, V)上，按 key 进行分组，然后对 key 相同的键值对的 value 都执行 func
操作，得到一个值。例如，有一个键值对 RDD 包含 4 个元素，分别是("Hadoop",1)、
("Spark",1)、("Hive",1)和("Spark",1)，我们可以使用 reduceByKey()操作，得到每个
单词的出现次数，代码及其执行结果如下。

```
>>> pairRDD = sc.parallelize([("Hadoop",1),("Spark",1),("Hive",1),("Spark",1)])
>>> pairRDD.reduceByKey(lambda a,b:a+b).foreach(print)
('Spark',2)
('Hive',1)
('Hadoop',1)
```

2. groupByKey()

groupByKey()的功能是，对具有相同键的值进行分组，它作用于由键值对(K,V)组成的数据集上，

将 key 相同的数据放在一起，返回一个由键值对(*K*,Iterable)组成的数据集。例如，有 4 个键值对("spark",1)、("spark",2)、("hadoop",3)和("hadoop",5)，采用 groupByKey()后得到的结果是("spark",(1,2))和("hadoop",(3,5))，代码及其执行结果如下。

```
>>> list = [("spark",1),("spark",2),("hadoop",3),("hadoop",5)]
>>> pairRDD = sc.parallelize(list)
>>> pairRDD.groupByKey()
PythonRDD[27] at RDD at PythonRDD.scala:48
>>> pairRDD.groupByKey().foreach(print)
('hadoop',<pyspark.resultiterable.ResultIterable object at 0x7f2c1093ecf8>)
('spark',<pyspark.resultiterable.ResultIterable object at 0x7f2c1093ecf8>)
```

从上述执行结果可以看出，groupByKey()会为每个 key 生成一个 value-list，每个 value-list 被保存为可迭代的 ResultIterable 对象。

reduceByKey()和 groupByKey()的区别是：reduceByKey()用于对每个 key 对应的多个 value 进行聚合操作，并且聚合操作可以通过函数 func 进行自定义；groupByKey()也是对每个 key 进行操作，但是，对每个 key 只会生成一个 value-list，groupByKey()本身不能自定义函数，我们需要先用 groupByKey()生成 RDD，然后才能对此 RDD 通过 map()进行自定义函数操作。

实际上，对于一些操作，既可以通过 reduceByKey()得到结果，也可以通过组合使用 groupByKey()和 map()操作得到结果，二者是"殊途同归"。下面是一个实例。

```
>>> words = ["one","two","two","three","three","three"]
>>> wordPairsRDD = sc.parallelize(words).map(lambda word:(word,1))
>>> wordCountsWithReduce = wordPairsRDD.reduceByKey(lambda a,b:a+b)
>>> wordCountsWithReduce.foreach(print)
('one',1)
('two',2)
('three',3)
>>> wordCountsWithGroup = wordPairsRDD.groupByKey(). \
... map(lambda t:(t[0],sum(t[1])))
>>> wordCountsWithGroup.foreach(print)
('two',2)
('three',3)
('one',1)
```

在上述语句中，wordPairsRDD.groupByKey().map(lambda t:(t[0],sum(t[1]))) 语句首先使用 groupByKey()把所有 key 相同的 value 都组成一个 value-list，每个 value-list 被保存在一个可迭代的对象中，因此，groupByKey()操作以后得到的 RDD 的每个元素都是(key,value-list)的形式。然后在执行 map()操作时，对于每个(key,value-list)形式的 RDD 元素，都依次取出来，赋值给 t，t[0]就是一个 key，t[1]就是一个 value-list。由于 t[1]被保存在一个可迭代的对象中，因此，我们可以使用 sum()方法，即 sum(t[1])，直接对 t[1]中的所有元素进行求和。

可以看出，上面得到的 wordCountsWithReduce 和 wordCountsWithGroup 是完全一样的，但是，它们的内部运算过程是不同的。

3. keys()

键值对 RDD 每个元素都是(key,value)的形式，keys()方法只会把键值对 RDD 中的 key 返回，形成一个新的 RDD。例如，有一个键值对 RDD，名称为 pairRDD，包含 4 个元素，分别是("Hadoop",1)、("Spark",1)、("Hive",1)和("Spark",1)，我们可以使用 keys()方法取出所有的 key 并输出到屏幕上，代码及其执行结果如下。

keys()和 values()

```
>>> list = [("Hadoop",1),("Spark",1),("Hive",1),("Spark",1)]
>>> pairRDD = sc.parallelize(list)
>>> pairRDD.keys().foreach(print)
Hadoop
```

```
Spark
Hive
Spark
```

4. values()

values()操作只会把键值对 RDD 中的 value 返回，形成一个新的 RDD。例如，有一个键值对 RDD，名称为 pairRDD，包含 4 个元素，分别是("Hadoop",1)、("Spark",1)、("Hive",1)和("Spark",1)，我们可以使用 values()方法取出所有的 value 并输出到屏幕上，代码及其执行结果如下。

```
>>> list = [("Hadoop",1),("Spark",1),("Hive",1),("Spark",1)]
>>> pairRDD = sc.parallelize(list)
>>> pairRDD.values().foreach(print)
1
1
1
1
```

5. sortByKey()

sortByKey()的功能是返回一个根据 key 排序的 RDD。例如，有一个键值对 RDD，名称为 pairRDD，包含 4 个元素，分别是("Hadoop",1)、("Spark",1)、("Hive",1)和("Spark",1)，使用 sortByKey()的结果如下。

sortByKey()

```
>>> list = [("Hadoop",1),("Spark",1),("Hive",1),("Spark",1)]
>>> pairRDD = sc.parallelize(list)
>>> pairRDD.foreach(print)
('Hadoop',1)
('Spark',1)
('Hive',1)
('Spark',1)
>>> pairRDD.sortByKey().foreach(print)
('Hadoop',1)
('Hive',1)
('Spark',1)
('Spark',1)
```

与 sortByKey()相比，sortBy()可以根据其他字段进行排序。举个例子，使用 sortByKey()的结果如下。

```
>>> d1 = sc.parallelize([("c",8),("b",25),("c",17),("a",42), \
... ("b",4),("d",9),("e",17),("c",2),("f",29),("g",21),("b",9)])
>>> d1.reduceByKey(lambda a,b:a+b).sortByKey(False).collect()
[('g',21),('f',29),('e',17),('d',9),('c',27),('b',38),('a',42)]
```

sortByKey(False)中的参数 False 表示按照降序排列，如果没有提供参数 False，则默认采用升序排列（即参数取值为 True）。从排序后的结果可以看出，所有键值对都按照 key 的降序进行了排列，因此输出[('g', 21), ('f', 29), ('e', 17), ('d', 9), ('c', 27), ('b', 38), ('a', 42)]。

但是，如果要根据 21、29、17 等数值进行排序，就无法直接使用 sortByKey()来实现，这时可以使用 sortBy()，代码如下。

```
>>> d1 = sc.parallelize([("c",8),("b",25),("c",17),("a",42),\
... ("b",4),("d",9),("e",17),("c",2),("f",29),("g",21),("b",9)])
>>> d1.reduceByKey(lambda a,b:a+b).sortBy(lambda x:x,False).collect()
[('g',21),('f',29),('e',17),('d',9),('c',27),('b',38),('a',42)]
>>> d1.reduceByKey(lambda a,b:a+b).sortBy(lambda x:x[0],False).collect()
[('g',21),('f',29),('e',17),('d',9),('c',27),('b',38),('a',42)]
>>> d1.reduceByKey(lambda a,b:a+b).sortBy(lambda x:x[1],False).collect()
[('a',42),('b',38),('f',29),('c',27),('g',21),('e',17),('d',9)]
```

在上述语句中，sortBy(lambda x:x[1],False)中的"x[1]"表示每个键值对 RDD 元素的 value，也就是根据 value 来排序，False 表示按照降序排列。

6. mapValues(func)

mapValues(func)对键值对 RDD 中的每个 value 都应用函数 func，但是，key 不会发生变化。例如，有一个键值对 RDD，名称为 pairRDD，包含 4 个元素，分别是("Hadoop",1)、("Spark",1)、("Hive",1)和("Spark",1)，下面使用 mapValues(func) 操作把所有 RDD 元素的 value 都增加 1。

mapValues()和 join()

```
>>> list = [("Hadoop", 1), ("Spark", 1), ("Hive", 1), ("Spark", 1)]
>>> pairRDD = sc.parallelize(list)
>>> pairRDD1 = pairRDD.mapValues(lambda x:x+1)
>>> pairRDD1.foreach(print)
('Hadoop', 2)
('Spark', 2)
('Hive', 2)
('Spark', 2)
```

7. join()

join()表示内连接，对于给定的两个输入数据集(K,V1)和(K,V2)，只有在两个数据集中都存在的 key 才会被输出，最终得到一个(K,(V1,V2))类型的数据集。下面是一个连接操作实例。

```
>>> pairRDD1 = sc. \
... parallelize([("spark", 1), ("spark", 2), ("hadoop", 3), ("hadoop", 5)])
>>> pairRDD2 = sc.parallelize([("spark","fast")])
>>> pairRDD3 = pairRDD1.join(pairRDD2)
>>> pairRDD3.foreach(print)
('spark', (1, 'fast'))
('spark', (2, 'fast'))
```

从上述代码及其执行结果可以看出，pairRDD1 中的键值对("spark",1)和 pairRDD2 中的键值对 ("spark", "fast")，具有相同的 key（即"spark"），所以二者会产生连接结果('spark',(1, 'fast'))。

8. combineByKey()

combineByKey(createCombiner,mergeValue,mergeCombiners,partitioner,mapSide-Combine)中各个参数的含义如下。

createCombiner：在第一次遇到 key 时创建组合器函数，将 RDD 数据集中的 V 类型值转换成 C 类型值（V => C）。

combineByKey()

mergeValue：合并值函数，表达的是同一个分区内的计算规则，再次遇到相同的 key 时，将 createCombiner 的 C 类型值与这次传入的 V 类型值合并成一个 C 类型值[(C,V)=>C]。

mergeCombiners：合并组合器函数，表达的是不同分区之间的计算规则，将 C 类型值两两合并成一个 C 类型值。

partitioner：使用已有的或自定义的分区函数，默认是 HashPartitioner。

mapSideCombine：是否在 Map 端进行 Combine 操作，默认为 true。

下面通过一个实例来解释如何使用 combineByKey()操作。假设有一些销售数据，数据采用键值对的形式，即（公司,当月收入），要求使用 combineByKey()操作求出每个公司的总收入和每月平均收入，并保存在本地文件中。

为了实现该功能，可以创建一个代码文件 "/usr/local/spark/mycode/rdd/Combine.py"，并输入以下代码。

```
#coding:utf8
from pyspark import SparkConf, SparkContext
if __name__ == '__main__':
    conf = SparkConf().setMaster("local[*]").setAppName("My App")
    sc = SparkContext(conf = conf)
    data = sc.parallelize([("company-1", 88), ("company-1", 96), ("company-1", 85), \
```

```
                        ("company-2", 94), ("company-2", 86), ("company-2", 74), \
                        ("company-3", 86), ("company-3", 88), ("company-3", 92)], 3)
res = data.combineByKey( \
    lambda income: (income, 1), \
    lambda acc, income: (acc[0] + income, acc[1] + 1), \
    lambda acc1, acc2: (acc1[0] + acc2[0], acc1[1] + acc2[1])). \
    map(lambda x: (x[0], x[1][0], x[1][0] / float(x[1][1])))
res.repartition(1) \
    .saveAsTextFile("file:///usr/local/spark/mycode/rdd/combineresult")
sc.stop()
```

下面解释代码的执行过程。

data = sc.parallelize()用来创建一个 RDD（即 data），data 中的每个元素都是(key,value)键值对的形式，如("company-1",88)和("company-1",96)。res = data.combineByKey()语句用来计算得到每个公司的总收入和每月平均收入，combineByKey()函数中使用了 3 个参数，即 createCombiner、mergeValue 和 mergeCombiners，另外两个参数（partitioner 和 mapSideCombine）都采用默认值。为了让代码中 combineByKey()的参数值和参数名称之间的对应关系更加清晰，表 5-3 列出了二者的对应关系。

表 5–3　　　　　　　　　　　　Combine.py 代码中 combineByKey()的参数值

参数名称	参数值
createCombiner	lambda income:(income,1)
mergeValue	lambda acc,income:(acc[0]+income, acc[1]+1)
mergeCombiners	lambda x:(x[0],x[1][0],x[1][0]/float(x[1][1]))

在执行 data.combineByKey()时，首先取出 data 中的第一个 RDD 元素，即("company-1",88)，key 是"company-1"，这个 key 是第一次遇到，因此，Spark 会为这个 key 创建一个组合器函数 createCombiner，负责把 value 从 V 类型值转换成 C 类型值。这里 createCombiner 的值是一个 Lambda 表达式（或者称为匿名函数），即 lambda income:(income,1)，系统会把"company-1"这个 key 对应的 value 赋值给 income，也就是把 88 赋值给 income，然后执行函数体部分，把 income 转换成一个元组(income,1)。因此，88 会被转换成(88,1)，从 V 类型值变成 C 类型值。接下来，取出 data 中的第 2 个 RDD 元素，即("company-1",96)，key 是"company-1"，这是第 2 次遇到相同的 key，因此，Spark 会使用 mergeValue 所提供的合并值函数，将 createCombiner 的 C 类型值与这次传入的 V 类型值合并成一个 C 类型值。这里 mergeValue 参数所对应的值是一个 Lambda 表达式，即 lambda acc,income:(acc[0]+income, acc[1]+1)，也就是使用这个 Lambda 表达式作为合并值函数，Spark 会把("company-1",96)中的 96 这个 V 类型值赋值给 income，把之前已经得到的(88,1)这个 C 类型值赋值给 acc，然后执行函数体部分，其中 acc[0]+income 语句会把 88 和 96 相加，acc[1]+1 语句会把(88,1)中的 1 增加 1，得到新的 C 类型值(184,2)。实际上，C 类型值(184,2)中，184 就是 company-1 这个公司两个月的收入总和，2 表示两个月。通过这种方式，下次再扫描到一个 key 为"company-1"的键值对时，Spark 又会把该公司的收入累加进来，最终得到"company-1"对应的 C 类型值(m,n)，其中 m 表示总收入，n 表示月份总数，用 m 除以 n 就可以得出该公司的每月平均收入。同理，当扫描到的 RDD 元素的 key 是"company-2"或者 key 是"company-3"时，系统也会执行类似上述的过程。这样，就可以得到每个公司对应的 C 类型值(m,n)。

由于 RDD 元素被分成了多个分区，在实际应用中多个分区可能位于不同的机器上，因此，需要根据 mergeCombiners 提供的函数，对不同分区的统计结果进行汇总。这里 mergeCombiners 的值是一个 Lambda 表达式，即 lambda acc1,acc2:(acc1[0]+acc2[0],acc1[1]+acc2[1])，其功能是把两个 C 类型值进行合并，得到一个 C 类型值。例如，假设在一个分区里，key 为"company-1"对应的统计结果是一个 C 类型值$(m1,n1)$，在另一个分区里 key 为"company-1"对应的统计结果是一个 C 类型值$(m2,n2)$，则 acc1 取值为$(m1,n1)$，acc2 取值为$(m2,n2)$，acc1[0]+acc2[0]就是 $m1+m2$，acc1[1]+acc2[1]就是 $n1+n2$，最终得到一个合并后的 C 类型值(*m*1+*m*2,*n*1+*n*2)。

map(lambda x:(x[0],x[1][0],x[1][0]/float(x[1][1])))语句用来求出每个公司的总收入和每月平均收入。输入 map()的每个 RDD 元素是类似于("company-1",(432,5))的形式，这时，x[0]就是"company-1"，x[1]就是(432,5)，x[1][0]就是 432，x[1][1]就是 5，因此，(x[0],x[1][0],x[1][0]/float(x[1][1]))的结果就是类似("company-1", 432, 86.4)这种形式。最后，res.repartition(1)语句用来把 RDD 从 3 个分区变成一个分区，这样就可以保证所有生成的结果都保存到同一个文件中（即 part-00000）。

执行以下命令运行该程序。

```
$cd /usr/local/spark/mycode/rdd
$ /usr/local/spark/bin/spark-submit Combine.py
```

执行上述命令后，在“file:///usr/local/spark/mycode/rdd/combineresult”目录下可以看到 part-00000 文件和_SUCCESS 文件（该文件可以不用考虑），part-00000 文件里面包含的结果如下。

```
('company-3', 266, 88.66666666666667)
('company-1', 269, 89.66666666666667)
('company-2', 254, 84.66666666666667)
```

在 Combine.py 中，如果没有使用 res.repartition(1)把 RDD 从 3 个分区变成 1 个分区，则 res 这个 RDD 还是 3 个分区，那么执行后在“file:///usr/local/spark/mycode/rdd/combineresult”目录下会看到 part-00000、part-00001、part-00002 这 3 个文件和_SUCCESS 文件，其中 part-00000 文件中包含("company-3",266,88.666667)，part-00001 文件中包含("company-1",269,89.666667)，part-00002 文件中包含("company-2",254,84.666667)。

5.2.3 综合实例

给定一组键值对("Spark",2)、("Hadoop",6)、("Hadoop",4)、("Spark",6)，键值对的 key 表示图书名称，value 表示某天图书销量，现需要计算每个键对应的平均值，也就是计算每种图书每天的平均销量，具体代码如下。

综合实例

```
>>> rdd = sc.parallelize([("Spark", 2), ("Hadoop", 6), ("Hadoop", 4), ("Spark", 6)])
>>> rdd.mapValues(lambda x:(x, 1)).\
... reduceByKey(lambda x, y:(x[0]+y[0], x[1]+y[1])).\
... mapValues(lambda x:x[0]/x[1]).collect()
[('hadoop', 5.0), ('spark', 4.0)]
```

如图 5-20 所示，rdd = sc.parallelize()执行后，生成一个名称为 rdd 的 RDD，里面包含 4 个 RDD 元素，即("Spark",2)、("Hadoop",6)、("Hadoop",4)、("Spark",6)。rdd.mapValues(lambda x:(x,1))会把 rdd 中的每个元素依次取出来，并对该元素的 value 使用 lambda x:(x,1)这个匿名函数进行转换。例如，扫描到("Spark",2)这个元素时，就会把该元素的 value（也就是 2）转换成一个元组(2,1)，转换后得到的("Spark",(2,1))放入新的 RDD（假设为 rdd1）。同理，("Hadoop",6)、("Hadoop",4)、("Spark",6)也会被分别转换成("Hadoop",(6,1))、("Hadoop",(4,1))、("Spark",(6,1))，放入 rdd1 中。

reduceByKey(lambda x,y:(x[0]+y[0],x[1]+y[1]))会对 rdd1 中相同的 key 所对应的所有 value 进行聚合运算。例如，("Hadoop",(6,1))和("Hadoop",(4,1))，这两个键值对具有相同的 key，因此，reduceByKey()操作首先得到"Hadoop"这个 key 对应的 value-list，即((6,1),(4,1))；然后使用匿名函数 lambda x,y:(x[0]+y[0],x[1]+y[1])对这个 value-list 进行聚合运算；这时，Spark 会把(6,1)赋值给参数 x，把(4,1)赋值给参数 y，因此，x._1 和 y._1 分别是 6 和 4，x._2 和 y._2 都是 1，(x[0]+y[0], x[1]+y[1])就是(10,2)。如果 value-list 还有更多的元素，假设 value-list 是((6,1),(4,1),(3,1))，那么，刚才计算得到的(10,2)就会作为新的 x，(3,1)作为新的 y，继续执行计算。reduceByKey()操作结束后得到的新的 RDD（假设为 rdd2）中包含两个元素，分别是("Hadoop",(10,2))和("Spark",(8,2))。

mapValues(lambda x:x[0]/x[1])操作会对 rdd2 中的每个元素的 value 执行变换，例如，当扫描到 RDD 中的第 1 个元素("Hadoop",(10,2))时，会对该元素的 value（即(10,2)）进行变换。这时，x[0]是

10，x[1]是 2，x[0]/x[1]就是 5。因此，经过变换后得到的结果("Hadoop",5)就会被放入新的 RDD（假设为 rdd3）。最终，执行结果的 RDD 中就包含了("Hadoop",5)和("Spark",4)。

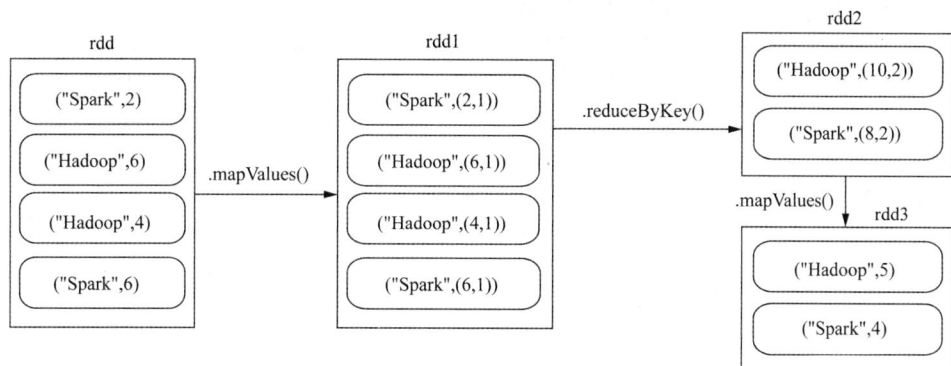

图 5-20　图书平均销量计算过程示意图

5.3　数据读写

本节介绍在 RDD 编程中如何进行文件数据读写。

5.3.1　本地文件系统的数据读写

1. 从文件中读取数据创建 RDD

从本地文件系统读取数据，可以采用 textFile()方法：为 textFile()方法提供一个本地文件或目录地址，如果是一个文件地址，它会加载该文件；如果是一个目录地址，它会加载该目录下的所有文件的数据。假设本地文件系统中有一个文件"/usr/local/spark/mycode/rdd/word.txt"，该文件中包含 3 行英文句子，分别是"Hadoop is good"、"Spark is fast"和"Spark is better"。读取这个本地文件 word.txt，语句如下。

```
>>> textFile = sc.\
... textFile("file:///usr/local/spark/mycode/rdd/word.txt")
```

需要注意的是，在上述语句中，等号左侧的 textFile 是变量名称，等号右侧的 sc.textFile()中的 textFile 是方法名称，二者同时使用时要注意区分，它们所代表的含义是不同的。执行上面这条命令以后，并不会马上显示结果，这是因为 Spark 采用惰性机制。使用以下行动操作查看 textFile 中的内容。

```
>>> textFile.first()
'Hadoop is good'
```

正因为 Spark 采用了惰性机制，所以在执行转换操作的时候，即使输入了错误的语句，PySpark 也不会马上报错，而是等到执行行动操作的语句启动真正计算时，转换操作语句中的错误才会显示出来。示例如下。

```
>>> textFile = sc.\
... textFile("file:///usr/local/spark/mycode/wordcount/word123.txt")
```

上述语句使用了一个根本就不存在的 word123.txt，在执行上述语句时，PySpark 根本不会报错。这是因为在没有遇到行动操作——first()之前，这个加载操作是不会真正执行的。只有当后面继续执行 textFile.first()操作时，系统才会报错。

2. 把 RDD 写入文本文件中

使用 saveAsTextFile()方法可以把 RDD 中的数据保存到文本文件中。需要注意的是，

本地文件系统的数据读写

saveAsTextFile()中提供的参数不是文件名称，而是一个目录名称。因为 Spark 通常在分布式环境下执行，RDD 会存在多个分区，由多个任务对这些分区进行并行计算，每个分区的计算结果都会保存到一个单独的文件中。例如，如果 RDD 有 3 个分区，saveAsTextFile()方法就会产生 part-00000、part-00001 和 part-00002，以及一个_SUCCESS 文件，其中，part-00000、part-00001 和 part-00002 包含 RDD 中的数据，_SUCCESS 文件只是用来表示写入操作已经成功执行，该文件里面是空的，可以忽略该文件。因此，在 Spark 编程中，需要改变传统单机环境下编程的思维习惯。在单机编程中，我们已经习惯把数据保存到一个文件中。作为分布式编程框架，因为 RDD 被分成多个分区，由多个任务并行执行计算，Spark 通常会产生多个文件，我们需要为这些文件提供一个保存目录，所以需要为 saveAsTextFile()方法提供一个目录地址，而不是一个文件地址。saveAsTextFile()要求提供一个事先不存在的保存目录，如果事先已经存在该目录，Spark 就会报错。所以如果是在独立应用程序中执行，最好在程序执行 saveAsTextFile()之前先判断目录是否存在。

把 textFile 变量中的内容再次写回到另一个目录 writeback 中，命令如下。

```
>>> textFile = sc.\
... textFile("file:///usr/local/spark/mycode/rdd/word.txt")
>>> textFile.\
... saveAsTextFile("file:///usr/local/spark/mycode/rdd/writeback")
```

上面语句执行后，请打开一个新的 Linux 终端，进入 "/usr/local/spark/mycode/rdd/" 目录，可以看到这个目录下新增了一个名称为 "writeback" 的子目录。进入 writeback 子目录以后，可以看到该目录中生成了 3 个文件——part-00000、part-00001 和_SUCCESS(可以忽略)，part-00000 和 part-00001 文件包含了刚才写入的数据。之所以 writeback 目录下包含两个 part 文件(即 part-00000 和 part-00001)，而不是一个 part 文件，是因为我们在启动进入 PySpark 环境时，使用了以下命令。

```
$ cd /usr/local/spark
$ ./bin/pyspark
```

在上述启动命令中，pyspark 命令后面没有带上任何参数，则系统默认采用 local[*]模式启动 PySpark；当本地计算机的 CPU 有两个核时，系统就会使用两个 Worker 线程本地化运行 Spark。而且在读取文件时，sc.textFile("file:///usr/local/spark/mycode/rdd/word.txt")语句圆括号中的参数只有文件地址，并没有包含分区数量，这时，系统会自动为 textFile 这个 RDD 生成两个分区，因此，saveAsTextFile()最终生成的文件就有两个，即 part-00000 和 part-00001。作为对比，下面在启动 PySpark 时设置 masterURL 为 "local[1]"，具体命令如下。

```
$ cd /usr/local/spark
$ ./bin/pyspark --master local[1]
```

首先删除之前生成的 writeback 目录，然后再次执行以下语句。

```
>>> textFile = sc.\
... textFile("file:///usr/local/spark/mycode/rdd/word.txt")
>>> textFile.\
... saveAsTextFile("file:///usr/local/spark/mycode/rdd/writeback")
```

上述语句执行后，可以发现，在 writeback 子目录下只有 1 个 part 文件，即 part-00000。

5.3.2　分布式文件系统 HDFS 的数据读写

从分布式文件系统 HDFS 中读取数据，也是采用 textFile()方法：为 textFile()方法提供一个 HDFS 文件或目录地址，如果是一个文件地址，则它会加载该文件；如果是一个目录地址，则它会加载该目录下所有文件的数据。读取一个 HDFS 文件，具体命令如下。

分布式文件系统 HDFS 的数据读写

```
>>> textFile = sc.textFile("hdfs://hadoop01:9000/user/hadoop/word.txt")
```

需要注意的是，为 textFile()方法提供的文件地址格式可以有多种，以下 3 条语句都是等价的。

```
>>> textFile = sc.textFile("hdfs://hadoop01:9000/user/hadoop/word.txt")
>>> textFile = sc.textFile("/user/hadoop/word.txt")
>>> textFile = sc.textFile("word.txt")
```

同样地，使用 saveAsTextFile()方法可以把 RDD 中的数据保存到 HDFS 文件中，命令如下。

```
>>> textFile = sc.textFile("word.txt")
>>> textFile.saveAsTextFile("writeback")
```

这时，在 HDFS 中就会生成一个目录"hdfs://hadoop01:9000/user/hadoop/writeback"。

5.3.3　读写 MySQL 数据库

1. 准备工作

这里采用 MySQL 数据库来存储和管理数据。在 Linux 操作系统中安装 MySQL 数据库的方法，请参照第 3 章。

安装成功以后，在 Linux 操作系统中启动 MySQL 数据库，命令如下。

```
$ service mysql start
$ mysql -u root -p  #屏幕会提示输入密码
```

在 MySQL Shell 环境中，输入以下 SQL 语句完成数据库和表的创建。

```
mysql> create database spark;
mysql> use spark;
mysql> create table student (id int(4),name char(20),gender char(4),age int(4));
mysql> insert into student values(1,'Xueqian','F',23);
mysql> insert into student values(2,'Weiliang','M',24);
mysql> select * from student;
```

要想顺利连接 MySQL 数据库，还需要使用 MySQL 数据库驱动程序。请到 MySQL 官网下载 MySQL 的 JDBC 驱动程序，或者直接到本书官方网站"下载专区"下的"软件"目录中下载驱动程序文件 mysql-connector-java-5.1.40.tar.gz，对该文件进行解压缩，找到文件 mysql-connector-java-5.1.40-bin.jar，然后把该驱动程序 JAR 包复制到 Spark 安装目录的 jars 子目录（即"/usr/local/spark/jars"）中。

利用 PySpark 类库编写程序访问 MySQL 数据库时，还需要在 Python 环境中安装 pymysql 模块，此时可在 hadoop01 节点的 Linux 终端中执行以下命令。

```
$ conda activate pyspark
$ pip install pymysql
```

2. 读取 MySQL 数据库中的数据

新建一个代码文件 SparkReadMySQL.py，代码如下。

```
from pyspark import SparkConf, SparkContext
import pymysql
if __name__ == '__main__':
    conf = SparkConf().setAppName("MySQL RDD Example")
    sc = SparkContext(conf = conf)
    host = "localhost"
    port = 3306
    user = "root"
    password = "123456"
    database = "spark"
    table = "student"
    #创建 MySQL 连接
    conn = pymysql.connect(host=host, port=port, user=user, password=password, database=
database)
    cursor = conn.cursor()
    #执行 SQL 查询
    sql = "select * from {}".format(table)
```

```
    cursor.execute(sql)
    #将结果转换为 RDD
    rdd = sc.parallelize(cursor.fetchall())
    rdd.foreach(print)
    sc.stop()
```

程序的运行结果如下。

```
(1, 'Xueqian', 'F', 23)
(2, 'Weiliang', 'M', 24)
```

3. 向 MySQL 数据库中写入数据

新建一个代码文件 SparkWriteMySQL.py，代码如下。

```
from pyspark import SparkConf, SparkContext
import pymysql
if __name__ == '__main__':
    conf = SparkConf().setAppName("MySQL RDD Example")
    sc = SparkContext(conf = conf)
    rddData = sc.parallelize([(3, "Rongcheng", "M", 26), (4, "Guanhua", "M", 27)])
    def insertIntoMySQL(tuple):
        host = "localhost"
        port = 3306
        user = "root"
        password = "123456"
        database = "spark"
        table = "student"
        conn = pymysql.connect(host=host, port=port, user=user, password=password, database=
database)
        cursor = conn.cursor()
        sql = "INSERT INTO {} (id, name, gender, age) VALUES (%d, '%s', '%s', %d)".format
(table)
        value = (tuple[0], tuple[1], tuple[2], tuple[3])
        cursor.execute(sql % value)
        conn.commit()
        cursor.close()
        conn.close()
    rddData.foreach(insertIntoMySQL)
    sc.stop()
```

运行该程序以后，到 MySQL 中就可以看到新插入了两条数据。

5.4 综合实例

本节介绍 RDD 编程的 3 个综合实例，包括求 TOP 值、文件排序和二次排序。

5.4.1 求 TOP 值

1. 实例 1

假设在某个目录下有若干个文本文件，每个文本文件里面包含很多行数据，每行数据由 4 个字段的值构成，不同字段值之间用逗号隔开，4 个字段分别为 orderid、userid、payment 和 productid，要求求出 Top N 个 payment 值。下面为一个样例文件 file0.txt。

求 TOP 值的第 1 个实例

```
1,1768,50,155
2,1218,600,211
3,2239,788,242
4,3101,28,599
5,4899,290,129
```

```
6,3110,54,1201
7,4436,259,877
8,2369,7890,27
```

实现上述功能的代码文件"/usr/local/spark/mycode/rdd/TopN.py"的内容如下。

```
#!/usr/bin/env python3

from pyspark import SparkConf,SparkContext

conf = SparkConf().setMaster("local").setAppName("ReadHBase")
sc = SparkContext(conf = conf)
lines = sc.textFile("file:///usr/local/spark/mycode/rdd/file0.txt")
result1 = lines.filter(lambda line:(len(line.strip()) > 0) and (len(line.split(","))== 4))
result2 = result1.map(lambda x:x.split(",")[2])
result3 = result2.map(lambda x:(int(x),""))
result4 = result3.repartition(1)
result5 = result4.sortByKey(False)
result6 = result5.map(lambda x:x[0])
result7 = result6.take(5)
for a in result7:
    print(a)
```

执行 TopN.py 中代码时，如图 5-21 所示，lines = sc.textFile()语句会从文本文件中读取所有行的内容，生成一个 RDD（即 lines），这个 RDD 中的每个元素都是一个字符串，也就是文本文件中的一行。lines.filter()语句会把空行和字段数量不等于 4 的行都丢弃，只保留那些正好包含 orderid、userid、payment 和 productid 这 4 个字段值的行。

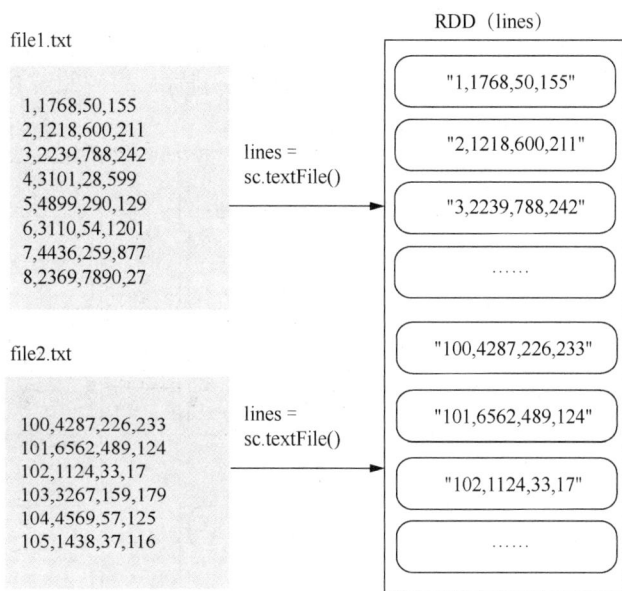

图 5-21　求 TOP 值过程之加载文件

然后，如图 5-22 所示，在新得到的 RDD（即 result1）上执行 map(lambda x:x.split(","))操作，result1 中的每个元素（即一行内容）被 split()函数拆分成 4 个字符串，保存到列表中。例如，"1,1768,50,155" 这个字符串会被转换成列表["1","1768","50","155"]，然后把列表的第 3 个元素（即 payment 字段的值）取出来放到新的 RDD 中（即 result2）。这样一来，最终得到的 result2 就包含了所有 payment 字段的值（实际上，这时 RDD 中的每个元素都是字符串类型，而不是整型）。

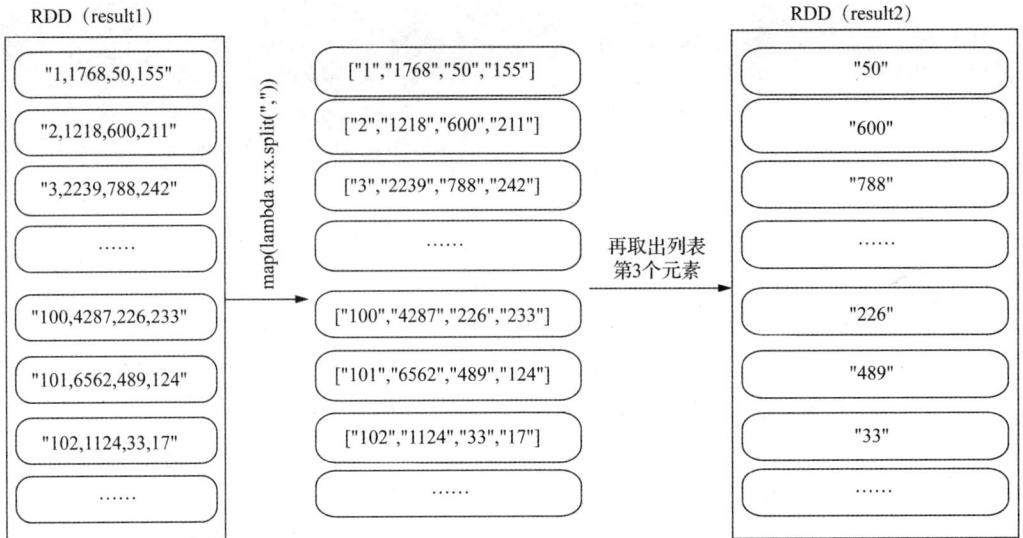

图 5-22　求 TOP 值过程之获取 payment 字段值

接下来，如图 5-23 所示，在 result2 上调用 map(lambda x:(int(x),""))方法，把 result2 中的每个元素从字符串类型转换成整型，并且生成(key,value)键值对形式放到新的 RDD 中（即 result3），其中 key是 payment 字段的值，value 是空字符串。之所以要把 RDD 元素转换成(key,value)形式，是因为sortByKey()操作要求 RDD 的元素必须是(key,value)键值对的形式。对 result3 调用 repartition(1)实现重分区，所有元素都在一个分区内，这样可以对所有的元素进行整体排序，然后就会得到重分区后的新的 RDD（即 result4）。对 result4 调用 sortByKey(False)，就可以实现对 result4 中的所有元素都按照key 的降序排列，也就是按照 payment 字段值的降序排列，排序后得到的新 RDD 为 result5。

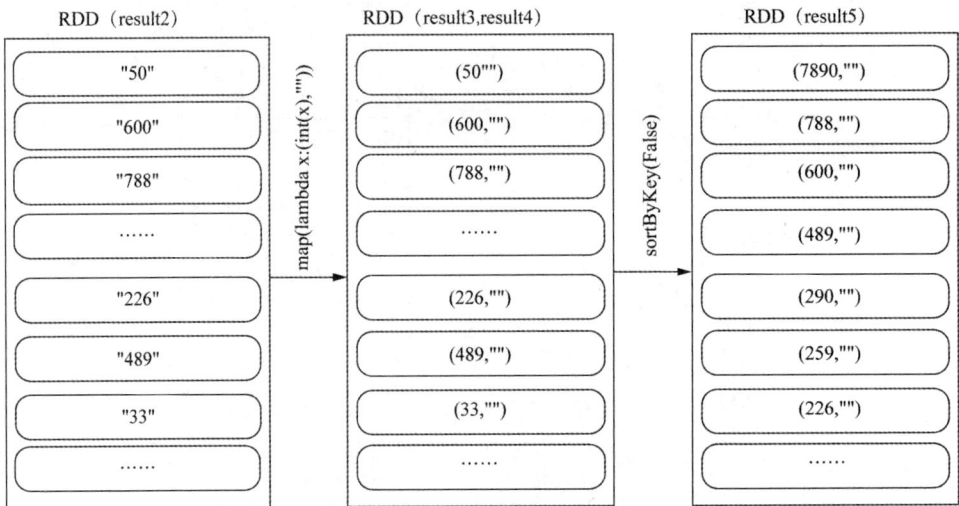

图 5-23　求 TOP 值过程之转换和排序

如图 5-24 所示，在 result5 上执行 map(lambda x:x[0])操作，把 result5 中的每个元素(key,value)中的 key 取出来。这样一来，得到的新 RDD（即 result6）中的每个元素就是字段 payment 的值，而且是按照降序排列的。然后，在 result6 上执行 take(5)操作，取出 Top 5 个 payment 字段的值，得到新的 RDD（即 result7）。最后，使用 for 循环依次遍历 result7 中的每个元素并输出。

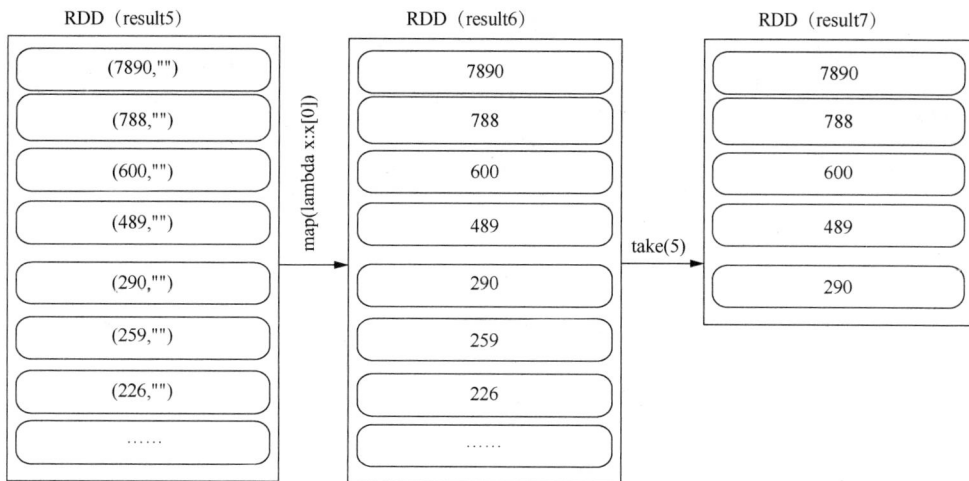

图 5-24 求 TOP 值过程之获取 TOP 值

2. 实例 2

有一个商品销售数据集 sales.txt，里面的每行记录包含 5 个字段——时间戳、省份、城市、用户、（购买的）商品，字段之间用英文逗号隔开，要求求出每个省份销量前 3 名的商品。下面是某行记录的样例。

```
1602031567000,21,1005,95001,20001
```

在这行记录中，"1602031567000"表示时间戳，"21"表示福建省，"1005"表示厦门市，"95001"表示顾客王明，"20001"表示华为 Mate60 手机。

求 TOP 值的第 2 个实例

图 5-25 给出了解题思路。为了方便理解，这里图 5-25 直接使用了省份名字、城市名字、用户名字和商品名称，而不是使用编号；"***"表示时间戳。首先从 sales.txt 中加载数据生成 rdd1；然后过滤出需要的字段，即省份和商品，得到 rdd2；再把 rdd2 中的每个元素从(省份,商品)转换成(省份,商品,1)，得到 rdd3；接着把每个元素中的省份和商品名称组合在一起，得到 rdd4；根据(省份,商品)进行分组，得到 rdd5；对每个分组进行汇总，得到 rdd6；把每个元素从((省份,商品),销量)转换成(省份,(商品,销量))，得到 rdd7；对元素按照省份进行分组，得到 rdd8；最后，对元素进行排序，求出每个省份销量前 3 名的商品。

实际上，在编写程序时，可以更加精练，也就是可以直接从 rdd1 转换得到 rdd4。

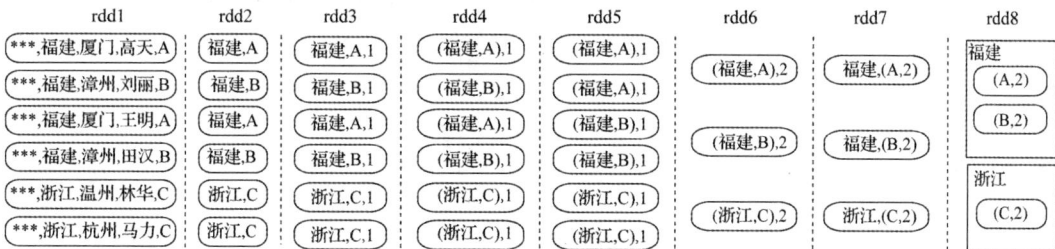

图 5-25 解题思路

根据以上思路，可以编写以下程序。

```
#coding:utf8
from pyspark import SparkConf, SparkContext
if __name__ == '__main__':
    conf = SparkConf().setMaster("local[*]").setAppName("My App")
    sc = SparkContext(conf = conf)
    #1.获取原始数据：(时间戳,省份,城市,用户,商品)
```

```
sourceRDD = sc.textFile("file:///home/hadoop/sales.txt")
dataRDD = sourceRDD.filter(lambda line : len(line.split(",")) == 5)
#2.将原始数据进行结构转换
#把数据从(时间戳，省份，城市，用户，商品)转变成((省份，商品), 1)
def myMapFunction1(line):
    datas = line.split(",")
    return ((datas[1], datas[4]), 1)
mapRDD = dataRDD.map(myMapFunction1)
#3.将数据进行分组聚合
#得到((省份，商品), sum)形式的结果，sum是汇总结果
reduceRDD = mapRDD.reduceByKey(lambda a,b:a+b)
#4.将聚合的结果进行数据结构转换
#从((省份，商品), sum)转变成(省份，(商品，sum))
def myMapFunction2(tuple):
    x = tuple[0]      #值是(省份，商品)
    y = tuple[1]      #值是sum
    return (x[0], (x[1],y))
newMapRDD = reduceRDD.map(myMapFunction2)
#5.根据省份进行分组
#得到的数据形式是(省份，((商品1，sum1)，(商品2，sum2)，…))
groupRDD = newMapRDD.groupByKey()
#6.将分组后的数据进行组内排序（降序），取前3名
resultRDD = groupRDD.mapValues(lambda iter: sorted(list(iter), key=lambda tup: tup[1],
reverse = True)[:3])
#7.把数据输出到控制台
resultRDD.foreach(print)
sc.stop()
```

程序的运行结果如下。

```
('21', [('20002', 3), ('20001', 2), ('20003', 1)])
('20', [('20002', 4), ('20001', 2), ('20003', 2)])
```

5.4.2 文件排序

假设某个目录下有多个文本文件，每个文件中的每一行内容均为一个整数。现要求读取所有文件中的整数，进行排序后，输出到一个新的文件中，输出的内容为每行两个整数，第一个整数为第二个整数的排序位次，第二个整数为原待排序的整数。图 5-26 所示为文件排序样例。

文件排序

```
输入文件
file1.txt                输出文件
  33                      1   1
  37                      2   4
  12                      3   5
  40                      4   12
                          5   16
file2.txt                 6   25
  4                       7   33
  16                      8   37
  39                      9   39
  5                      10   40
                         11   45
file3.txt

  1
  45
  25
```

图 5-26 文件排序样例

实现上述功能的代码文件"/usr/local/spark/mycode/rdd/FileSort.py"的内容如下。

```python
#!/usr/bin/env python3

from pyspark import SparkConf, SparkContext
index = 0
def getindex():
    global index
    index += 1
    return index
def main():
    conf = SparkConf().setMaster("local[1]").setAppName("FileSort")
    sc = SparkContext(conf = conf)
    lines = sc.textFile("file:///usr/local/spark/mycode/rdd/filesort/file*.txt")
    index = 0
    result1 = lines.filter(lambda line:(len(line.strip()) > 0))
    result2 = result1.map(lambda x:(int(x.strip()),""))
    result3 = result2.repartition(1)
    result4 = result3.sortByKey(True)
    result5 = result4.map(lambda x:x[0])
    result6 = result5.map(lambda x:(getindex(),x))
    result6.foreach(print)
result6.saveAsTextFile("file:///usr/local/spark/mycode/rdd/filesort/sortresult")
if __name__ == '__main__':
    main()
```

执行 FileSort.py 中代码时，如图 5-27 所示，lines= sc.textFile()语句会从文本文件中加载数据，生成一个 RDD，即 lines。lines.filter(lambda line:(len(line.strip()) > 0))操作会把空行丢弃，得到一个新的 RDD（即 result1）。

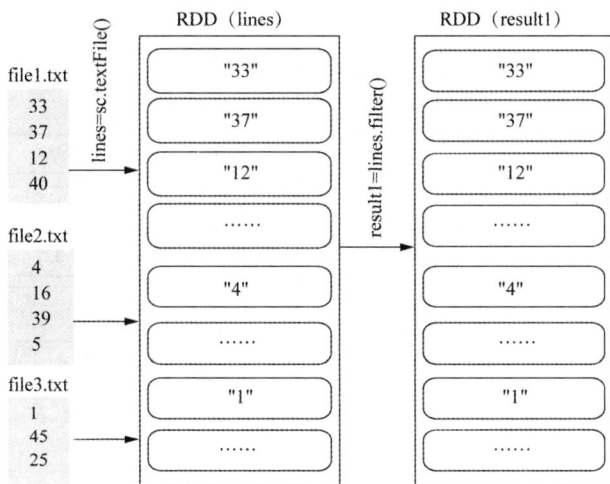

图 5-27　文件排序过程之加载文件和过滤数据

如图 5-28 所示，在 result1 上执行 map(lambda x:(int(x.strip()),""))操作，把每个字符串类型的元素取出来以后，去除尾部的空格并转换成整型，然后生成一个(key,value)键值对（从而可以在后面使用 sortByKey()），放入一个新的 RDD 中（即 result2）。在 result2 上执行 repartition(1)操作，也就是对 result2 进行重新分区，使之变成一个分区。因为在分布式环境下，只有把所有分区合并成一个分区，才能让所有整数排序后总体有序，重分区后得到的新 RDD 为 result3。接下来，在 result3 上执行 sortByKey(True)操作，对所有 RDD 元素进行升序排列，排序后得到新的 RDD 为 result4。

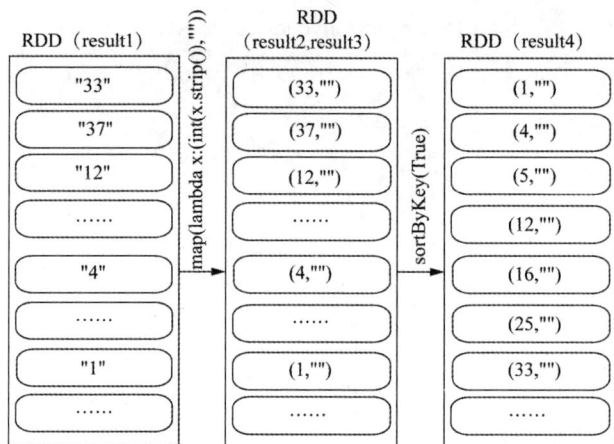

图 5-28　文件排序过程之转换和排序

如图 5-29 所示，在 result4 上执行 map(lambda x:x[0])操作，把 result4 的每个元素(key,vlaue)中的 key 取出来（即 x[0]），得到一个新的 RDD（即 result5）。在 result5 上执行 map(lambda x:(getindex(),x)) 操作，将 result5 中的每个元素取出来以后，与该元素的排位次序一起构成一个元组，放入新的 RDD 中（即 result6）。最后，对 result6 调用 foreach()方法遍历每个元素并输出，再执行 saveAsTextFile() 方法把每个元素保存到文件中。

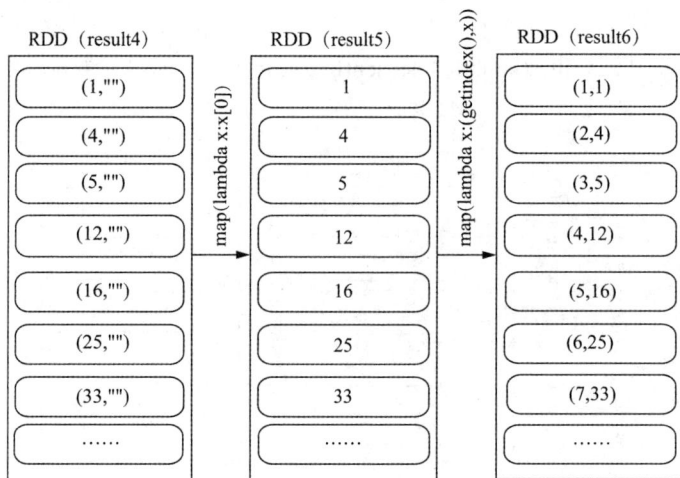

图 5-29　文件排序过程之转换得到结果

5.4.3　二次排序

对于一个给定的文件 file4.txt（见图 5-30），现需要对文件中的数据进行二次 排序，即首先根据第 1 列数据降序排列，如果第 1 列数据相等则根据第 2 列数据 降序排列。

二次排序

二次排序的具体实现步骤如下。

第 1 步：定义一个类 SecondarySortKey，实现自定义的用于排序的 key。

第 2 步：将要进行二次排序的文件加载进来生成(key,value)键值对类型的 RDD。

第 3 步：使用 sortByKey()基于自定义的 key 进行二次排序。

第 4 步：去除排序的 key，只保留排序的结果。

```
输入文件
file4.txt          输出结果

5  3               8  3
1  6               5  6
4  9               5  3
8  3               4  9
4  7               4  7
5  6               3  2
3  2               1  6
```

图 5-30　二次排序样例

二次排序的关键在于实现自定义的用于排序的 key。假设有一个名称为 rdd 的 RDD，每个元素都是(key,value)键值对类型，分别是(1,"a")、(2,"b")和(3,"c")。执行 rdd.sortByKey(False)操作，就可以让这 3 个元素按照 key 进行降序排列，即(3,"c")、(2,"b")和(1,"a")。之所以 sortByKey()可以直接对 1、2、3 这 3 个 key 进行降序排列，是因为 1、2 和 3 都是整型，都是可比较的对象，故可以直接进行排序；换言之，如果不同的 key 是不可比较的对象，则无法用于排序。

同理，为了实现二次排序，我们也需要自定义一个可用于排序的 key。下面新建一个类 SecondarySortKey，定义一个用于二次排序的 key 的类型，代码如下。

```
class SecondarySortKey():
    def __init__(self, k):
        self.column1 = k[0]
        self.column2 = k[1]
    def __gt__(self, other):
        if other.column1 == self.column1:
            return gt(self.column2, other.column2)
        else:
            return gt(self.column1, other.column1)
```

在 SecondarySortKey 类中，我们定义了一个 key 的类型 SecondarySortKey，这个类包含两个属性，即 column1 和 column2。在进行二次排序时，SecondarySortKey 类首先根据 column1 的值降序排列，如果 column1 的值相等，则根据 column2 的值降序排列。通过这种方式定义了 SecondarySortKey 类以后，我们只需让每个 key 都是 SecondarySortKey 类的对象，就可以让这些 key 之间变得可比较，从而用于二次排序。

实现二次排序功能的完整代码文件 "/usr/local/spark/mycode/rdd/SecondarySortApp.py" 的具体内容如下。

```
#!/usr/bin/env python3

from operator import gt
from pyspark import SparkContext, SparkConf

class SecondarySortKey():
    def __init__(self, k):
        self.column1 = k[0]
        self.column2 = k[1]
    def __gt__(self, other):
        if other.column1 == self.column1:
            return gt(self.column2, other.column2)
        else:
            return gt(self.column1, other.column1)

def main():
    conf = SparkConf().setAppName('spark_sort').setMaster('local[1]')
```

```
        sc = SparkContext(conf = conf)
        file = "file:///usr/local/spark/mycode/rdd/secondarysort/file4.txt"
        rdd1 = sc.textFile(file)
        rdd2 = rdd1.filter(lambda x:(len(x.strip()) > 0))
        rdd3 = rdd2.map(lambda x:((int(x.split(" ")[0]), int(x.split(" ")[1])), x))
        rdd4 = rdd3.map(lambda x: (SecondarySortKey(x[0]), x[1]))
        rdd5 = rdd4.sortByKey(False)
        rdd6 = rdd5.map(lambda x:x[1])
        rdd6.foreach(print)

if __name__ == '__main__':
    main()
```

执行 SecondarySortApp.py 代码时，如图 5-31 所示，rdd1 = sc.textFile(file)语句会从文件中加载数据，生成一个 RDD（即 rdd1），这个 RDD 中的每个元素都是一行文本，如"5 3"。rdd2=rdd1.filter()语句则用于将空行过滤掉，只保留有数据的行。

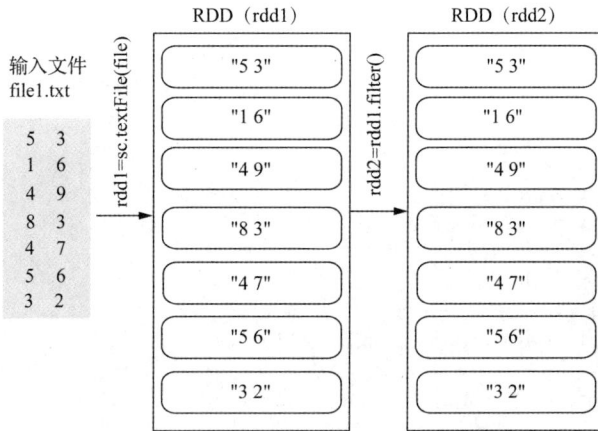

图 5-31　二次排序过程之加载文件和过滤数据

接下来，如图 5-32 所示，rdd3=rdd2.map()语句用于完成键值对格式的转换，例如，把键值对("5 3")转换成((5,3), "5 3")。rdd4=rdd3.map()语句则会对每个键值对进行转换得到可排序的键值对，例如，把((5,3), "5 3")进一步转换得到(SecondarySortKey((5,3)), "5 3")。同理，"1 6"和"4 9"也会分别被转换成键值对(SecondarySortKey((1,6)), "1 6")和(SecondarySortKey((4,9)), "4 9")。经过这种转换以后，这些 key 就变成了可比较的对象，以用于二次排序。

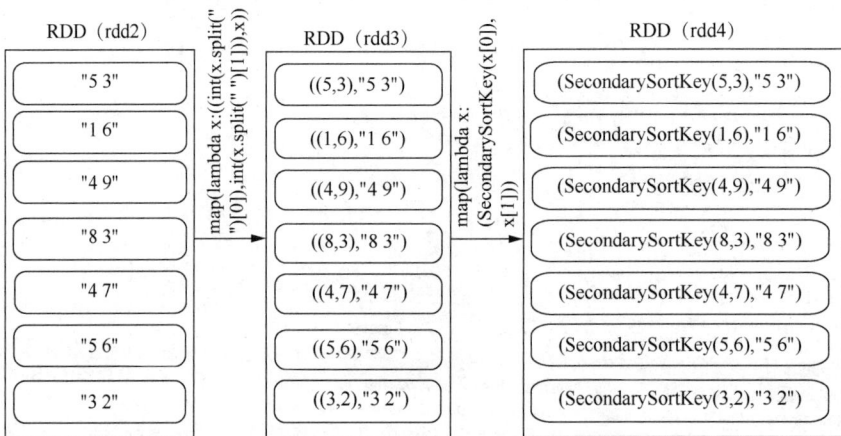

图 5-32　二次排序过程之转换得到可用于排序的 key

然后，如图 5-33 所示，执行 rdd5=rdd4.sortByKey(False)时，对(SecondarySortKey((1,6)), "1 6")和(SecondarySortKey((4,9)), "4 9")这两个 RDD 元素而言，由于 SecondarySortKey((4,9))对象会排在 SecondarySortKey((1,6))对象前面，因此"4 9"也就会相应地排在"1 6"前面。这样一来，rdd4 中的所有字符串类型的 value 都会因为 key 的降序排列而呈现降序排列的结果，就得到了二次排序后新的 RDD，即 rdd5。rdd5 中的每个元素是类似于(SecondarySortKey((1,6)), "1 6")的形式，我们只需要输出 value，也就是输出"1 6"。因此，rdd6=rdd5.map(lambda x:x[1])语句的功能就是只输 rdd5 中的每个 RDD 元素的 value，这些 value 的输出顺序就是我们所期望的二次排序后的结果。

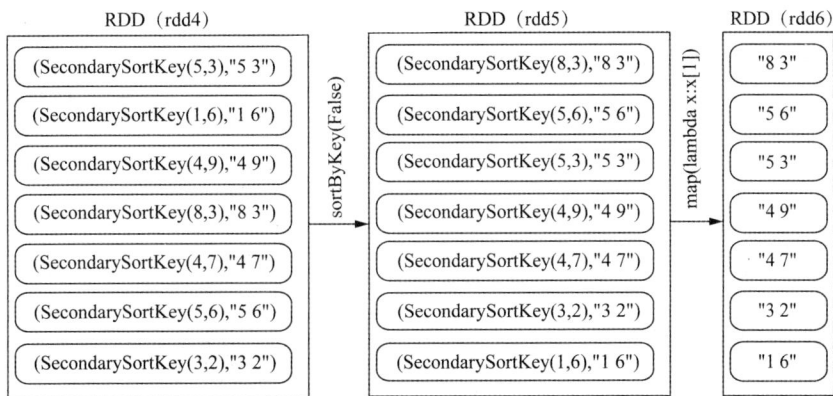

图 5-33　二次排序过程之排序得到结果

5.5　本章小结

本章介绍了 RDD 编程基础知识，主要涉及 RDD 各种操作 API 的使用。无论多复杂的 Spark 应用程序，最终都是借助这些 RDD 操作来实现的。

RDD 编程都是从创建 RDD 开始的，我们可以通过多种方式创建得到 RDD，例如，从本地文件或者分布式文件系统 HDFS 中加载数据创建 RDD，或者使用 parallelize()方法从一个集合中创建得到 RDD。

创建得到 RDD 以后，就可以对 RDD 执行各种操作，包括转换操作和行动操作。本章通过多个实例详细介绍了每个操作 API 的使用方法。另外，通过持久化，可以把 RDD 保存在内存或者磁盘中，避免多次重复计算。通过对 RDD 进行分区，不仅可以增加程序并行度，而且在一些应用场景中可以降低网络通信开销。

键值对 RDD 是一种常见的 RDD 类型，在 Spark 编程中经常被使用。本章介绍了键值对 RDD 的各种操作，并给出了 1 个综合实例。

此外，本章还介绍了文件数据读写和 MySQL 数据库读写的方法，最后给出了 3 个综合实例。

5.6　习题

1. 请阐述 RDD 有哪几种创建方式。
2. 请给出常用的 RDD 转换操作 API 并说明其作用。
3. 请说明为何在使用 persist()方法对一个 RDD 进行持久化时，会将其称为"标记为持久化"。
4. 请阐述 RDD 分区的作用。
5. 请阐述在各种模式下默认 RDD 分区数量是如何确定的。

6. 请举例说明 reduceByKey 和 groupByKey 的区别。

7. 请阐述为了让 Spark 顺利读/写 HBase 数据，需要做哪些准备工作。

实验 3　RDD 编程初级实践

一、实验目的

（1）熟悉 Spark 的 RDD 基本操作及键值对操作。

（2）熟悉使用 RDD 编程解决实际具体问题的方法。

二、实验平台

操作系统：Ubuntu 16.04。

Spark 版本：3.4.0。

Python 版本：3.8.18。

三、实验内容和要求

1. PySpark 交互式编程

访问本书官方网站"下载专区"下的"数据集"，下载 chapter5-data1.txt。该数据集包含某大学计算机系的成绩数据，数据格式如下。

```
Tom,Database,80
Tom,Algorithm,50
Tom,DataStructure,60
Jim,Database,90
Jim,Algorithm,60
Jim,DataStructure,80
......
```

请根据给定的实验数据，在 PySpark 中通过编程来求解以下问题。

（1）该系共有多少名学生?

（2）该系共开设多少门课程?

（3）Tom 同学的平均分是多少?

（4）每名同学所选修的课程门数是多少?

（5）该系 Database 课程共有多少人选修?

（6）各门课程的平均分是多少?

（7）使用累加器计算共有多少人选修 Database 这门课程。

2. 编写独立应用程序实现数据去重

对于两个输入文件 A 和 B，编写 Spark 独立应用程序，对两个文件进行合并，并剔除其中重复的内容，得到一个新文件 C。下面是输入文件和输出文件的一个样例，供读者参考。

输入文件 A 的样例如下：

20170101　　x

20170102　　y

20170103　　x

20170104　　y

20170105　　z

20170106　　z
输入文件 B 的样例如下：

20170101　　y
20170102　　y
20170103　　x
20170104　　z
20170105　　y
输入文件 A 和输入文件 B 合并、去重后得到输出文件 C 的样例如下：

20170101　　x
20170101　　y
20170102　　y
20170103　　x
20170104　　y
20170104　　z
20170105　　y
20170105　　z
20170106　　z

3. 编写独立应用程序实现求平均值问题

每个输入文件表示班级学生某个学科的成绩，每行内容由两个字段组成，第一个字段是学生名字，第二个字段是学生的成绩；编写 Spark 独立应用程序求出所有学生的平均成绩，并输出到一个新文件中。下面是输入文件和输出文件的一个样例，供读者参考。

Algorithm 课程成绩：

小明 92
小红 87
小新 82
小丽 90
Database 课程成绩：

小明 95
小红 81
小新 89
小丽 85
Python 课程成绩：

小明 82
小红 83
小新 94
小丽 91
平均成绩如下：

(小红,83.67)
(小新,88.33)
(小明,89.67)
(小丽,88.67)

四、实验报告

实验报告		
题目：	姓名：	日期：
实验环境：		
实验内容与完成情况：		
出现的问题：		
解决方案（列出遇到并解决的问题和解决方案，以及没有解决的问题）：		

第6章 Spark SQL

Spark SQL 是 Spark 中用于结构化数据处理的组件，它提供了一种通用的访问多种数据源的方式，可访问的数据源包括 Hive、Avro、Parquet、ORC、JSON 和 JDBC 等。Spark SQL 采用了 DataFrame 数据模型（即带有 Schema 信息的 RDD），支持用户在 Spark SQL 中执行 SQL 语句，实现对结构化数据的处理。目前，Spark SQL 支持 Scala、Java、Python 等编程语言。

本章首先介绍 Spark SQL 的发展历程和基本架构；其次介绍 DataFrame 及其创建、保存和基本操作；然后介绍从 RDD 转换得到 DataFrame 的两种方法，即利用反射机制推断 RDD 模式和使用编程方式定义 RDD 模式；最后介绍如何使用 Spark SQL 读写数据库以及如何实现 PySpark 和 pandas 的整合。本章内的所有源代码可从本书官方网站"下载专区"的"代码"→"第 6 章"下载获取。

6.1 Spark SQL 简介

本节介绍 Spark SQL 的前身——Shark，以及 Spark SQL 的架构、诞生原因、特点和编程实例。

Spark SQL 简介

6.1.1 从 Shark 说起

Hive 是一个基于 Hadoop 的数据仓库工具，提供了类似于关系数据库中 SQL 的查询语言——HiveQL，用户可以通过 HiveQL 语句快速实现简单的 MapReduce 统计。Hive 自身可以自动将 HiveQL 语句快速转换成 MapReduce 任务进行运行。当用户向 Hive 输入一个命令或查询语句（即 HiveQL 语句）时，Hive 需要与 Hadoop 交互来完成该操作。该命令或查询语句首先进入驱动模块，由驱动模块中的编译器进行解析、编译，并由优化器对该操作进行优化计算，然后交给执行器去执行。执行器通常的任务是启动一个或多个 MapReduce 任务。图 6-1 描述了用户提交一段 SQL 语句后，Hive 把 SQL 语句转换成 MapReduce 任务进行执行的详细过程。

Shark 提供了类似于 Hive 的功能。与 Hive 不同的是，Shark 把 SQL 语句转换成 Spark 作业，而不是 MapReduce 作业。为了实现与 Hive 的兼容（见图 6-2），Shark 重用了 Hive 中的 HiveQL 解析、逻辑执行计划翻译、执行计划优化等逻辑。可以近似地认为，Shark 仅将物理执行计划从 MapReduce 作业替换成了 Spark 作业，也就是通过 Hive 的 HiveQL 解析功能，把 HiveQL 翻译成 Spark 上的 RDD 操作。Shark 的出现，使 SQL-on-Hadoop 的性能比 Hive 有了 10～100 倍的提升。

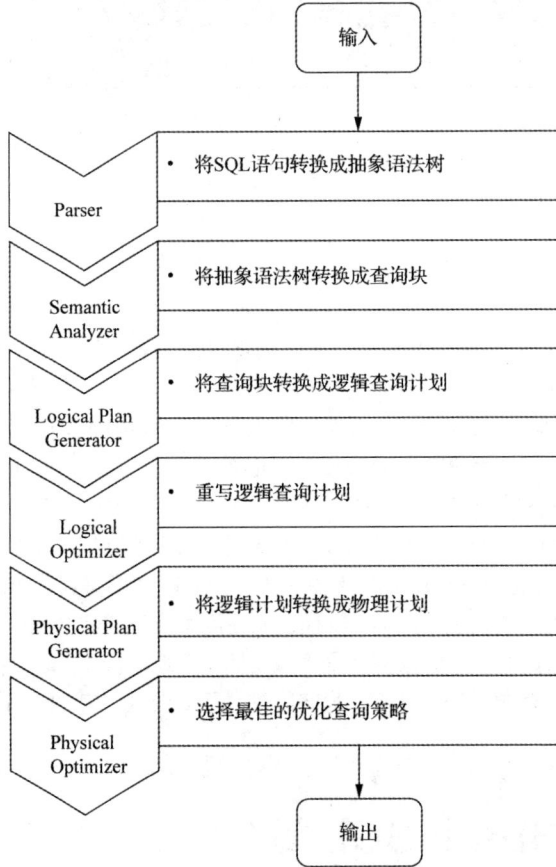

图 6-1　Hive 中 SQL 语句的 MapReduce 作业转换过程

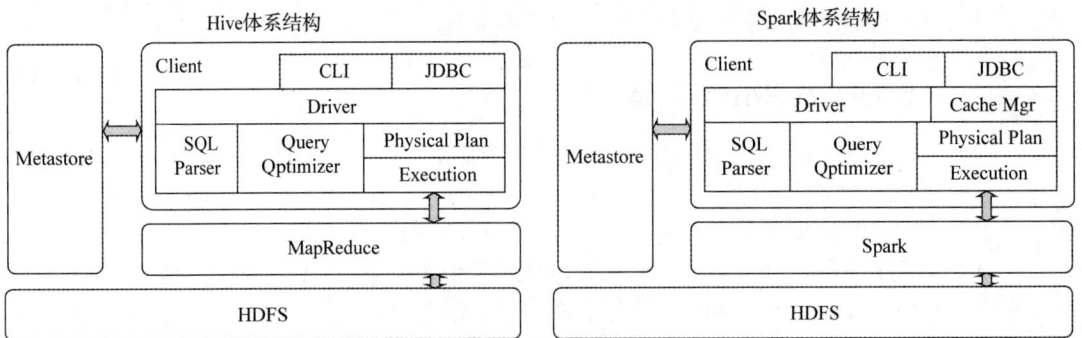

图 6-2　Shark 直接继承 Hive 的各个组件

　　Shark 的设计导致了两个问题：一是执行计划优化完全依赖于 Hive，不便于添加新的优化策略；二是因为 Spark 是线程级并行，而 MapReduce 是进程级并行，所以 Spark 在兼容 Hive 的实现上存在线程安全问题，导致 Shark 不得不使用另外一套独立维护的、打了补丁的 Hive 源码分支。

　　Shark 的实现继承了大量的 Hive 代码，因而给优化和维护带来了大量的麻烦，特别是基于 MapReduce 设计的部分，成为整个项目的瓶颈。因此，2014 年，Shark 项目中止，并转向 Spark SQL 的开发。

6.1.2　Spark SQL 架构

Spark SQL 的架构如图 6-3 所示，其在 Shark 原有的架构上重写了逻辑执行计划的优化部分，解决了 Shark 存在的问题。Spark SQL 在 Hive 兼容层面仅依赖 HiveQL 解析和 Hive 元数据。也就是说，从 HiveQL 被转换成抽象语法树（Abstract Syntax Tree，AST）起，剩余的工作全部都由 Spark SQL 接管。Spark SQL 执行计划的生成和优化都由 Catalyst（函数式关系查询优化框架）负责。

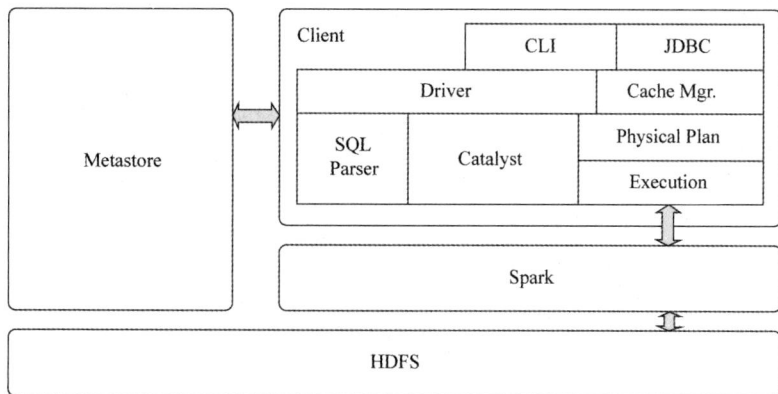

图 6-3　Spark SQL 的架构

Spark SQL 增加了 DataFrame（即带有 Schema 信息的 RDD），使用户可以在 Spark SQL 中执行 SQL 语句；数据既可以来自 RDD，也可以来自 Hive、HDFS、Cassandra 等外部数据源，还可以是 JSON 格式的数据。Spark SQL 目前支持 Scala、Python、Java 等编程语言，支持 SQL-92 规范（见图 6-4）。

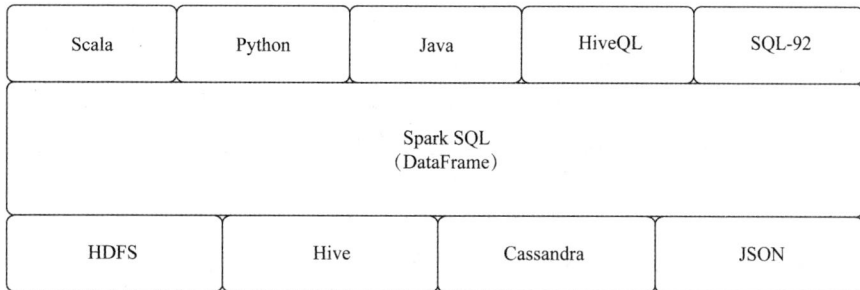

图 6-4　Spark SQL 支持的数据格式和编程语言

6.1.3　为什么推出 Spark SQL

关系数据库已经流行多年，最早是由图灵奖得主、有"关系数据库之父"之称的埃德加·弗兰克·科德于 1970 年提出的。由于具有规范的行和列结构，因此存储在关系数据库中的数据通常也被称为"结构化数据"，用来查询和操作关系数据库的语言被称为"结构化查询语言"（SQL）。由于关系数据库具有完备的数学理论基础、完善的事务管理机制和高效的查询处理引擎，因此得到了广泛的应用，并从 20 世纪 70 年代到 21 世纪的前 10 年一直占据商业数据库应用的主流位置。目前主流的关系数据库有 Oracle、DB2、SQL Server、Sybase、MySQL 等。

尽管关系数据库的事务和查询机制较好地满足了银行、电信等各类商业公司的业务数据管理需求，但是，关系数据库在大数据时代已经不能满足各种新增的用户需求。首先，用户需要从不同数据源执行各种操作，包括结构化和非结构化数据；其次，用户需要执行高级分析，如机器学习和图像处理，在实际大数据应用中经常需要融合关系查询和复杂分析算法，但是，一直以来都缺少这样的系统。

Spark SQL 的出现，填补了这个鸿沟。首先，Spark SQL 提供 DataFrame API，可以对内部和外部各种数据源执行各种关系操作；其次，支持大量的数据源和数据分析算法，组合使用 Spark SQL 和 Spark MLlib，可以融合传统关系数据库的结构化数据管理能力和机器学习算法的数据处理能力，有效地满足各种复杂的应用需求。

6.1.4　Spark SQL 的特点

Spark SQL 的特点如下。

（1）容易整合（集成）。Spark SQL 可以将 SQL 查询和 Spark 程序无缝集成，允许用户使用 SQL 或熟悉的 DataFrame API 在 Spark 程序中查询结构化数据。

（2）统一的数据访问方式。Spark SQL 可以以相同方式连接到任何数据源，DataFrame 和 SQL 提供了访问各种数据源的方法，包括 Hive、Avro、Parquet、ORC、JSON 和 JDBC。

（3）兼容 Hive。Spark SQL 支持 HiveQL 语法以及 Hive SerDes 和 UDF（用户自定义函数），允许用户访问现有的 Hive 仓库。

（4）标准的数据库连接。Spark SQL 支持 JDBC 或 ODBC 连接。

6.1.5　Spark SQL 简单编程实例

在 RDD 编程中，使用的是 SparkContext 接口；在 Spark SQL 编程中，需要使用 SparkSession 接口。从 Spark 2.0 以上版本开始，Spark 使用全新的 SparkSession 接口替代 Spark 1.6 中的 SQLContext 及 HiveContext 接口，以实现其对数据的加载、转换、处理等功能。SparkSession 实现了 SQLContext 及 HiveContext 所有功能。此外，SparkSession 也封装了 SparkContext、SparkConf 和 StreamingContext 等。也就是说，在 Spark 1.x 中，需要创建多种上下文对象（例如，创建 SparkContext 对象用于 RDD 编程，创建 SQLContext 对象用于 SQL 编程），这样会让代码显得很烦琐；在 Spark 2.x 和 Spark 3.x 中，应用只需要为每个 JVM 创建一个 SparkSession 对象，然后就可以用其执行各种 Spark 操作。

需要注意的是，虽然 SparkSession 接口已经包含其他所有的上下文对象（SparkContext、SparkConf 和 StreamingContext 等），可以为所有的 Spark 应用程序提供统一的入口，但用户仍然可以访问那些上下文对象及其方法，例如，可以继续使用 SparkContext 接口作为 RDD 编程的入口，因此，使用 SparkContext 或 SQLContext 的基于 1.x 版本的旧代码仍然可以正常运行在 2.x 和 3.x 上。

SparkSession 支持从不同的数据源加载数据，以及把数据转换成 DataFrame，并且支持把 DataFrame 转换成 SQLContext 自身的表，然后使用 SQL 语句来操作数据。SparkSession 也提供了 HiveQL，以及其他依赖于 Hive 的功能支持。

通过以下语句可以创建一个 SparkSession 对象。

```
from pyspark.sql import SparkSession
spark = SparkSession \
    .builder \
    .master("local[*]") \
    .appName("SparkSessionExample") \
    .getOrCreate()
```

实际上，在启动进入 spark-shell 以后，spark-shell 就默认提供了一个 SparkContext 对象（名称为 sc）和一个 SparkSession 对象（名称为 spark），因此，用户可以不用自己声明一个 SparkSession 对象，而是直接使用 spark-shell 提供的 SparkSession 对象，即 spark。

下面给出一个具体实例，介绍 Spark SQL 的编程方法。新建一个代码文件 SparkSQLSimpleApp.py，内容如下。

```
#coding:utf8
```

```
from pyspark.sql import SparkSession
if __name__ == '__main__':
    spark = SparkSession\
        .builder\
        .master("local[*]")\
        .appName("Simple Application")\
        .getOrCreate()
    logFile = "file:///usr/local/spark/README.md"
    logDF = spark.read.text(logFile)
    numAs = logDF.filter(logDF["value"].contains("a")).count()
    numBs = logDF.filter(logDF["value"].contains("b")).count()
    print('Lines with a: %s, Lines with b: %s' % (numAs, numBs))
    spark.stop()
```

上面代码中，spark.read.text(logFile)表示创建一个 DataFrame，这个 DataFrame 只会包含 1 个列，列的名称为"value"。logDF.filter(logDF["value"].contains("a"))表示对"value"这个列进行条件筛选，只筛选出内容包含"a"的行。

6.2 结构化数据 DataFrame

Spark SQL 所使用的数据抽象并非 RDD，而是 DataFrame。DataFrame 的推出，让 Spark 具备了处理大规模结构化数据的能力，它不仅比原有的 RDD 转换方式更加简单易用，而且获得了更高的计算性能。Spark 能够轻松实现从 MySQL 到 DataFrame 的转换，并且支持 SQL 查询。

结构化数据
DataFrame

6.2.1 DataFrame 概述

RDD 是分布式 Java 对象的集合，但是，对象内部结构对 RDD 而言却是不可知的。DataFrame 是一种以 RDD 为基础的分布式数据集，提供了详细的结构信息，就相当于关系数据库的一张表。如图 6-5 所示，当采用 RDD 时，每个 RDD 元素都是一个 Java 对象，即 Person 对象，但是，我们无法直接看到 Person 对象的内部结构信息。采用 DataFrame 时，Person 对象内部结构信息就一目了然了，它包含 Name、Age 和 Height 3 个字段，并且我们可以知道每个字段的数据类型。

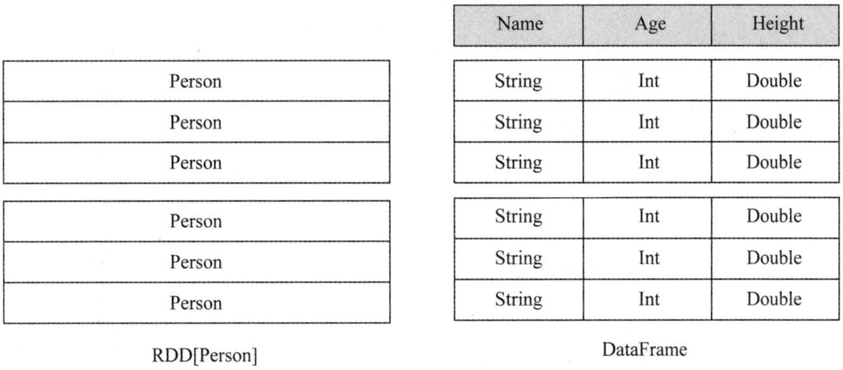

Name	Age	Height
String	Int	Double
String	Int	Double
String	Int	Double
String	Int	Double
String	Int	Double
String	Int	Double

图 6-5 RDD 与 DataFrame 的区别

以结构化表格来组织数据，不仅使数据更容易让人理解，而且对行或列执行一些操作时也更容易处理。与 RDD 一样，DataFrame 也是不可变的，它的操作也分为转换和行动两种类型。采用 DataFrame 的计算过程也是"惰性"的。在转换过程中，Spark 只是记录所有转换操作的"血缘关系"，并不会立即开始计算，而是要等碰到行动操作时才会触发从头到尾的计算。对一个 DataFrame 而言，

我们可以添加列或者改变已有列的名字和数据类型，这些操作都会创建新的 DataFrame，原有的
DataFrame 则会保留。

6.2.2 DataFrame 的优点

使用 DataFrame 作为数据抽象可以带来很多好处，例如，可以在 Spark 组件间获得更好的性能和
更优的空间效率。DataFrame 的突出优点是表达能力强、简洁、易组合、风格一致。下面用一个实例
来展示 DataFrame 强大的表达能力和组合能力。

给定一组键值对("spark",2)、("hadoop",6)、("hadoop",4)、("spark",6)，键值对的 key 表示图书名
称，value 表示某天图书销量。现需要计算每个键对应的平均值，也就是计算每种图书的每天平均销
量。当使用 RDD 编程时，代码如下。

```
#coding:utf8
from pyspark import SparkConf, SparkContext
if __name__ == '__main__':
    conf = SparkConf().setAppName("Simple App")
    sc = SparkContext(conf = conf)
    bookRDD = sc.parallelize([("spark", 2), ("hadoop", 6), ("hadoop", 4), ("spark", 6)])
    saleRDD = bookRDD.map(lambda x: (x[0], (x[1], 1))) \
        .reduceByKey(lambda x, y : (x[0] + y[0], x[1] + y[1])) \
        .map(lambda x : (x[0], x[1][0] / x[1][1]))
    saleRDD.foreach(print)
    sc.stop()
```

可以看出，这段代码难度较高，可读性也较差。这段代码是在告诉 Spark 如何计算出查询结果。
这个过程对 Spark 而言是完全不透明的，因为代码没有告诉 Spark 最终目的是什么。相反，如果是使
用 DataFrame API 来表达相同的查询，就会简单很多。使用 DataFrame API 编写的程序代码如下。

```
#coding:utf8
from pyspark.sql import SparkSession
from pyspark.sql.functions import avg
if __name__ == '__main__':
    spark = SparkSession\
        .builder\
        .master("local[*]")\
        .appName("Simple Application")\
        .getOrCreate()
    bookDF = spark \
    .createDataFrame([("spark", 2), ("hadoop", 6), ("hadoop", 4), ("spark", 6)]) \
    .toDF("book", "amount")
    avgDF = bookDF.groupBy("book").agg(avg("amount"))
    avgDF.show()
    spark.stop()
```

程序的运行结果如下。

```
+------+-----------+
| book|avg(amount)|
+------+-----------+
| spark|        4.0 |
|hadoop|        5.0 |
+------+-----------+
```

可以看出，采用 DataFrame 编程以后，代码的表达能力和简洁程度都提高了很多，因为我们用
高层的 DSL（Domain Specific Language，领域专用语言）算子和 API 告诉 Spark 去做什么。实际上，
我们已经用这些算子组合出了一条查询语句。因为能解析这条查询语句并理解我们的最终目的，所
以 Spark 能对操作进行优化或重排，从而实现更高的执行效率。Spark 明确知道我们要做什么：按书

名对图书进行分组，聚合每种图书的销量，然后计算出每种图书的每天平均销量。整个计算过程已经被我们用高层的算子组合成了仅仅一条查询语句，可见这种 API 的表达能力是很强的。

6.3　DataFrame 的创建和保存

Spark 支持从多种数据源创建 DataFrame，也支持把 DataFrame 保存成各种数据格式。本节介绍在不同类型数据源情况下（包括 Parquet、JSON、CSV、文本文件和序列集合）如何创建和保存 DataFrame。此外，Spark 也支持 MySQL 数据源，由于操作会稍微复杂一些，因此我们将其放在 6.6 节单独介绍。需要说明的是，下面的实例都以本地文件为例（路径前缀为 "file:///"），实际上也可以替换成 HDFS 文件（路径前缀为 "hdfs://"）。

DataFrame 的创建和保存

6.3.1　Parquet

1. 从 Parquet 文件创建 DataFrame

Parquet 是 Spark 的默认数据源，很多大数据处理框架和平台都支持 Parquet 格式，它是一种开源的列式存储文件格式，提供多种 I/O 优化措施（如压缩，以节省存储空间，支持快速访问数据列）。

存储 Parquet 文件的目录中包含_SUCCESS 文件和很多像 part-XXXXX 这样的压缩文件。要把 Parquet 文件读入 DataFrame，我们需要指定格式和路径，具体实例如下。

```
>>> filePath = "file:///usr/local/spark/examples/src/main/resources/users.parquet"
>>> df = spark.read.format("parquet").load(filePath)
>>> df.show()
+------+--------------+----------------+
| name |favorite_color|favorite_numbers|
+------+--------------+----------------+
|Alyssa|         null |    [3, 9, 15, 20] |
| Ben  |         red  |             [] |
+------+--------------+----------------+
```

上面代码中的 users.parquet 是 Spark 在安装时自带的样例文件。

我们也可以使用以下方式读取 Parquet 文件生成 DataFrame。

```
>>> filePath = "file:///usr/local/spark/examples/src/main/resources/users.parquet"
>>> df = spark.read.parquet(filePath)
```

2. 将 DataFrame 保存为 Parquet 文件

将 DataFrame 保存为 Parquet 文件的具体方法如下（在上面的代码基础上继续执行下面代码）。

```
>>> df.write.format("parquet").mode("overwrite").option("compression","snappy").
... save("file:///home/hadoop/otherusers")
```

上面代码执行以后，在本地文件系统中的 "/home/hadoop/" 目录下会生成一个名称为 "otherusers" 的子目录，该子目录下包含两个文件，即_SUCCESS 文件和像 part-00000-XXXX.snappy.parquet 这样的文件，后者是使用 snappy 压缩算法得到的压缩文件。如果要再次读取文件生成 DataFrame，load() 中可以直接使用目录 "file:///home/hadoop/otherusers"，也可以使用文件 "file:///home/hadoop/otherusers/part-00000-XXXX.snappy.parquet"。

我们也可以使用以下方式把 DataFrame 保存为 Parquet 文件。

```
>>> df.write.parquet("file:///home/hadoop/otherusers")
```

6.3.2　JSON

1. 从 JSON 文件创建 DataFrame

JSON（JavaScript Object Notation）是一种常见的数据格式。与 XML 相比，JSON 的可读性更强，

更容易解析。JSON 有两种模式，即单行模式和多行模式，这两种模式 Spark 都支持。

从 JSON 文件创建 DataFrame 的具体方法如下。

```
>>> filePath = "file:///usr/local/spark/examples/src/main/resources/people.json"
>>> df = spark.read.format("json").load(filePath)
>>> df.show()
+----+-------+
| age|  name |
+----+-------+
|null|Michael|
| 30 | Andy  |
| 19 | Justin|
+----+-------+
```

上面代码中的 people.json 是 Spark 在安装时自带的样例文件。

我们也可以使用以下方式读取 JSON 文件生成 DataFrame。

```
>>> filePath = "file:///usr/local/spark/examples/src/main/resources/people.json"
>>> df = spark.read.json(filePath)
```

2. 将 DataFrame 保存为 JSON 文件

将 DataFrame 保存为 JSON 文件的具体方法如下（在上面的代码基础上继续执行下面代码）。

```
>>> df.write.format("json").mode("overwrite").save("file:///home/hadoop/otherpeople")
```

上面代码执行以后，在本地文件系统中的 "/home/hadoop/" 目录下会生成一个名称为 "otherpeople" 的子目录，该子目录下包含两个文件，即_SUCCESS 文件和像 part-00000-XXXX.json 这样的文件。如果要再次读取文件生成 DataFrame，load()中可以直接使用目录 "file:///home/hadoop/ otherpeople"，也可以使用文件 "file:///home/hadoop/otherpeople/part-00000-XXXX.json"。

我们也可以采用以下方式把 DataFrame 保存成 JSON 文件。

```
>>> df.write.json("file:///home/hadoop/otherpeople")
```

6.3.3 CSV

1. 从 CSV 文件创建 DataFrame

CSV 是一种将所有的数据字段默认用逗号隔开的文本文件格式。在这些用逗号隔开的字段中，每行表示一条记录。CSV 文件已经与普通的文本文件一样被广泛使用。

从 CSV 文件创建 DataFrame 的具体方法如下。

```
>>> filePath = "file:///usr/local/spark/examples/src/main/resources/people.csv"
>>> schema = "name STRING,age INT,job STRING"
>>> df = spark.read.format("csv").schema(schema).option("header","true").\
... option("sep",";").load(filePath)
>>> df.show()
+-----+---+---------+
| name|age|      job|
+-----+---+---------+
|Jorge| 30|Developer|
| Bob | 32|Developer|
+-----+---+---------+
```

上面代码中的 people.csv 是 Spark 在安装时自带的样例文件。people.csv 文件中包含 3 行记录，第 1 行是表头，内容是 "name;age;job"，表明每条记录包含 3 个字段；第 2 行和第 3 行是数据内容。在上面代码中，schema(schema)用于设置每行数据的模式，也就是每行记录包含哪些字段，每个字段是什么数据类型。option("header","true")用于表明这个 CSV 文件是否包含表头。option("sep",";")用于表明这个 CSV 文件中字段之间使用的分隔符是分号；如果没有这个选项，则默认使用逗号作为分隔符。

我们也可以使用以下方式读取 CSV 文件生成 DataFrame。

```
>>> filePath = "file:///usr/local/spark/examples/src/main/resources/people.csv"
>>> schema = "name STRING,age INT,job STRING"
>>> df = spark.read.schema(schema).option("header","true").\
... option("sep",";").csv(filePath)
```

2. 将 DataFrame 保存为 CSV 文件

将 DataFrame 保存为 CSV 文件的具体方法如下（在上面的代码基础上继续执行下面代码）。

```
>>> df.write.format("csv").mode("overwrite").save("file:///home/hadoop/anotherpeople")
```

上面代码执行以后，在本地文件系统中的"/home/hadoop/"目录下会生成一个名称为"anotherpeople"的子目录，该子目录下包含两个文件，即_SUCCESS 文件和像 part-00000-XXXX.csv 这样的文件。如果要再次读取文件生成 DataFrame，load()中可以直接使用目录"file:///home/hadoop/anotherpeople"，也可以使用文件"file:///home/hadoop/anotherpeople/part-00000-XXXX.csv"。

我们也可以使用以下方式把 DataFrame 保存成 CSV 文件。

```
>>> df.write.csv("file:///home/hadoop/anotherpeople")
```

6.3.4　文本文件

从一个文本文件创建 DataFrame 的方法如下。

```
>>> filePath = "file:///usr/local/spark/examples/src/main/resources/people.txt"
>>> df = spark.read.format("text").load(filePath)
>>> df.show()
+-----------+
|      value|
+-----------+
|Michael,29 |
|   Andy,30 |
| Justin,19 |
+-----------+
```

我们也可以使用以下方式读取文本文件生成 DataFrame。

```
>>> filePath = "file:///usr/local/spark/examples/src/main/resources/people.txt"
>>> df = spark.read.text(filePath)
```

如果要把一个 DataFrame 保存成文本文件，则需要使用以下形式语句（在上面代码的基础上继续执行）。

```
>>> df.write.text("file:///home/hadoop/newpeople")
```

上面代码执行后，会生成目录"file:///home/hadoop/newpeople"，这个目录下包含两个文件 part-00000-XXXX.txt 和_SUCCESS，其中 part-00000-XXXX 文件中包含具体数据。

我们也可以使用以下形式的语句把一个 DataFrame 保存成文本文件。

```
>>> df.write.format("text").save("file:///home/hadoop/newpeople")
```

6.3.5　序列集合

Spark 允许通过序列集合来创建 DataFrame，下面是一个具体实例。

```
>>> df = spark.createDataFrame([\
    ("Xiaomei","Female","21"),\
    ("Xiaoming","Male","22"),\
    ("Xiaoxue","Female","23")]).\
    toDF("name","sex","age")
>>> df.show()
+--------+------+---+
|    name|   sex|age|
+--------+------+---+
```

```
|  Xiaomei|Female| 21|
|Xiaoming|  Male| 22|
| Xiaoxue|Female| 23|
+--------+------+---+
```

在上面的代码中，我们把一个列表作为参数传入 createDataFrame()方法中，此时创建出的 DataFrame 中的列名是默认的，然后我们通过 toDF()方法对每个列的列名进行了自定义。

在创建 DataFrame 时，我们还可以对每个列的数据类型进行定义，具体实例如下。

```
>>> from pyspark.sql import SparkSession,Row
>>> from pyspark.sql.types import IntegerType, StringType, StructField, StructType
>>> schema = StructType([StructField("name", StringType(), True),\
                         StructField("age", IntegerType(), True),\
                         StructField("sex", StringType(), True)])
>>> data = []
>>> data.append(Row("Xiaomei", 21, "Female"))
>>> data.append(Row("Xiaoming", 22, "Male"))
>>> data.append(Row("Xiaoxue", 23, "Female"))
>>> df = spark.createDataFrame(data, schema)
>>> df.show()
```

6.4 DataFrame 的基本操作

面向 DataFrame 的编程大概分为以下 3 个步骤。

（1）输入数据。

（2）分析数据（执行 SQL 语句或 DSL 语句）。

（3）输出数据。

6.3 节中介绍了第 1 步和第 3 步，本节介绍第 2 步，即分析数据，也就是针对 DataFrame 的各种操作。在操作 DataFrame 时，可以使用两种风格的语句，即 DSL 语句和 SQL 语句。需要说明的是，无论是执行 SQL 语句还是 DSL 语句，其本质上都会被转换为对 RDD 的操作。

6.4.1 DSL 语法风格

DSL 语法类似于 RDD 中的操作，允许开发者通过调用方法对 DataFrame 内部的数据进行分析。

DataFrame 创建好以后，可以执行一些常用的 DataFrame 操作，包括 printSchema()、show()、select()、filter()、where()、groupBy()、sort()、orderBy()、withColumn()、withColumnRenamed()和 drop()等。这里首先从 Spark 自带的样例文件 people.json 创建一个名称为 df 的 DataFrame。

```
>>> filePath = "file:///usr/local/spark/examples/src/main/resources/people.json"
>>> df = spark.read.json(filePath)
```

* printSchema()

printSchema()操作可以输出 DataFrame 的模式（Schema）信息（见图 6-6）。

```
>>> df.printSchema()
root
 |-- age: long (nullable = true)
 |-- name: string (nullable = true)
```

图 6-6 printSchema()操作执行结果

* show()

show()操作用于显示一个 DataFrame 的具体内容（见图 6-7）。

```
>>> df.show()
+----+-------+
| age|   name|
+----+-------+
|null|Michael|
|  30|   Andy|
|  19| Justin|
+----+-------+
```

图 6-7　show()操作执行结果

● select()

select()操作可以实现从 DataFrame 中选取部分列的数据。如图 6-8 所示，select()操作选取了 name 和 age 这两个列，并且把 age 这个列的值增加 1。

```
>>> df.select(df["name"],df["age"]+1).show()
+-------+---------+
|   name|(age + 1)|
+-------+---------+
|Michael|     null|
|   Andy|       31|
| Justin|       20|
+-------+---------+
```

图 6-8　select()操作执行结果

select()操作还可以实现对列名称进行重命名的操作。如图 6-9 所示，name 列名称被重命名为 username。

```
>>> df.select(df["name"].alias("username"),df["age"]).show()
+--------+----+
|username| age|
+--------+----+
| Michael|null|
|    Andy|  30|
|  Justin|  19|
+--------+----+
```

图 6-9　重命名列执行结果

● filter()

filter()操作可以实现条件查询，找到满足条件要求的记录。如图 6-10 所示，df.filter(df["age"]>20) 用于查询所有 age 字段大于 20 的记录。

```
>>> df.filter(df["age"]>20).show()
+---+----+
|age|name|
+---+----+
| 30|Andy|
+---+----+
```

图 6-10　filter()操作执行结果

● where()

where()操作可以实现条件查询，找到满足条件要求的记录。如图 6-11 所示，df.where(df["age"]>20) 用于查询所有 age 字段大于 20 的记录，也可以写成 "df.where("age>20").show()"。

143

```
>>> df.where(df["age"]>20).show()
+---+----+
|age|name|
+---+----+
| 30|Andy|
+---+----+

>>> df.where("age>20").show()
+---+----+
|age|name|
+---+----+
| 30|Andy|
+---+----+
```

图 6-11　where()操作执行结果

- groupBy()

groupBy()操作用于对记录进行分组。如图 6-12 所示，可以根据 age 字段进行分组，并对每个分组中包含的记录数量进行统计。

```
>>> df.groupBy("age").count().show()
+----+-----+
| age|count|
+----+-----+
|  19|    1|
|null|    1|
|  30|    1|
+----+-----+
```

图 6-12　groupBy()操作执行结果

- sort()

sort()操作用于对记录进行排序。如图 6-13 所示，df.sort(df["age"].desc())表示根据 age 字段进行降序排列；df.sort(df["age"].desc(),df["name"].asc())表示根据 age 字段进行降序排列，当 age 字段的值相同时，再根据 name 字段进行升序排列。

```
>>> df.sort(df["age"].desc()).show()
+----+-------+
| age|   name|
+----+-------+
|  30|   Andy|
|  19| Justin|
|null|Michael|
+----+-------+

>>> df.sort(df["age"].desc(),df["name"].asc()).show()
+----+-------+
| age|   name|
+----+-------+
|  30|   Andy|
|  19| Justin|
|null|Michael|
+----+-------+
```

图 6-13　sort()操作执行结果

- orderBy()

orderBy()操作用于对记录进行排序。如图 6-14 所示，df.orderBy("age",ascending=False)表示根据 age 字段进行降序排列，也可以写成 df.orderBy(df["age"],ascending=False)。

```
>>> df.orderBy("age",ascending=False).show()
+----+-------+
| age|   name|
+----+-------+
|  30|   Andy|
|  19| Justin|
|null|Michael|
+----+-------+

>>> df.orderBy(df["age"],ascending=False).show()
+----+-------+
| age|   name|
+----+-------+
|  30|   Andy|
|  19| Justin|
|null|Michael|
+----+-------+
```

图 6-14　orderBy()操作执行结果

● withColumn()

withColumn()操作可以实现为一个 DataFrame 增加一个新的列。虽然一个 DataFrame 本身是不可变的，但是我们依然可以通过创建另一个 DataFrame 来实现增加一个列。如图 6-15 所示，这里新建了一个名称为"IfWithAge"的列，该列的取值取决于"age"这个列的值，如果"age"这个列有值，则"IfWithAge"的值为"YES"；如果"age"这个列的值是 null，则"IfWithAge"的值为"NO"。expr()是 org.apache.spark.sql.functions 包提供的一个函数接口，它所接收的参数会被 Spark 解析为表达式，用于计算结果。

```
>>> from pyspark.sql.functions import expr
>>> df2 = df.withColumn(\
... "IfWithAge",\
... expr("CASE WHEN age is null THEN 'NO' ELSE 'YES' END")\
... )
>>> df2.show()
+----+-------+---------+
| age|   name|IfWithAge|
+----+-------+---------+
|null|Michael|       NO|
|  30|   Andy|      YES|
|  19| Justin|      YES|
+----+-------+---------+
```

图 6-15　withColumn()操作执行结果

● withColumnRenamed()

withColumnRenamed()操作可以实现为一个 DataFrame 的列起一个新名字，如图 6-16 所示。

```
>>> df.withColumnRenamed("name","firstname").show()
+----+---------+
| age|firstname|
+----+---------+
|null|  Michael|
|  30|     Andy|
|  19|   Justin|
+----+---------+
```

图 6-16　withColumnRenamed()操作执行结果

● drop()

要想删除 DataFrame 中的一个列，我们可以使用 drop()操作。如图 6-17 所示，这里使用 drop()操作把"IfWithAge"这个列删除了。

```
>>> df3 = df2.drop("IfWithAge")
>>> df3.show()
+----+-------+
| age|   name|
+----+-------+
|null|Michael|
|  30|   Andy|
|  19| Justin|
+----+-------+
```

图 6-17   drop() 操作执行结果

- 其他常用操作

DataFrame API 也提供了描述型统计方法，如 min()、max()、sum() 和 avg() 等，图 6-18 所示是一个具体实例。对于数据科学应用中其他的高级统计需求，可以参考官方文档，其中有 stat()、describe()、correlation()、covariance()、sampleBy()、approxQuantile()、frequentItems() 等函数的介绍。

```
>>> import pyspark.sql.functions as F
>>> df.select(F.sum("age"),F.avg("age"),F.min("age"),F.max("age")).show()
+--------+--------+--------+--------+
|sum(age)|avg(age)|min(age)|max(age)|
+--------+--------+--------+--------+
|      49|    24.5|      19|      30|
+--------+--------+--------+--------+
```

图 6-18   描述型统计方法的具体实例

6.4.2 SQL 语法风格

1. 使用 SQL 语句操作 DataFrame

能熟练使用 SQL 语法的开发者可以直接使用 SQL 语句进行数据操作。相比于 DSL 语法风格，在执行 SQL 语句之前，需要通过 DataFrame 实例创建临时视图。

SQL 语法风格

创建临时视图的方法是调用 DataFrame 实例的 createTempView() 或 createOrReplaceTempView() 方法，二者的区别是，后者会进行判断。对 createOrReplaceTempView() 方法而言，如果在当前会话中存在相同名称的临时视图，则用新视图替换原来的临时视图；如果在当前会话中不存在相同名称的临时视图，则创建临时视图。对 createTempView() 方法而言，如果在当前会话中存在相同名称的临时视图，则会直接报错。下面是一个具体实例。

```
>>> filePath = "file:///usr/local/spark/examples/src/main/resources/people.json"
>>> df = spark.read.json(filePath)
>>> df.show()
+----+-------+
| age|   name|
+----+-------+
|null|Michael|
|  30|   Andy|
|  19| Justin|
+----+-------+
>>> df.createTempView("people")
>>> spark.sql("SELECT * FROM people").show()
+----+-------+
| age|   name|
+----+-------+
|null|Michael|
|  30|   Andy|
|  19| Justin|
+----+-------+
>>> spark.sql("SELECT name FROM people where age > 20").show()
```

```
+----+
|name|
+----+
|Andy|
+----+
```

2. SQL 函数

在分析数据的过程中编写的 SQL 语句有时会涉及 SQL 函数的调用。Spark SQL 提供了丰富的函数供用户选择，一共 200 多个，基本涵盖了大部分的日常应用场景，包括转换函数、数学函数、字符串函数、二进制函数、日期时间函数、正则表达式函数、JSON 函数、URL 函数、聚合函数、窗口函数和集合函数等。当 Spark 自带的这些系统函数无法满足用户需求时，用户还可以创建"用户自定义函数"。关于 Spark 自带的 200 多个系统函数，这里不做介绍，感兴趣的读者可以参考 Spark 官网资料。下面给出一个实例来介绍 SQL 函数的用法。

假设在一张用户信息表中有 name、age、create_time3 列数据，这里要求使用 Spark 的系统函数 from_unixtime，将时间戳类型的 create_time 格式化成时间字符串，然后使用用户自定义函数将用户名转换为大写英文字母。具体实现代码如下。

```
>>> from pyspark.sql import SparkSession,Row
>>> from pyspark.sql.functions import from_unixtime
>>> from pyspark.sql.types import IntegerType,StringType,LongType,StructField,
StructType
>>> schema = StructType([StructField("name",StringType(),True),\
...                       StructField("age",IntegerType(),True),\
...                       StructField("create_time",LongType(),True)])
>>> data = []
>>> data.append(Row("Xiaomei",21,1580432800))
>>> data.append(Row("Xiaoming",22,1580436400))
>>> data.append(Row("Xiaoxue",23,1580438800))
>>> df = spark.createDataFrame(data,schema)
>>> df.show()
+--------+---+-----------+
|    name|age|create_time|
+--------+---+-----------+
| Xiaomei| 21| 1580432800|
|Xiaoming| 22| 1580436400|
| Xiaoxue| 23| 1580438800|
+--------+---+-----------+

>>> df.createTempView("user_info")
>>> spark.sql("SELECT name,age,from_unixtime(create_time,'yyyy-MM-dd HH:mm:ss') FROM
user_info").show()
+--------+---+----------------------------------------------+
|    name|age|from_unixtime(create_time,yyyy-MM-dd HH:mm:ss) |
+--------+---+----------------------------------------------+
| Xiaomei| 21|                     2020-01-31    09:06:40|
|Xiaoming| 22|                     2020-01-31    10:06:40|
| Xiaoxue| 23|                     2020-01-31    10:46:40|
+--------+---+----------------------------------------------+

>>> spark.udf.register("toUpperCaseUDF",lambda column:column.upper())
<function <lambda> at 0x7f2a9c03f8b0>
>>> spark.sql("SELECT  toUpperCaseUDF(name),age,from_unixtime(create_time,'yyyy-MM-dd
HH:mm:ss') FROM user_info").show()
+-------------------+---+----------------------------------------------+
|toUpperCaseUDF(name)|age|from_unixtime(create_time,yyyy-MM-dd HH:mm:ss) |
+-------------------+---+----------------------------------------------+
```

```
|           XIAOMEI|  21|                    2020-01-31   09:06:40|
|          XIAOMING|  22|                    2020-01-31   10:06:40|
|           XIAOXUE|  23|                    2020-01-31   10:46:40|
+------------------+----+-------------------------------------+
```

在上面的代码中，通过调用 SparkSession 实例的 udf()方法，返回一个 UDFRegistration 实例，然后通过调用该实例的 register()方法来注册一个新的用户自定义函数（即"lambda column : column.upper()"），并将该函数命名为"toUpperCaseUDF"，这表明在 SQL 语句中可以使用此名称来调用该函数。

6.5   从 RDD 转换得到 DataFrame

Spark 提供了以下两种方法来实现从 RDD 转换得到 DataFrame。

（1）利用反射机制推断 RDD 模式：利用反射机制来推断包含特定类型对象的 RDD 模式（Schema），适用于数据结构已知时的 RDD 转换。

（2）使用编程方式定义 RDD 模式：使用编程接口构造一个模式（Schema），并将其应用在已知的 RDD 上，适用于数据结构未知时的 RDD 转换。

利用反射机制推断
RDD 模式

6.5.1   利用反射机制推断 RDD 模式

在 "/usr/local/spark/examples/src/main/resources/" 目录下，有一个 Spark 安装时自带的样例数据文件 people.txt，其内容如下。

```
Michael, 29
Andy, 30
Justin, 19
```

现要把 people.txt 加载到内存中生成一个 DataFrame，并查询其中的数据。完整的代码及其执行过程如下。

```
>>> from pyspark.sql import Row
>>> people = spark.sparkContext.\
... textFile("file:///usr/local/spark/examples/src/main/resources/people.txt").\
... map(lambda line: line.split(",")).\
... map(lambda p: Row(name=p[0],age=int(p[1])))
>>> schemaPeople = spark.createDataFrame(people)
#必须注册为临时表，才能供后面的查询使用
>>> schemaPeople.createOrReplaceTempView("people")
>>> personsDF = spark.sql("select name,age from people where age > 20")
#DataFrame 中的每个元素都是一行记录，包含 name 和 age 两个字段，分别用 p.name 和 p.age 来获取值
>>> personsRDD=personsDF.rdd.map(lambda p:"Name: "+p.name+","+"Age: "+str(p.age))
>>> personsRDD.foreach(print)
Name: Michael,Age: 29
Name: Andy,Age: 30
```

在上述代码中，首先通过 import 语句导入所需的包，接着执行 spark.sparkContext.textFile(…)操作，系统会把 people.txt 文件加载到内存中生成一个 RDD，每个 RDD 元素都是字符串类型，3 个元素分别是"Michael,29"、"Andy,30"和"Justin,19"。然后对这个 RDD 调用 map(lambda line: line.split(","))方法得到一个新的 RDD，这个 RDD 中的 3 个元素分别是["Michael","29"]、["Andy", "30"]和["Justin", "19"]。接下来,继续对 RDD 执行 map(lambda p: Row(name=p[0],age=int(p[1])))操作,可得到新的 RDD，每个元素都是一个 Row 对象，3 个元素分别是 Row(name="Michael",age=29)、Row(name="Andy",age=30)和 Row(name="Justin", age=19)。然后在这个 RDD 上执行 spark.createDataFrame(people)操作，把 RDD 转换成 DataFrame。

生成 DataFrame 以后，可以进行 SQL 查询。但是，Spark 要求必须把 DataFrame 注册为临时表，才能供后面的查询使用。因此，通过执行 schemaPeople.createOrReplaceTempView("people")操作，把 schemaPeople 注册为临时表，这个临时表的名称是 people。

personsDF = spark.sql(…)这条语句的功能是，从临时表 people 中查询所有 age 字段的值大于 20 的记录。最终，通过执行 personsRDD=personsDF.rdd.map(…)操作，把 personsRDD 中的元素进行格式化以后再输出。

6.5.2 使用编程方式定义 RDD 模式

当无法提前获知数据结构时，就需要采用编程方式定义 RDD 模式。例如，现需要通过编程方式把 "/usr/local/spark/examples/src/main/resources/people.txt" 加载进来生成 DataFrame，并完成 SQL 查询。完成这项工作主要包含 3 个步骤（见图 6-19）。

第 1 步：制作 "表头"。

第 2 步：制作 "表中的记录"。

第 3 步：把 "表头" 和 "表中的记录" 拼装在一起。

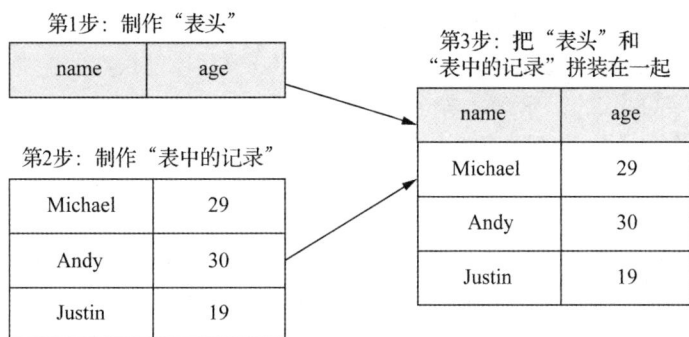

图 6-19　通过编程方式定义 RDD 模式的实现过程

"表头" 也就是表的模式，需要包含字段名称、字段类型和是否允许空值等信息，Spark SQL 提供了类 StructType(fields=None)来表示表的模式信息。生成一个 StructType 对象时，需要提供 "字段定义列表 fields" 作为输入参数，fields 里面的每个元素都是 StructField 类型。Spark SQL 中的类 StructField(name,dataType,nullable=True,metadata=None)是用来表示表的字段信息的类，其中 name 表示字段名称，dataType 表示字段的数据类型，nullable 表示字段的值是否允许为空值。

在制作 "表中的记录" 时，每条记录都应该被封装到一个 Row 对象中，并把所有记录的 Row 对象保存到同一个 RDD 中。

制作完 "表头" 和 "表中的记录" 以后，可以通过 spark.createDataFrame()语句把 "表头" 和 "表中的记录" 拼装在一起，得到一个 DataFrame，以用于后续的 SQL 查询。

下面是利用 Spark SQL 查询 people.txt 的完整代码。

```
>>> from pyspark.sql.types import *
>>> from pyspark.sql import Row
#下面生成 "表头"
>>> schemaString = "name age"
>>> fields= [StructField(field_name, StringType(), True) for field_name in schemaString.
split(" ")]
>>> schema = StructType(fields)
#下面生成 "表中的记录"
>>> lines = spark.sparkContext.\
... textFile("file:///usr/local/spark/examples/src/main/resources/people.txt")
```

```
>>> parts = lines.map(lambda x: x.split(","))
>>> people = parts.map(lambda p: Row(p[0],p[1].strip()))
#下面把"表头"和"表中的记录"拼装在一起
>>> schemaPeople = spark.createDataFrame(people,schema)
#注册一个临时表供后面的查询使用
>>> schemaPeople.createOrReplaceTempView("people")
>>> results = spark.sql("SELECT name,age FROM people")
>>> results.show()
+-------+---+
|   name|age|
+-------+---+
|Michael| 29|
|   Andy| 30|
| Justin| 19|
+-------+---+
```

在上述代码中，列表 fields 是[StructField("name",StringType,true)、StructField("age",StringType,true)]，里面包含字段的描述信息。schema = StructType(fields)语句把 fields 作为输入，生成一个 StructType 对象，即 schema，里面包含表的模式信息，也就是"表头"。

通过上述步骤，就得到了表的模式信息，相当于制作好了"表头"。下面需要制作"表中的记录"。lines = spark.sparkContext.textFile(…)语句从 people.txt 文件中加载数据生成 RDD，名称为 lines，每个 RDD 元素都是字符串类型，3 个元素分别是"Michael,29"、"Andy, 30"和"Justin,19"。然后对这个 RDD 调用 map(lambda x: x.split(","))方法得到一个新的 RDD（即 parts），这个 RDD 中的 3 个元素分别是["Michael","29"]、["Andy", "30"]和["Justin", "19"]。接下来，对 parts 这个 RDD 调用 map(lambda p: Row(p[0],p[1].strip()))操作得到一个新的 RDD（即 people），这个 RDD 中的每个元素都是一个 Row 对象。也就是说，经过 map()操作以后，["Michael","29"]被转换成了 Row ("Michael","29")，["Andy","30"]被转换成了 Row("Andy","30")，["Justin","19"]被转换成了 Row("Justin","19")。这样一来，就完成了记录的制作，此时的 people 包含了 3 个 Row 对象。

下面需要拼装"表头"和"表中的记录"。schemaPeople = spark.createDataFrame(people,schema)语句就实现了这个功能，它把表头 schema 和表中的记录 people 拼装在一起，得到一个 DataFrame，名称为 schemaPeople。

schemaPeople.createOrReplaceTempView("people")语句把 schemaPeople 注册为临时表，从而支持 SQL 查询。最后执行 results = spark.sql("SELECT name,age FROM people")语句，查询得到结果 results，results 中的每条记录都包含两个字段，即 name 和 age。

6.6　使用 Spark SQL 读写数据库

Spark SQL 可以支持 Parquet、JSON、Hive 等数据源，并且可以通过 JDBC 连接外部数据源。本节介绍如何通过 JDBC 连接数据库，这里采用 MySQL 数据库来存储和管理数据。

使用 Spark SQL 读写数据库

6.6.1　准备工作

在 Linux 操作系统中安装 MySQL 数据库的方法，请参照第 3 章。
安装成功以后，在 Linux 中启动 MySQL 数据库，命令如下。

```
$ sudo service mysql start
$ mysql -u root -p    #屏幕会提示输入密码
```

在 MySQL Shell 环境中，输入以下 SQL 语句，完成数据库和表的创建。

```
mysql> create database spark;
mysql> use spark;
mysql> create table student (id int(4),name char(20),gender char(4),age int(4));
mysql> insert into student values(1,'Xueqian','F',23);
mysql> insert into student values(2,'Weiliang','M',24);
mysql> select * from student;
```

为了让 Spark 能够顺利连接 MySQL 数据库，还需要使用 MySQL 数据库驱动程序。访问 MySQL 官网下载 MySQL 的 JDBC 驱动程序，或者直接访问本书官方网站，在"下载专区"的"软件"目录中下载驱动程序文件 mysql-connector-java-5.1.40.tar.gz，对该文件进行解压缩，找到文件 mysql-connector-java-5.1.40-bin.jar，然后把该驱动程序 JAR 包复制到 Spark 安装目录的 jars 子目录中（即"/usr/local/spark/jars"），完成这些操作以后再启动 PySpark。

6.6.2 读取 MySQL 数据库中的数据

spark.read.format("jdbc")操作可以实现对 MySQL 数据库的读取。我们可以在 PySpark 中执行以下命令连接数据库，读取数据并显示。

```
>>> jdbcDF = spark.read \
    .format("jdbc") \
    .option("driver","com.mysql.jdbc.Driver") \
    .option("url","jdbc:mysql://localhost:3306/spark?useSSL=false") \
    .option("dbtable","student") \
    .option("user","root") \
    .option("password","123456") \
    .load()
>>> jdbcDF.show()
+---+--------+------+---+
| id|    name|gender|age|
+---+--------+------+---+
|  1| Xueqian|     F| 23|
|  2|Weiliang|     M| 24|
+---+--------+------+---+
```

我们也可以编写独立应用程序在 PyCharm 中运行，代码如下。

```
from pyspark.sql import SparkSession
if __name__ == '__main__':
    spark = SparkSession. \
        Builder(). \
        appName('SparkReadMySQL'). \
        master('local[*]'). \
        getOrCreate()
    jdbcDF = spark.read \
        .format("jdbc") \
        .option("driver","com.mysql.jdbc.Driver") \
        .option("url","jdbc:mysql://localhost:3306/spark?useSSL=false") \
        .option("dbtable","student") \
        .option("user","root") \
        .option("password","123456") \
        .load()
    jdbcDF.show()
    spark.stop()
```

通过 JDBC 连接 MySQL 数据库时，需要通过 option()方法设置相关的连接参数。表 6-1 列出了 JDBC 连接参数及其含义。

表 6-1   JDBC 连接参数及其含义

参数名称	参数的值	含义
url	jdbc:mysql://localhost:3306/spark?useSSL=false	数据库的连接地址
driver	com.mysql.jdbc.Driver	数据库的 JDBC 驱动程序
dbtable	student	所要访问的表
user	root	数据库用户名
password	123456	数据库用户密码

6.6.3 向 MySQL 数据库写入数据

在 MySQL 数据库中，已经创建了一个名称为 spark 的数据库，并创建了一个名称为 student 的表。下面将要向 MySQL 数据库写入两条记录。为了对比数据库记录的变化，我们可以先查看数据库的当前内容（见图 6-20）。

```
mysql> use spark;
Database changed

mysql> select * from student;
// 执行上述命令后返回如下结果
+----+----------+--------+------+
| id | name     | gender | age  |
+----+----------+--------+------+
|  1 | Xueqian  | F      |   23 |
|  2 | Weiliang | M      |   24 |
+----+----------+--------+------+
2 rows in set (0.00 sec)
```

图 6-20 在 MySQL 数据库中查询 student 表

创建一个代码文件 "/usr/local/spark/mycode/sparksql/InsertStudent.py"，向 spark.student 表中插入两条记录，具体代码如下。

```python
from pyspark.sql import Row
from pyspark.sql.types import *
from pyspark import SparkContext,SparkConf
from pyspark.sql import SparkSession

spark = SparkSession.builder.config(conf = SparkConf()).getOrCreate()

#设置模式信息
schema = StructType([StructField("id",IntegerType(),True), \
        StructField("name",StringType(),True), \
        StructField("gender",StringType(),True), \
        StructField("age",IntegerType(),True)])

#设置两条数据，表示两个学生的信息
studentRDD = spark \
        .sparkContext \
        .parallelize(["3 Rongcheng M 26","4 Guanhua M 27"]) \
        .map(lambda x:x.split(" "))

#创建 Row 对象，每个 Row 对象都是 rowRDD 中的一行
rowRDD = studentRDD.map(lambda p:Row(int(p[0].strip()), p[1].strip(), p[2].strip(),
int(p[3].strip())))
```

```
#建立 Row 对象与模式之间的对应关系，也就是把数据与模式对应起来
studentDF = spark.createDataFrame(rowRDD,schema)

#写入数据库
prop = {}
prop['user'] = 'root'
prop['password'] = '123456'
prop['driver'] = "com.mysql.jdbc.Driver"
studentDF.write.jdbc("jdbc:mysql://localhost:3306/spark?useSSL=false",'student',
'append',prop)
```

我们可以在 PySpark 中执行上述代码，也可以编写独立应用程序再执行。执行以后，在 MySQL Shell 环境中使用 SQL 语句查询 student 表，就可以发现新增加的两条记录，具体命令及其执行结果如下。

```
mysql> select * from student;
+------+-----------+--------+------+
| id   |      name | gender |  age |
+------+-----------+--------+------+
|    1 |   Xueqian |      F |   23 |
|    2 |  Weiliang |      M |   24 |
|    3 | Rongcheng |      M |   26 |
|    4 |   Guanhua |      M |   27 |
+------+-----------+--------+------+
4 rows in set (0.00 sec)
```

6.7 PySpark 和 pandas 的整合

本节首先介绍 PySpark 和 pandas 进行整合的可行性，然后介绍 pandas 数据结构，最后给出具体实例。

6.7.1 PySpark 和 pandas 进行整合的可行性

pandas 是基于 NumPy 的一个开源 Python 库，被广泛用于快速分析数据以及数据清洗和准备等工作。pandas 融入大量库和标准数据模型，能够提供高效的操作数据集所需的工具，同时提供大量能快速、便捷地处理数据的函数和方法。

PySpark 和 pandas
进行整合的可行性

尽管 PySpark 和 pandas 在实现上有所不同，但它们都是用于数据处理和分析的流行工具。pandas 是基于 NumPy 的库，提供了灵活且高效的数据结构，如 Series 和 DataFrame，使数据操作变得简单和直观。另外，PySpark 是基于 Apache Spark 的 Python API，适用于大规模数据处理和分析。它具有分布式计算的能力，并可以在集群上运行，以便处理大量的数据。

pandas 的 DataFrame 和 PySpark 的 DataFrame 都提供了类似的 API，可以用于数据的转换、过滤、聚合等操作。这样一来，开发人员可以在不同的环境中使用相同的操作和技术，无须重写代码。此外，两者都支持常见的数据格式，如 CSV、JSON 和 Parquet 等，从而使数据的导入和导出变得更加方便。

假设有一个包含大量数据的 CSV 文件，现需要对该数据进行分析和处理。首先，使用 pandas 读取 CSV 文件并将其转换为 pandas 的 DataFrame，然后使用 pandas 的 API 进行一些数据清洗和转换的操作。一旦完成了初步的数据清洗和转换，就可以通过使用 PySpark 的 createDataFrame()方法将 pandas 的 DataFrame 转换为 PySpark 的 DataFrame。数据转换完成，就可以使用 PySpark 的 API 进行进一步的分析和处理；其中涉及的复杂计算和分布式处理，使我们可以充分利用 Spark 的分布式计算功能。

完成分析和处理后，将结果转换回 pandas 的 DataFrame，并使用 pandas 的 API 进行数据可视化和进一步的分析。这样可以方便地使用 pandas 提供的丰富的图表和统计功能来展示分析结果。

6.7.2　pandas 数据结构

pandas 需要单独安装，命令如下。

```
$ conda activate pyspark
$ pip install pandas
```

pandas 数据结构主要包括 Series 和 DataFrame。

pandas 数据结构

1. Series

Series 是一种类似于一维数组的对象，它由一维数组以及一组与之相关的数据标签（即索引）组成；仅由一组数据即可产生最简单的 Series。Series 的字符串表现形式为：索引在左边，值在右边。如果没有为数据指定索引，pandas 就会自动创建一个 0 到 $N-1$（N 为数据的长度）的整型索引。通过 Series 的 values 和 index 属性可以获取其数组表现形式和索引对象。

下面是具体实例。

```
>>> import numpy as np
>>> import pandas as pd
>>> from pandas import Series,DataFrame
>>> obj=Series([3,5,6,8,9,2])
>>> obj
0    3
1    5
2    6
3    8
4    9
5    2
```

在上面的代码中，我们没有为数据指定索引，因此，pandas 会自动创建一个整型索引。接下来，创建对数据点进行标记的索引，代码如下。

```
>>> obj2=Series([3,5,6,8,9,2],index=['a','b','c','d','e','f'])
>>> obj2
a    3
b    5
c    6
d    8
e    9
f    2
```

创建好 Series 以后，可以利用索引的方式选取 Series 的单个或一组值，代码如下。

```
>>> obj2['a']
3
>>> obj2[['b','d','f']]
b    5
d    8
f    2
```

2. DataFrame

DataFrame 是一个表格型的数据结构，它含有一组有序的列，每列可以是不同的值类型（数值、字符串、布尔值等）。DataFrame 既有行索引也有列索引，它可以被看作由 Series 组成的字典（共用同一个索引）。跟其他类似的数据结构相比，DataFrame 中面向行和面向列的操作基本是平衡的。其实，DataFrame 中的数据是以一个或多个二维块存放的（而不是列表、字典或者一维数据结构）。

pandas 提供了 DataFrame() 函数来构建 DataFrame，下面是具体实例。

```
>>> import numpy as np
>>> import pandas as pd
>>> from pandas import Series,DataFrame
>>> data = {'sno':['95001','95002','95003','95004'],
'name':['Xiaoming','Zhangsan','Lisi','Wangwu'],
'sex':['M','F','F','M'],
'age':[22,25,24,23]}
>>> frame=DataFrame(data)
>>> frame
    sno    name    sex  age
0  95001  Xiaoming   M    22
1  95002  Zhangsan   F    25
2  95003      Lisi   F    24
3  95004   Wangwu    M    23
```

从执行结果可以看出,虽然没有指定行索引,但是 pandas 会自动添加索引。

如果指定列索引,则会按照指定顺序排列,代码如下。

```
>>> frame=DataFrame(data,columns=['name','sno','sex','age'])
>>> frame
      name     sno    sex  age
0  Xiaoming  95001    M    22
1  Zhangsan  95002    F    25
2      Lisi  95003    F    24
3   Wangwu   95004    M    23
```

同时指定行索引和列索引,代码如下。

```
>>> frame=DataFrame(data,columns=['sno','name','sex','age','grade'],\
... index=['a','b','c','d'])
>>> frame
    sno    name    sex  age grade
a  95001  Xiaoming   M    22   NaN
b  95002  Zhangsan   F    25   NaN
c  95003      Lisi   F    24   NaN
d  95004   Wangwu    M    23   NaN
```

通过类似字典标记或属性的方式,可以获取 Series(列数据),代码如下。

```
>>> frame['sno']
a    95001
b    95002
c    95003
d    95004
>>> frame.name
a    Xiaoming
b    Zhangsan
c        Lisi
d     Wangwu
```

行也可以通过位置或名称获取,代码如下。

```
>>> frame.loc['b']
sno      95002
name  Zhangsan
sex        F
age       25
grade    NaN
```

6.7.3 实例1:两种 DataFrame 之间的相互转换

这里给出一个在 PySpark 的 DataFrame 与 pandas 的 DataFrame 之间进行相互

实例1:两种
DataFrame 之间的
相互转换

转换的实例。新建一个代码文件 PysparkPandasDataframe.py，其内容如下。

```python
#coding:utf8
from pyspark.sql import SparkSession
from pyspark.sql.types import IntegerType,StringType,StructField,StructType
import pandas as pd

if __name__ == '__main__':
    spark = SparkSession\
        .builder\
        .master("local[*]")\
        .appName("Simple Application")\
        .getOrCreate()
    #定义 pandas 的 DataFrame
    pd_df = pd.DataFrame({
        'id':[1,2,3,4,5],
        'name':['Zhangsan','Lisi','Wangwu','Maliu','Liuqi'],
        'age':[24,26,22,28,24]
    })
    #展示 pandas 的 DataFrame
    print(pd_df)
    #定义 PySpark 的 DataFrame 数据结构
    schema = StructType([StructField("id",IntegerType(),True),\
                        StructField("name",StringType(),True), \
                        StructField("age",IntegerType(),True)])
    #将 pandas 中的 DataFrame 转换为 PySpark 中的 DataFrame
    spark_df=spark.createDataFrame(pd_df,schema)
    #展示 PySpark 的 DataFrame
    spark_df.show()
    #将 PySpark 的 DataFrame 转换为 pandas 的 DataFrame
    pd_df2=spark_df.toPandas()
    #展示 pandas 的 DataFrame
    print(pd_df2)
```

6.7.4 实例 2：使用自定义聚合函数

假设有一个文本文件 people_data.txt，其数据内容如下。要求计算出所有人的年龄总和。

实例 2：使用自定义聚合函数

```
1,Zhangsan,22
2,Lisi,26
3,Wangwu,28
4,Maliu,24
```

首先，需要使用以下命令安装第三方模块 PyArrow（Apache Arrow 是一种高效的列式数据格式，可以在 PySpark 中实现 JVM 与 Python 进程之间的数据交换）。

```
$ pip install pyarrow
```

然后，新建一个代码文件 PysparkPandasFunction.py，其内容如下。

```python
#coding:utf8
from pyspark.sql import SparkSession,functions as F
from pyspark.sql.types import IntegerType,StringType,StructField,StructType,Row
import pandas as pd

if __name__ == '__main__':
    spark = SparkSession\
        .builder\
```

```
            .master("local[*]")\
            .appName("Simple Application")\
            .getOrCreate()
    peopleRDD = spark.sparkContext\
        .textFile("file:///home/hadoop/people_data.txt")\
        .map(lambda line: line.split(","))\
        .map(lambda p: Row(id=int(p[0]),name=p[1],age=int(p[2])))
    schema = StructType([StructField("id",IntegerType(),True), \
                        StructField("name",StringType(),True),\
                        StructField("age",IntegerType(),True)])
    peopleDF = peopleRDD.toDF(schema)
#注册自定义函数, 需要包括两个步骤
#第1步: 使用装饰器@进行装饰
@F.pandas_udf(IntegerType())
#定义自定义函数
def myFunction(a:pd.Series) -> int:
    #a 是接收参数, 接收的是整列数据, 所以需要指定数据类型为 pd.Series
    #对接收到的 a 进行计算
    result = a.sum()
    return result
#第2步: 使用 PySpark 的 register()方法进行注册
sum_func = spark.udf.register("sum_func",myFunction)
#在 DSL 语法中使用自定义函数
sumDF = peopleDF.select(sum_func("age"))
sumDF.show()
#在 SQL 语法中使用自定义函数
peopleDF.createOrReplaceTempView("people")
sumDF2 = spark.sql("select sum_func(age) from people")
sumDF2.show()
spark.stop()
```

6.8　综合实例

有一个电影评分数据集, 其数据格式如下。

```
1::661::3::978302109
1::914::3::978301968
1::3408::4::978300275
```

综合实例

这个数据集的每行数据包含 4 个字段, 分别表示用户 ID、电影 ID、电影评分、时间戳。现需要根据该数据集求解以下问题:

- 求每个用户的平均打分;
- 求每部电影的平均打分;
- 查找大于平均打分的电影数量;
- 查找高分 (大于 3 分) 电影中打分次数最多的用户, 给出此人打分的平均值;
- 查找每个用户的平均打分、最低打分和最高打分;
- 查找打分次数超过 100 次的电影平均分排行榜 TOP 10。

根据上述要求, 设计一个程序 MovieRating.py, 具体代码如下。

```
from pyspark.sql.types import IntegerType,StringType,StructField,StructType
from pyspark.sql import SparkSession
import pyspark.sql.functions as F


if __name__ == '__main__':
```

```
spark = SparkSession\
    .builder\
    .master("local[*]")\
    .appName("Simple Application")\
    .getOrCreate()
#1. 读取数据集
filePath = "file:///home/hadoop/ratings.dat"
schema = StructType([StructField("user_id",StringType(),True),\
                    StructField("movie_id",StringType(),True),\
                    StructField("rating",IntegerType(),True),\
                    StructField("ts",StringType(),True)])
ratingsDF = spark.read.format("csv").\
    option("sep","::").\
    option("header",False).\
    option("encoding","utf-8").\
    schema(schema).\
    load(filePath)

print("1. 读取数据集")
ratingsDF.show()
ratingsDF.createTempView("ratings")


#2. 求每个用户的平均打分
print("2. 求每个用户的平均打分")
ratingsDF.groupby("user_id").\
    avg("rating").\
    withColumnRenamed("avg(rating)","avg_rating").\
    withColumn("avg_rating",F.round("avg_rating",3)).\
    orderBy("avg_rating",ascending=False).\
    show()


#3. 求每部电影的平均打分
print("3. 求每部电影的平均打分")
ratingsDF.createTempView("movie_ratings")
spark.sql("""
    select movie_id,round(avg(rating),3) as avg_rating from movie_ratings group by
movie_id order by avg_rating desc
    """).show()


#4.查找大于平均打分的电影数量
print("4. 查找大于平均打分的电影数量")
movieCount = ratingsDF.where(ratingsDF["rating"]>ratingsDF.select(F.avg(ratingsDF
["rating"])).first()["avg(rating)"]).count()
print("大于平均打分的电影数量是: ",movieCount)


#5. 查找高分（大于 3 分）电影中打分次数最多的用户，给出此人打分的平均值
print("5. 查找高分（大于 3 分）电影中打分次数最多的用户，给出此人打分的平均值")
user_id = ratingsDF.where(ratingsDF["rating"]>3).\
    groupBy("user_id").\
    count().\
    withColumnRenamed("count","high_rating_count"). \
    orderBy("high_rating_count",ascending=False).\
    limit(1).\
    first()["user_id"]
```

```
ratingsDF.filter(ratingsDF["user_id"]==user_id).\
    select(F.round(F.avg("rating"),3)).show()

# 6. 查找每个用户的平均打分、最低打分和最高打分
print("6. 查找每个用户的平均打分、最低打分和最高打分")
ratingsDF.groupBy("user_id").\
    agg(
        F.round(F.avg("rating"),3).alias("avg_rating"),
        F.round(F.min("rating"),3).alias("min_rating"),
        F.round(F.max("rating"),3).alias("max_rating")
    ).show()

#7. 查找打分次数超过 100 次的电影平均分排行榜 TOP 10
print("7. 查找打分次数超过 100 次的电影平均分排行榜 TOP 10")
ratingsDF.groupBy("movie_id").\
    agg(
        F.count("movie_id").alias("cnt"),
        F.round(F.avg("rating"),3).alias("avg_rating")
    ).where("cnt>100").\
    orderBy("avg_rating",ascending=False).\
    limit(10).\
    show()
```

6.9　本章小结

在大数据处理框架之上提供 SQL 支持，一方面可以简化开发人员的编程工作，另一方面可以用大数据技术实现对结构化数据的高效复杂分析。本章在开头部分介绍的数据仓库 Hive，就相当于提供了一种编程语言接口，只要求用户输入 SQL 语句，它就可以自动把 SQL 语句转换为底层的MapReduce 程序。Shark 在设计上完全照搬了 Hive，实现了 SQL 语句到 Spark 程序的转换。但是，Shark 存在很多设计上的缺陷，因此，Spark SQL 摒弃了 Shark 的设计思路，对组件进行了重新设计，获得了较好的性能。

本章介绍了 Spark SQL 的数据模型 DataFrame，它是一个由多个列组成的结构化的分布式数据集合，相当于关系数据库中的一张表。DataFrame 是 Spark SQL 中的最基本的概念，可以通过多种方式创建，如结构化的数据集、Hive 表、外部数据库或 RDD 等。创建好 DataFrame 以后，可以执行一些常用的 DataFrame 操作，包括 printSchema()、select()、filter()、groupBy()和 sort()等。从 RDD 转换得到 DataFrame，有时可以实现自动的隐式转换，但是，有时需要通过编程的方式实现转换，主要有两种方式，即利用反射机制推断 RDD 模式和使用编程方式定义 RDD 模式。

本章最后介绍了通过 JDBC 连接 MySQL 数据库的详细过程以及 PySpark 和 pandas 的整合方法。

6.10　习题

1. 请阐述 Hive 中 SQL 查询转换为 MapReduce 作业的具体过程。
2. 请阐述 Shark 与 Hive 的关系以及 Shark 有什么缺陷。
3. 请阐述 Shark 与 Spark SQL 的关系。
4. 请分析 Spark SQL 出现的原因。
5. RDD 与 DataFrame 有什么区别？
6. Spark SQL 支持读写哪些类型的数据？

7. 从 RDD 转换得到 DataFrame 可以有哪两种方式？
8. 使用编程方式定义 RDD 模式的基本步骤是什么？
9. 为了使 Spark SQL 能够访问 MySQL 数据库，需要做哪些准备工作？

实验 4　Spark SQL 编程初级实践

一、实验目的

（1）通过实验掌握 Spark SQL 的基本编程方法。
（2）熟悉 RDD 到 DataFrame 的转换方法。
（3）熟悉利用 Spark SQL 管理来自不同数据源的数据。

二、实验平台

操作系统：Ubuntu 16.04。
Spark 版本：3.4.0。
数据库：MySQL。
Python 版本：3.8.18。

三、实验内容和要求

1. Spark SQL 基本操作

将下列 JSON 格式数据复制到 Linux 操作系统中并保存（命名为 employee.json）。

```
{ "id":1,"name":"Ella","age":36 }
{ "id":2,"name":"Bob","age":29 }
{ "id":3,"name":"Jack","age":29 }
{ "id":4,"name":"Jim","age":28 }
{ "id":4,"name":"Jim","age":28 }
{ "id":5,"name":"Damon" }
{ "id":5,"name":"Damon" }
```

为 employee.json 创建 DataFrame，并编写 Python 语句完成下列操作：
（1）查找所有数据；
（2）查找所有数据，并去除重复的数据；
（3）查找所有数据，输出时去除 id 字段；
（4）筛选出 age>30 的记录；
（5）将数据按 age 分组；
（6）将数据按 name 升序排列；
（7）取出前 3 行数据；
（8）查找所有记录的 name 列，并为其取别名为 username；
（9）查找年龄 age 的平均值；
（10）查找年龄 age 的最小值。

2. 编程实现将 RDD 转换为 DataFrame

源文件内容如下（包含 id,name,age）。

```
1,Ella,36
2,Bob,29
3,Jack,29
```

请将数据复制到 Linux 操作系统中并保存（命名为 employee.txt），实现从 RDD 转换得到 DataFrame，且按"id:1,name:Ella,age:36"的格式输出 DataFrame 的所有数据。请写出程序代码。

3. 编程实现利用 DataFrame 读写 MySQL 的数据

（1）在 MySQL 数据库中新建数据库 sparktest，再创建表 employee，其包含表 6-2 所示的两行数据。

表 6–2 employee 表原有数据

id	name	gender	age
1	Alice	F	22
2	John	M	25

（2）配置 Spark 通过 JDBC 连接数据库 MySQL，编程实现利用 DataFrame 插入表 6-3 所示的两行数据到 MySQL 中，最后输出 age 的最大值和 age 的总和。

表 6–3 employee 表新增数据

id	name	gender	age
3	Mary	F	26
4	Tom	M	23

四、实验报告

实验报告		
题目：	姓名：	日期：
实验环境：		
实验内容与完成情况：		
出现的问题：		
解决方案（列出遇到并解决的问题和解决方案，以及没有解决的问题）：		

07 第7章　Spark Streaming

流计算是一种典型的大数据计算模式，可以实现对源源不断到达的流数据的实时处理分析。Spark Streaming 是构建在 Spark 上的流计算框架，它扩展了 Spark 处理大规模流数据的能力，使 Spark 可以同时支持批处理与流处理。因此，越来越多的企业应用逐渐从"Hadoop+Storm"架构转向 Spark 架构。

本章首先介绍流计算概念、流计算框架和处理流程，以及 Spark Streaming 的设计思路；然后介绍 Spark Streaming 的工作机制和程序开发基本步骤，并讲解使用基本输入源时的流计算程序编写方法；最后介绍转换操作和输出操作。本章的所有源代码都可以从本书官方网站"下载专区"的"代码"→"第7章"下载。

7.1　流计算概述

本节首先介绍静态数据和流数据，以及针对这两种数据的计算模式，即批量计算和实时计算；然后介绍流计算的概念、框架和处理流程。

7.1.1　静态数据和流数据

数据从总体上可以分为静态数据和流数据。

1. 静态数据

如果把数据存储系统比作一个"三峡水库"，那么，存储在数据存储系统中的静态数据就像水库中的水一样，是静止不动的。很多企业为了支持决策分析而构建的数据仓库系统（见图 7-1），其中存放的大量历史数据就是静态数据。这些数据来自不同的数据源，利用 ETL 工具加载到数据仓库中，并且不会发生更新。技术人员可以利用数据挖掘和联机分析处理（Online Analytical Processing，OLAP）工具从这些静态数据中找到对企业有价值的信息。

静态数据和流数据

2. 流数据

近年来，在 Web 应用、网络监控、传感监测、电信金融、生产制造等领域兴起了一种新的密集型数据——流数据，即数据以大量、快速、时变的流形式持续到达。以传感监测为例，在大气中放置 PM2.5 传感器实时监测大气中

PM2.5 的浓度，监测数据会源源不断地实时传输到数据中心，然后监测系统对监测数据进行实时分析，预测空气质量变化趋势，如果空气质量在未来一段时间内会达到影响人体健康的程度，就启动应急响应机制。在电子商务中，淘宝等网站可以从用户点击流、浏览历史和行为（如放入购物车）中实时发现用户的即时购买意图和兴趣，并据此为之实时推荐相关商品，从而有效提高商品销量，同时增加了用户的购物满意度，可谓"一举两得"。

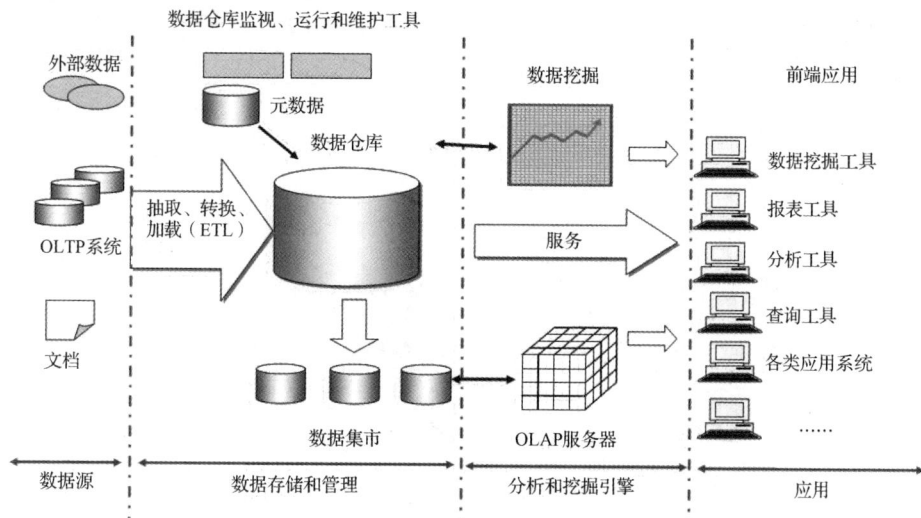

图 7-1　数据仓库系统

从概念上而言，流数据是指在时间分布和数量上无限的一系列动态数据集合体；数据记录是流数据的最小组成单元。流数据具有以下特征。

- 数据快速持续到达，也许是无穷无尽的。
- 数据来源众多，格式复杂。
- 数据量大，但是不十分关注存储。一旦流数据中的某个数据经过处理，则要么被丢弃，要么被归档存储。
- 注重数据的整体价值，不过分关注个别数据。
- 数据顺序颠倒，或者不完整，系统无法控制将要处理的新到达数据的顺序。

批量计算和实时计算

7.1.2　批量计算和实时计算

对静态数据和流数据的处理，如图 7-2 所示，对应着两种截然不同的计算模式：批量计算和实时计算。批量计算以"静态数据"为对象，可以在很充裕的时间内对海量数据进行批处理，计算得到有价值的信息。Hadoop 就是典型的批处理模型，由 HDFS 和 HBase 存放大量的静态数据，由 MapReduce 负责对海量数据执行批量计算。

流数据则不适合采用批量计算，这是因为流数据不适合用传统的关系模型建模，不能把源源不断的流数据保存到数据库中；流数据被处理后，一部分进入数据库成为静态数据，另一部分则直接被丢弃。传统的关系数据库通常用于满足信息实时交互处理需求，如零售系统和银行系统中的关系数据库。但是，关系数据库并不是为存储快速、连续到达的流数据而设计的，它不支持连续处理。把这类数据库用于流数据处理，不仅成本高，而且

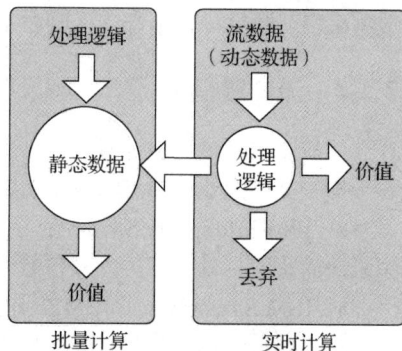

图 7-2　数据的两种计算模式

效率低。

　　流数据必须采用实时计算，实时计算最重要的一个需求是能够实时得到计算结果，一般要求响应时间为秒级。当只需要处理少量数据时，实时计算并不是问题；但是，在大数据时代，不仅数据格式复杂、来源众多，而且数据量巨大，这样就对实时计算提出了很大的挑战。因此，针对流数据的实时计算——流计算应运而生。

7.1.3　什么是流计算

　　图 7-3 所示为流计算示意图。流计算平台实时获取来自不同数据源的海量数据，经过实时分析、处理，获得有价值的信息。

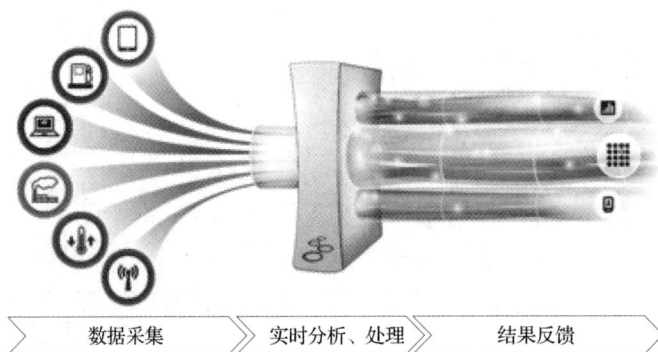

图 7-3　流计算示意图

　　总之，流计算秉承一个基本理念，即数据的价值随着时间的流逝而降低。因此，当事件出现时就应该立即进行处理，而不是缓存起来进行批量处理。为了及时处理流数据，就需要一个低延迟、可扩展、高可靠的处理引擎。对一个流计算系统来说，它应达到如下需求。

- 高性能。这是处理流数据的基本要求，如每秒处理几十万条数据。
- 海量式。它支持 TB 级，甚至是 PB 级的数据规模。
- 实时性。它必须保证一个较低的延迟时间，达到秒级，甚至是毫秒级。
- 分布式。它支持大数据的基本架构，必须能够平滑扩展。
- 易用性。它能够快速进行开发和部署。
- 可靠性。它能可靠地处理流数据。

　　针对不同的应用场景，相应的流计算系统会有不同的需求。但是，针对海量数据的流计算，在数据采集、数据处理中都应达到秒级的要求。

7.1.4　流计算框架

　　目前业内已涌现出许多的流计算框架与平台，这里做一个简单的汇总。

　　第一类是商业级的流计算平台，代表如下。

- IBM InfoSphere Streams：商业级高级计算平台，可以帮助用户开发应用程序来快速获取、分析和关联来自数千个实时源的信息。
- IBM StreamBase：IBM 公司开发的另一款商业流计算系统，常用于金融部门和政府部门。

　　第二类是开源流计算框架，代表如下。

- Twitter Storm：免费、开源的分布式实时计算系统，可简单、高效、可靠处理大量的流数据。阿里巴巴公司的 JStorm 是参考 Twitter Storm 开发的实时流计算框架，可以看成 Storm 的 Java 增强版本，在网络 I/O、线程模型、资源调度、可用性及稳定性上做了持续改进，已被越来越多的企业使用。

- Yahoo! S4：开源流计算平台，是通用、分布式、可扩展、分区容错、可插拔的流式系统。
- Flink：免费、开源的流计算框架，支持批流一体计算，具有高吞吐、高性能和低延迟的特性。

第三类是公司为支持自身业务开发的流计算框架，虽然未开源，但有不少的学习资料可供了解、学习，代表如下。

- DStream：百度开发的通用实时流数据计算系统。
- 银河流数据处理平台：淘宝开发的通用流数据实时计算系统。
- Super Mario：基于 Erlang 语言和 ZooKeeper 开发的高性能流数据处理框架。

此外，业界也涌现出了像 SQLStream 这样专门致力于实时大规模流数据处理服务的公司。

7.1.5　流计算处理流程

传统的数据处理流程是：先采集数据并存储在数据库中，之后用户便可以通过查询操作和数据库管理系统进行交互，最终得到查询结果（见图 7-4）。但是，这样一个流程隐含以下两个前提。

流计算处理流程

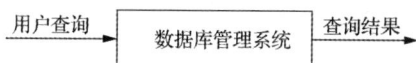

图 7-4　用户通过查询操作获得查询结果

（1）存储的数据是旧的。当查询数据时，存储的静态数据已经是过去某一时刻的快照，这些数据在查询时可能已不具备时效性了。

（2）需要用户主动发出查询。也就是说，用户是主动发出查询来获取结果的。

流计算的数据处理流程如图 7-5 所示，一般包含 3 个阶段：数据实时采集、数据实时计算、实时查询服务。

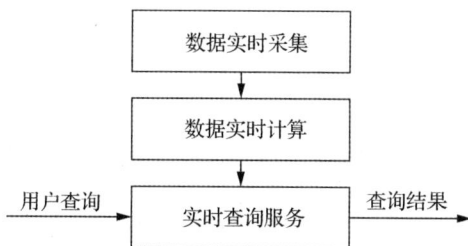

图 7-5　流计算的数据处理流程

1. 数据实时采集

数据实时采集阶段通常采集多个数据源的海量数据，需要保证实时性、低延迟与稳定可靠。以日志数据为例，由于分布式集群的广泛应用，数据分散存储在不同的机器上，因此需要实时汇总来自不同机器上的日志数据。

目前许多互联网公司发布的开源分布式日志采集系统均可满足每秒数百 MB 的数据采集和传输需求，如 LinkedIn 的 Kafka、淘宝的 TimeTunnel，以及基于 Hadoop 的 Chukwa 和 Flume 等。

数据采集系统的基本架构一般包括以下 3 个部分（见图 7-6）。

- Agent：主动采集数据，并把数据推送到 Collector 部分。
- Collector：接收多个 Agent 的数据，并实现有序、可靠、高性能的转发。
- Store：存储 Collector 转发过来的数据。

但对于流计算，一般不在 Store 部分进行数据的存储，而是将采集的数据直接发送给流计算平台进行实时计算。

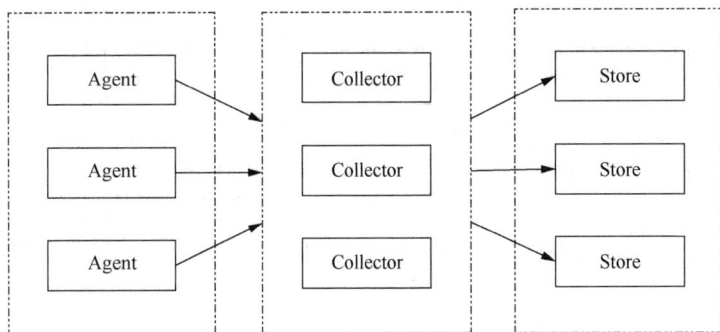

图 7-6　数据采集系统的基本架构

2.　数据实时计算

数据实时计算阶段对采集的数据进行实时的分析和计算。数据实时计算的流程如图 7-7 所示，流处理系统接收数据采集系统不断发来的实时数据，实时地进行分析、计算，并反馈实时结果。经流处理系统处理后的数据，可视情况进行存储，以便之后再进行分析、计算。在时效性要求较高的场景中，处理后的数据也可以直接丢弃。

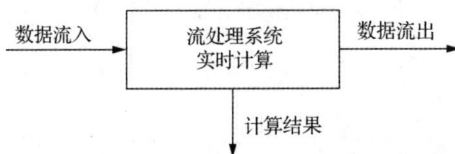

图 7-7　数据实时计算的流程

3.　实时查询服务

流计算的第 3 个阶段是实时查询服务，经由流计算框架得出的结果可供用户进行实时查询、展示或存储。在传统的数据处理流程中，用户需要主动发出查询才能获得想要的结果。在流处理流程中，实时查询服务可以不断更新结果，并将用户所需的结果实时推送给用户。虽然通过对传统的数据处理系统进行定时查询也可以实现不断更新结果和结果推送，但通过这样的方式获取的结果，仍然是根据过去某一时刻的数据得到的结果，与实时结果有本质的区别。

由此可见，流处理系统与传统的数据处理系统有以下不同之处。

- 流处理系统处理的是实时数据，而传统的数据处理系统处理的是预先存储好的静态数据。
- 用户通过流处理系统获取的是实时结果，而通过传统的数据处理系统获取的是过去某一时刻的结果。并且，流处理系统无须用户主动发出查询，实时查询服务可以主动将实时结果推送给用户。

7.2　Spark Streaming 概述

Spark Streaming 是构建在 Spark 上的实时计算框架，它扩展了 Spark 处理大规模流数据的能力。Spark Streaming 可结合批处理和交互式查询，因此，其适用于一些需要对历史数据和实时数据进行结合分析的应用场景。

Spark Streaming
概述

7.2.1　Spark Streaming 设计

Spark Streaming 是 Spark 的核心组件之一，为 Spark 提供了可拓展、高吞吐、容错的流计算能力。如图 7-8 所示，Spark Streaming 可整合多种输入数据源，如 Kafka、Flume、HDFS，甚至是普通的 TCP 套接字。经处理后的数据可存储至 HDFS、数据库或显示在仪表盘上。

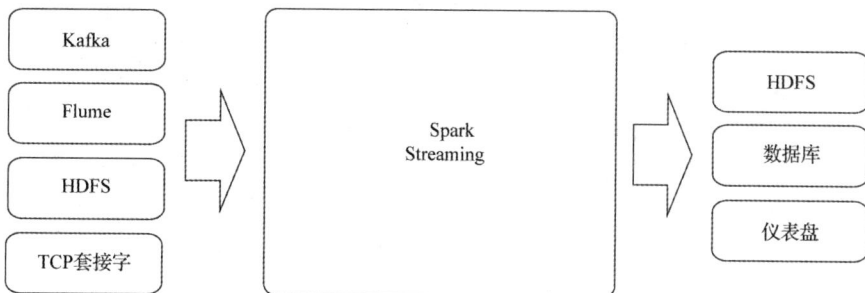

图 7-8　Spark Streaming 支持的输入、输出数据源

Spark Streaming 的基本原理是将实时输入流数据以时间片（通常为 0.5～2s）为单位进行拆分，然后采用 Spark 引擎以类似批处理的方式处理每个时间片数据，执行流程如图 7-9 所示。

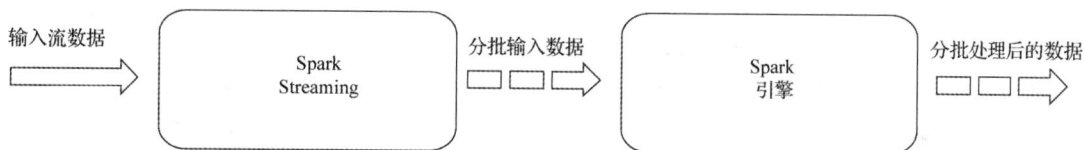

图 7-9　Spark Streaming 执行流程

Spark Streaming 最主要的抽象是 DStream（Discretized Stream，离散化流数据），表示连续不断的流数据。在内部实现上，Spark Streaming 的输入数据按照时间片（如 1s）分成一段一段的数据，每一段数据转换为 Spark 中的 RDD，并且对 DStream 的操作最终都被转变为对相应的 RDD 的操作。例如，如图 7-10 所示，在进行单词的词频统计时，一个又一个句子像流水一样源源不断到达。Spark Streaming 会把流数据切分成一段一段的，每段形成一个 RDD，即 RDD @ time 1、RDD @ time 2、RDD @ time 3 和 RDD @ time 4 等。每个 RDD 里面都包含一些句子，这些 RDD 就构成了一个 DStream（名称为 lines）。对这个 DStream 执行 flatMap 操作时，实际上会被转换成针对每个 RDD 的 flatMap 操作，转换得到的每个新的 RDD 中都包含一些单词，这些新的 RDD（即 RDD @ result 1、RDD @ result 2、RDD @ result 3、RDD @ result 4 等）又构成了一个新的 DStream（名称为 words）。Spark Streaming 可根据业务需求对这些中间结果做进一步处理，或者将其存储到外部设备中。

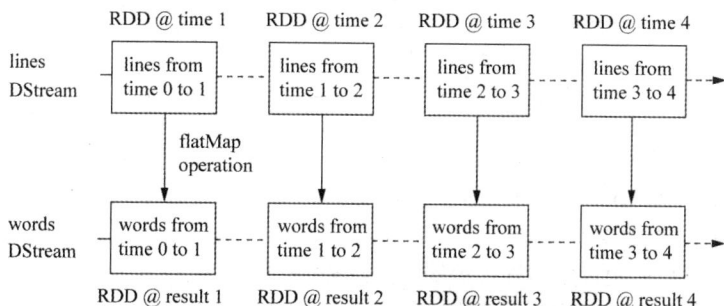

图 7-10　DStream 操作示意图

7.2.2　Spark Streaming 与 Storm 的对比

Spark Streaming 与 Storm 最大的区别在于，Spark Streaming 无法实现毫秒级的流计算，Storm 可以实现毫秒级响应。

Spark Streaming 无法实现毫秒级的流计算，是因为其将流数据分解为一系列批处理作业，在这个过程中会产生多个 Spark 作业，且每一段数据的处理都会经过 Spark DAG 分解、任务调度等过程，需要一定的时间开销。Spark Streaming 难以满足对实时性要求非常高（如高频实时交易）的场景，但足以胜任其他流式准实时计算场景。相比之下，Storm 处理的数据单位为元组，只会产生极小的延迟。

Spark Streaming 构建在 Spark Core 上，一方面是因为 Spark 的低延迟执行引擎可以用于实时计算；另一方面，相比于 Storm，RDD 数据集更易于进行高效的容错处理。此外，Spark Streaming 采用小批量处理方式，这使它可以同时兼容批量和实时数据处理的逻辑与算法，便于在一些需要历史数据和实时数据联合分析的特定应用场合使用。

7.2.3　从"Hadoop+Storm"架构转向 Spark 架构

为了能同时进行批处理与流处理，企业应用中通常会采用"Hadoop+Storm"的架构（也称为 Lambda 架构）。图 7-11 给出了采用"Hadoop+Storm"架构的一个案例。在这种架构中，Hadoop 和 Storm 框架部署在资源调度管理框架 YARN（或 Mesos）之上，接受统一的资源调度和管理，并共享底层的数据存储（如 HDFS、HBase、Cassandra 等）。Hadoop 负责对批量历史数据的实时查询和离线分析，Storm 则负责对流数据的实时处理。

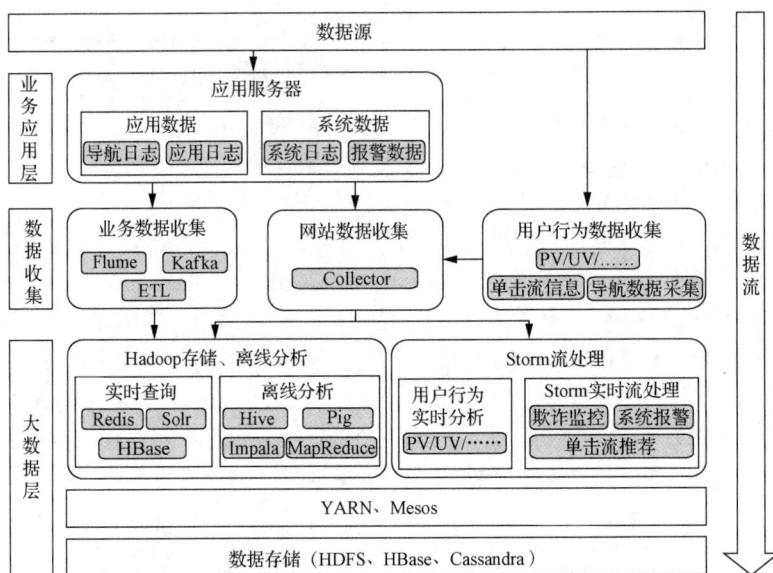

图 7-11　采用"Hadoop+Storm"架构的一个案例

但是，上述这种架构部署较为烦琐。由于 Spark 同时支持批处理与流处理，因此，对一些类型的企业应用而言，从"Hadoop+Storm"架构转向 Spark 架构（见图 7-12）就成为一种很自然的选择。采用 Spark 架构具有以下优点。

- 实现一键式安装和配置、线程级别的任务监控和告警。
- 降低硬件集群、软件维护、任务监控和应用开发的难度。
- 便于集成统一的硬件、计算平台资源池。

需要说明的是，正如前面介绍的那样，Spark Streaming 无法实现毫秒级的流计算，因此，对需要毫秒级实时响应的企业应用而言，仍然需要采用流计算框架（如 Storm）。

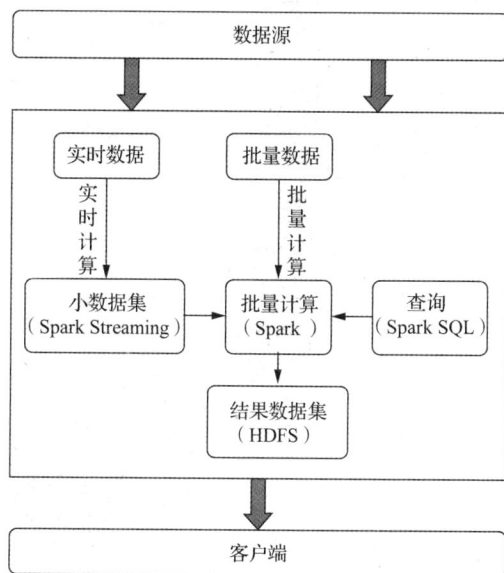

图 7-12　用 Spark 架构满足批处理和流处理需求

7.3　DStream 操作概述

本节介绍 Spark Streaming 工作机制、编写 Spark Streaming 程序的基本步骤以及 StreamingContext 对象的创建方法。

DStream 操作概述

7.3.1　Spark Streaming 工作机制

如图 7-13 所示，在 Spark Streaming 中，存在一种组件 Receiver，其作为长期运行的任务（Task）在 Executor 上执行，每个 Receiver 都会负责一个 DStream 输入流（如从文件中读取数据的文件流、套接字流或者从 Kafka 中读取的一个输入流等）。Receiver 组件接收到数据源发来的数据后，会提交给 Spark Streaming 程序进行处理。处理后的结果，可以交给可视化组件进行可视化展示，或者写入 HDFS、HBase 中。

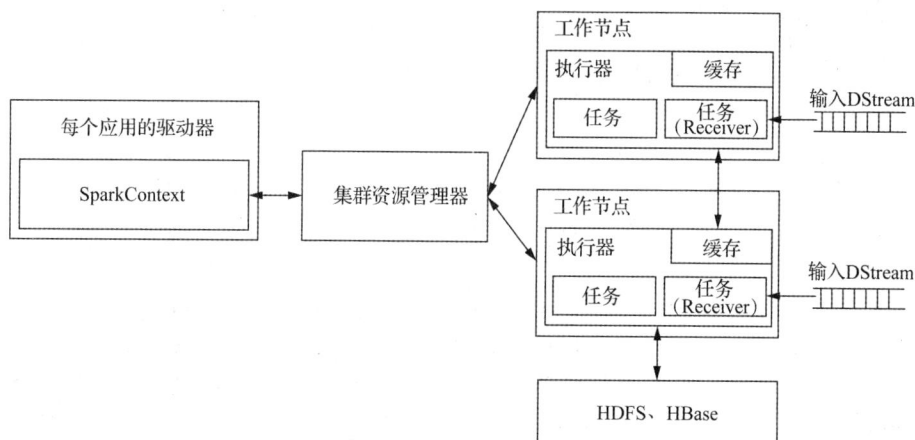

图 7-13　Spark Streaming 工作机制

7.3.2　编写 Spark Streaming 程序的基本步骤

编写 Spark Streaming 程序的基本步骤如下。

（1）通过创建输入 DStream（Input DStream）来定义输入源。流计算处理的数据对象是来自输入源的数据，这些输入源会源源不断地产生数据，并发送给 Spark Streaming，由 Receiver 组件接收以后，交给用户自定义的 Spark Streaming 程序进行处理。

（2）通过对 DStream 应用转换操作和输出操作来定义流计算。流计算过程通常是由用户自定义实现的，需要调用各种 DStream 操作实现用户处理逻辑。

（3）通过调用 StreamingContext 对象的 start()方法来开始接收和处理数据。

（4）通过调用 StreamingContext 对象的 awaitTermination()方法来等待流计算进程结束，也可以通过调用 StreamingContext 对象的 stop()方法来手动结束流计算进程。

7.3.3　创建 StreamingContext 对象

在 RDD 编程中需要生成一个 SparkContext 对象，在 Spark SQL 编程中需要生成一个 SparkSession 对象。同理，如果要运行一个 Spark Streaming 程序，首先就需要生成一个 StreamingContext 对象，它是 Spark Streaming 程序的主入口。

从 SparkConf 对象中创建一个 StreamingContext 对象。登录 Linux 操作系统后，启动 PySpark。进入 PySpark 以后，就已经获得了一个默认的 SparkConext 对象，也就是 sc。因此，可以采用以下方式来创建 StreamingContext 对象。

```
>>> from pyspark.streaming import StreamingContext
>>> ssc = StreamingContext(sc, 1)
```

在 ssc = StreamingContext(sc,1)的两个参数中，sc 表示 SparkContext 对象，1 表示在对 Spark Streaming 的流数据进行分段时，每 1s 的数据被切成一个分段。调整分段大小，如使用 Seconds(5)就表示每 5s 的数据切成一个分段。但是，无法实现毫秒级的分段，因此，Spark Streaming 无法实现毫秒级的流计算。

如果是编写一个独立的 Spark Streaming 程序，而不是在 PySpark 中运行，则需要在代码文件中通过类似以下的方式创建 StreamingContext 对象。

```
from pyspark import SparkContext, SparkConf
from pyspark.streaming import StreamingContext
conf = SparkConf()
conf.setAppName('TestDStream')
conf.setMaster('local[2]')
sc = SparkContext(conf = conf)
ssc = StreamingContext(sc, 1)
```

7.4　基本输入源

Spark Streaming 可以对来自不同类型数据源的数据进行处理，包括基本数据源和高级数据源（如 Kafka、Flume 等）。关于高级数据源，这里不做介绍。本节介绍基本输入源，包括文件流、套接字流和 RDD 队列流等。

7.4.1　文件流

在文件流的应用场景中，需要编写 Spark Streaming 程序，以实现对文件系统

文件流

中的某个目录进行持续监听。一旦发现有新的文件生成，Spark Streaming 就会自动把文件内容读取过来，使用用户自定义的处理逻辑进行处理。其具体过程如下。

1. 在 PySpark 中创建文件流

首先，在 Linux 操作系统中打开第一个终端（为了便于区分多个终端，这里记作"数据源终端"），创建一个 logfile 目录，命令如下。

```
$ cd /usr/local/spark/mycode
$ mkdir streaming
$ cd streaming
$ mkdir logfile
```

其次，在 Linux 操作系统中打开第二个终端（记作"流计算终端"），启动 PySpark，然后依次输入以下语句。

```
>>> from pyspark import SparkContext
>>> from pyspark.streaming import StreamingContext
>>> ssc = StreamingContext(sc, 10)
>>> lines = ssc. \
... textFileStream('file:///usr/local/spark/mycode/streaming/logfile')
>>> words = lines.flatMap(lambda line: line.split(' '))
>>> wordCounts = words.map(lambda x : (x,1)).reduceByKey(lambda a,b:a+b)
>>> wordCounts.pprint()
>>> ssc.start()
>>> ssc.awaitTermination()
```

在上述代码中，ssc.textFileStream()语句用于创建一个"文件流"类型的输入源。接下来的 lines.flatMap()、words.map()和 wordCounts.pprint()是流计算处理过程，负责对文件流中发送过来的文件内容进行词频统计。ssc.start()语句用于启动流计算过程，实际上，当在 PySpark 中输入 ssc.start()并按 "Enter" 键后，Spark Streaming 就开始进行循环监听。下面的 ssc.awaitTermination()是无法显示在屏幕上的，但是，为了程序完整性，这里还是写出 ssc.awaitTermination()。我们可以通过使用 "Ctrl+C" 组合键，在任何时候手动停止这个流计算过程。

在 PySpark 中输入 ssc.start()并按 "Enter" 键以后，程序就开始自动进入循环监听状态，屏幕上会不断显示以下类似信息。

```
-------------------------------------------
Time: 2023-09-17 10:56:20
-------------------------------------------

-------------------------------------------
Time: 2023-09-17 10:56:30
-------------------------------------------

-------------------------------------------
Time: 2023-09-17 10:56:40
-------------------------------------------
```

这时可以切换到"数据源终端"，在"/usr/local/spark/mycode/streaming/logfile"目录下新建一个 log1.txt 文件，在文件中输入一些英文语句后保存并退出文件编辑器。然后切换到"流计算终端"，最多等待 10s，就可以看到类似以下的词频统计结果。

```
-------------------------------------------
Time: 2023-09-17 10:56:50
-------------------------------------------
('hadoop',1)
('love',2)
('spark',1)
('I',2)
```

2. 采用独立应用程序方式创建文件流

在 Linux 操作系统中，关闭之前打开的所有 Linux 终端，重新打开一个终端（记作"流计算终端"），创建代码文件"/usr/local/spark/mycode/streaming/logfile/FileStreaming.py"，在 FileStreaming.py 代码文件中输入以下代码。

```
#coding:utf8

from pyspark import SparkContext,SparkConf
from pyspark.streaming import StreamingContext

if __name__ == '__main__':
    conf = SparkConf()
    conf.setAppName('TestDStream')
    conf.setMaster('local[2]')
    sc = SparkContext(conf = conf)
    ssc = StreamingContext(sc,10)
    lines = ssc.textFileStream('file:///usr/local/spark/mycode/streaming/logfile')
    words = lines.flatMap(lambda line: line.split(' '))
    wordCounts = words.map(lambda x : (x,1)).reduceByKey(lambda a,b:a+b)
    wordCounts.pprint()
    ssc.start()
    ssc.awaitTermination()
```

我们可以在 PyCharm 中运行该程序，也可以通过 spark-submit 命令提交运行程序。

```
$ cd /usr/local/spark/mycode/streaming/logfile/
$ /usr/local/spark/bin/spark-submit FileStreaming.py
```

在"流计算终端"执行上述命令后，程序就进入监听状态。新建另一个 Linux 终端（这里记作"数据源终端"），在"/usr/local/spark/mycode/streaming/logfile"目录下再新建一个 log2.txt 文件，在文件中输入一些英文语句，保存文件并退出文件编辑器。再次切换回"流计算终端"，最多等待 10s，就可以看到"流计算终端"的屏幕上会输出单词统计信息，按"Ctrl+C"组合键即可停止监听。

7.4.2 套接字流

Spark Streaming 可以通过 Socket 端口监听并接收数据，然后进行相应处理。

套接字流

1. Socket 的工作原理

在网络编程中，大量的数据交换都是通过 Socket 实现的。Socket 的工作原理与日常生活中的电话交流非常类似。在日常生活中，用户 A 要打电话给用户 B，首先，用户 A 拨号，用户 B 听到电话铃声后提起电话，这时 A 和 B 就建立了连接，二者之间就可以通话了。等交流结束后，挂断电话结束此次交谈。Socket 工作过程也采用了类似的"open（拨电话）—write/read（交谈）—close（挂电话）"模式。如图 7-14 所示，服务器端先初始化 Socket，然后与端口绑定[bind()]，对端口进行监听[listen()]，调用 accept() 方法进入阻塞状态，等待客户端连接。客户端初始化一个 Socket，然后连接服务器[connect()]，如果连接成功，这时客户端与服务器端的连接就建立了。首先，客户端发送数据请求，服务器端接收请求并处理请求；然后，服务器端把回应数据发送给客户端，客户端读取数据；最后，关闭连接，一次交互结束。

2. 使用套接字流作为数据源

在使用套接字流作为数据源的应用场景中，Spark Streaming 程序就是图 7-14 中的 Socket 通信的客户端，它通过 Socket 方式请求数据，获取数据以后启动流计算过程进行处理。

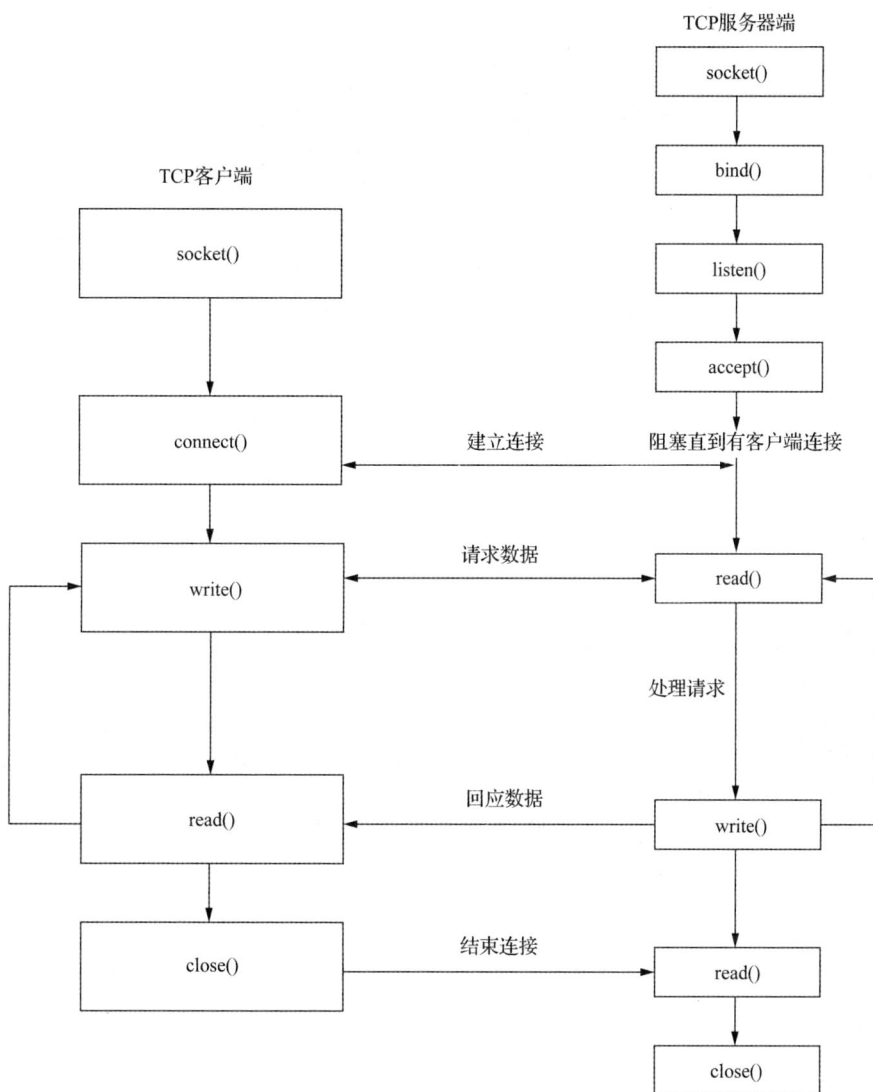

图 7-14　Socket 的工作原理

下面编写一个 Spark Streaming 独立应用程序来实现这个应用场景。首先创建代码目录和代码文件 NetworkWordCount.py。关闭 Linux 操作系统中已经打开的所有终端，新建一个终端（记作"流计算终端"），新建一个代码文件 "/usr/local/spark/mycode/streaming/socket/NetworkWordCount.py"，在 NetworkWordCount.py 中输入以下内容。

```
#coding:utf8

from __future__ import print_function
import sys
from pyspark import SparkContext
from pyspark.streaming import StreamingContext

if __name__ == "__main__":
    if len(sys.argv) != 3:
        print("Usage: NetworkWordCount.py <hostname> <port>", file = sys.stderr)
        exit(-1)
    sc = SparkContext(appName = "PythonStreamingNetworkWordCount")
```

```
ssc = StreamingContext(sc, 1)
lines = ssc.socketTextStream(sys.argv[1], int(sys.argv[2]))
counts = lines.flatMap(lambda line: line.split(" ")) \
              .map(lambda word: (word, 1)) \
              .reduceByKey(lambda a, b: a+b)
counts.pprint()
ssc.start()
ssc.awaitTermination()
```

在上述代码中，ssc.socketTextStream()用于创建一个套接字流类型的输入源。ssc.socketText
Stream()有两个输入参数，其中 sys.argv[1]提供了主机地址，int(sys.argv[2])提供了通信端口号，Socket
客户端使用该主机地址和端口号与服务器端建立通信。lines.flatMap(…). map(…).reduceByKey(…)和
counts.pprint()是自定义的处理逻辑，用于实现对源源不断到达的流数据执行词频统计。

新建一个 Linux 终端（记作"数据源终端"），启动一个 Socket 服务器端，让该服务器端接收客
户端的请求，并向客户端不断地发送流数据。通常地，Linux 发行版中都带有 NetCat（简称 nc），使
用如下 nc 命令可以生成一个 Socket 服务器端。

```
$ nc -lk 9999
```

在上述 nc 命令中，-l 这个参数表示启动监听模式，也就是作为 Socket 服务器端，nc 会监听本机
（localhost）的 9999 号端口，只要监听到来自客户端的连接请求，就会与客户端建立连接通道，把数
据发送给客户端；-k 参数表示多次监听，而不是只监听 1 次。

再新建一个终端（记作"流计算终端"），执行以下代码启动流计算。

```
$ cd /usr/local/spark/mycode/streaming/socket
$ /usr/local/spark/bin/spark-submit NetworkWordCount.py localhost 9999
```

执行上述命令以后，就在"流计算终端"内顺利启动了 Socket 客户端，即 NetworkWordCount
程序，该程序会向本地（localhost）主机的 9999 号端口发起连接请求。因此，"数据源终端"的 nc
程序就会监听到本地（localhost）主机的 9999 号端口有来自客户端（NetworkWordCount 程序）的连
接请求，于是就会建立服务器端（nc 程序）与客户端（NetworkWordCount 程序）之间的连接通道。
连接通道建立以后，nc 程序就会把我们在"数据源终端"手动输入的内容，全部发送给"流计算终
端"的 NetworkWordCount 程序进行处理。

为了测试程序运行效果，我们可以在"数据源终端"手动输入一行英文句子后按"Enter"键，
反复多次输入英文句子并按"Enter"键，nc 程序会自动地把一行又一行的英文句子不断地发送给"流
计算终端"的 NetworkWordCount 程序。在"流计算终端"内，NetworkWordCount 程序会不断地接
收到 nc 发来的数据，每隔 1s 就执行词频统计，并输出词频统计信息。在"流计算终端"的屏幕上会
显示类似如下的结果。

```
-------------------------------------------
Time: 2023-09-17 11:09:37
-------------------------------------------
('Spark', 1)
('love', 1)
('I', 1)
(spark, 1)
```

3. 使用 Socket 编程实现自定义数据源

在之前的实例中，采用了 nc 程序作为数据源。现把数据源的产生方式修改一下，不使用 nc 程序，
而是采用自己编写的程序产生 Socket 数据源。

关闭 Linux 操作系统中已经打开的所有终端，新建一个终端（记作"数据源终端"），然后新建
一个代码文件"/usr/local/spark/mycode/streaming/socket/DataSourceSocket.py"，在 DataSourceSocket.py
中输入以下代码。

```
#coding:utf8
```

```
import socket

#生成 socket 对象
server = socket.socket()
#绑定 IP 和端口
server.bind(('hadoop01', 9999))
#监听绑定端口
server.listen(1)
while 1:
    #为了方便识别, 输出一个 "I'm waiting the connect..."
    print("I'm waiting the connect...")
    #这里用两个值接收, 因为连接上后使用的是客户端发来请求的这个实例
    #所以下面的传输要使用 conn 实例操作
    conn,addr = server.accept()
    #输出连接成功
    print("Connect success! Connection is from %s " % addr[0])
    #输出正在发送数据
    print('Sending data...')
    conn.send('I love hadoop I love spark hadoop is good spark is fast'.encode())
    conn.close()
    print('Connection is broken.')
```

上面代码的功能是,创建一个 Socket 服务器端,发送信息给客户端(即 NetworkWordCount 程序)。server = socket.socket()和 server.bind(('hadoop01', 9999))语句用于在服务器端创建监听绑定端口(端口号是 9999)的 ServerSocket 对象, ServerSocket 负责接收客户端的连接请求。conn,addr = server.accept() 语句执行后, listener 会进入阻塞状态,一直等待客户端(即 NetworkWordCount 程序)的连接请求。一旦 listener 监听到在绑定端口(如 9999)上有来自客户端的请求, 就会执行后续代码, 负责与客户端建立连接, 并发送数据给客户端, 最后关闭连接。

执行以下命令启动 Socket 服务器端。

```
$ cd /usr/local/spark/mycode/streaming/socket
$ /usr/local/spark/bin/spark-submit DataSourceSocket.py
```

DataSourceSocket 程序启动后, 会一直监听 9999 号端口。一旦监听到客户端的连接请求, 就会建立连接, 向客户端发送数据。

下面就可以启动客户端, 即 NetworkWordCount 程序。新建一个终端(记作 "流计算终端"), 输入以下命令启动 NetworkWordCount 程序。

```
$ cd /usr/local/spark/mycode/streaming/socket
$ /usr/local/spark/bin/spark-submit NetworkWordCount.py hadoop01 9999
```

执行上述命令以后, 就在当前的 Linux 终端(即 "流计算终端")内顺利启动了 Socket 客户端, 它会向机器 hadoop01 的 9999 号端口发起 Socket 连接。在另一个终端("数据源终端")运行的 DataSourceSocket 程序, 一直在监听 9999 号端口。一旦监听到 NetworkWordCount 程序的连接请求, 就会建立连接, 向 NetworkWordCount 发送数据。"流计算终端" 的 NetworkWordCount 程序收到数据后, 就会执行词频统计, 输出类似以下的统计信息。

```
----------------------------------------
Time: 2023-09-17 11:16:25
----------------------------------------
('good', 1)
('hadoop', 2)
('is', 2)
('love', 2)
```

```
('spark', 2)
('I', 2)
('fast', 1)
```

7.4.3 RDD 队列流

在编写 Spark Streaming 应用程序的时候，可以调用 StreamingContext 对象的 queueStream()方法来创建基于 RDD 队列的 DStream，例如，streamingContext. queueStream(queueOfRDD)，其中 queueOfRDD 是一个 RDD 队列。

这里介绍一个 RDD 队列流的实例。在该实例中，每隔 1s 创建一个 RDD 放入队列，Spark Streaming 每隔 2s 就从队列中取出数据进行处理。

在 Linux 操作系统中打开一个终端，新建一个代码文件 "/usr/local/spark/mycode/ streaming/rddqueue/ RDDQueueStream.py"，输入以下代码。

```
#!/usr/bin/env python3

import time
from pyspark import SparkContext
from pyspark.streaming import StreamingContext

if __name__ == "__main__":
    sc = SparkContext(appName = "PythonStreamingQueueStream")
    ssc = StreamingContext(sc, 2)
    #创建一个队列，通过该队列可以把 RDD 推给一个 RDD 队列流
    rddQueue = []
    for i in range(5):
        rddQueue += [ssc.sparkContext.parallelize([j for j in range(1, 1001)], 10)]
        time.sleep(1)
    #创建一个 RDD 队列流
    inputStream = ssc.queueStream(rddQueue)
    mappedStream = inputStream.map(lambda x: (x % 10, 1))
    reducedStream = mappedStream.reduceByKey(lambda a, b: a + b)
    reducedStream.pprint()
    ssc.start()
    ssc.stop(stopSparkContext = True, stopGraceFully = True)
```

在上述代码中，inputStream = ssc.queueStream(rddQueue)语句用于创建一个 RDD 队列流类型的数据源。在该程序中，Spark Streaming 会每隔 2s 从 rddQueue 这个队列中取出数据（即若干个 RDD）进行处理。mappedStream = inputStream.map(lambda x: (x % 10, 1))语句会对 queueStream 中的每个 RDD 元素进行转换，例如，如果取出的 RDD 元素是 67，它就会被转换成一个元组(7,1)。reducedStream = mappedStream.reduceByKey(lambda a, b: a + b)语句负责统计每个余数的出现次数，reducedStream.pprint()负责输出统计结果。ssc.start()语句执行以后，流计算过程就开始了，Spark Streaming 会每隔 2s 从 rddQueue 这个队列中取出数据（即若干个 RDD）进行处理。但是，这时的 RDD 队列 rddQueue 中没有任何 RDD 存在，所以程序通过一个 for 循环，不断地向 rddQueue 中加入新生成的 RDD。

执行以下命令运行该程序。

```
$ cd /usr/local/spark/mycode/streaming/rddqueue
$ /usr/local/spark/bin/spark-submit RDDQueueStream.py
```

执行上述命令以后，程序就开始运行，然后就可以看到类似下面的结果。

```
-------------------------------------------
Time: 2023-09-17 15:41:24
-------------------------------------------
```

```
(0, 100)
(8, 100)
(2, 100)
(4, 100)
(6, 100)
(1, 100)
(3, 100)
(9, 100)
(5, 100)
(7, 100)
```

7.5 转换操作

在流计算应用场景中，流数据会源源不断地到达，Spark Streaming 会把连续的流数据切分成一个又一个分段，然后对每个分段内的 DStream 数据进行处理，也就是对 DStream 进行各种转换操作，包括无状态转换操作和有状态转换操作。

7.5.1 DStream 无状态转换操作

对 DStream 无状态转换操作而言，不会记录历史状态信息，每次对新的批次数据进行处理时，只会记录当前批次数据的状态。之前在"套接字流"部分介绍的词频统计程序 NetworkWordCount 就采用了无状态转换操作，每次统计都是只统计当前批次到达的单词词频，与之前批次的单词无关，不会进行历史词频的累计。表 7-1 列出了常用的 DStream 无状态转换操作。

DStream 无状态转换操作

表 7-1 常用的 DStream 无状态转换操作

操作	说明
map(func)	对源 DStream 的每个元素采用 func 函数进行转换，得到一个新的 Dstream
flatMap(func)	与 map(func)相似，但是每个输入项可以被映射为 0 个或者多个输出项
filter(func)	返回一个新的 DStream，仅包含源 DStream 中满足函数 func 的项
repartition(numPartitions)	通过创建更多或者更少的分区改变 DStream 的并行程度
reduce(func)	利用函数 func 聚集源 DStream 中每个 RDD 的元素，返回一个包含单元素 RDD 的新 DStream
count()	统计源 DStream 中每个 RDD 的元素数量
union(otherStream)	返回一个新的 DStream，包含源 DStream 和其他 DStream 的元素
countByValue()	应用于元素类型为 K 的 DStream 上，返回一个由(K,V)键值对类型的新 DStream，其中 K 表示键，V 表示该键在原 DStream 的每个 RDD 中的出现次数
reduceByKey(func, [numTasks])	当在一个由(K,V)键值对组成的 DStream 上执行该操作时，返回一个新的由(K,V)键值对组成的 DStream，每一个 key 的值均由给定的 reduce 函数（func）聚集起来
join(otherStream, [numTasks])	当应用于两个 DStream[一个包含(K,V)键值对，另一个包含(K,W)键值对]时，返回一个包含$(K,(V,W))$键值对的新 DStream
cogroup(otherStream, [numTasks])	当应用于两个 DStream[一个包含(K,V)键值对，另一个包含(K,W)键值对]时，返回一个包含$(K, Seq[V], Seq[W])$的元组
transform(func)	通过对源 DStream 的每个 RDD 应用 RDD-to-RDD 函数，创建一个新的 DStream，支持在新的 DStream 中进行任何 RDD 操作

7.5.2 DStream 有状态转换操作

DStream 有状态转换操作包括滑动窗口转换操作和 updateStateByKey 操作。

1. 滑动窗口转换操作

如图 7-15 所示，事先设置一个滑动窗口的长度（也就是窗口的持续时间），设置滑动窗口的时间间隔（每隔多长时间执行一次计算），让窗口按照指定时间间隔在源 DStream 上滑动。每次窗口停放的位置上都会有一部分 DStream（或者一部分 RDD）被框入窗口内，形成一个小段的 DStream。启动对这个小段 DStream 的计算，也就是对 DStream 执行各种转换操作。表 7-2 列出了常用的滑动窗口转换操作。

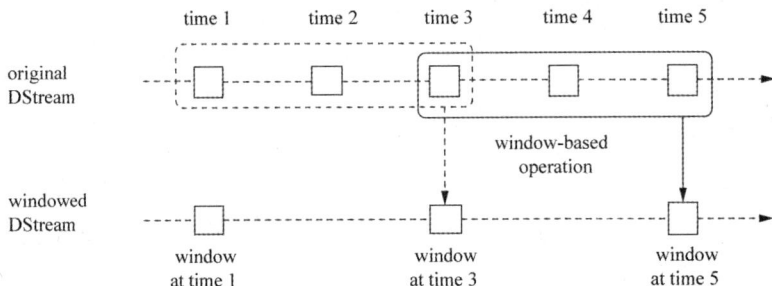

滑动窗口转换操作

图 7-15　滑动窗口转换操作

表 7-2　　　　　　　　　　　　　　常用的滑动窗口转换操作

操作	说明
window(windowLength, slideInterval)	基于源 DStream 产生的窗口化的批数据，计算得到一个新的 DStream
countByWindow(windowLength, slideInterval)	返回流中元素的一个滑动窗口数
reduceByWindow(func, windowLength, slideInterval)	返回一个单元素流。利用函数 func 对滑动窗口内的元素进行聚集，得到一个单元素流。函数 func 必须满足结合律，从而可以支持并行计算
reduceByKeyAndWindow(func, windowLength, slideInterval, [numTasks])	应用到一个(K,V)键值对组成的 DStream 上时，会返回一个由(K,V)键值对组成的新的 DStream。每一个 key 的值均由给定的 reduce 函数（func）进行聚合计算（注意：在默认情况下，这个操作利用了 Spark 默认的并发任务数去分组。通过 numTasks 参数的设置可以指定不同的任务数）
reduceByKeyAndWindow(func, invFunc, windowLength, slideInterval, [numTasks])	更加高效的 reduceByKeyAndWindow，每个窗口的 reduce 值是基于先前窗口的 reduce 值进行增量计算得到的；它会对进入滑动窗口的新数据进行 reduce 操作，并对离开窗口的旧数据进行"逆向 reduce"操作。但是，只能用于"可逆 reduce 函数"，即那些 reduce 函数都有一个对应的"逆向 reduce 函数"（以 invFunc 参数传入）
countByValueAndWindow(windowLength, slideInterval, [numTasks])	应用到一个(K,V)键值对组成的 DStream 上，返回一个由(K,V)键值对组成的新的 DStream。每个 key 的值都是其在滑动窗口中出现的频率

这里以 reduceByKeyAndWindow(func, invFunc, windowLength, slideInterval, [numTasks])这个函数为例介绍滑动窗口转换操作。

这里对 7.4.2 小节中的代码文件 NetworkWordCount.py 进行一个小修改，得到新的代码文件"/usr/local/spark/mycode/streaming/socket/WindowedNetworkWordCount.py"，其内容如下。

```python
#coding:utf8
from __future__ import print_function
import sys
from pyspark import SparkContext
from pyspark.streaming import StreamingContext

if __name__ == "__main__":
    sc = SparkContext(appName = "PythonStreamingWindowedNetworkWordCount")
    ssc = StreamingContext(sc, 10)
    ssc.checkpoint("file:///usr/local/spark/mycode/streaming/socket/checkpoint")
    lines = ssc.socketTextStream("hadoop01",9999)
```

```
counts = lines.flatMap(lambda line: line.split(" "))\
            .map(lambda word: (word, 1))\
            .reduceByKeyAndWindow(lambda x, y: x + y, lambda x, y: x - y, 30, 10)
counts.pprint()
ssc.start()
ssc.awaitTermination()
```

在上述程序中，有如下一行代码。

```
reduceByKeyAndWindow(lambda x, y: x + y, lambda x, y: x - y, 30, 10)
```

这行代码就使用了滑动窗口转换操作 reduceByKeyAndWindow()。为了便于理解，表 7-3 列出了该函数中各个参数的取值及含义。

表 7-3　　　　　　　　　reduceByKeyAndWindow()中各个参数的取值及含义

参数	值	含义
func	lambda x, y: x + y	词频加操作
invFunc	lambda x, y: x - y	词频减操作
windowLength	30	滑动窗口大小为 30s
slideInterval	10	每隔 10s 滑动一次

可以看出，在 WindowedNetworkWordCount.py 程序中，执行词频统计时，采用了滑动窗口的方式，滑动窗口大小为 30s，每隔 10s 滑动一次。当滑动窗口停在某个位置时，当前窗口内框住的一段 DStream 包含很多个 RDD 元素，每个 RDD 元素都是一行句子，WindowedNetworkWordCount.py 程序会对当前滑动窗口内的所有 RDD 元素进行词频统计。比较简单的方法是，直接对当前滑动窗口内的所有 RDD 元素使用匿名函数"lambda x, y: x + y"进行重新计算，得到词频统计结果。这种方法的缺陷非常明显，它没有利用历史上已经得到的词频统计结果，每当滑动窗口移动到一个新的位置时，都要全部重新进行词频统计。

实际上，更加高效、代价更小的方式是增量计算，也就是只针对发生变化的部分进行计算。reduceByKeyAndWindow(lambda x, y: x + y, lambda x, y: x - y, 30, 10)就采用了增量计算的方式，图 7-16 所示为这种计算过程示意图。

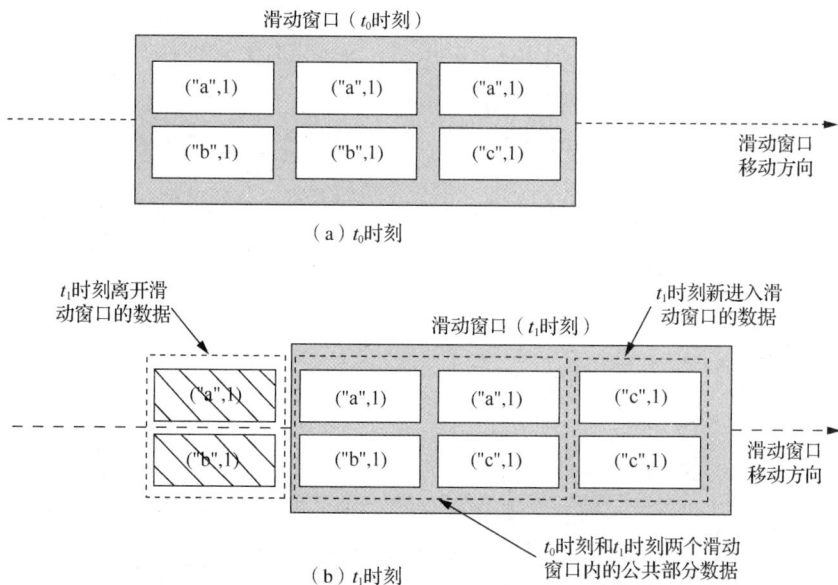

图 7-16　reduceByKeyAndWindow()操作计算过程示意图

在图 7-16 中，在最初始的 t_0 时刻，滑动窗口框住了 6 个 RDD 元素，分别是("a",1)、("a",1)、("a",1)、("b",1)、("b",1)、("c",1)。此时，reduceByKeyAndWindow()操作对这 6 个 RDD 元素进行词频统计，得到的统计结果是("a",3)、("b",2)、("c",1)。在 t_1 时刻，滑动窗口向右移动以后，("a",1)和("b",1)离开了滑动窗口，("a",1)、("a",1)、("b",1)、("c",1)仍然保留在滑动窗口内，("c",1)、("c",1)是新进入滑动窗口的数据。也就是说，在 t_1 时刻，滑动窗口内包含的 6 个元素分别是("a",1)、("a",1)、("b",1)、("c",1)、("c",1)、("c",1)。在 t_1 时刻，reduceByKeyAndWindow()操作并没有对当前滑动窗口内的 6 个元素全部重新计算词频，而是采用增量计算。也就是说，对于离开滑动窗口的两个元素("a",1)和("b",1)，采用 invFunc 函数，即 "lambda x, y: x-y"，把它们从之前的汇总结果中减掉；对于新进入滑动窗口的两个元素("c",1)、("c",1)，采用 func 函数，即 "lambda x, y: x + y"，把它们加入汇总结果。通过这种方式，就避免了对滑动窗口内的所有元素进行全部重新计算，只需要对滑动窗口内发生变化的部分（离开的元素和新进入的元素）进行增量计算即可，大大降低了计算开销。

为了测试程序的运行效果，首先新建一个终端（记作"数据源终端"），执行以下命令运行 nc 程序。

```
$ cd /usr/local/spark/mycode/streaming/socket/
$ nc -lk 9999
```

然后，新建一个终端（记作"流计算终端"），运行客户端程序 WindowedNetworkWordCount.py，命令如下。

```
$ cd /usr/local/spark/mycode/streaming/socket/
$ /usr/local/spark/bin/spark-submit  WindowedNetworkWordCount.py
```

在"数据源终端"内，连续输入 10 个"hadoop"，每个"hadoop"单独占一行（即每输入一个"hadoop"就按"Enter"键），再连续输入 10 个"spark"，每个"spark"单独占一行。这时，可以查看"流计算终端"内显示的词频动态统计结果。可以看到，随着时间的流逝，词频统计结果会发生动态变化。

2. updateStateByKey 操作

之前介绍的滑动窗口转换操作只能对当前窗口内的数据进行计算，无法在跨批次之间维护状态。如果要在跨批次之间维护状态，就必须使用 updateStateByKey 操作。

这里仍然以词频统计为例介绍 updateStateByKey 操作。对有状态转换操作而言，本批次的词频统计会在之前批次的词频统计结果的基础上进行不断累加，因此，最终统计得到的词频是所有批次的单词总词频统计结果。

updateStateByKey 操作

在"/usr/local/spark/mycode/streaming/stateful/"目录下新建一个代码文件 NetworkWordCount-Stateful.py，输入以下代码。

```python
#coding:utf8

from __future__ import print_function
import sys
from pyspark import SparkContext
from pyspark.streaming import StreamingContext

if __name__ == "__main__":
    sc = SparkContext(appName = "PythonStreamingStatefulNetworkWordCount")
    ssc = StreamingContext(sc, 1)
    ssc.checkpoint("file:///usr/local/spark/mycode/streaming/stateful/")
    #RDD with initial state (key, value) pairs
    initialStateRDD = sc.parallelize([(u'hello', 1), (u'world', 1)])

    def updateFunc(new_values, last_sum):
        return sum(new_values) + (last_sum or 0)
```

```
lines = ssc.socketTextStream("hadoop01", 9999)
running_counts = lines.flatMap(lambda line: line.split(" "))\
                   .map(lambda word: (word, 1))\
                   .updateStateByKey(updateFunc, initialRDD = initialStateRDD)
running_counts.pprint()
ssc.start()
ssc.awaitTermination()
```

在 NetworkWordCountStateful 程序中，lines = ssc.socketTextStream("hadoop01",9999)这行语句定义了一个套接字流类型的数据源，这个数据源可以通过 nc 程序产生。

updateStateByKey(updateFunc,initialRDD=initialStateRDD)用于执行词频统计操作，updateStateByKey() 函数的输入参数是 updateFunc 函数，并且提供了一个初始 RDD。updateFunc 函数是一个用户自定义函数，它在 NetworkWordCountStateful.py 中的定义如下。

```
def updateFunc(new_values, last_sum):
    return sum(new_values) + (last_sum or 0)
```

可以看出，updateFunc 函数有两个输入参数，即 new_values 和 last_sum。在执行当前批次数据的词频统计时，updateStateByKey()会根据 key 对当前批次内的所有(key,value)进行计算，当处理到某个 key 时，updateStateByKey()会把所有 key 相同的(key,value)都进行归并（merge），得到(key,value-list)的形式。然后当前 key 对应的 value-list 和历史状态信息（以前批次的词频统计累加结果），分别通过 new_values 和 last_sum 这两个输入参数传递给 updateFunc 函数，用户在编程时可以直接使用 new_values 和 last_sum 输入参数。updateFunc 函数中包含我们自定义的词频统计处理逻辑，其中 sum(new_values)语句会对当前 key 对应的 value-list 进行汇总求和。对于当前的 key，如果曾经出现过，那么就会存在统计结果，被保存在与这个 key 对应的历史状态信息 last_sum 中；如果这个 key 在所有历史批次中都没有出现，即在当前批次首次出现，那么就不会存在历史统计结果，也就不会存在历史状态信息，这时的历史统计结果就取值为 0。最后，updateFunc 函数会把历史统计结果与当前统计结果进行求和作为返回值。

新建一个终端（记作"数据源终端"），执行以下命令启动 nc 程序。

```
$ nc -lk 9999
```

新建一个 Linux 终端（记作"流计算终端"），执行以下命令提交运行程序。

```
$ cd /usr/local/spark/mycode/streaming/stateful
$ /usr/local/spark/bin/spark-submit NetworkWordCountStateful.py
```

执行上述命令后，NetworkWordCountStateful 程序就启动了，它会向主机名为 localhost 的 9999 号端口发起 Socket 通信请求。在这里，我们让 nc 程序扮演 Socket 服务器端，也就是让 NetworkWord-CountStateful 程序与 nc 程序建立 Socket 连接。一旦 Socket 连接建立，则 NetworkWordCountStateful 程序就可以接收来自 nc 程序的数据，并进行词频统计。

在"数据源终端"输入一些单词并按"Enter"键，再切换到"流计算终端"，可以看到已经输出了类似以下的词频统计信息。

```
-------------------------------------------
Time: 2023-09-17 15:38:07
-------------------------------------------
('hadoop', 1)
('world', 1)
('hello', 1)
('spark', 1)
-------------------------------------------
Time: 2023-09-17 15:38:08
-------------------------------------------
('hadoop', 2)
```

```
('world', 1)
('hello', 1)
('spark', 1)
```

从上述词频统计结果可以看出，Spark Streaming 每隔 1s 执行一次词频统计，而且每次词频统计都包含历史词频统计结果。

7.6 输出操作

在 Spark 应用中，外部系统经常需要使用 Spark Streaming 处理后的数据，因此，我们需要采用输出操作把 DStream 的数据输出到文本文件或关系数据库中。

把 DStream 输出到
文本文件中

7.6.1 把 DStream 输出到文本文件中

把 DStream 输出到文本文件中比较简单，只需要在 DStream 上调用 saveAsTextFiles()方法即可。下面对之前已经得到的 "/usr/local/spark/mycode/streaming/stateful/NetworkWordCountStateful.py" 的代码进行简单的修改，把生成的词频统计结果写入文本文件中。

修改后得到的新代码文件 "/usr/local/spark/mycode/streaming/stateful/NetworkWordCountStatefulText.py" 的内容如下。

```
#coding:utf8

from __future__ import print_function
import sys
from pyspark import SparkContext
from pyspark.streaming import StreamingContext

if __name__ == "__main__":
    sc = SparkContext(appName = "PythonStreamingStatefulNetworkWordCount")
    ssc = StreamingContext(sc, 1)
    ssc.checkpoint("file:///usr/local/spark/mycode/streaming/stateful/")
    #RDD with initial state (key, value) pairs
    initialStateRDD = sc.parallelize([(u'hello', 1), (u'world', 1)])
    def updateFunc(new_values, last_sum):
        return sum(new_values) + (last_sum or 0)
    lines = ssc.socketTextStream("hadoop01"; 9999)
    running_counts = lines.flatMap(lambda line: line.split(" "))\
                     .map(lambda word: (word, 1))\
                     .updateStateByKey(updateFunc, initialRDD=initialStateRDD)
    running_counts.saveAsTextFiles(\
        "file:///usr/local/spark/mycode/streaming/stateful/output")
    running_counts.pprint()
    ssc.start()
    ssc.awaitTermination()
```

按照 7.5.2 小节中的方法运行 NetworkWordCountStatefulText.py，就可以把词频统计结果写入 "/usr/local/spark/mycode/streaming/stateful" 目录中。随后可以发现，在这个目录下，生成了很多目录，结果如下。

```
output-1694936607000
output-1694936622000
output-1694936637000
output-1694936743000
......
```

因为在 NetworkWordCountStatefulText.py 程序中流计算过程每秒执行一次，每次执行都会把词频统计结果写入一个新的目录，所以就会生成多个目录。进入某个目录下，就可以看到类似 part-00000 的文件，里面包含流计算过程输出的结果。

7.6.2　把 DStream 写入关系数据库中

启动 MySQL 数据库，在此前的第 5 章中我们已经创建了一个名称为 spark 的数据库，现在我们在 spark 数据库中创建一个名称为 wordcount 的表，为此，我们在 MySQL Shell 中执行以下命令。

```
mysql> use spark;
mysql> create table wordcount (word char(20), count int(4));
```

由于想要让 Python 连接数据库 MySQL，因此需要安装 Python 连接 MySQL 的模块 PyMySQL，在 Linux 终端中执行以下命令（如果以前已经安装，就不用重复执行下面的命令）。

```
$ conda activate pyspark
$ pip install pymysql
```

然后修改 NetworkWordCountStateful.py 中代码，在其中增加保存数据库的语句，修改后得到的代码文件 "/usr/local/spark/mycode/streaming/stateful/NetworkWordCountStatefulDB.py" 的内容如下。

```python
#coding:utf8

from __future__ import print_function
import sys
import pymysql
from pyspark import SparkContext
from pyspark.streaming import StreamingContext

if __name__ == "__main__":
    sc = SparkContext(appName = "PythonStreamingStatefulNetworkWordCount")
    ssc = StreamingContext(sc, 1)
    ssc.checkpoint("file:///usr/local/spark/mycode/streaming/stateful")
    #RDD with initial state (key, value) pairs
    initialStateRDD = sc.parallelize([(u'hello', 1), (u'world', 1)])

    def updateFunc(new_values, last_sum):
        return sum(new_values) + (last_sum or 0)

    lines = ssc.socketTextStream("hadoop01", 9999)
    running_counts = lines.flatMap(lambda line: line.split(" "))\
                    .map(lambda word: (word, 1))\
                    .updateStateByKey(updateFunc, initialRDD=initialStateRDD)
    running_counts.pprint()

    def dbfunc(records):
        host = "localhost"
        port = 3306
        user = "root"
        password = "123456"
        database = "spark"
        #创建 MySQL 连接
        db = pymysql.connect(host=host, port=port, user=user, password=password, database
= database)
        cursor = db.cursor()
        def doinsert(p):
```

```
            sql = "insert into wordcount(word, count) values ('%s', '%s')" % (str(p[0]),
str(p[1]))
            try:
                cursor.execute(sql)
                db.commit()
            except:
                db.rollback()
        for item in records:
            doinsert(item)


    def func(rdd):
        repartitionedRDD = rdd.repartition(3)
        repartitionedRDD.foreachPartition(dbfunc)

    running_counts.foreachRDD(func)
    ssc.start()
    ssc.awaitTermination()
```

在 NetworkWordCountStatefulDB.py 的代码中，running_counts.foreachRDD(func)语句负责把
DStream 保存到 MySQL 数据库中。由于 DStream 是由一系列的 RDD 构成的，因此，
running_counts.foreachRDD(func)操作会遍历 stateDstream 中的每个 RDD，并把 RDD 中的每个
(key,value)都保存到 MySQL 数据库中。当遍历到 running_counts 中的某一个 RDD 时，该 RDD 会被
赋值到 foreachRDD()方法的圆括号内的 func 函数，作为 func 函数的输入参数。然后调用 func 函数，
执行 repartitionedRDD = rdd.repartition(3)语句，对 rdd 进行重新分区。为什么不是把 running_counts
中的每个 RDD 直接保存到 MySQL 中，还要调用 rdd.repartition(3)对这些 RDD 重新设置分区数量为 3
呢？这是因为每次保存 RDD 到 MySQL 中都需要启动数据库连接，如果 RDD 分区数量太大，那么
就会带来多次数据库连接开销；为了减少开销，就有必要把 RDD 的分区数量控制在较小的范围内，
因此，这里就把 RDD 的分区数量重新设置为 3。

接下来，执行 repartitionedRDD.foreachPartition(dbfunc)语句，实际上，它与以下语句是等价的，
以下语句形式可能会更易于理解。

```
    repartitionedRDD.foreachPartition(lambda records : dbfunc(records))
```

foreachPartition(dbfunc)方法的输入参数是函数 dbfunc，这是一个内部函数，它的功能是把当前分
区内的所有(key,value)都保存到数据库中。

按照 7.5.2 小节中的方法运行 NetworkWordCountStatefulDB.py，就可以把词频统计结果写入关系
数据库 MySQL 中。

7.7 本章小结

Spark Streaming 是 Spark 生态系统中实现流计算功能的组件。本章介绍了 Spark Streaming 的
设计原理，它把连续的流数据切分成多个分段，每个分段采用 Spark 引擎进行批处理，从而间接
地实现了流处理的功能。由于 Spark 是基于内存的计算框架，因此 Spark Streaming 具有较好的实
时性。

本章还介绍了开发 Spark Streaming 程序的基本步骤，阐述了创建 StreamingContext 对象的方法，
同时，分别以文件流、套接字流和 RDD 队列流等作为基本数据源，详细描述了流计算程序的编写方
法。Spark Streaming 还可以与 Kafka、Flume 等数据采集工具组合起来使用，由这些数据采集工具提
供数据源。

DStream 包含无状态转换操作和有状态转换操作，前者无法维护历史批次的状态信息，后者可以

在跨批次数据之间维护历史状态信息。

本章最后介绍了如何把 DStream 数据输出到文本文件和关系数据库中。

7.8　习题

1. 请阐述静态数据与流数据的区别。
2. 请阐述批量计算与实时计算的区别。
3. 对一个流计算系统而言，在功能设计上应该满足哪些需求？
4. 请列举几种典型的流计算框架。
5. 请阐述流计算的基本处理流程。
6. 请阐述数据采集系统的各个组成部分的功能。
7. 请阐述数据实时计算的基本流程。
8. 请阐述 Spark Streaming 的基本设计原理。
9. 请对 Spark Streaming 与 Storm 进行比较，它们各自有什么优缺点？
10. 请阐述企业应用中"Hadoop+Storm"架构是如何部署的。
11. 请阐述 Spark Streaming 的工作机制。
12. 请阐述 Spark Streaming 程序编写的基本步骤。
13. Spark Streaming 主要包括哪 3 种类型的基本输入源？
14. 请阐述使用 Kafka 作为 Spark 数据源时，如何编写 Spark Streaming 应用程序。
15. 请阐述 DStream 有状态转换操作和无状态转换操作的区别。

实验 5　Spark Streaming 编程初级实践

一、实验目的

（1）学习使用 Python 编程实现文件和数据的生成。
（2）掌握使用文件作为 Spark Streaming 数据源的编程方法。

二、实验平台

操作系统：Ubuntu 16.04 及以上。
Spark 版本：3.4.0。
Python 版本：3.8.18。

三、实验内容和要求

1. 以随机时间间隔在一个目录下生成大量文件，文件名随机命名，文件中包含随机生成的一些英文语句，每个英语语句内部的单词之间用空格隔开。
2. 实时统计每 10s 新出现的单词数量。
3. 实时统计最近 1min 内每个单词的出现次数（每 10s 统计 1 次）。
4. 实时统计每个单词累计出现次数，并将结果保存到本地文件（每 10s 统计 1 次）。

四、实验报告

实验报告				
题目：		姓名：		日期：

实验环境：

实验内容与完成情况：

出现的问题：

解决方案（列出遇到并解决的问题和解决方案，以及没有解决的问题）：

08 第8章 Structured Streaming

Apache Spark 项目团队在 2016 年启动了 Structured Streaming 项目，使用通过 Spark 2.0 全新设计开发的流式引擎整合了批处理和流处理，通过一致的 API 使用户可以如同编写批处理程序一样编写流处理程序。Structured Streaming 是一种基于 Spark SQL 引擎构建的、可扩展且容错性高的流处理引擎。Spark SQL 引擎随着流数据持续到达而增量地持续运行，并定期更新最终的结果表。Structured Streaming 可以使用支持多种编程语言的 DataFrame/Dataset API 来表示流聚合、事件时间窗口、流与批处理的连接等操作，系统通过检查点和预写日志可以确保端到端的完全一致性容错。

本章首先介绍 Structured Streaming 的基本概念，比较其与 Spark SQL 和 Spark Streaming 的关系，并以一个简单的实例来介绍编写 Structured Streaming 程序的基本步骤；其次，详细介绍程序的输入/输出操作，包括自带的输入源、输出模式和输出接收器；然后介绍流处理中最重要的容错机制，包括如何从检查点恢复故障，以及故障恢复中对查询进行变更会存在哪些限制等；接着介绍 Structured Streaming 新引入的事件时间，介绍如何以数据生成的时间而不是 Spark 接收到数据的时间来进行数据处理的方法，并介绍用水印来处理迟到数据的机制；最后介绍如何实现查询的管理和监控。本章内的所有源代码都可以从本书官方网站"下载专区"的"代码"→"第 8 章"下载。

8.1 概述

提供端到端的完全一致性是设计 Structured Streaming 的关键目标之一。为了实现这一点，Spark 设计了输入源、执行引擎和接收器，以便对处理的进度进行更可靠的跟踪，使之可以通过重启或重新处理来处理任何类型的故障。如果所使用的源通过偏移量来跟踪流的读取位置，那么，引擎可以使用检查点和预写日志来记录每个触发时期正在处理的数据的偏移范围；此外，如果使用的接收器是"幂等"的，那么通过使用重放、对"幂等"接收数据进行覆盖等操作，Structured Streaming 可以确保在任何故障下达到端到端的完全一致性。

Spark 一直处于不停地更新中，从 Spark 2.3.0 版本开始引入持续流处理模型后，用户可以将原先流处理的延迟降低到毫秒级。

8.1.1 基本概念

Structured Streaming 的关键思想是将实时流数据视为一张正在不断添加数据的表，这种新的流处理模型与批处理模型十分类似。流计算等同于在一个静态表上的批处理查询，Spark 会在不断添加数据的无界表上运行计算，并进行增量查询。如图 8-1 所示，流数据上到达的数据项，每一项都被原样添加到无界表，最终形成了一个新的无界表。

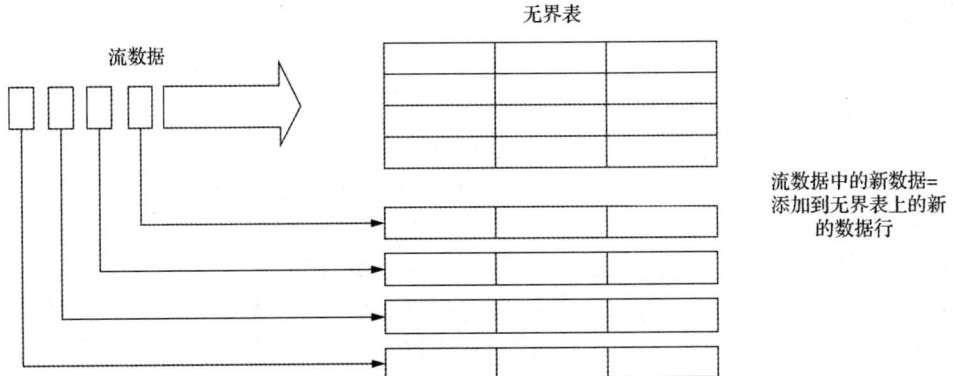

图 8-1　无界表

在无界表上进行查询将生成结果表，系统每隔一定的周期会触发对无界表的计算并更新结果表。如图 8-2 所示，在时间线上，每 1s 为一个触发周期，在 $t=1$ 时刻，数据量较少，查询出结果后，输入接收器；在 $t=2$ 时刻，数据量增加，查询出结果后，输入接收器；在 $t=3$ 时刻，数据量再次增加，如同前面 2s 一样查询并输出结果。

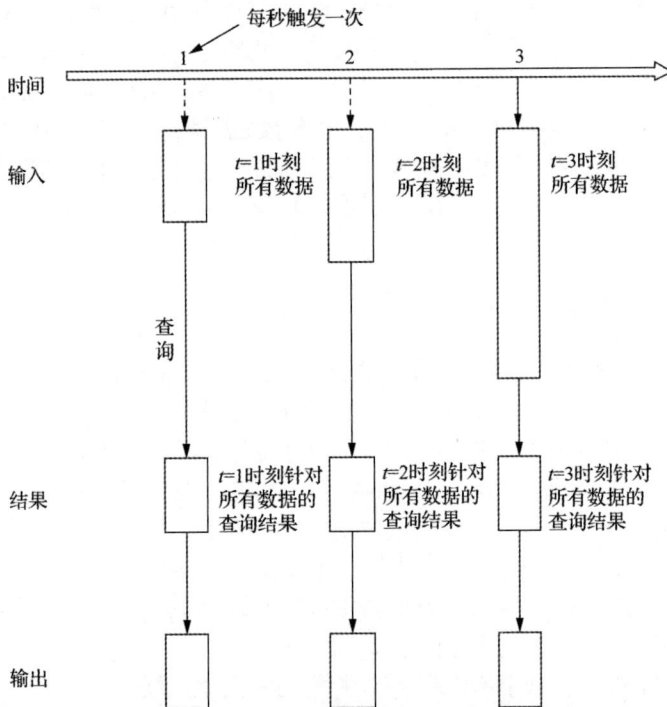

图 8-2　Structured Streaming 编程模型

8.1.2 两种处理模型

Structured Streaming 包括微批处理和持续处理两种处理模型，默认使用微批处理模型。本章的所有实例也都采用微批处理模型。

1. 微批处理模型

Structured Streaming 默认使用微批处理模型，这意味着 Spark 流计算引擎会定期检查流数据源，并对自上一批次结束后到达的新数据执行批量查询。如图 8-3 所示，在这个体系结构中，Driver 驱动程序通过将当前待处理数据的偏移量保存到预写日志中，来对数据处理进度设置检查点，以便今后可以使用它来重新启动或恢复查询。为了获得确定性的重新执行（Deterministic Re-executions）和端到端语义，在下一个微批处理之前，就要将该微批处理所要处理数据的偏移范围保存到日志中。所以当前到达的数据需要等待先前的微批作业处理完成，且它的偏移量范围被记入日志后，才能在下一个微批作业中得到处理，这样会导致数据到达与得到处理并输出结果之间的延时超过 100ms。

2. 持续处理模型

微批处理模型的数据延迟对于大多数实际的流式工作负载（如 ETL 和监控）已经足够了，然而，一些场景确实需要更低的延迟。例如，在金融行业的信用卡欺诈交易识别中，需要在犯罪分子盗刷信用卡后立刻识别并阻止，但是又不能让合法交易的用户感觉到延迟而影响其使用体验，这就需要在 10～20ms 的时间内对每笔交易进行欺诈识别，这时就不能使用微批处理模型，而需要使用持续处理模型。

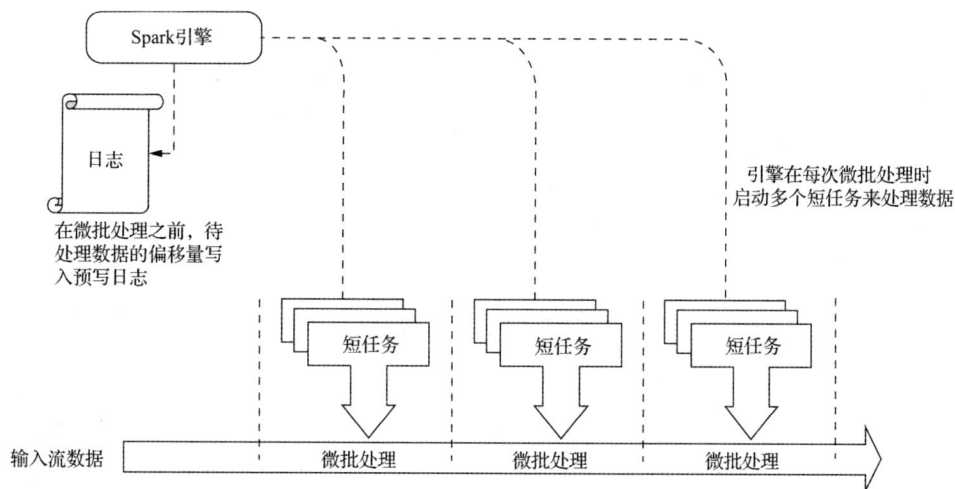

图 8-3 Structured Streaming 的微批处理模型

Spark 从 2.3.0 版本开始引入持续处理的试验性功能，可以实现流计算的毫秒级延迟。在持续处理模型下，Spark 不再根据触发器来周期性启动任务，而是启动一系列的连续读取、处理和写入结果等长时间运行的任务。如图 8-4 所示，为了缩短延迟，引入新的算法对查询设置检查点，在每个任务的输入流数据中，一个特殊标记的记录被注入。当任务遇到标记时，任务把处理后的最后偏移量异步地报告给引擎，引擎接收到所有写入接收器的任务的偏移量后，将其写入预写日志。由于检查点的写入是完全异步的，任务可以持续处理，因此延迟可以缩短到毫秒级。也正是由于写入是异步的，流数据在故障后可能被处理超过一次以上，因此持续处理只能做到"至少一次"的一致性。需要注意的是，虽然持续处理模型能比微批处理模型获得更好的实时响应性能，但是，这是以牺牲一致性为代价的。微批处理模型可以保证端到端的完全一致性，而持续处理模型只能做到"至少一次"的一致性。

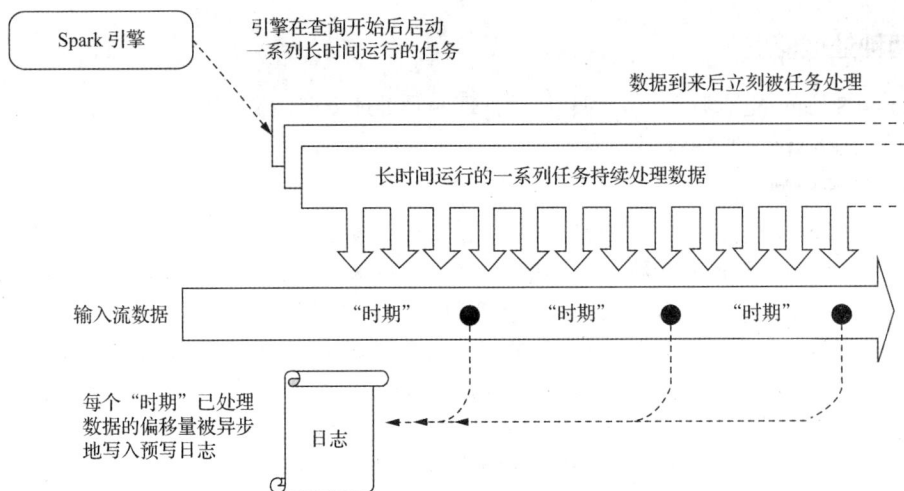

图 8-4　Structured Streaming 的持续处理模型

8.1.3　Structured Streaming 和 Spark SQL、Spark Streaming 的关系

Structured Streaming 处理的数据与 Spark Streaming 一样，也是源源不断的流数据，它们之间的区别在于，Spark Streaming 采用的数据抽象是 DStream（本质上就是一系列 RDD），而 Structured Streaming 采用的数据抽象是 DataFrame。Structured Streaming 可以使用 Spark SQL 的 DataFrame/Dataset 来处理流数据。虽然 Spark SQL 也是采用 DataFrame 作为数据抽象，但是，Spark SQL 只能处理静态数据，而 Structured Streaming 可以处理结构化的流数据。这样一来，Structured Streaming 就将 Spark SQL 和 Spark Streaming 二者的特性结合起来。Structured Streaming 可以对 DataFrame/Dataset 应用前面章节提到的各种操作，包括 select、where、groupBy、map、filter、flatMap 等。此外，Spark Streaming 只能实现秒级的实时响应；Structured Streaming 由于采用了全新的设计方式，采用微批处理模型时可以实现 100ms 的实时响应，采用持续处理模型时可以支持毫秒级的实时响应。

8.2　编写 Structured Streaming 程序的基本步骤

编写 Structured Streaming 程序包括以下基本步骤。
（1）导入 pyspark 模块。
（2）创建 SparkSession 对象。
（3）创建输入数据源。
（4）定义流计算过程。
（5）启动流计算并输出结果。

编写 Structured Streaming 程序的基本步骤

下面给出一个简单的实例来演示 Structured Streaming 程序编写运行的整个过程。程序实现的功能：一个包含很多行英文语句的流数据源源不断地到达，Structured Streaming 程序对每行英文语句进行拆分，并统计每个单词出现的频率。

8.2.1　实现步骤

1. 导入 pyspark 模块
导入 pyspark 模块，代码如下。

```
from pyspark.sql import SparkSession
```

190

```
from pyspark.sql.functions import split
from pyspark.sql.functions import explode
```

由于程序中需要用到拆分字符串和展开数组内所有单词的功能,因此引用了 pyspark.sql.functions 中的 split 和 explode 函数。

2.　创建 SparkSession 对象

创建一个 SparkSession 对象,代码如下。

```
if __name__ == "__main__":
    spark = SparkSession \
        .builder \
        .appName("StructuredNetworkWordCount") \
        .getOrCreate()

    spark.sparkContext.setLogLevel('WARN')
```

关于上述代码,这里做如下说明。

(1)第 1 行代码只是体现了编程习惯。Python 的程序(.py 文件)除了可以直接运行,还可以作为模块被别的 Python 程序引用,以重用 .py 文件内的类、函数、方法或者变量定义。如果省略这行,在 .py 文件被别的 Python 程序作为模块导入(import)时,会直接运行所有代码,这样可能会出现不可预期的问题,导致这个 .py 文件只能独立运行而无法被别的 Python 程序导入。为了让程序更加模块化,方便程序员在其他地方重用程序内的代码,一般建议在可独立运行的 .py 文件内都加入第 1 行语句的内容。通过加入第 1 行语句,可使只有直接运行 .py 文件才会运行里面的代码逻辑。

(2)SparkSession 的设计遵循了工厂设计模式(Factory Design Pattern)。工厂设计模式的好处在于,可以使用一个统一的接口来创建一系列的新对象,真正的创建过程可以由子类来决定具体实例化哪个工厂类。例如,上述代码只要加入 .enableHiveSupport 就可以创建包含 Hive 支持的 SparkSession。SparkSession 将原先使用的 SparkConf、SparkContext、SQLContext、HiveContext 等封装在内部,使使用者无须关注具体的上下文构建细节。

(3)appName 是应用的名称,使用一个能标识应用的唯一字符串即可。getOrCreate()会检查当前进程是否有 SparkSession,如果有则直接返回;否则检查是否全局存在一个默认的 SparkSession,如果有则直接返回,否则重新建立一个 SparkSession,并设置当前 SparkSession 为全局默认的 SparkSession 后将其返回。

(4)最后一行用于设置日志显示级别,设置为只输出等级为警告以上的信息,排除 INFO 等日志级别信息的干扰,这样就可以避免在运行过程中显示大量不必要的信息。

3.　创建输入数据源

创建一个输入数据源,从"监听在本机(localhost)的 9999 端口上的服务"那里接收文本数据,具体语句如下。

```
    lines = spark \
        .readStream \
        .format("socket") \
        .option("host", "localhost") \
        .option("port", 9999) \
        .load()
```

其中,readStream 与原先静态 DateFrame 的 read()类似。format()用于定义输入源(关于输入源的内容,将在 8.3 节中详细介绍,输入源可以是 File 源、Kafka 源、Socket 源或 Rate 源等)。然后在 option()内传入输入源的多个选项。上述代码使用了 Socket 输入源,并设置了监听服务的位置(localhost)和端口(9999)。load()方法表示载入数据,结果保存在名称为 lines 的 DataFrame 内。lines 表示一个包含文本流数据的无界表,表内包含一列名为 value 的字符串,流数据中的每一行字符串都成为表中的一行。

4. 定义流计算过程

创建完输入数据源以后，接着需要定义相关的查询语句，具体语句如下。

```
words = lines.select(
    explode(
        split(lines.value, " ")
    ).alias("word")
)
wordCounts = words.groupBy("word").count()
```

DataFrame 的 select 函数可以接收多个列名或列的表达式，在这里使用表达式对 value 进行拆分和展开。使用 split()以空格作为分隔符，把每一行字符串拆分成多个新行，再使用 explode()把数组展开成每行一个单词，并对这个列定义"别名"为 word。最后，对列 word 使用 groupBy 函数进行分组计数。

需要注意的是，以上只是定义了流数据的查询，并未真正执行流计算。

5. 启动流计算并输出结果

定义完查询语句后，就可以开始执行流计算，具体语句如下。

```
query = wordCounts \
    .writeStream \
    .outputMode("complete") \
    .format("console") \
    .trigger(processingTime = "8 seconds") \
    .start()

query.awaitTermination()
```

其中，writeStream 被执行后返回的接口可用于定义输出细节，使用的输出接收器是通过 format()来定义的，上面代码中使用控制台作为接收器，输出模式为 Complete 模式（输出模式将在 8.4 节详细介绍）。trigger()用于定义微批处理的间隔时间，start()方法用于启动流计算过程。由于流数据会持续到达，为防止查询处于活动状态被退出，我们需要使用 awaitTermination()方法，使查询在后台持续运行，直到接收到用户退出的指令才退出。一旦流计算过程被启动，程序就会一直运行，并且每隔 8s 对目前收集到的流数据进行计算。

8.2.2 测试运行

前面分步骤描述了一个 Spark Structured Streaming 实例程序的相关细节，该程序的完整源代码文件"/usr/local/spark/mycode/structuredstreaming/StructuredNetworkWordCount.py"的内容如下。

```
#!/usr/bin/env python3

from pyspark.sql import SparkSession
from pyspark.sql.functions import split
from pyspark.sql.functions import explode

if __name__ == "__main__":
    spark = SparkSession \
        .builder \
        .appName("StructuredNetworkWordCount") \
        .getOrCreate()

    spark.sparkContext.setLogLevel('WARN')

    lines = spark \
        .readStream \
```

```
        .format("socket") \
        .option("host", "localhost") \
        .option("port", 9999) \
        .load()

    words = lines.select(
        explode(
            split(lines.value, " ")
        ).alias("word")
    )

    wordCounts = words.groupBy("word").count()

    query = wordCounts \
        .writeStream \
        .outputMode("complete") \
        .format("console") \
        .trigger(processingTime = "8 seconds") \
        .start()

    query.awaitTermination()
```

在执行 StructuredNetworkWordCount.py 之前，需要启动 HDFS。启动 HDFS 的命令如下。

```
$ cd /usr/local/hadoop
$ sbin/start-dfs.sh
```

新建一个终端（记作"数据源终端"），执行以下命令。

```
$ nc -lk 9999
```

再新建一个终端（记作"流计算终端"），执行以下命令。

```
$ cd /usr/local/spark/mycode/structuredstreaming/
$ /usr/local/spark/bin/spark-submit StructuredNetworkWordCount.py
```

为了模拟文本流数据，我们可以在"数据源终端"内不断地输入一行行英文语句，nc 程序会把这些数据发送给 StructuredNetworkWordCount.py 程序进行处理。例如，输入以下数据。

```
apache spark
apache hadoop
```

在"流计算终端"窗口内会输出类似以下的结果。

```
-------------------------------------------
Batch: 0
-------------------------------------------
+------+-----+
|  word|count|
+------+-----+
|apache|    1|
| spark|    1|
+------+-----+


-------------------------------------------
Batch: 1
-------------------------------------------
+------+-----+
|  word|count|
+------+-----+
|apache|    2|
| spark|    1|
|hadoop|    1|
+------+-----+
...
```

输出结果内的 Batch 后面的数字，代表微批处理的序号，系统每隔 8s 会启动一次微批处理并输出数据。如果要停止程序的运行，则可以在终端内按"Ctrl+C"组合键来停止。

8.3 输入源

在 8.2 节的实例 StructuredNetworkWordCount.py 中，使用 format("socket")定义了一个 Socket 输入源。实际上，Spark 有多个内置的输入源，分别为 File 源、Kafka 源、Socket 源和 Rate 源。

8.3.1 File 源

1. File 源简介

File 源（或称为"文件源"）以文件流的形式读取某个目录中的文件，支持的文件格式有.csv、.json、.orc、.parquet、.text 等。需要注意的是，文件放置到指定目录的操作应当是原子性的，即不能长时间在指定目录内打开文件写入内容，而是应当采取大部分操作系统都支持的、通过写入临时文件后再移动该文件到指定目录的方式来完成。

File 源
File 源的选项（option）主要包括以下几个。

● path：输入的路径，所有文件格式通用。path 支持 glob 通配符路径，但是目录或 glob 通配符路径的格式不支持以多个逗号分隔的形式。

● maxFilesPerTrigger：每个触发器中要处理的最大新文件数（默认无最大值）。

● latestFirst：是否优先处理最新的文件。当有大量文件积压时，设置为 True，可以优先处理新文件；默认值为 False。

● fileNameOnly：是否仅根据文件名而不是完整路径来检查新文件，默认为 False。如果设置为 True，则以下文件将被视为相同的文件，因为它们的文件名"dataset.txt"相同。

```
"file:///dataset.txt"
"s3://a/dataset.txt"
"s3n://a/b/dataset.txt"
"s3a://a/b/c/dataset.txt"
```

● maxFileAge：目录内文件的最大生存时间。如果文件的生存时间超过这个值，则忽略这个文件。首次批处理运行时，所有文件都被认为是有效的。如果 latestFirst 被设置为 True，则这个参数会被认为无效，因为如果这个参数有效，有可能会忽略有效的旧文件。这个生存时间设置是基于最新的文件，而不是当前的系统时间，默认值为一个星期。

● cleanSource：清理已完成文件的方法，包括归档（archive）、删除（delete）和关闭（off）3个选项，如果未提供选项，默认值为关闭。如果选择了归档，则必须再提供 sourceArchiveDir 选项。为了防止归档后的文件又被 path 通配符匹配成功而导致文件被重复处理，sourceArchiveDir 的值必须在 path 通配符外面。例如，使用"/hello?/spark/*"作为 path 通配符，则"/hello1/spark/archive/dir"和"/hello1/spark"均不能作为 sourceArchiveDir 的值，而"/helloarchive/spark"可以。Spark 在归档时会保留文件的原始路径，如原始文件目录为"/a/b/dataset.txt"，归档目录为"/helloarchive/spark"，则原始文件被归档后的路径为"/helloarchive/spark/a/b/dataset.txt"。归档和删除操作既有好处也有坏处，好处是会减少列出待处理的文件的系统开销，坏处是移动和删除均会带来一定的系统开销，即使这个操作是在其他的线程内。所以必须仔细评估这个操作对系统的影响再决定是否开启。如果开启，还可以通过设置 spark.sql.streaming.fileSource.cleaner.numThreads 来指定清理的线程数，默认为 1。还需要注意的是，移动和删除可能失败，虽然失败，但是不会影响查询；因为存在移动和删除，所以不要在多个不同的查询中使用，否则多次未预期的移动和删除会导致数据混乱。

特定的文件格式也有一些其他特定的选项，具体可以参阅 Spark 手册内 DataStreamReader 中的相

关说明。以.csv 文件源为例，代码如下。

```
csvDF = spark \
    .readStream \
    .format("csv") \
    .option("seq", ";") \
    .load("SOME_DIR")
```

其中，seq 选项指定了.csv 的间隔符号。

2. 一个简单实例

这里以一个 JSON 格式文件的处理来演示 File 源的使用方法，主要包括以下步骤。

（1）创建程序生成 JSON 格式的 File 源测试数据

为了演示 JSON 格式文件的处理，这里随机生成一些 JSON 格式的文件来进行测试。新建一个代码文件 "/usr/local/spark/mycode/structuredstreaming/file/spark_ss_filesource_generate.py"，其代码内容如下。

```python
#!/usr/bin/env python3
#-*- coding: utf-8 -*-

#导入需要用到的模块
import os
import shutil
import random
import time

TEST_DATA_TEMP_DIR = '/tmp/'
TEST_DATA_DIR = '/tmp/testdata/'

ACTION_DEF = ['login', 'logout', 'purchase']
DISTRICT_DEF = ['fujian', 'beijing', 'shanghai', 'guangzhou']
JSON_LINE_PATTERN = '{{"eventTime": {}, "action": "{}", "district": "{}"}}\n'

#测试环境搭建，判断文件夹是否存在，如果存在则删除旧数据，并建立文件夹
def test_setUp():
    if os.path.exists(TEST_DATA_DIR):
        shutil.rmtree(TEST_DATA_DIR, ignore_errors = True)
    os.mkdir(TEST_DATA_DIR)

#测试环境的恢复，对文件夹进行清理
def test_tearDown():
    if os.path.exists(TEST_DATA_DIR):
        shutil.rmtree(TEST_DATA_DIR, ignore_errors = True)

#生成测试文件
def write_and_move(filename, data):
    with open(TEST_DATA_TEMP_DIR + filename,
            "wt", encoding = "utf-8") as f:
        f.write(data)

    shutil.move(TEST_DATA_TEMP_DIR + filename,
            TEST_DATA_DIR + filename)

if __name__ == "__main__":
    test_setUp()
```

```
    for i in range(1000):
        filename = 'e-mall-{}.json'.format(i)

        content = ''
        rndcount = list(range(100))
        random.shuffle(rndcount)
        for _ in rndcount:
            content += JSON_LINE_PATTERN.format(
                str(int(time.time())),
                random.choice(ACTION_DEF),
                random.choice(DISTRICT_DEF))
        write_and_move(filename, content)

        time.sleep(1)

    test_tearDown()
```

以上这段程序首先建立测试环境，清空测试数据所在的目录，接着使用 for 循环 1000 次来生成 1000 个文件，文件名为 "e-mall-数字.json"，文件内容是不超过 100 行的随机 JSON 行，行的格式类似如下。

```
{"eventTime": 1546939167, "action": "logout", "district": "fujian"}\n
```

其中，时间、操作和地区均随机生成。测试数据模拟的是电子商城记录的用户行为，该行为可能是登录、退出或者购买，并记录了用户所在的地区。为了让程序运行一段时间，每生成一个文件后休眠 1s。在临时目录内生成的文件，通过移动（move）的原子操作移动到测试目录。

（2）创建程序对数据进行统计

新建一个代码文件 "/usr/local/spark/mycode/structuredstreaming/file/spark_ss_filesource.py"，其内容如下。

```
#!/usr/bin/env python3
#-*- coding: utf-8 -*-

#导入需要用到的模块
import os
import shutil
from pprint import pprint

from pyspark.sql import SparkSession
from pyspark.sql.functions import window, asc
from pyspark.sql.types import StructType, StructField
from pyspark.sql.types import TimestampType, StringType

#定义 JSON 格式文件的路径常量
TEST_DATA_DIR_SPARK = 'file:///tmp/testdata/'

if __name__ == "__main__":
    #定义模式，其由时间戳类型的 eventTime 以及字符串类型的 action 和 district 组成
    schema = StructType([
        StructField("eventTime", TimestampType(), True),
        StructField("action", StringType(), True),
        StructField("district", StringType(), True)])

    spark = SparkSession \
        .builder \
        .appName("StructuredEMallPurchaseCount") \
```

```
          .getOrCreate()

    spark.sparkContext.setLogLevel('WARN')

    lines = spark \
        .readStream \
        .format("json") \
        .schema(schema) \
        .option("maxFilesPerTrigger", 100) \
        .load(TEST_DATA_DIR_SPARK)

    #定义窗口
    windowDuration = '1 minutes'

    windowedCounts = lines \
        .filter("action = 'purchase'") \
        .groupBy('district', window('eventTime', windowDuration)) \
        .count() \
        .sort(asc('window'))

    query = windowedCounts \
        .writeStream \
        .outputMode("complete") \
        .format("console") \
        .option('truncate', 'false') \
        .trigger(processingTime = "10 seconds") \
        .start()

    query.awaitTermination()
```

（3）测试运行程序

程序运行过程需要访问 HDFS，因此，需要启动 HDFS，命令如下。

```
$ cd /usr/local/hadoop
$ sbin/start-dfs.sh
```

新建一个终端，执行以下命令生成测试数据。

```
$ cd /usr/local/spark/mycode/structuredstreaming/file
$ python3 spark_ss_filesource_generate.py
```

新建一个终端，执行以下命令运行数据统计程序。

```
$ cd /usr/local/spark/mycode/structuredstreaming/file
$ /usr/local/spark/bin/spark-submit spark_ss_filesource.py
```

运行程序以后，可以看到类似以下的输出结果。

```
-------------------------------------------
Batch: 0
-------------------------------------------
+---------+------------------------------------------+-----+
|district |window                                    |count|
+---------+------------------------------------------+-----+
|guangzhou|{2023-01-08 17:19:00, 2023-01-08 17:20:00}|283  |
|shanghai |{2023-01-08 17:19:00, 2023-01-08 17:20:00}|251  |
|fujian   |{2023-01-08 17:19:00, 2023-01-08 17:20:00}|258  |
|beijing  |{2023-01-08 17:19:00, 2023-01-08 17:20:00}|258  |
|guangzhou|{2023-01-08 17:20:00, 2023-01-08 17:21:00}|492  |
|beijing  |{2023-01-08 17:20:00, 2023-01-08 17:21:00}|499  |
|fujian   |{2023-01-08 17:20:00, 2023-01-08 17:21:00}|513  |
|shanghai |{2023-01-08 17:20:00, 2023-01-08 17:21:00}|503  |
```

```
|guangzhou|{2023-01-08 17:21:00, 2023-01-08 17:22:00}|71   |
|fujian   |{2023-01-08 17:21:00, 2023-01-08 17:22:00}|74   |
|shanghai |{2023-01-08 17:21:00, 2023-01-08 17:22:00}|66   |
|beijing  |{2023-01-08 17:21:00, 2023-01-08 17:22:00}|52   |
+---------+-------------------------------------------+-----+
```

spark_ss_filesource.py 程序的目的是过滤用户在电子商城里的购买记录，并根据地区以 1min 的时间窗口统计各个地区的购买量，按时间排序后输出。

8.3.2 Kafka 源

Kafka 源是流处理理想的输入源，因为它可以保证实时和容错。Kafka 源的选项（option）包括以下几个。

- assign：指定所消费的 Kafka 主题和分区。
- subscribe：订阅的 Kafka 主题，为逗号分隔的主题列表。
- subscribePattern：订阅的 Kafka 主题正则表达式，可匹配多个主题。
- kafka.bootstrap.servers：Kafka 服务器的列表，逗号分隔的 "host:port" 列表。
- startingOffsets：起始位置偏移量。
- endingOffsets：结束位置偏移量。
- failOnDataLoss：布尔值，表示是否在 Kafka 数据可能丢失时（主题被删除或位置偏移量超出范围等）触发流计算失败。一般应当禁止，以免误报。

示例代码如下。

```
df = spark \
    .readstream() \
    .format('kafka') \
    .option('subscribe', 'input') \
    .load()
```

下面通过一个实例来演示 Kafka 源的使用。在这个实例中，使用生产者程序每 0.1s 生成一个包含两个字母的单词，并写入 Kafka 的名称为 "wordcount-topic" 的主题（topic）内。Spark 的消费者程序通过订阅 wordcount-topic，会源源不断收到单词，并且每隔 8s 对收到的单词进行一次词频统计，把统计结果输出到 Kafka 的主题 wordcount-result-topic 内，同时，通过两个监控程序检查 Spark 处理的输入和输出结果。

需要说明的是，为了顺利完成下面的实验，我们需要安装较新版本的 Kafka，下载时可以到 Kafka 官网下载 Kafka_2.12-3.5.1.tgz，或者直接到本书官方网站"下载专区"的"软件"目录中下载安装文件 Kafka_2.12-3.5.1.tgz。Kafka 的安装和测试，具体方法可以参见 3.4.2 小节，此处不再赘述。假设这里的 Kafka 安装目录是 "/usr/local/kafka"。

1. 启动 Kafka

在 Linux 操作系统中新建一个终端（记作"ZooKeeper 终端"），输入以下命令启动 ZooKeeper 服务。

```
$ cd /usr/local/kafka
$ bin/zookeeper-server-start.sh config/zookeeper.properties
```

不要关闭这个终端窗口，一旦关闭，ZooKeeper 服务就停止了。另外打开一个终端（记作"Kafka 终端"），然后输入以下命令启动 Kafka 服务。

```
$ cd /usr/local/kafka
$ bin/kafka-server-start.sh config/server.properties
```

不要关闭这个终端窗口，一旦关闭，Kafka 服务就停止了。

打开一个新的终端（记作"监控输入终端"），执行以下命令监控 Kafka 接收到的文本。

```
$ cd /usr/local/kafka
$ bin/kafka-console-consumer.sh \
> --bootstrap-server localhost:9092 --topic wordcount-topic
```

再打开一个新的终端（记作"监控输出终端"），执行以下命令监控输出的结果文本。

```
$ cd /usr/local/kafka
$ bin/kafka-console-consumer.sh \
> --bootstrap-server localhost:9092 --topic wordcount-result-topic
```

2. 编写生产者（Producer）程序

新建一个终端（记作"生产者终端"），新建代码文件"/usr/local/spark/mycode/structuredstreaming/kafka/spark_ss_kafka_producer.py"，其内容如下。

```python
#!/usr/bin/env python3

import string
import random
import time

from kafka import KafkaProducer

if __name__ == "__main__":
    producer = KafkaProducer(bootstrap_servers = ['localhost:9092'])

    while True:
        s2 = (random.choice(string.ascii_lowercase) for _ in range(2))
        word = ''.join(s2)
        value = bytearray(word, 'utf-8')

        producer.send('wordcount-topic', value = value) \
            .get(timeout = 10)

        time.sleep(0.1)
```

在上述代码中，使用 random 的 choice 函数随机选择 string.ascii_lowercase 内的小写字母，通过 for 循环两次，生成两个小写字母，并通过 join 操作连接两个小写字母，得到一个包含两个字母的单词。

如果还没有安装 Python 3 的 Kafka 支持，则需要按照以下操作进行安装。

（1）确认是否已安装 pip3，如果没有，则使用以下命令安装。

```
$ sudo apt-get install pip3
```

（2）安装 kafka-python 模块，命令如下。

```
$ sudo pip3 install kafka-python
```

然后在终端中执行以下命令运行生产者程序。

```
$ cd /usr/local/spark/mycode/structuredstreaming/kafka/
$ python3 spark_ss_kafka_producer.py
```

生产者程序运行以后，在"监控输入终端"窗口内就可以看到持续输出包含两个字母的单词。

3. 编写消费者（Consumer）程序

新建一个终端（记作"流计算终端"），新建代码文件"/usr/local/spark/mycode/structuredstreaming/kafka/spark_ss_kafka_consumer.py"，其内容如下。

```python
#!/usr/bin/env python3

from pyspark.sql import SparkSession

if __name__ == "__main__":
    spark = SparkSession \
```

```
        .builder \
        .appName("StructuredKafkaWordCount") \
        .getOrCreate()

    spark.sparkContext.setLogLevel('WARN')

    lines = spark \
        .readStream \
        .format("kafka") \
        .option("kafka.bootstrap.servers", "localhost:9092") \
        .option("subscribe", 'wordcount-topic') \
        .load() \
        .selectExpr("CAST(value AS STRING)")

    wordCounts = lines.groupBy("value").count()

    query = wordCounts \
        .selectExpr("CAST(value AS STRING) as key", "CONCAT(CAST(value AS STRING), ':',
CAST(count AS STRING)) as value") \
        .writeStream \
        .outputMode("complete") \
        .format("kafka") \
        .option("kafka.bootstrap.servers", "localhost:9092") \
        .option("topic", "wordcount-result-topic") \
        .option("checkpointLocation", "file:///tmp/kafka-sink-cp") \
        .trigger(processingTime="8 seconds") \
        .start()

    query.awaitTermination()
```

spark_ss_kafka_consumer.py 的代码中存在两个 selectExpr。第 1 个 selectExpr 将 Kafka 的主题 wordcount-topic 内的 value 转换成字符串，然后对其在一个触发周期（8s）内进行 groupBy 操作，并通过 count()操作得到统计结果。为了观察输出，将结果 value 写入主题 wordcount-result-topic 的 key 内，并通过 CONCAT 函数将 value、冒号和计数拼接后写入 Kafka 的 value 内。最后，在"监控输出终端"内输出 Kafka 的主题 wordcount-result-topic 的 value 值。

在终端中执行以下命令运行消费者程序。

```
$ cd /usr/local/spark/mycode/structuredstreaming/kafka/
$ /usr/local/spark/bin/spark-submit \
> --packages org.apache.spark:spark-sql-kafka-0-10_2.12:3.4.0 \
> spark_ss_kafka_consumer.py
```

上述命令行通过 packages 选项来指定需要的包，Spark 使用的 Maven 会自动下载所有依赖的 Java 包。使用包管理器可以减少安装环境等事务，并且包管理器会自动处理多个包之间的依赖关系。

消费者程序运行之后，我们可以在"监控输出终端"看到类似以下的输出结果。

```
sq:3
bl:6
lo:8
…
```

8.3.3 Socket 源

Socket 源从一个本地或远程主机的某个端口服务上读取数据，数据的编码为 UTF-8。因为 Socket 源使用内存保存读取到的所有数据，并且远端服务不能保证数据在出错后可以使用检查点或者指定当前已处理的偏移量来重放数据，所以它

Socket 源

无法提供端到端的容错保障。Socket 源一般仅用于测试或学习用途。

- Socket 源的选项（option）包括以下几个。
- host：主机 IP 地址或者域名，必须设置。
- port：端口号，必须设置。
- includeTimestamp：是否在数据行内包含时间戳。使用时间戳可以测试基于时间聚合的功能。

Socket 源的实例可以参考 8.2 节的 StructuredNetworkWordCount.py。

8.3.4　Rate 源

Rate 源可按时间每秒或者按每微批处理生成特定个数的数据行，每个数据行包括时间戳和值字段。时间戳是消息发送的时间，值是从开始到当前消息发送的总个数，从 0 开始。Rate 源一般用于调试或性能基准测试。

Rate 源

按时间生成的 Rate 源格式为 "rate" 字符串；按每微批处理生成的 Rate 源命名为 Rate Per Micro-Batch 源，其格式为 "rate-micro-batch" 字符串。不管查询执行时间如何，如查询滞后或者查询因为触发器设置提前发起，Rate Per Micro-Batch 源在每个微批处理内均会确保提供一组数量一致的数据行。例如，在批次为 0 时生成 0～999 的数据行，在批次为 1 时生成 1000～1999 的数据行。

Rate 源的选项（option）包括以下几个。

- rowsPerSecond：每秒产生多少行数据，默认值为 1。
- rampUpTime：生成速度达到 rowsPerSecond 需要的启动时间，使用比秒更精细的时间粒度将被截断为整数秒，默认值为 0s。
- numPartitions：使用的分区数，默认值为 Spark 的默认分区数。

Rate 源会尽可能地使每秒生成的数据量达到 rowsPerSecond，通过调整 numPartitions 可以尽快达到所需的速度。这几个参数的作用类似于通过增大汽车发动机的功率来使汽车加速时间缩短。

下面用一小段代码来观察 Rate 源的数据行格式和生成数据的内容。新建一个代码文件 "/usr/local/spark/mycode/structuredstreaming/rate/spark_ss_rate.py"，其内容如下。

```
#!/usr/bin/env python3

from pyspark.sql import SparkSession

if __name__ == "__main__":
    spark = SparkSession \
        .builder \
        .appName("TestRateStreamSource") \
        .getOrCreate()

    spark.sparkContext.setLogLevel('WARN')

    lines = spark \
        .readStream \
        .format("rate") \
        .option('rowsPerSecond',5) \
        .load()

    print(lines.schema)

    query = lines \
        .writeStream \
        .outputMode("update") \
        .format("console") \
```

```
        .option('truncate','false') \
        .start()

    query.awaitTermination()
```

在 Linux 终端中通过以下命令执行 spark_ss_rate.py。

```
$ cd /usr/local/spark/mycode/structuredstreaming/rate/
$ /usr/local/spark/bin/spark-submit spark_ss_rate.py
```

上述命令执行后，会得到类似以下的结果。

```
StructType(List(StructField(timestamp,TimestampType,true),StructFi eld(value,
LongType,true)))
-------------------------------------------
Batch: 0
-------------------------------------------
+---------+-----+
|timestamp|value|
+---------+-----+
+---------+-----+


-------------------------------------------
Batch: 1
-------------------------------------------
+-----------------------+-----+
|timestamp              |value|
+-----------------------+-----+
|2023-10-01 15:42:38.595|0    |
|2023-10-01 15:42:38.795|1    |
|2023-10-01 15:42:38.995|2    |
|2023-10-01 15:42:39.195|3    |
|2023-10-01 15:42:39.395|4    |
+-----------------------+-----+
```

输出结果的第 1 行 StructType 就是 print(lines.schema)输出的数据行格式。

Rate Per Micro-Batch 源的选项（option）包括以下几个。

- rowsPerBatch：每微批处理产生多少行数据，默认值为 1。
- numPartitions：使用的分区数，默认值为 Spark 的默认分区数。
- startTimestamp：时间戳的起始值，默认值为 0。
- advanceMillisPerBatch：下一个微批处理生成的时间戳增加的数值，默认值为 1000。

8.4 输出操作

为了保存流计算的结果，需要定义将结果以何种方式保存到哪个位置。流计算过程定义的 DataFrame/Dataset 结果，通过 writeStream()方法将数据写入输出接收器，写入内容的多少是由输出模式定义的。输出模式包括 Append 模式、Complete 模式和 Update 模式，其中，Append 模式是默认的模式。流计算查询类型的不同也会影响输出模式的选择。最终数据会写入输出接收器，系统内置的输出接收器包括 Console 接收器、Memory 接收器、File 接收器、Foreach 接收器、Kafka 接收器等，用户也可以自定义输出接收器。如果只是为了调试，则可以选择 Console 接收器；如果使用者对关系数据库的操作比较熟悉，需要对数据集进行 SQL 查询以便完成更多有意义的分析，则可以使用 Memory 接收器；如果需要长期保存，建议使用 File 接收器；Foreach 接收器提供了较高的灵活性，通过 Foreach 的循环可以对每条数据逐一进行处理，并可将数据保存到任意位置。

输出操作

8.4.1　启动流计算

DataFrame/Dataset 的 writeStream()方法将会返回 DataStreamWriter 接口，该接口通过 start()真正启动流计算，并将 DataFrame/Dataset 写入外部的输出接收器。DataStreamWriter 接口包括以下几个主要函数。

- format：接收器类型。
- outputMode：输出模式，指定写入接收器的内容。模式可以是 Append 模式、Complete 模式或 Update 模式。
- queryName：查询的名称，可选，用于标识查询的唯一名称。
- trigger：触发间隔，可选。如果未指定，则系统将在上一次处理完成后立即检查新数据的可用性。如果由于先前的处理尚未完成而导致超过触发间隔，则系统将在处理完成后立即触发新的查询。

不同的接收器类型存在通用选项（option），如 checkpointLocation（检查点位置）选项。某些接收器可以保证端到端的容错能力，这需要提前指定将检查点信息保存到文件系统内的位置，位置可以是与 HDFS 兼容的容错文件系统中的目录。

以下是示例代码。

```
query = wordcount \
    .writeStream \
    .outputMode("update") \
    .format("console") \
    .option('truncate', 'false')\
    .trigger(processingTime = "8 seconds") \
    .start()
```

在这个示例代码中，设置了输出模式为 Update 模式，接收器为 Console 接收器，并且不截断长的字符串。

8.4.2　输出模式

输出模式用于指定写入接收器的内容，主要有以下几种。

- Append 模式：只有结果表中自上次触发间隔后增加的新行，才会被写入接收器。这种模式一般适用于"不希望更改结果表中现有行的内容"的使用场景。
- Complete 模式：已更新的完整的结果表可被写入接收器。
- Update 模式：只有自上次触发间隔后结果表中发生更新的行，才会被写入接收器。这种模式与 Complete 模式相比，输出较少，如果结果表的部分行没有更新，则不会输出任何内容。当查询不包括聚合时，这个模式等同于 Append 模式。

不同的流计算查询类型支持不同的输出模式，二者之间的兼容性如表 8-1 所示。

表 8-1　　　　　　　　　　　　流计算查询类型与输出模式之间的兼容性

查询类型		支持的输出模式	备注
聚合查询	在事件时间字段上使用水印的聚合	Append Complete Update	Append 模式使用水印（在 8.6.3 小节介绍）来清理旧的聚合状态
	其他聚合	Complete Update	—
连接查询		Append	—
其他查询		Append Update	不支持 Complete 模式，因为无法将所有未分组数据保存在结果表内

以 8.2 节的示例代码为例，如果要使用 Append 输出模式，则必须设置水印或者不使用聚合查询，例如，将原先使用 groupBy 聚合的代码

```
wordCounts = words.groupBy("word").count()
```

修改为

```
wordCounts = words.filter("word == 'Hello'")
```

8.4.3　输出接收器

系统内置的输出接收器包括 File 接收器、Kafka 接收器、Foreach 接收器、Console 接收器、Memory 接收器等，其中 Console 接收器和 Memory 接收器仅用于调试。有些输出接收器由于无法保证输出的持久性，导致其不是容错的。表 8-2 列出了 Spark 内置输出接收器的详细信息。

表 8–2　　　　　　　　　　　　　　**Spark 内置输出接收器的详细信息**

输出接收器	支持的输出模式	选项	容错
File 接收器	Append	path：输出的路径，必须指定；retention：输出文件的存活时间。过旧的文件会被从元数据日志内排除，使后续查询不会处理这些旧文件。值是类似 "12h" "7d" 等的时间字符串。默认不启用	是。数据只会被处理一次
Kafka 接收器	Append Complete Update	选项较多，具体可查看 Kafka 对接指南	是。数据至少被处理一次
Foreach 接收器	Append Complete Update	无	如果是 Foreach 接收器，则是容错的，其中数据至少被处理一次；如果是 ForeachBatch 接收器，则依赖于具体的实现
Console 接收器	Append Complete Update	numRows：每次触发后输出多少行，默认值为 20。truncate：判定行太长是否截断，默认为是	否
Memory 接收器	Append Complete	无	否。在 Complete 模式下，重启查询会重建全表

以 File 接收器为例，这里把 8.2 节的实例修改为使用 File 接收器，修改后的代码文件为 "/usr/local/spark/mycode/structuredstreaming/StructuredNetworkWordCountFileSink.py"，其内容如下。

```python
#!/usr/bin/env python3

from pyspark.sql import SparkSession
from pyspark.sql.functions import split
from pyspark.sql.functions import explode
from pyspark.sql.functions import length

if __name__ == "__main__":
    spark = SparkSession \
        .builder \
        .appName("StructuredNetworkWordCountFileSink") \
        .getOrCreate()

    spark.sparkContext.setLogLevel('WARN')

    lines = spark \
        .readStream \
        .format("socket") \
```

```
        .option("host", "localhost") \
        .option("port", 9999) \
        .load()

    words = lines.select(
        explode(
            split(lines.value, " ")
        ).alias("word")
    )

    all_length_5_words = words.filter(length("word") == 5)

    query = all_length_5_words \
        .writeStream \
        .outputMode("append") \
        .format("parquet") \
        .option("path", "file:///tmp/filesink") \
        .option("checkpointLocation", "file:///tmp/file-sink-cp") \
        .trigger(processingTime = "8 seconds") \
        .start()

    query.awaitTermination()
```

在 Linux 操作系统中新建一个终端（记作 "数据源终端"），执行以下命令。

```
$ nc -lk 9999
```

再新建一个终端（记作 "流计算终端"），输入以下命令执行 StructuredNetworkWordCount-FileSink.py。

```
$ cd /usr/local/spark/mycode/structuredstreaming
$ /usr/local/spark/bin/spark-submit StructuredNetworkWordCountFileSink.py
```

为了模拟文本流数据，我们可以在 "数据源终端" 输入一行行的英文语句，并且让其中部分英语单词长度等于 5。nc 程序会把这些数据发送到 StructuredNetworkWordCountFileSink.py 程序进行处理，长度为 5 的单词会被筛选出来，并保存到文件中。

由于程序执行后不会在终端输出信息，这时可新建一个终端，执行以下命令查看 File 接收器保存的位置。

```
$ cd /tmp/filesink
$ ls
```

我们可以看到以.parquet 格式保存的类似以下的文件列表。

```
part-00000-2bd184d2-e9b0-4110-9018-a7f2d14602a9-c000.snappy.parquet
part-00000-36eed4ab-b8c4-4421-adc6-76560699f6f5-c000.snappy.parquet
part-00000-dde601ad-1b49-4b78-a658-865e54d28fb7-c000.snappy.parquet
part-00001-eedddae2-fb96-4ce9-9000-566456cd5e8e-c000.snappy.parquet
_spark_metadata
```

我们可以使用以下 strings 命令查看文件内的字符串。

```
$ strings part-00003-89584d0a-db83-467b-84d8-53d43baa4755-c000.snappy.parquet
```

我们可以看到之前输入的多个长度为 5 的单词。这些以.parquet 格式保存的文件可以以中间结果的形式在之后的其他查询中作为输入。

8.5 容错处理

在复杂的网络和计算机环境里，故障是经常发生的，如网络延迟、链路中断、系统崩溃、JVM 故障等，我们应当设计能够有效地应对这些故障、提高程序健壮性的机制。为了能

容错处理

够在故障发生后恢复计算，Spark 设计了输入源、执行引擎和接收器等多个松散耦合的组件来隔离故障。关于输入源或接收器的故障监控恢复机制，以及 Spark 集群本身各个节点的恢复机制，这里不做讨论。本节只关注 Spark 程序的容错。

由于"幂等"的存在，如果不考虑恢复中间状态，全部重新统计也可实现容错，但是这样会浪费中间计算的结果，导致能源和时间的损耗。在故障常态化下，程序的设计阶段就应当考虑故障一定会发生，并且制订解决方案。Spark 通过将程序划分为输入源、执行引擎和接收器等多个层次来保障容错。输入源通过位置偏移量来标记目前处理的位置，执行引擎通过检查点保存中间状态，接收器可以使用"幂等"的接收器来保障输出的稳定性。在任何时间故障发生，或者中断查询程序，只要程序在自动监控下恢复运行或手动启动后，均可快速恢复查询。

8.5.1 从检查点恢复故障

Spark 程序一般要长时间运行，由于有时会因系统故障或者 JVM 故障而导致程序退出、系统重启等，因此 Spark 程序需要具备恢复能力。正确配置容错环境包括选择容错的输入源，记录输入源位置偏移量，保存检查点和预写日志中间状态，以及使用容错的接收器。其中，记录输入源位置偏移量、检查点、预写日志由 Spark 引擎完成。使用者只需要提供检查点路径，Spark 引擎就会保存恢复的必要数据。例如，在 8.4.3 小节的实例中，在文件接收器内设置选项 checkpointLocation，如果发生故障，由于检查点和预写日志保存了位置偏移量等信息，因此 Spark 程序可以通过这些信息恢复到之前查询的进度和状态。

8.5.2 故障恢复中的限制

虽然 Spark 设计了分离的输入源和接收器，然而在程序停止运行或者故障发生后，有时为了解决故障问题，我们可能需要修改部分程序代码并重启查询。但是，这里需要说明的是，如果这时仍使用旧的检查点数据来恢复程序运行，那么，修改部分代码的做法是不被允许的；或者即使允许，也会导致运行的结果可能有无法预期的错误。以下是关于参数修改的一些规则。

- 输入源类型和数量的更改：不被允许。
- 输入源参数的更改：部分不会影响到检查点状态的参数可以修改，如修改 Kafka 的 maxOffsetsPerTrigger 等限速参数；而修改 Kafka 的主题或者文件路径则不被允许。
- 接收器类型的更改：File 接收器改为 Kafka 接收器是允许的，但是 Kafka 只能接收到新的数据；Kafka 接收器改为 File 接收器，则不被允许；Kafka 接收器和 Foreach 接收器可以互相替换。
- 接收器参数的更改：更改 File 接收器的路径不被允许；Kafka 接收器的输出主题允许被更改；Foreach 接收器自定义的函数可以被更改。
- projection、filter、map 等类似操作的更改：部分允许，如增加或者删除过滤条件等。
- 有状态转换操作的更改：有些流计算查询操作需要保存状态数据到检查点，以便在数据持续到来时更新查询结果，这种操作的更改不被允许。

8.6 迟到数据处理

很多时候需要基于数据产生的时间而不是 Spark 接收到数据的时间来进行分析。数据产生的时间是事件时间，也是数据本身嵌入的时间。例如，在处理某个 IoT 设备生成的事件，或者进行日志分析时，可能由于网络延迟或者时间没有对照标准时间进行校准，我们希望使用数据生成的时间而不是 Spark 接收到它们的时间来进行处理。在 Spark 编程模型中，事件时间是数据行中的一列，基于窗口的聚合就是在事件时间上的特殊类型的分组和聚合。每个时间窗口是一个组，并且每个事件行可以属于多个窗口（或分组）。Spark 编程模型可以在静态数据集和流数据上一致地定义基于事件时间窗口的聚合查询。

使用 Spark 编程模型也可以很自然地处理比预计时间晚到达的数据。由于网络延迟或时间误差等不可控因素，Spark 接收带事件时间数据的顺序可能是错乱的。Spark 会持续更新结果表，同时在计算过程中保留中间状态数据。对于迟到数据，我们可以将其加入无界表内一并计算。但是，受制于中间状态数据存储空间的限制，不可能给迟到数据预留无限的存储空间。因此，Spark 引入"水印"机制，使用户可以指定迟到数据的时间阈值，让引擎相应地清理旧状态数据，以避免存储空间无限制地扩大，同时还可以节省计算量。

8.6.1　事件时间

假设某个流数据中包含数据生成的时间，计算每 10min 内接收到的流数据内的单词个数，并且每 5min 更新一次。如图 8-5 所示，在计算 10min 之内接收到的单词个数的时候，需要统计的时间窗口分别为 12:00—12:10、12:05—12:15、12:10—12:20 等。假设在 12:07 时刻接收到一个数据行，这个数据行应该增加对应的两个窗口的计数，即时间窗口 12:00—12:10 和时间窗口 12:05—12:15。因此，Spark 内部执行引擎关于计数的索引，会同时基于分组关键字（即单词）和时间窗口这两个参数，结果表内每行的第 1 列为时间窗口，第 2 列为分组关键字（即单词），第 3 列才是计数结果。

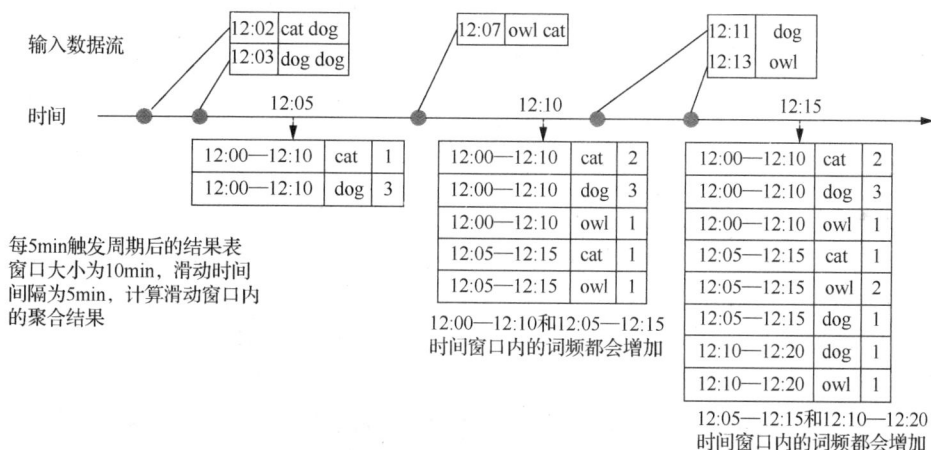

图 8-5　基于事件时间窗口和单词的聚合

8.6.2　迟到数据

现在考虑这样一种情况：如果一个事件迟到，应用程序会发生什么？如图 8-6 所示，假设 12:04 时刻生成的数据 dog，在 12:11 时刻到达（即被 Spark 应用程序接收），应用程序应该把该数据当作 12:04 时刻的数据（而不是 12:11 时刻的数据），来更新时间窗口 12:00—12:10 内的词频信息（而不会更新时间窗口 12:05—12:15 内的词频信息）。如果不保存中间状态数据，则在 12:15 时刻触发执行 Spark 应用程序的时候，由于计算的是 10min 内的流数据，因此只有 12:05 时刻以后聚合的中间状态数据才有存在的必要，而 12:00—12:10 时间窗口的起始点已经早于 12:05，因此，这部分聚合的数据就会被 Spark 丢弃。这就导致了 12:11 时刻到达的数据 dog（实际是 12:04 时刻生成）无法被更新到 12:00—12:10 时间窗口的聚合数据内。

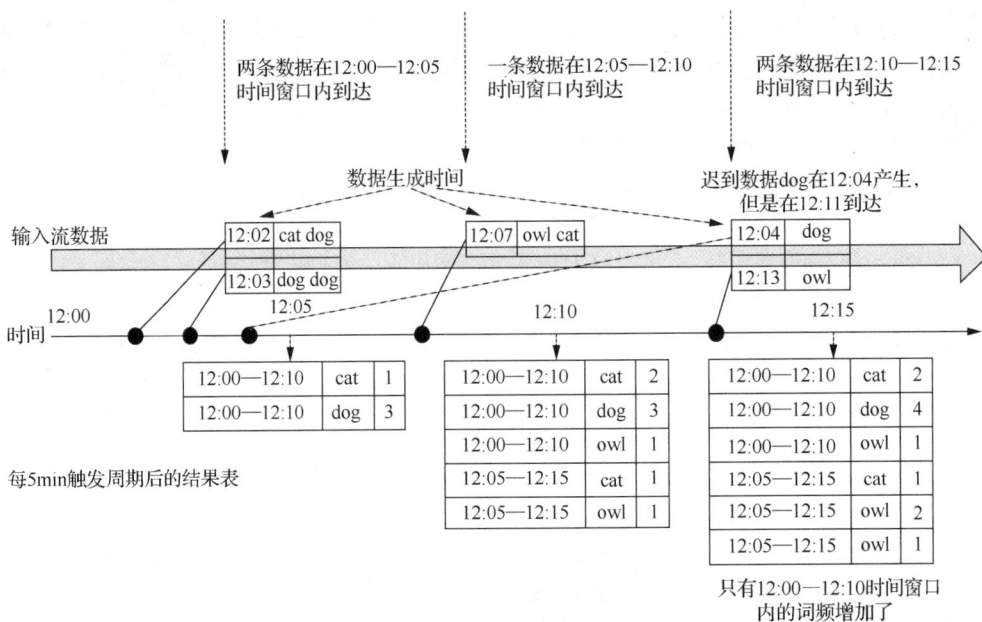

图 8-6　在滑动窗口分组聚合中迟到数据的处理

　　Spark 内部引擎的实现是保留内部状态的，以便让基于事件时间的窗口聚合可以更新旧数据。但是，如果一个查询要运行多天，那么系统绑定的中间状态累积的数量也会随之增加。在实时计算中，旧的延迟数据的价值也会随着时间的流逝而降低。为了释放系统资源，Spark 让用户可以通过自定义水印来告知系统可丢弃哪些在内存中的旧状态。

8.6.3　水印

　　水印可以让引擎自动更新数据中的当前事件时间，并清理旧状态。在定义查询的水印时，可以指定事件时间列和数据预期的延迟阈值。对于从 T 时刻开始的特定窗口，引擎将保持状态，并允许延迟数据来更新状态，直到"当前处理过的最大事件时间值减去延迟阈值"大于 T。也就是说，在阈值内的迟到数据将被聚合，而数据迟到的程度超过阈值时就会被丢弃。

　　定义水印可以使用 withWatermark()方法，下面是一个代码片段。

```
words = ...  #DataFrame 流的结构为 { timestamp: Timestamp, word: String }

#对窗口和字母进行聚合并计算单词数量
windowedCounts = words \
    .withWatermark("timestamp", "10 minutes") \
    .groupBy(
        window(words.timestamp, "10 minutes", "5 minutes"),
        words.word) \
        .count()
```

　　在这个实例里，将查询的水印定义为"timestamp"列的值，并且将允许数据延迟的阈值设置为"10 min"。

　　图 8-7 所示为水印的工作机制示意图。水印设置为事件时间最大值减去 10min。在一个微批处理内，最大事件时间不会对本次微批处理有影响，只有在下一次微批处理中，才会将上一次微批处理内的最大事件时间作为当前的最大事件时间。如果迟到数据落在水印的上方，则该数据不会被丢弃；如果迟到数据落在水印的下方，则该数据会被丢弃。

　　假设当前触发器触发时间为 12:15，应用程序会处理时间窗口（12:10—12:15）内到达的所有数

据，这时，所有数据的事件时间最大值为 12:14 [见图 8-7 中的(12:14,dog)]。于是待触发器处理完后，Spark 为下一次触发器（12:20）设置水印为 12:04（即事件时间最大值 12:14 减去 10min），该设置允许引擎保存 12:04 时刻以来的所有迟到数据可能需要更新到的聚合中间状态（从 12:00 开始）。下一次触发器（12:20）触发后，在时间窗口（12:15—12:20）内，迟到的事件(12:13,owl)和(12:08,dog)仍然会被保留，因为它们都落在水印的上方。同理，可以求得此时的事件时间最大值为 12:21 [见图 8-7 中的(12:21,owl)]，于是下一次触发器（12:25）的水印更新为 12:11（即事件时间最大值 12:21 减去 10min）。当 12:25 时刻的触发器触发时，时间窗口（12:00—12:10）内的中间状态就会被清理（因为数据生成时间早于水印时间），所以(12:04,donkey)会被丢弃，而(12:17,owl)会被保留。

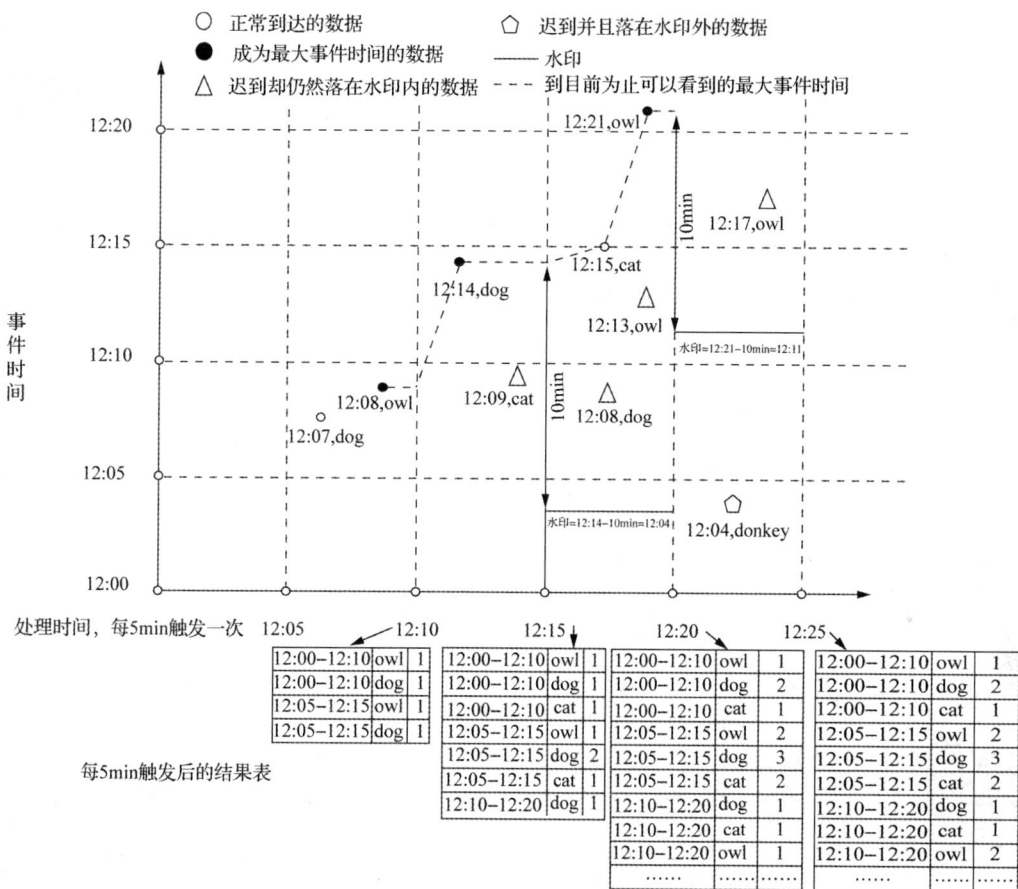

图例：
- ○ 正常到达的数据
- ● 成为最大事件时间的数据
- △ 迟到却仍然落在水印内的数据
- ⬠ 迟到并且落在水印外的数据
- —— 水印
- ---- 到目前为止可以看到的最大事件时间

事件时间轴数据点：(12:21,owl)、(12:17,owl)、(12:15,cat)、(12:14,dog)、(12:13,owl)、(12:09,cat)、(12:08,owl)、(12:08,dog)、(12:07,dog)、(12:04,donkey)

水印=12:14−10min=12:04　　水印=12:21−10min=12:11

处理时间，每5min触发一次　　每5min触发后的结果表

12:05

窗口	键	值
12:00−12:10	owl	1
12:00−12:10	dog	1
12:05−12:15	owl	1
12:05−12:15	dog	1

12:10

窗口	键	值
12:00−12:10	owl	1
12:00−12:10	dog	1
12:00−12:10	cat	1
12:05−12:15	owl	1
12:05−12:15	dog	2
12:05−12:15	cat	1
12:10−12:20	dog	1

12:20

窗口	键	值
12:00−12:10	owl	1
12:00−12:10	dog	2
12:00−12:10	cat	1
12:05−12:15	owl	2
12:05−12:15	dog	3
12:05−12:15	cat	2
12:10−12:20	dog	1
12:10−12:20	owl	1
......		

12:25

窗口	键	值
12:00−12:10	owl	1
12:00−12:10	dog	2
12:00−12:10	cat	1
12:05−12:15	owl	2
12:05−12:15	dog	3
12:05−12:15	cat	2
12:10−12:20	dog	1
12:10−12:20	cat	1
12:10−12:20	owl	2

图 8-7　水印的工作机制示意图

因为水印不应该以任何方式影响任何批处理查询，所以在非流数据上使用水印是不可行的。水印的输出模式必须是 Append 模式或 Update 模式。Complete 模式要求保留所有的聚合数据，导致中间状态无法被清理，因而无法使用水印。水印上的聚合操作不能脱离事件时间列或事件时间列的窗口，并且在使用聚合之前必须先调用 withWatermark，以便水印可被应用。

水印在语义上的保证是单向的。如果水印设置为 2h，那么它可以保证 2h 之内延迟到达的数据一定会被处理。但是，对于延迟超过 2h 到达的数据，则不保证一定会被丢弃，这类数据有可能会被处理；当然，延迟越长，被处理的可能性越低。

8.6.4　多水印规则

如果一个查询涉及多个输入源的联合或者连接，那么，每个输入源都可以自

多水印规则

定义一个单独的水印来跟踪中间状态。单个输入源定义的水印不会影响其他输入源。多个输入源可以定义不同的水印，Structured Streaming 会独立跟踪每个流数据中的事件时间，并分别计算延迟。此外，如果联合或连接查询存在有状态转换操作，Structured Streaming 会选择一个全局的水印来跟踪所有流计算的中间状态。在默认情况下，为了保证所有流的迟到数据都会被处理，Structured Streaming 会选择一个最长的迟到的水印时间。也就是说，如果一个流允许数据迟到 10min，而另一个流允许数据迟到 20min，那么，全局的水印就会允许保留 20min 的中间状态。

但是，在某些时候，出于查询速度的考虑，使用者会允许丢弃最慢的流数据，因此，为了给使用者提供更多的选择，Spark 允许设置多水印规则。通过把 spark.sql.streaming.multipleWatermarkPolicy 从默认的 min 改为 max，就可以达到以上效果。

8.6.5 处理迟到数据的实例

这里通过一个实例来说明，Spark 如何处理迟到数据以及水印在迟到数据处理中的作用。在本实例中，我们首先建立一个基于 CSV 文件的输入源，模拟实时写入 CSV 文件，并构造不同的正常到达和迟到的数据；然后在控制台观察 Structured Streaming 的输出。CSV 文件每行包含两个字段，第一个字段为事件时间的说明，如"1h 以内延迟到达""正常"等；第二个字段为事件时间。我们对不同的事件时间和事件时间的说明进行更改和组合，然后在控制台观察不同的程序运行结果。

新建一个代码文件"/usr/local/spark/mycode/structuredstreaming/watermark/spark_ss_test_delay.py"，其内容如下。

```
#!/usr/bin/env python3
#-*- coding: utf-8 -*-

#导入需要用到的模块
import os
import shutil
from functools import partial

from pyspark.sql import SparkSession
from pyspark.sql.functions import window
from pyspark.sql.types import StructType, StructField
from pyspark.sql.types import TimestampType, StringType

#定义 CSV 文件的路径常量
TEST_DATA_DIR = '/tmp/testdata/'
TEST_DATA_DIR_SPARK = 'file:///tmp/testdata/'


#搭建测试环境，判断 CSV 文件夹是否存在，如果存在则删除旧数据，并建立文件夹
def test_setUp():
    if os.path.exists(TEST_DATA_DIR):
        shutil.rmtree(TEST_DATA_DIR, ignore_errors = True)
    os.mkdir(TEST_DATA_DIR)


#恢复测试环境，对 CSV 文件夹进行清理
def test_tearDown():
    if os.path.exists(TEST_DATA_DIR):
        shutil.rmtree(TEST_DATA_DIR, ignore_errors = True)
```

```python
#编写模拟输入的函数，传入 CSV 文件名和数据。注意写入应当是原子性的
#如果写入时间较长，应当先写入临时文件再移动到 CSV 目录内
#这里采取直接写入的方式
def write_to_csv(filename, data):
    with open(TEST_DATA_DIR + filename, "wt", encoding = "utf-8") as f:
        f.write(data)


if __name__ == "__main__":
    test_setUp()

    #定义模式，该模式由字符串类型的 word 和时间戳类型的 eventTime 两个列组成
    schema = StructType([
        StructField("word", StringType(), True),
        StructField("eventTime", TimestampType(), True)])

    spark = SparkSession \
        .builder \
        .appName("StructuredNetworkWordCountWindowedDelay") \
        .getOrCreate()

    spark.sparkContext.setLogLevel('WARN')

    lines = spark \
        .readStream \
        .format('csv') \
        .schema(schema) \
        .option("sep", ";") \
        .option("header", "false") \
        .load(TEST_DATA_DIR_SPARK)

    #定义窗口
    windowDuration = '1 hour'

    windowedCounts = lines \
        .withWatermark("eventTime", "1 hour") \
        .groupBy('word', window('eventTime', windowDuration)) \
        .count()

    query = windowedCounts \
        .writeStream \
        .outputMode("update") \
        .format("console") \
        .option('truncate', 'false') \
        .trigger(processingTime = "8 seconds") \
        .start()

    #写入测试文件 file1.csv
    write_to_csv('file1.csv', """
正常;2023-10-01 08:00:00
正常;2023-10-01 08:10:00
正常;2023-10-01 08:20:00
""")
```

```
    #处理当前数据
    query.processAllAvailable()

    #此时事件时间更新到上次看到的最大的 2023-10-01 08:20:00

    write_to_csv('file2.csv', """
正常;2023-10-01 20:00:00
1h 以内延迟到达;2023-10-01 10:00:00
1h 以内延迟到达;2023-10-01 10:50:00
""")

    #处理当前数据
    query.processAllAvailable()

    #此时事件时间更新到上次看到的最大的 2023-10-01 20:00:00

    write_to_csv('file3.csv', """
正常;2023-10-01 20:00:00
1h 以外延迟到达;2023-10-01 10:00:00
1h 以外延迟到达;2023-10-01 10:50:00
1h 以内延迟到达;2023-10-01 19:00:00
""")

    #处理当前数据
    query.processAllAvailable()

    query.stop()

    test_tearDown()
```

新建一个终端，执行以下命令运行程序。

```
$ cd /usr/local/spark/mycode/structuredstreaming/watermark/
$ /usr/local/spark/bin/spark-submit spark_ss_test_delay.py
```

然后，可以观察到类似以下的结果。

```
-------------------------------------------
Batch: 0
-------------------------------------------
+----+--------------------------------------------+-----+
|word|window                                      |count|
+----+--------------------------------------------+-----+
|正常 |{2023-10-01 08:00:00, 2023-10-01 09:00:00}|3    |
+----+--------------------------------------------+-----+


-------------------------------------------
Batch: 1
-------------------------------------------
+--------+--------------------------------------------+-----+
|word    |window                                      |count|
+--------+--------------------------------------------+-----+
|1h 以内延迟到达|{2023-10-01 10:00:00, 2023-10-01 11:00:00}|2 |
|正常      |{2023-10-01 20:00:00, 2023-10-01 21:00:00}|1    |
+--------+--------------------------------------------+-----+
```

```
------------------------------------------------
Batch: 2
------------------------------------------------
+------------+-------------------------------------------------+-----+
|word        |window                                           |count|
+------------+-------------------------------------------------+-----+
|1h 以内延迟到达 |{2023-10-01 19:00:00, 2023-10-01 20:00:00}|1    |
|正常         |{2023-10-01 20:00:00, 2023-10-01 21:00:00}|2    |
+------------+-------------------------------------------------+-----+
```

可以看到，1h 以外延迟到达的数据由于水印的设置被 Spark 丢弃，而 1h 以内延迟到达的数据则会被正常处理。

8.7　查询的管理和监控

在编写 Spark 程序时，日志和监控是调试程序最重要的手段。在 Spark 程序运行以后，由于一般 Spark 程序会长时间运行，并且进程处于阻塞模式，如果无法对运行过程进行监控，也就无法判断程序是否已经运行或者是否正常运行。因此，利用日志和监控是管理 Spark 程序并提高其健壮性的重要方式。在 Spark 运行中，会产生非常的不同级别的日志，我们可以通过修改日志级别和跟踪查看日志信息，来观察运行中存在的警告或者错误信息。通过 Spark 自身提供的对象功能和异步推送的度量指标信息，可以非常方便地对 Spark 运行过程的运行时信息进行实时的监控。

8.7.1　管理和监控的方法

查询时返回的 StreamingQuery()对象可用于对查询进行管理和监控。在 8.2 节的实例中，返回的 query 对象就是 StreamingQuery()，这个对象包含 recentProgress、lastProgress、status 等多个属性，其中 recentProgress 可用于返回最近的多个 StreamingQueryProgresss 构成的数组，返回的数组大小可以使用 spark.sql.streaming.numRecentProgressUpdates 来定义；lastProgress 可返回最近的 StreamingQueryProgress；status 可返回当前查询的状态。

在单个 SparkSession 中可以启动任意数量的查询，它们都会共享相同的集群资源且并行运行。此外，可以使用 8.2 节实例中返回的 Spark 的 stream()函数来获取 StreamingQueryManager 对象，用于管理当前活动的查询。如果在一个程序内启动了多个查询，则不能使用单个 query 的 awaitTermination()来让程序阻塞，直到查询结束，因为这会使一个查询结束后，程序立刻退出，导致其他查询无法继续，此时应当结合使用 StreamingQueryManager 的 awaitAnyTermination()函数、active 属性和 resetTerminated()函数，直到所有查询运行完成才退出程序。其中，awaitAnyTermination()会在任意一个查询结束后停止阻塞；active 会返回当前上下文所有还在活动的查询；只要还有活动的查询存在，就可以使用 resetTerminated()忽略已经结束的查询，并使 awaitAnyTermination()可以继续用于阻塞程序。

8.7.2　一个监控的实例

本小节对 8.2 节中的实例 StructuredNetworkWordCount.py 进行修改，增加输出查询状态的代码并运行观察结果。新建一个代码文件 "/usr/local/spark/mycode/structuredstreaming/monitor/Structured-NetworkWordCountWithMonitor.py"，其内容如下。

```
#!/usr/bin/env python3

from pprint import pprint
```

```python
import time

from pyspark.sql import SparkSession
from pyspark.sql.functions import split
from pyspark.sql.functions import explode

if __name__ == "__main__":
    spark = SparkSession \
        .builder \
        .appName("StructuredNetworkWordCount") \
        .getOrCreate()

    spark.sparkContext.setLogLevel('WARN')

    lines = spark \
        .readStream \
        .format("socket") \
        .option("host", "localhost") \
        .option("port", 9999) \
        .load()

    words = lines.select(
        explode(
            split(lines.value, " ")
        ).alias("word")
    )

    wordCounts = words.groupBy("word").count()

    query = wordCounts \
        .writeStream \
        .outputMode("complete") \
        .format("console") \
        .queryName('write_to_console') \
        .trigger(processingTime="8 seconds") \
        .start()

    while True:
        if query.lastProgress:
            if query.lastProgress['numInputRows'] > 0:
                pprint(query.lastProgress)

        pprint(query.status)

        time.sleep(5)
```

与 8.2 节中的实例 StructuredNetworkWordCount.py 相比，StructuredNetworkWordCountWithMonitor.py 的代码增加了 queryName，去掉了 query.awaitTermination()，取而代之的是一个无限循环的代码段。在代码内判断最近是否有新处理数据，如果有，则输出 lastProgress 信息和 status 信息，并休眠 5s。

在执行 StructuredNetworkWordCountWithMonitor.py 之前，需要启动 HDFS。启动 HDFS 的命令如下。

```
$ cd /usr/local/hadoop
$ sbin/start-dfs.sh
```

新建一个终端（记作"数据源终端"），执行以下命令。

```
$ nc -lk 9999
```

再新建一个终端（记作"流计算终端"），执行以下命令。

```
$ cd /usr/local/spark/mycode/structuredstreaming/monitor
$ /usr/local/spark/bin/spark-submit StructuredNetworkWordCountWithMonitor.py
```

为了模拟文本流数据，我们可以在"数据源终端"内不断输入一行行的英文语句，nc 程序会把这些数据发送到 StructuredNetworkWordCountWithMonitor.py 程序进行处理。例如，输入以下数据。

```
apache spark
apache hadoop
```

在"流计算终端"观察程序运行结果，可以看出，与 StructuredNetworkWordCount.py 相比，在执行 StructuredNetworkWordCountWithMonitor.py 后的输出结果中，新增加了类似以下的状态信息。

```
{'batchId': 0,
 'durationMs': {'addBatch': 4107,
               'getBatch': 219,
               'getOffset': 0,
               'queryPlanning': 345,
               'triggerExecution': 4736,
               'walCommit': 55},
 'id': '38846056-5b0a-4c06-894e-fa038a72617f',
 'inputRowsPerSecond': 0.25,
 'name': 'write_to_console',
 'numInputRows': 2,
 'processedRowsPerSecond': 0.4222972972972973,
 'runId': '57284b41-0800-48c9-9ae8-3b1ecaaa492c',
 'sink': {'description': 'org.apache.spark.sql.execution.streaming.ConsoleSink-
Provider@590dfde2'},
 'sources': [{'description': 'TextSocketSource[host: localhost, port: 9999]',
             'endOffset': 1,
             'inputRowsPerSecond': 0.25,
             'numInputRows': 2,
             'processedRowsPerSecond': 0.4222972972972973,
             'startOffset': None}],
 'stateOperators': [{'memoryUsedBytes': 13159,
                    'numRowsTotal': 2,
                    'numRowsUpdated': 2}],
 'timestamp': '2023-10-27T14:50:00.000Z'}

{'isDataAvailable': True,
 'isTriggerActive': False,
 'message': 'Waiting for next trigger'}
```

8.8　本章小结

本章首先介绍了 Structured Streaming 的基本概念以及它与 Spark SQL、Spark Streaming 的区别，Structured Streaming 与 Spark Streaming 相似，可以用来处理流数据，并且整合了 Spark SQL 的 DataFrame/Dataset 来处理结构化的流数据。然后，本章通过一个实例演示了编写 Structured Streaming 程序的基本步骤，并介绍了输入源、输出模式和接收器。Spark 的设计可以保证端到端的完全一致性，所以本章重点介绍了 Spark 如何处理容错，并通过一个实例来观察迟到数据处理的详细结果。本章最后介绍了查询的管理和监控方法。

8.9　习题

1. 请阐述 Spark Structured Streaming 与 Spark SQL、Spark Streaming 的区别。
2. 请总结编写 Structured Streaming 程序的基本步骤。
3. 请阐述 Append、Complete、Update 这 3 种输出模式的异同。
4. 请阐述微批处理和持续处理两种模型在实现上的差别。
5. 请阐述 Spark 如何使用事件时间和水印来处理迟到数据。
6. 请阐述对 Spark 程序的管理和监控有哪些主要手段。

实验 6　Structured Streaming 编程实践

一、实验目的

（1）通过实验掌握 Structured Streaming 的基本编程方法。
（2）掌握日志分析的常规操作。

二、实验平台

操作系统：Ubuntu 16.04 及以上。
JDK 版本：1.8 及以上版本。
Spark 版本：3.4.0。
Python 版本：3.8.18。
数据集：/var/log/syslog。

三、实验内容和要求

1. 通过 Socket 传送 Syslog 到 Spark

日志分析是大数据分析中较为常见的一个场景。在 UNIX 类操作系统中，Syslog 被广泛应用于系统或者应用的日志记录中。Syslog 通常被记录在本地文件内，例如，在 Ubuntu 内，该文件为 /var/log/syslog，也可以被发送给远程 Syslog 服务器。Syslog 日志内一般包括产生日志的时间、主机名、程序模块、进程名、进程 ID、严重性和日志内容。

日志一般会通过 Kafka 等有容错保障的源发送。本实验为了简化起见，直接将 Syslog 通过 Socket 源发送。新建一个终端，执行以下命令。

```
$ tail -n+1 -f /var/log/syslog | nc -lk 9988
```

"tail -n+1 -f/var/log/syslog"表示从第 1 行开始输出文件 Syslog 的内容。其中，"-f"表示如果文件有新增内容，则持续输出最新的内容。然后通过流水线把文件内容发送到 nc 程序（nc 程序可以进一步地把数据发送到 Spark）。

如果/var/log/syslog 内的内容增长速度较慢，则可以再打开一个新的终端（记作"手动发送日志终端"），在终端输入如下内容来增加日志信息到/var/log/syslog 内。

```
$ logger 'I am a test error log message. '
```

2. 对 Syslog 进行查询

由 Spark 接收 nc 程序发送过来的日志信息，然后完成以下任务。

（1）统计 CRON 这个进程每小时生成的日志数，并以时间顺序排列，水印设置为 1min。

（2）统计每小时的每个进程或者服务分别产生的日志总数，水印设置为 1min。

（3）输出所有日志内容中包含 error 的日志。

四、实验报告

实验报告		
题目：	姓名：	日期：
实验环境：		
实验内容与完成情况：		
出现的问题：		
解决方案（列出遇到并解决的问题和解决方案，以及没有解决的问题）：		

09 第9章 Spark MLlib

MLlib（Machine Learning Library）是 Spark 的机器学习库，旨在简化机器学习的工程实践，并能够方便地扩展到更大规模的数据。本章首先介绍机器学习的概念，然后介绍 MLlib 的基本原理和算法，包括机器学习流水线，特征提取、特征转换和特征选择，以及分类、聚类、频繁模式挖掘、协同过滤等算法，最后介绍模型选择的工具和方法。

本章内的所有源代码都可以从本书官方网站"下载专区"的"代码"→"第9章"下载。

9.1 基于大数据的机器学习

基于大数据的机器学习

机器学习可以看作一个与人工智能相关的领域，该领域的主要研究对象是人工智能。机器学习强调 3 个关键词，即算法、经验、性能，其处理过程如图 9-1 所示。在数据的基础上，通过算法构建出模型并对模型进行评估。所评估模型的性能如果达到要求，就用该模型来测试其他的数据；如果达不到要求，就要调整算法来重新建立模型，再次进行评估。如此循环往复，最终获得满意的模型，该模型可用于处理其他数据。机器学习技术和方法已经被成功应用到多个领域，如个性化推荐系统、金融反欺诈、语音识别、自然语言处理和机器翻译、模式识别、智能控制等。

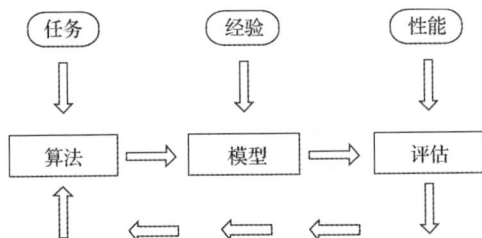

图 9-1　机器学习处理过程

传统的机器学习算法由于技术和单机存储的限制，只能在少量数据上使用，因此其依赖于数据抽样。但是在实际应用中，样本往往很难做到随机，导致机器学习的模型不是很准确，在测试数据方面效果也不太好。随着 HDFS 等分布式文件系统的出现，我们可以对海量数据进行存储和管理，并利用 MapReduce 框架在全量数据上进行机器学习，这在一定程度上解决了样本缺乏随机性的问题，提高了机器学习的精度。但是，正如第 1 章所述，MapReduce 自身存在缺陷，延迟高、磁盘 I/O 开销大、难以适用于多种应用场景，这使 MapReduce 无法高效地实现分布式机器学习算法。因为通常情况下，机器学习算法参数学习的过程都采用迭代计算，本次计算的结果要作为下一次迭代的输入。这个过程中，MapReduce 只能把中间结果存储到磁盘中，然后在下一次计算的时候重新从磁盘中读取数据，对于迭代频繁的算法，这是制约其性能的瓶颈。相比而言，Spark 立足于内存计算，适用于迭代计算，能很好地与机器学习算法相匹配，这也是近年来 Spark 平台流行的重要原因，业界的很多业务纷纷从 Hadoop 平台转向 Spark 平台。

在大数据上的机器学习，需要处理全量数据并进行大量的迭代计算，这就要求机器学习平台具备强大的处理能力和分布式计算能力。然而，对普通开发者来说，实现一个分布式机器学习算法仍然是一件极具挑战性的事情。为此，Spark 提供了一个基于海量数据的机器学习库，它提供了常用机器学习算法的分布式实现。对普通开发者而言，只需要掌握 Spark 编程基础知识，并且了解机器学习算法的基本原理和方法中相关参数的含义，就可以轻松地通过调用相应的 API 来实现基于海量数据的机器学习过程。同时，spark-shell 也提供即席查询的功能，算法工程师可以边写代码、边运行、边看结果。Spark 提供的各种高效工具，使机器学习过程更加直观、便捷。例如，我们可以通过 sample() 函数非常方便地进行抽样。Spark 发展到目前，已经拥有了实时批计算、批处理、算法库、SQL、流计算等功能的模块，成为一个全平台的系统，把机器学习作为关键模块加入 Spark 中也是大势所趋。

9.2 机器学习库 MLlib 概述

MLlib 由一些通用的机器学习算法和工具组成，包括分类、回归、聚类、协同过滤、降维等，同时还包括底层的优化原语和高层的流水线 API。具体来说，MLlib 主要包括以下几方面的工具。

- 算法工具：常用的机器学习算法有分类、回归、聚类和协同过滤等。
- 特征化工具：特征提取、转换、降维和选择工具。
- 流水线（Pipeline）：用于构建、评估和调整机器学习工作流的工具。
- 持久性工具：保存和加载算法、模型和流水线。
- 实用工具：线性代数、统计、数据处理等工具。

Spark 在机器学习方面的发展非常快，已经支持主流的统计和机器学习算法。纵观所有基于分布式架构的开源机器学习库，MLlib 以计算效率高而著称。MLlib 目前支持常见的机器学习算法，包括分类、回归、聚类和协同过滤等。表 9-1 列出了 MLlib 支持的主要机器学习算法。

表 9-1　　　　MLlib 支持的主要机器学习算法

类型	算法
基本统计 （Basic Statistics）	Summary Statistics、Correlations、Stratified Sampling、Hypothesis Testing、Random Data Generation
分类和回归 （Classification and Regression）	Support Vector Machines（SVM）、Logistic Regression、Linear Regression、Naive Bayes、Decision Trees、Random Forest、Gradient-Boosted Trees
协同过滤 （Collaborative Filtering）	Alternating Least Squares（ALS）
聚类 （Clustering）	K-Means、Gaussian Mixture Model、Latent Dirichlet Allocation （LDA）、Bisecting K-Means
降维 （Dimensionality Reduction）	Singular Value Decomposition（SVD）、Principal Component Analysis（PCA）
特征提取和转换 （Feature Extraction and Transformation）	Term Frequency-Inverse Document Frequency（TF-IDF）、Word2Vec、StandardScaler、Normalizer

MLlib 库从 1.2 版本以后分为两个包，即 spark.mllib 包和 spark.ml 包。

（1）spark.mllib 包包含基于 RDD 的原始算法 API。spark.mllib 的历史比较长，在 MLlib 1.0 以前的版本中就已经出现，提供的算法实现都基于原始的 RDD。

（2）spark.ml 包提供了基于 DataFrame 的、高层次的 API，其中，ML Pipeline API 可以用来构建机器学习流水线，弥补了原始 MLlib 库的不足，向用户提供了一个基于 DataFrame 的机器学习流水线式 API 套件。

使用 ML Pipeline API 可以很方便地进行数据处理、特征转换、规范化，以及将多个机器学习算法联合起来构建一个单一、完整的机器学习流水线。这种方式提供了更加灵活的方法，更符合机器学习过程的特点，也更容易从其他语言进行迁移。因此，Spark 官方推荐使用 spark.ml 包。如果新的算法能够适用于机器学习流水线，就应该将其放到 spark.ml 包中，如特征提取器和转换器（Transformer）等。需要注意的是，从 Spark 2.0 开始，基于 RDD 的 API 进入维护模式，即不增加任何新的特性。

本章内容采用 MLlib 的 spark.ml 包，从基本的机器学习算法入手来介绍 Spark 的机器学习库。

9.3 基本的数据类型

spark.ml 包提供了一系列基本数据类型以支持底层的机器学习算法，主要的基本数据类型包括本地向量、标注点、本地矩阵等。本地向量与本地矩阵作为公共接口提供简单数据模型，底层的线性代数操作由 Breeze 库和 jblas 库提供；标注点表示监督学习的训练样本。本节介绍这些基本数据类型的用法及数据源。

9.3.1 本地向量

本地向量分为稠密向量（DenseVector）和稀疏向量（SparseVector）两种。稠密向量使用双精度浮点数数组来表示每一维的元素，稀疏向量则基于一个整数、一个整数索引数组和一个双精度浮点数数组。例如，向量(1.0,0.0,3.0)的稠密向量表示形式是[1.0,0.0,3.0]，而稀疏向量表示形式则是(3,[0,2],[1.0,3.0])，其中 3 是向量的长度；[0,2]是向量中非 0 维度的索引，表示位置为 0、2 的两个元素为非零值；[1.0,3.0]则是按索引排列的数组元素值。

所有本地向量都以 Vector 为基类，DenseVector 和 SparseVector 分别是它的两个继承类，故推荐使用 Vectors 工具类中定义的工厂方法来创建本地向量。如果要使用 spark.ml 包提供的向量类型，则要显式地引入 Vector 这个类。下面给出一个实例。

```
>>> from pyspark.ml.linalg import Vectors
#创建一个稠密向量
>>> dv = Vectors.dense([2.0,0.0,8.0])
#创建一个稀疏向量
#方法的第 2 个参数（数组）指定了非 0 元素的索引，而第 3 个参数（数组）则给出了非零元素的值
>>> sv1 = Vectors.sparse(3,[0,2],[2.0,8.0])
#另一种创建稀疏向量的方法
#方法的第 2 个参数是一个序列，其中每个元素都是一个非零值的元组：(index,elem)
>>> sv2 = Vectors.sparse(3 [(0,2.0),(2,8.0)])
>>> print("稠密向量 dv:",dv)
稠密向量 dv: [2.0,0.0,8.0]
>>> print("稀疏向量 sv1:",sv1)
稀疏向量 sv1: (3,[0,2],[2.0,8.0])
```

```
>>> print("稀疏向量 sv2:",sv2)
稀疏向量 sv2: (3,[0,2],[2.0,8.0])
```

9.3.2　标注点

标注点（Labeled Point）是一种带有标签（Label/Response）的本地向量，通常用在监督学习算法中，它可以是稠密或稀疏的。由于标签是用双精度浮点数来存储的，因此标注点在回归（Regression）和分类（Classification）问题中均可使用。例如，对于二分类问题，正样本的标签为 1，则负样本的标签为 0；对于多类别的分类问题，标签则应是一个以 0 开始的索引序列 0,1,2,…。

标注点

标注点的实现类是 pyspark.mllib.regression.LabeledPoint，位于 pyspark.mllib.regression 包下，标注点的创建方法如下。

```
>>> from pyspark.mllib.regression import LabeledPoint #引入必要的包
>>> from pyspark.mllib.linalg import Vectors
>>> from pyspark.sql.session import SparkSession

#创建一个标签为 1.0（分类中可视为正样本）的稠密向量标注点
>>> pos = LabeledPoint(1.0,Vectors.dense([2.0,0.0,8.0]))

#创建一个标签为 0.0（分类中可视为负样本）的稀疏向量标注点
>>> neg = LabeledPoint(0.0,Vectors.sparse(3,[0,2],[2.0,8.0]))

>>> print("Positive Example:",pos)
Positive Example: (1.0,[2.0,0.0,8.0])
>>> print("Negative Example:",neg)
Negative Example: (0.0,(3,[0,2],[2.0,8.0]))
```

在实际的机器学习问题中，稀疏向量数据是非常常见的。MLlib 提供了对 LIBSVM 格式数据的读取支持，该格式被广泛用于 LIBSVM、LIBLINEAR 等机器学习库。在该格式下，每一个带标签的标注点可用以下形式表示。

```
label index1:value1  index2:value2  index3:value3 …
```

其中，label 是该标注点的标签值，一系列 index×:value× 则代表了该标注点中所有非零元素的索引和元素值。需要特别注意的是，index× 是以 1 开始并递增的。

下面读取一个 LIBSVM 格式数据生成向量。

```
#从文件加载 LIBSVM 格式的数据
>>> path = "file:///usr/local/spark/data/mllib/sample_libsvm_data.txt"
#创建一个 SparkSession 对象（如果尚未创建）
>>> spark = SparkSession.builder.appName("example").getOrCreate()
>>> examples = spark.read.format("libsvm").load(path)
```

这里，spark 是通过 pyspark.sql.session.SparkSession 建立的 SparkSession，它的 read 属性是 spark.sql 包下名为 "DataFrameReader" 的对象，该对象提供了读取 LIBSVM 格式数据的方法，使用非常方便。下面继续查看加载进来的标注点的值。

```
>>> examples.head()
Row(label=0.0, features=SparseVector(692, {127: 51.0, 128: 159.0, 129: 253.0, 130: 159.0,
131: 50.0, 154: 48.0, 155: 238.0, 156: 252.0, 157: 252.0, 158: 252.0, 159: 237.0, 181: 54.0,
182: 227.0, 183: 253.0, 184: 252.0, 185: 239.0, 186: 233.0, 187: 252.0, 188: 57.0, 189: 6.0,
207: 10.0, 208: 60.0, 209: 224.0, 210: 252.0, 211: 253.0, 212: 252.0, 213: 202.0, 214: 84.0,
215: 252.0, 216: 253.0, 217: 122.0, 235: 163.0, 236: 252.0, 237: 252.0, 238: 252.0, 239: 253.0,
240: 252.0, 241: 252.0, 242: 96.0, 243: 189.0, 244: 253.0, 245: 167.0, 262: 51.0, 263: 238.0,
264: 253.0, 265: 253.0, 266: 190.0, 267: 114.0, 268: 253.0, 269: 228.0, 270: 47.0, 271: 79.0,
272: 255.0, 273: 168.0, 289: 48.0, 290: 238.0, 291: 252.0, 292: 252.0, 293: 179.0, 294: 12.0,
```

```
295: 75.0, 296: 121.0, 297: 21.0, 300: 253.0, 301: 243.0, 302: 50.0, 316: 38.0, 317: 165.0,
318: 253.0, 319: 233.0, 320: 208.0, 321: 84.0, 328: 253.0, 329: 252.0, 330: 165.0, 343: 7.0,
344: 178.0, 345: 252.0, 346: 240.0, 347: 71.0, 348: 19.0, 349: 28.0, 356: 253.0, 357: 252.0,
358: 195.0, 371: 57.0, 372: 252.0, 373: 252.0, 374: 63.0, 384: 253.0, 385: 252.0, 386: 195.0,
399: 198.0, 400: 253.0, 401: 190.0, 412: 255.0, 413: 253.0, 414: 196.0, 426: 76.0, 427: 246.0,
428: 252.0, 429: 112.0, 440: 253.0, 441: 252.0, 442: 148.0, 454: 85.0, 455: 252.0, 456: 230.0,
457: 25.0, 466: 7.0, 467: 135.0, 468: 253.0, 469: 186.0, 470: 12.0, 482: 85.0, 483: 252.0,
484: 223.0, 493: 7.0, 494: 131.0, 495: 252.0, 496: 225.0, 497: 71.0, 510: 85.0, 511: 252.0,
512: 145.0, 520: 48.0, 521: 165.0, 522: 252.0, 523: 173.0, 538: 86.0, 539: 253.0, 540: 225.0,
547: 114.0, 548: 238.0, 549: 253.0, 550: 162.0, 566: 85.0, 567: 252.0, 568: 249.0, 569: 146.0,
570: 48.0, 571: 29.0, 572: 85.0, 573: 178.0, 574: 225.0, 575: 253.0, 576: 223.0, 577: 167.0,
578: 56.0, 594: 85.0, 595: 252.0, 596: 252.0, 597: 252.0, 598: 229.0, 599: 215.0, 600: 252.0,
601: 252.0, 602: 252.0, 603: 196.0, 604: 130.0, 622: 28.0, 623: 199.0, 624: 252.0, 625: 252.0,
626: 253.0, 627: 252.0, 628: 252.0, 629: 233.0, 630: 145.0, 651: 25.0, 652: 128.0, 653: 252.0,
654: 253.0, 655: 252.0, 656: 141.0, 657: 37.0)))
```

这里，examples.head()把 RDD 转换为向量，并取第一个元素的值。每个标注点共有 692 个维度，其中第 127 列对应的值是 51.0，第 128 列对应的值是 159.0，以此类推。

9.3.3 本地矩阵

本地矩阵具有 Int 类型的行、列索引和 Double 类型的元素值，它存储在单机上。MLlib 支持稠密矩阵（DenseMatrix）和稀疏矩阵（SparseMatrix）两种本地矩阵。稠密矩阵将所有元素的值存储在一个列优先（Column-major）的双精度浮点数数组中，稀疏矩阵则将非零元素以列优先的稀疏矩阵存储（Compressed Sparse Column，CSC）格式进行存储。

本地矩阵的基类是 pyspark.ml.linalg.Matrix，DenseMatrix 和 SparseMatrix 均是它的继承类。与本地向量类似，pyspark.ml 包也为本地矩阵提供了相应的工具类 Matrices，调用工厂方法即可创建实例。

下面创建一个稠密矩阵。

```
>>> from pyspark.ml.linalg import Matrices

#创建一个3行2列的稠密矩阵[ [1.0, 2.0], [3.0, 4.0], [5.0, 6.0] ]
#注意，这里的数组参数是列优先的，即按照列的方式从数组中提取元素
>>> dm = Matrices.dense(3, 2, [1.0, 3.0, 5.0, 2.0, 4.0, 6.0])

>>> print(dm)
DenseMatrix([[1., 2.],
             [3., 4.],
             [5., 6.]])
```

下面创建一个稀疏矩阵。

```
#创建一个3行2列的稀疏矩阵[ [9.0, 0.0], [0.0, 8.0], [0.0, 6.0]]
#第1个数组参数表示列指针，即每一列元素的开始索引
#第2个数组参数表示行索引，即对应的元素属于哪一行
#第3个数组参数即按列优先排列的所有非零元素，通过列指针和行索引即可判断每个元素所在的位置
>>> sm = Matrices.sparse(3, 2, [0, 1, 3], [0, 2, 1], [9.0, 6.0, 8.0])

>>> print(sm)
3 X 2 CSCMatrix
(0, 0) 9.0
(2, 1) 6.0
(1, 1) 8.0
```

这里创建了一个 3 行 2 列的稀疏矩阵[[9.0,0.0], [0.0,8.0], [0.0,6.0]]。Matrices.sparse()的参数中，3 表示行数，2 表示列数。第 1 个数组参数表示列指针，其长度=列数+1，表示每一列元素的开始索引。第 2 个数组参数表示行索引，即对应的元素属于哪一行，其长度=非零元素的个数。第 3 个数组参数

即按列优先排列的所有非零元素。在上面的例子中，[0,1,3]表示第 1 列有 1（=1-0）个元素，第 2 列有 2（=3-1）个元素；[0, 2, 1]表示共有 3 个元素，分别在第 0、2、1 行。因此，可以推算出第 1 个元素位置在(0,0)，值是 9.0。

9.3.4 数据源

数据源是指正在使用的数据的来源，如 Parquet、CSV、JSON 等格式的文件。本小节将介绍 MLlib 中一些特定的数据源，包括图像数据源（Image Data Source）与 LIBSVM 数据源。

（1）图像数据源用于从一个目录中加载图像文件，它可以通过 Java 库中的 ImageIO 将压缩图像（JPEG、PNG 等格式的图像）加载为原始图像。加载的 DataFrame 有一个 StructType 列 image，其包含以图像模式存储的图像数据。image 列有以下属性。

- origin：StringType，表示图像的文件路径。
- height：IntegerType，表示图像的高度。
- width：IntegerType，表示图像的宽度。
- nChannels：IntegerType，表示图像的通道。
- mode：IntegerType，表示同 OpenCV 兼容的图像模式。
- data：BinaryType，表示按 OpenCV 兼容的顺序排列图像字节，在大多数情况下按行排列 BGR 像素点。

下面给出实例。

第 1 步：读取 Spark 自带的图像数据源中数据。

```
#从文件加载图像数据
#这里假设图像数据位于 file:///usr/local/spark/data/mllib/images/origin/kittens 路径下
>>> from pyspark.sql import SparkSession
#创建一个 SparkSession 对象（如果尚未创建）
>>> spark = SparkSession.builder.appName("example").getOrCreate()
>>> df = spark.read.format("image") \
    .option("dropInvalid", True) \
    .load("file:///usr/local/spark/data/mllib/images/origin/kittens")
```

第 2 步：输出 image 列的 origin、width 和 height 属性值。

```
#选择 DataFrame 中的图像属性
>>> selected_df = df.select("image.origin", "image.width", "image.height")

#显示图像属性，不截断显示
>>> selected_df.show(truncate = False)
+----------------------------------------------------------------------+-----+------+
|origin                                                                |width|height|
+----------------------------------------------------------------------+-----+------+
|file:///spark/data/mllib/images/origin/kittens/54893.jpg              |300  |311   |
|file:///spark/data/mllib/images/origin/kittens/DP802813.jpg           |199  |313   |
|file:///spark/data/mllib/images/origin/kittens/29.5.a_b_EGDP022204.jpg|300  |200   |
|file:///spark/data/mllib/images/origin/kittens/DP153539.jpg           |300  |296   |
+----------------------------------------------------------------------+-----+------+
```

（2）MLlib 库提供 LibSVMDataSource 类来将 LIBSVM 格式的数据加载为 DataFrame。LIBSVM 是用 C++语言开发的一个开源机器学习库，主要提供有关支持向量机的算法。该库的数据格式是每一行代表一个稀疏的特征向量，格式为<label> <index1>:<value1> <index2>:<value2>…。其中，<label> 是数据样本的类别，<index>是索引，<value>是对应位置的特征的属性值。由于特征向量是稀疏的，因此其他索引对应的属性值默认为 0。转换后的 DataFrame 有两列：标签，以 Double 类型存储；特征，以 Vector 类型存储。

下面给出实例。

第 1 步：读取 Spark 自带的 LIBSVM 数据源中数据。

```
>>> df = spark.read.format("libsvm") \
    .option("numFeatures","780") \
    .load("file:///usr/local/spark/data/mllib/sample_libsvm_data.txt")
```

LibSVMDataSource 的 option 参数及其含义如表 9-2 所示。

表 9-2   **LibSVMDataSource 的 option 参数及其含义**

参数	含义
numFeatures	特征的数量。如果该参数未指定或参数值非正数，方法能够自动确定特征的数量，但会带来额外的开销
vectorType	特征向量的类型，取值为"sparse"或"dense"，默认值为"sparse"，即稀疏向量

第 2 步：输出结果。

```
>>> df.show(10)
+-----+--------------------+
|label|            features|
+-----+--------------------+
|  0.0|(780,[127,128,129...|
|  1.0|(780,[158,159,160...|
|  1.0|(780,[124,125,126...|
|  1.0|(780,[152,153,154...|
|  1.0|(780,[151,152,153...|
|  0.0|(780,[129,130,131...|
|  1.0|(780,[158,159,160...|
|  1.0|(780,[99,100,101.. .|
|  0.0|(780,[154,155,156...|
|  0.0|(780,[127,128,129...|
+-----+--------------------+
only showing top 10 rows
```

9.4   基本的统计分析工具

spark.mllib 包提供了一些基本的统计分析工具，包括相关性、分层抽样、假设检验、随机数生成等。Spark 3.0 中，spark.ml 包迁移了相关性、假设检验及汇总统计等统计分析工具。本节将介绍 spark.ml 包中统计分析工具的一些典型用法。

9.4.1   相关性

计算两组数据之间的相关性是统计学中的常见运算。spark.ml 包提供了在多组数据之间计算两两相关性的方法。目前，支持的相关性方法有皮尔逊相关和斯皮尔曼相关，其相关系数可以反映两个变量之间变化趋势的方向及程度。

相关性

皮尔逊相关系数是一种线性相关系数，其计算公式为

$$\rho_{X,Y} = \mathrm{corr}(X,Y) = \frac{\mathrm{cov}(X,Y)}{\sigma_X \sigma_Y} = \frac{E[(X-\mu_X)(Y-\mu_Y)]}{\sigma_X \sigma_Y} \tag{9-1}$$

其中，X、Y 为两个输入的变量，μ_X、μ_Y 为期望值，σ_X、σ_Y 为标准差。皮尔逊相关系数的值等于协方差 $\mathrm{cov}(X,Y)$ 除以 X、Y 各自标准差的乘积 $\sigma_X\sigma_Y$。皮尔逊相关系数的输出范围为-1~1，0 表示无相关性，

正值表示正相关，负值表示负相关。相关系数的绝对值越大，相关性越强；相关系数越接近于 0，相关性越弱。

皮尔逊相关系数主要用于服从正态分布的变量。对于不服从正态分布的变量，可以使用斯皮尔曼相关系数进行相关性分析。斯皮尔曼相关系数可以更好地用于测量变量的排序关系，其计算公式为

$$\rho = 1 - \frac{6\sum\limits_{i=1}^{n}(x_i - y_i)^2}{n(n^2 - 1)} \tag{9-2}$$

其中，x_i 表示 X_i 的秩次，y_i 表示 Y_i 的秩次，n 为总的观测样本数。

下面给出使用 pyspark.ml 包提供的方法进行相关性分析的实例。

第 1 步：导入相关性方法所需要的包。

```
>>> from pyspark.sql import SparkSession
>>> from pyspark.ml.linalg import Vectors
>>> from pyspark.sql import Row
>>> from pyspark.ml.stat import Correlation
```

第 2 步：创建实验数据，并转换成 DataFrame。

```
#创建一个 SparkSession 对象（如果尚未创建）
>>> spark = SparkSession.builder.appName("example").getOrCreate()

#示例数据，包含稀疏向量和稠密向量
>>> data = [
    Vectors.sparse(4, [(0, 2.0), (2, -1.0)]),
    Vectors.dense([3.0, 0.0, 4.0, 5.0]),
    Vectors.dense([6.0, 8.0, 0.0, 7.0])
]

#将数据集转换为 DataFrame
>>> rows = [Row(features = vec) for vec in data]
>>> df = spark.createDataFrame(rows)

#输出 DataFrame
>>> df.show()
+--------------------+
|            features|
+--------------------+
|(4,[0,2],[2.0,-1.0])|
|   [3.0,0.0,4.0,5.0]|
|   [6.0,8.0,0.0,7.0]|
+--------------------+
```

第 3 步：调用 Correlation 包中的 corr()函数来获取皮尔逊相关系数。

```
#计算特征列的相关性矩阵
>>> corr_matrix = Correlation.corr(df, "features")

#提取相关性矩阵的值
>>> coeff1 = corr_matrix.collect()[0]["pearson(features)"]

>>> print(coeff1)
DenseMatrix([[ 1.        ,  0.97072534, -0.09078413,  0.8660254 ],
             [ 0.97072534,  1.        , -0.32732684,  0.72057669],
             [-0.09078413, -0.32732684,  1.        ,  0.41931393],
             [ 0.8660254 ,  0.72057669,  0.41931393,  1.        ]])
```

第 4 步：使用指定的斯皮尔曼相关系数计算输入数据集的相关性。

```
#计算特征列的斯皮尔曼相关性矩阵
>>> corr_matrix_spearman = Correlation.corr(df, "features", "spearman")

#提取斯皮尔曼相关性矩阵的值
>>> coeff2 = corr_matrix_spearman.collect()[0]["spearman(features)"]

>>> print(coeff2)
DenseMatrix([[1.        , 0.8660254, 0.5      , 1.       ],
             [0.8660254, 1.        , 0.      , 0.8660254],
             [0.5      , 0.        , 1.      , 0.5      ],
             [1.        , 0.8660254, 0.5      , 1.       ]])
```

9.4.2 假设检验

假设检验是统计学中一个强大的工具，用来确定结果是否具有统计意义，以及该结果是否偶然发生。例如，在汽车无法启动的情境下，我们可以提出"因为没有汽油而无法启动汽车"的假设，在检查汽油剩余量后拒绝或接受假设。如果有汽油，则拒绝这个假设。接下来，我们可以继续假设"汽车无法启动是因为火花塞脏了"，然后检查火花塞是否脏并根据结果接受或拒绝假设。

卡方检验是用途非常广的一种假设检验方法，包括适合度检验和独立性检验。适合度检验用于验证一组观察值的次数分配是否异于理论上的分配。独立性检验用于验证从两个变量中抽出的配对观察值组是否互相独立。spark.ml 包目前支持皮尔逊卡方检验的独立性检验。

独立性检验一般采用列联表的形式记录观察数据，列联表是由两个以上的变量进行交叉分类得到的频数分布表。如果列联表共有 r 行 c 列，独立性检验的步骤为：首先建立假设，即 H_0 代表两变量相互独立，H_1 代表两变量相互不独立，接着计算自由度和卡方检验统计值。

自由度的计算公式为

$$\text{df} = (r-1)(c-1) \tag{9-3}$$

卡方检验统计值的计算公式为

$$x^2 = \sum_{i=1}^{r}\sum_{j=1}^{c}\frac{(O_{i,j}-E_{i,j})^2}{E_{i,j}} \tag{9-4}$$

其中，$O_{i,j}$ 代表列联表第 i 行第 j 列的观测频数，$E_{i,j}$ 代表列联表第 i 行第 j 列的期望频数。根据设定的置信水平，查出自由度为 df 的卡方分布临界值，将它与根据式（9-4）计算所得的卡方检验统计值比较，从而推测是否能拒绝 H_0 假设。下面给出使用 pyspark.ml 包提供的方法进行分析的实例。

第 1 步：导入卡方检验所需要的包。

```
>>> from pyspark.ml.linalg import Vector, Vectors
>>> from pyspark.ml.stat import ChiSquareTest
```

第 2 步：创建实验数据集，该数据集具有 5 个样本、2 个特征维度，标签有 1.0 和 0.0 两种。

```
#创建一个 SparkSession 对象（如果尚未创建）
>>> spark = SparkSession.builder.appName("example").getOrCreate()
#创建数据集
>>> data = [
    (0.0, Vectors.dense([3.5, 40.0])),
    (0.0, Vectors.dense([3.5, 30.0])),
    (1.0, Vectors.dense([1.5, 30.0])),
    (0.0, Vectors.dense([1.5, 20.0])),
    (0.0, Vectors.dense([0.5, 10.0]))
]
```

```
#将数据集转换为 DataFrame
>>> df = spark.createDataFrame([Row(label = label, features = vec) for label, vec in data])
```

第 3 步：调用 ChiSquareTest 包中的 test()函数，将(特征,标签)转换成一个列联矩阵，计算卡方检验统计值。这里要求所有的标签和特征值必须是分类的。

```
#执行卡方独立性检验
>>> chi_square_result = ChiSquareTest.test(df, "features", "label")

>>> chi_square_result.show()
+--------------------+----------------+--------------------+
|             pValues|degreesOfFreedom|          statistics|
+--------------------+----------------+--------------------+
|[0.39160562667679...|           [2,3]|[1.87500000000000...|
+--------------------+----------------+--------------------+
```

第 4 步：分别获取卡方分布右尾概率、自由度、卡方检验统计值。

```
#输出 p-values
>>> print("p-values:")
>>> chi_square_result.select("pValues").show(truncate = False)
p-values:
+--------------------------------------+
|pValues                               |
+--------------------------------------+
|[0.3916056266767989,0.5987516330675617]|
+--------------------------------------+

#输出 degreesOfFreedom
>>> print("Degrees of Freedom:")
>>> chi_square_result.select("degreesOfFreedom").show(truncate = False)
Degrees of Freedom:
+----------------+
|degreesOfFreedom|
+----------------+
|[2,3]           |
+----------------+

#输出 statistics
>>> print("Statistics:")
>>> chi_square_result.select("statistics").show(truncate = False)
Statistics:
+------------------------+
|statistics              |
+------------------------+
|[1.8750000000000002,1.875]|
+------------------------+
```

9.4.3 汇总统计

构建一个数据集后，我们可以通过一些工具来获取数据的基本统计信息。在
Spark 3.0 中，我们可以使用 Summarizer 包的工具来查看列的最大值、最小值、平均值、总和、方差、标准差、非零数及总计数等信息。下面给出使用 Summarizer 包的工具来查看数据平均值和方差的实例。

汇总统计

第 1 步：导入汇总统计所需要的包。

```
>>> from pyspark.ml.linalg import Vector, Vectors
```

```
>>> from pyspark.ml.stat import Summarizer
>>> from pyspark.sql import SparkSession
>>> from pyspark.sql.functions import col
```

第 2 步：创建实验数据，两组数据的权重分别为 1.0 和 3.0，权重之和为 4.0。

```
#创建一个 SparkSession 对象
>>> spark = SparkSession.builder.appName("example").getOrCreate()
#创建数据集
>>> data = [
    (Vectors.dense([1.0,2.0,4.0]),1.0),
    (Vectors.dense([4.0,3.0,6.0]),3.0)
]
#将数据集转换为 DataFrame
>>> columns = ["features","weight"]
>>> df = spark.createDataFrame(data,columns)
#显示数据集
>>> df.show()
+-------------+------+
|     features|weight|
+-------------+------+
|[1.0,2.0,4.0]|   1.0|
|[4.0,3.0,6.0]|   3.0|
+-------------+------+
```

第 3 步：计算得到数据的加权平均值和加权方差。

```
>>> summary = df.select(Summarizer.metrics("mean","variance")
                    .summary(col("features"),col("weight")).alias("summary"))
>>> meanVal = summary.select("summary.mean").first()[0]
>>> varianceVal = summary.select("summary.variance").first()[0]

>>> print("Mean Values:",meanVal)
Mean Values: [3.25,2.75,5.5]
>>> print("Variance Values:",varianceVal)
Variance Values: [4.5,0.5,2.0]
```

第 4 步：计算得到数据无权重下的平均值和方差。

```
>>> summary = df.select(Summarizer.metrics("mean","variance")
                    .summary(col("features")).alias("summary"))
>>> meanVal = summary.select("summary.mean").first()[0]
>>> varianceVal = summary.select("summary.variance").first()[0]

>>> print("平均值: ",meanVal)
平均值: [2.5,2.5,5.0]
>>> print("方差: ",varianceVal)
方差: [4.5,0.5,2.0]
```

9.5 机器学习流水线

本节介绍机器学习流水线的概念及其工作过程。

机器学习流水线

9.5.1 流水线的概念

一个典型的机器学习过程从数据收集开始，要经历多个步骤才能得到需要的输出，通常包含源数据 ETL、数据预处理、指标提取、模型训练与交叉验证、新数据预测等步骤。机器学习流水线

（Machine Learning Pipeline）是对流水线式工作流程的一种抽象，它包含以下几个概念。

（1）DataFrame：Spark SQL 中的 DataFrame，可容纳各种数据类型。与 RDD 相比，它包含模式信息，类似于传统数据库中的二维表格。流水线用 DataFrame 来存储源数据。例如，DataFrame 中的列可以是文本、特征向量、真实标签和预测的标签等。

（2）转换器（Transformer）：它可以将一个 DataFrame 转换为另一个 DataFrame。例如，一个模型就是一个转换器，它给一个不包含预测标签的测试数据集 DataFrame 加上标签，将其转换成另一个包含预测标签的 DataFrame。在技术上，转换器实现了一个方法 transform()，它通过附加一个或多个列，将一个 DataFrame 转换为另一个 DataFrame。

（3）评估器（Estimator）：是机器学习算法或在训练数据上的训练方法的概念抽象；在机器学习流水线里，通常被用来操作 DataFrame 数据并生成一个转换器。评估器实现了 fit() 方法，它接收一个 DataFrame 并产生一个转换器。例如，一个随机森林算法就是一个评估器，它可以调用 fit()，通过训练特征数据而得到一个随机森林模型。

（4）流水线（PipeLine）：将多个工作流阶段（PipeLine Stage）连接在一起，形成机器学习的工作流，并获得结果输出。

（5）参数（Parameter）：用来设置转换器或者评估器的参数。所有转换器和评估器可共享用于指定参数的公共 API。

9.5.2　流水线的工作过程

要构建一个机器学习流水线，首先需要定义流水线中的各个 Pipeline Stage。Pipeline Stage 又被称为工作流阶段，包括用于处理特定问题的转换器和评估器，特定问题如指标提取和转换模型训练等。有了这些处理特定问题的转换器和评估器，就可以按照具体的处理逻辑，有序地组织 Pipeline Stage 并创建一个流水线。示例代码如下。

```
>>> pipeline = Pipeline(stages=[stage1,stage2,stage3])
```

在一个流水线中，上一个 Pipeline Stage 的输出，恰好是下一个 Pipeline Stage 的输入。流水线构建好以后，就可以把训练数据集作为输入参数，调用流水线实例的 fit() 方法，以流的方式来处理源训练数据。fit() 方法会返回一个 PipelineModel 类的实例，进而被用来预测测试数据的标签。更具体地说，流水线的各个阶段按顺序运行，输入的 DataFrame 在它通过每个阶段时都会被转换。对于转换器阶段，在 DataFrame 上会调用 transform() 方法；对于评估器阶段，先调用 fit() 方法来生成一个转换器，然后在 DataFrame 上调用该转换器的 transform() 方法。

例如，如图 9-2 所示，一个流水线具有 3 个阶段，前 2 个阶段（Tokenizer 和 HashingTF）是转换器，第 3 个阶段（Logistic Regression）是评估器；下面一行表示流经这个流水线的数据，其中圆柱表示 DataFrame。在原始 DataFrame 上调用 Pipeline.fit() 方法执行流水线，每个阶段的运行流程如下。

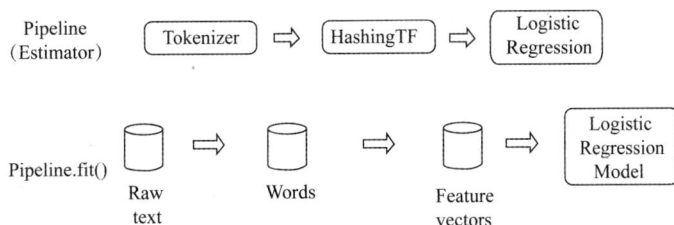

图 9-2　流水线的工作过程

（1）在 Tokenizer 阶段，调用 transform() 方法将原始文本文档拆分为单词，并向 DataFrame 中添加一个带有单词的新列。

（2）在 HashingTF 阶段，调用其 transform() 方法将 DataFrame 中的单词列转换为特征向量，并将这些向量作为一个新列添加到 DataFrame 中。

（3）在 Logistic Regression 阶段，由于它是一个评估器，因此会调用 LogisticRegression.fit()产生一个转换器 LogisticRegressionModel；如果工作流有更多的阶段，则在将 DataFrame 传递到下一个阶段之前，会调用 LogisticRegressionModel 的 transform()方法。

流水线本身就是一个评估器，因此，在流水线的 fit()方法被调用之后，会产生一个流水线模型（PipelineModel）。这是一个转换器，可在测试数据的时候使用。如图 9-3 所示，流水线模型具有与原流水线相同的阶段数，但是，原流水线中的所有评估器都变为转换器。调用流水线模型的 transform()方法时，测试数据按顺序通过流水线的各个阶段，每个阶段的 transform()方法会更新数据集（DataFrame），并将其传递到下一个阶段。通过这种方式，流水线和流水线模型确保了训练数据和测试数据通过相同的特征处理步骤。这里给出的示例都是用于线性流水线的，即流水线中每个阶段使用由前一阶段产生的数据。但是，用户也可以构建一个 DAG 形式的流水线，以拓扑顺序指定每个阶段的输入和输出列名称。流水线的阶段必须是唯一的实例，相同的实例不应该两次插入流水线。但是，具有相同类型的两个阶段实例可以放在同一个流水线中，流水线将使用不同的 id 创建不同的实例。此外，DataFrame 会对各阶段的数据类型进行描述，流水线和流水线模型会在实际运行流水线之前，做运行时的类型检查，但不能使用编译时的类型检查。

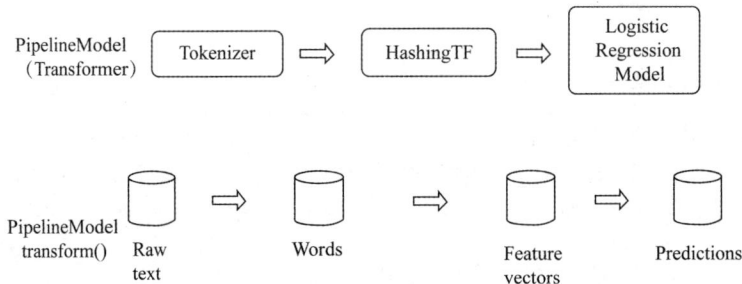

图 9-3　流水线模型的工作过程

MLlib 评估器和转换器使用统一的 API 指定参数。其中，Param 是一个描述自身所包含文档的命名参数，ParamMap 是一组(参数,值)。将参数传递给算法主要有以下两种方法。

（1）设置实例的参数。例如，lr 是一个 LogisticRegression 实例，用 lr.setMaxIter(10)进行参数设置以后，可以使 lr.fit()至多迭代 10 次。

（2）传递 ParamMap 给 fit()或 transform()方法。ParamMap 中的任何参数，都会覆盖先前通过 set( )方法指定的参数。

需要特别注意，参数同时属于评估器和转换器的特定实例。如果同一个流水线中的两个算法实例（如 LogisticRegression 的实例 lr1 和 lr2）都需要设置 maxIter 参数，则可以建立一个 ParamMap，即 ParamMap(lr1.maxIter -> 10, lr2.maxIter -> 20)，然后将其传递给这个流水线。

9.6　特征提取、特征转换、特征选择及局部敏感散列

机器学习过程中，输入数据的格式多种多样。为了满足相应机器学习算法的格式要求，一般需要对数据进行预处理。特征处理相关的算法大体分为以下 3 类。

（1）特征提取（Feature Extraction）：从原始数据中提取特征。

（2）特征转换（Feature Transformation）：缩放、转换或修改特征。

（3）特征选择（Feature Selection）：从较大特征集中选取特征子集。

本节将着重介绍特征提取、特征转换和特征选择，并对局部敏感散列进行简要介绍。

9.6.1　特征提取

特征提取是指利用已有的特征计算出一个抽象程度更高的特征集，也指计算得到某个特征的算法。本小节将列举 spark.ml 包提供的特征提取操作，并讲解 TF-IDF 的操作实例。

1. 特征提取操作

spark.ml 包提供的特征提取操作包括以下几种。

（1）TF-IDF。词频–逆向文件频率（Term Frequency–Inverse Document Frequency，TF-IDF）是文本挖掘领域常用的特征提取方法。给定一个语料库，TF-IDF 通过词语在语料库中的出现次数和在文档中的出现次数来衡量每一个词语对于文档的重要程度，进而构建基于语料库的文档的向量化表达。

（2）Word2Vec。Word2Vec 是由谷歌提出的词嵌入（Word Embedding）向量化模型，有 CBOW 和 Skip-Gram 两种模型，spark.ml 包使用的是后者。

（3）CountVectorizer。CountVectorizer 可以看成 TF-IDF 的简化版本，它仅通过度量每个词语在文档中的出现次数（词频）来为每一个文档构建向量化表达。用户可以通过设置超参数来限制向量维度，过滤掉较少出现的词语。

（4）FeatureHasher。FeatureHasher 将一组原始特征映射到一个指定维度（通常比原始特征空间的维度小得多）的特征向量中，以达到降维的目的。其原理是利用散列技巧（Hashing Trick）将特征映射为特征向量中的索引。

2. 特征提取的例子

TF-IDF 是一种在文本挖掘领域中广泛使用的特征提取方法，它可以体现一个文档中的词语在语料库中的重要程度。

词语用 t 表示，文档用 d 表示，语料库用 D 表示。词频 $Y_{TF}(t,d)$ 是词语 t 在文档 d 中的出现次数。文件频率 $Y_{DF}(t,D)$ 是语料库 D 中包含词语 t 的文档的个数。如果只使用词频来衡量重要性，很容易过度强调在文档中经常出现却没有太多实际信息的词语，如 "a" "the" 和 "of"。如果一个词语经常出现在语料库中的不同文档中，则意味着它并不能很好地对文档进行区分。TF-IDF 就是通过对文档信息进行数值化，从而衡量词语能提供多少信息来区分文档。其定义如下。

$$\mathrm{IDF}(t, D) = \ln \frac{|D|+1}{\mathrm{DF}(t,D)+1} \tag{9-5}$$

其中，$|D|$ 是语料库中总的文档数。公式中使用 ln 函数，当词语出现在所有文档中时，它的 IDF 值变为 0。$\mathrm{DF}(t,D)+1$ 是为了避免出现分母为 0 的情况。TF-IDF 度量值表示如下。

$$\mathrm{TFIDF}(t, d, D) = \mathrm{TF}(t,d) \cdot \mathrm{IDF}(t,D) \tag{9-6}$$

在 spark.ml 包中，TF-IDF 被分成两部分：TF(+hashing) 和 IDF。

（1）TF(+hashing) 是一个转换器。在文本处理中，它会接收词语的集合，然后把这些词语转换成固定长度的特征向量。这个算法在进行散列操作的同时，会统计各个词语的词频。

（2）IDF。IDF 是一个评估器。在一个数据集上应用它的 fit() 方法，会产生一个 IDFModel。该 IDFModel 接收特征向量（由 HashingTF 产生），然后计算每一个词语在文档中出现的频次。IDF 会减小那些在语料库中出现频率较高的词语的权重。

Spark MLlib 中实现词频统计使用的是特征散列的方式，原始特征通过散列函数映射到一个索引，后面只需要统计这些索引的频率，就可以知道对应词语的频率。这种方式可以避免设计一个全局一对一的、词语到索引的映射，这个映射在映射大量语料库时需要用很长的时间。但需要注意的是，通过特征散列的方式可能会将特征映射到同一个值，即不同的原始特征通过散列函数映射后得到同一个值。为了降低这种情况出现的概率，只能对特征向量升维，提高散列表的桶数，默认的特征向

量的维度是 $2^{18}=262144$。

下面是一个具体实例。首先，对一组句子使用分解器 Tokenizer，把每个句子划分成由多个单词构成的"词袋"；然后对每一个"词袋"使用 HashingTF，将句子转换为特征向量；最后，使用 IDF 重新调整特征向量。具体代码如下。

第 1 步：导入 TF-IDF 所需要的包。

```
>>> from pyspark.ml.feature import HashingTF, IDF, Tokenizer
>>> from pyspark.sql import SparkSession
```

第 2 步：创建一个集合，每一个句子代表一个文件。

```
#创建一个 SparkSession 对象（如果尚未创建）
>>> spark = SparkSession.builder.appName("example").getOrCreate()

#创建数据集
>>> data = [
    (0, "I heard about Spark and I love Spark"),
    (0, "I wish Java could use case classes"),
    (1, "Logistic regression models are neat")
]

#将数据集转换为 DataFrame
>>> sentence_data = spark.createDataFrame(data, ["label", "sentence"])

#显示 DataFrame
>>> sentence_data.show()
+-----+--------------------+
|label|            sentence|
+-----+--------------------+
|    0|I heard about Spa...|
|    0|I wish Java could...|
|    1|Logistic regressi...|
+-----+--------------------+
```

第 3 步：用 Tokenizer 把每个句子分解成单词。

```
#创建 Tokenizer 对象并设置输入列和输出列
>>> tokenizer = Tokenizer(inputCol = "sentence", outputCol = "words")

#使用 Tokenizer 拆分句子列
>>> words_data = tokenizer.transform(sentence_data)

#显示 DataFrame，不截断显示
>>> words_data.show(truncate = False)

+-----+------------------------------------+------------------------------------------------+
|label|sentence                            |words                                           |
+-----+------------------------------------+------------------------------------------------+
|0    |I heard about Spark and I love Spark|[i, heard, about, spark, and, i, love, spark]   |
|0    |I wish Java could use case classes  |[i, wish, java, could, use, case, classes]      |
|1    |Logistic regression models are neat |[logistic, regression, models, are, neat]       |
+-----+------------------------------------+------------------------------------------------+
```

从输出结果可以看出，Tokenizer 的 transform()方法把每个句子拆分成多个单词，这些单词构成一个"词袋"（里面装了很多个单词）。

第 4 步：用 HashingTF 的 transform()方法把每个"词袋"都散列成特征向量。这里设置散列表的桶数为 2000。

```
#创建 HashingTF 对象并设置输入列、输出列及特征数量
>>> hashing_tf = HashingTF(inputCol = "words", outputCol = "rawFeatures", numFeatures = 2000)

#使用 HashingTF 将单词列转换为特征向量
>>> featurized_data = hashing_tf.transform(words_data)

#显示 DataFrame，不截断显示
>>> featurized_data.select("words","rawFeatures").show(truncate = False)

+------------------------------------------+-------------------------------------
|words                                     |rawFeatures                          |
+------------------------------------------+-------------------------------------
|[i,heard,about,spark,and,i,love,spark]    |(2000,[240,673,891,956,1286,1756],[1.0,1.0,
1.0,1.0,2.0,2.0])                          |
|[i,wish,java,could,use,case,classes]      |(2000,[80,342,495,1133,1307,1756,1967],[1.0,
1.0,1.0,1.0,1.0,1.0,1.0])|
|[logistic,regression,models,are,neat]     |(2000,[286,763,1059,1604,1871],[1.0,1.0,1.0,
1.0,1.0])                          |
+------------------------------------------+-------------------------------------
---------------------------------
```

可以看出，"词袋"中的每一个单词都被散列成了不同的索引。以"I heard about Spark and I love Spark"为例，表 9-3 给出 featurized-Data.select("words","rawFeatures").show(false)执行后的第 1 行输出结果及其含义。

表 9-3　　　　　　　　　　　**第 1 行输出结果及其含义**

输出结果	含义
2000	代表散列表的桶数
[240,673,891,956,1286,1756]	代表"i""heard""about""and""love""spark"6 个单词的散列值。注：散列操作没有顺序性，所以索引 240 并不对应单词"i"
[1.0,1.0,1.0,1.0,2.0,2.0]	分别表示各单词的出现次数

第 5 步：调用 IDF()方法来重新构造特征向量的规模，生成的变量 idf 是一个评估器，在特征向量上应用它的 fit()方法，会产生一个 IDFModel（名称为"idfModel"）。

```
#创建 IDF 对象并设置输入列和输出列
>>> idf = IDF(inputCol = "rawFeatures", outputCol = "features")

#拟合数据以创建 IDF 模型
>>> idf_model = idf.fit(featurized_data)
```

第 6 步：调用 IDFModel 的 transform()方法，得到每一个单词对应的 **TF-IDF** 度量值。

```
#使用 IDF 模型转换数据
>>> rescaled_data = idf_model.transform(featurized_data)

#显示 DataFrame 中的特征列和标签列
>>> rescaled_data.select("features", "label").show(truncate = False)
+-----------------------------------------------------------------------------
-------------------------------------------------------------------------------
--+-----+
|features                                                               |label|
+-----------------------------------------------------------------------------
-------------------------------------------------------------------------------
--+-----+
|(2000,[240,673,891,956,1286,1756],[0.6931471805599453,0.6931471805599453,0.693147180
5599453,0.6931471805599453,1.3862943611198906,0.5753641449035617])     |0    |
```

```
   |(2000,[80,342,495,1133,1307,1756,1967],[0.6931471805599453,0.6931471805599453,0.6931
471805599453,0.6931471805599453,0.6931471805599453,0.28768207245178085,0.6931471805599453
])|0    |
   |(2000,[286,763,1059,1604,1871],[0.6931471805599453,0.6931471805599453,0.693147180559
9453,0.6931471805599453,0.6931471805599453])|                                        |1   |
   +-------------------------------------------------------------------------------------
-------------------------------------------------------------------------------------------
--+-----+
```

"[240,673,891,956,1286,1756]"代表"i""heard""about""and""love""spark"这 6 个单词的散列值。通过第一句与第二句的单词对照，可以推测出 1756 代表"i"，而 1286 代表"spark"，其 TF-IDF 度量值分别是 0.5753641449035617 和 1.3862943611198906。这两个单词都在第一句中出现了两次，而"i"在第二句中也出现了一次，从而导致"i"的 TF-IDF 度量值较低。相对而言，用"spark"可以对文档进行更好的区分。通过 TF-IDF 得到的特征向量，在机器学习的后续步骤中可以被应用到相关的机器学习算法中。

需要注意的是，为了方便调试和观察执行效果，本章的代码都是在 PySpark 中执行的，实际上也可以编写独立应用程序。

9.6.2 特征转换

机器学习处理过程经常需要对数据或者特征进行转换，通过转换可以消除原始特征之间的相关性或者减少冗余，得到新的特征。本小节介绍 spark.ml 包提供的特征转换操作，并给出相关实例。

特征转换

1. 特征转换操作

spark.ml 包提供了大量的用于特征转换操作的类。

（1）Tokenizer

Tokenizer 可以将给定的文本数据进行分割（根据空格和标点），将文本中的句子变成独立的单词序列，并转为小写形式。spark.ml 包还提供了 Tokenizer 的带规范表达式的升级版本，即 RegexTokenizer，用户可以为其指定一个规范表达式作为分隔符或单词的模式（Pattern），还可以指定最小单词长度来过滤掉那些很短的单词。

（2）StopWordsRemover

StopWordsRemover 可以将文本中的停止词（出现频率很高但对文本含义没有大贡献的冠词、介词和部分副词等）去除；spark.ml 包中已经自带了常见的西方语言停止词表，用户可以直接使用。需要注意的是，StopWordsRemover 接收的文本必须是已经经过分词处理的单词序列。

（3）Ngram

Ngram 可以将经过分词的一系列单词序列转变成自然语言处理中常用的"n-gram"模型，即通过该单词序列可构造出的所有由连续相邻的 n 个单词构成的序列。需要注意的是，当单词序列长度小于 n 时，Ngram 不产生任何输出。

（4）Binarizer

Binarizer 可以根据某一给定的阈值将数值型特征转换为用 0.0 和 1.0 表示的二元特征。对给定的阈值来说，特征大于该阈值的样本会被映射为 1.0，反之则被映射为 0.0。

（5）PCA

主成分分析（Principal Component Analysis，PCA）是一种通过数据旋转变换进行降维的统计学方法，其本质是在线性空间中进行基变换，使变换后的数据投影在一组新的坐标轴上的方差最大化，并使变换后的数据在一个较低维度的子空间中尽可能地表示原有数据的性质。

（6）PolynomialExpansion

PolynomialExpansion 可以对给定的特征进行多项式展开操作，对于给定的度（如 3），它可以将原始的数值型特征扩展到相应次数的多项式空间（所有特征相乘组成的 3 次多项式集合构成的特征空间）中去。

（7）DCT

离散余弦变换（Discrete Cosine Transform，DCT）是快速傅里叶变换（Fast Fourier Transform，FFT）的一种衍生形式，是信号处理中常用的变换方法，它将给定的 N 个实数值序列从时域上转变到频域上。spark.ml 包中提供的 DCT 类使用的是 DCT-Ⅱ 的实现。

（8）StringIndexer

StringIndexer 可以对一列类别型特征（或标签）进行编码，使其数值化，索引从 0 开始。该过程可以使相应的特征（或标签）索引化，使某些无法接收类别型特征（或标签）的算法可以被使用，并提高决策树等机器学习算法的效率。

（9）IndexToString

与 StringIndexer 相对应，IndexToString 的作用是把已经索引化的一列特征（或标签）重新映射回原有的字符串形式。其主要使用场景一般是与 StringIndexer 配合，先用 StringIndexer 将特征（或标签）转换成特征（或标签）索引，进行模型训练，然后在预测特征（或标签）的时候把特征（或标签）索引转换成原有的字符串特征（或标签），原有特征（或标签）会从列的元数据中获取。

（10）OneHotEncoder

OneHotEncoder 会把一列类别型特征（或称名词性特征，Categorical/Nominal Feature）映射成一系列的二元连续型特征。原有的类别型特征有几种可能的取值，这一特征就会被映射成几个二元连续型特征，每一个特征代表一种取值，若某个样本表现出该特征，则取 1，否则取 0。

（11）VectorIndexer

VectorIndexer 可以将整个特征向量中的类别型特征处理成索引形式。当所有特征都已经被组织在一个向量中，而用户又想对其中某些类别型分量进行索引化处理时，VectorIndexer 可以根据用户设定的阈值，自动确定哪些分量是类别型的，并进行相应的转换。

（12）Interaction

Interaction 可以接收多个向量或浮点数类型的列，并基于这些向量生成一个包含从每个向量中取出一个元素计算乘积的所有组合的新向量（可以看成各向量的笛卡儿积的无序版本）。新向量的维度是参与变换的所有向量的维度之积。

（13）Normalizer

Normalizer 可以对给定的数据集进行规范化操作，即根据设定的范数（默认为 L2-norm），将每一个样本的特征向量的模进行单位化。规范化可以消除输入数据的量纲影响，已经广泛应用于文本挖掘等领域。

（14）StandardScaler

StandardScaler 可以对给定的数据集进行标准化操作，即将每一个维度的特征都进行缩放，以将其转变为具有单位方差及/或零均值的序列。

（15）RobustScaler

RobustScaler 可以去除数据的中位数，并根据给定的范围对数据进行缩放，该范围默认为四分位距（Interquartile Range，IQR），即第一四分位数和第三四分位数之间的距离。它的操作与 StandardScaler 的非常相似，但是使用的是中位数和四分位距，而不是平均值和标准差，这使它对异常值有很好的适应性。

（16）MinMaxScaler

MinMaxScaler 可以根据给定的最大值和最小值，将数据集中的各个特征缩放到该最大值和最小值范围之内。当没有具体指定最大值/最小值时，默认缩放到[0,1]区间。

（17）MaxAbsScaler

MaxAbsScaler 可以用每一维特征的最大绝对值对给定的数据集进行缩放，实际上是将每一维度的特征都缩放到[-1,1]区间。

（18）Bucketizer

Bucketizer 可以对连续型特征进行离散化操作，使其转变为离散型特征。用户需要手动给出对特征进行离散化的区间的分割位置（如分为 n 个区间，则需要有 $n+1$ 个分割值），该区间必须是严格递增的。

（19）ElementwiseProduct

ElementwiseProduct 适用于给整个特征向量进行加权操作，给定一个权重向量，指定每一特征的权值，它将用此向量对整个数据集进行相应的加权操作。其过程相当于代数学中的阿达玛乘积（Hadamard Product）。

（20）SQLTransformer

SQLTransformer 可以通过 SQL 语句对原始数据集进行处理，给定输入数据集和相应的 SQL 语句，它将根据 SQL 语句定义的选择条件对数据集进行变换。目前，SQLTransformer 只支持 SQL 的 select 语句。

（21）VectorAssembler

VectorAssembler 可以将输入数据集的某些指定的列组织成单个向量。它特别适用于需要针对单个特征进行处理的场景。在处理结束后，它将所有特征组织到一起，送入那些需要向量输入的机器学习算法，如逻辑斯谛回归或决策树。

（22）VectorSizeHint

VectorSizeHint 允许用户明确指定一列向量的大小，这样 VectorAssembler 或其他可能需要知道向量大小的转换器就可以使用该列作为输入。

（23）QuantileDiscretizer

QuantileDiscretizer 可以看成 Bucketizer 的扩展版，它将连续型特征转换为离散型特征。不同的是，它无须用户给出离散化分割的区间位置，只需要给出期望的区间数，即会自动调用相关近似算法计算出相应的分割位置。

（24）Imputer

Imputer 使用数据列的平均数、中位数或众数来重新填充数据集中的缺失值（null、NaN），数据列的值必须是数值型的，默认填充策略是平均数。

2．特征转换的例子

在机器学习处理过程中，为了方便相关算法的实现，经常需要把特征（一般是字符串）转换成整数索引，或是在计算结束后将整数索引还原为相应的标签。

spark.ml 包中提供了几个相关的转换器，如 StringIndexer、IndexToString、VectorIndexer 等，它们提供了十分方便的特征转换功能，如把特征（一般是字符串）转换成整数索引，并在计算结束时又把整数索引还原为标签。这些转换器都位于 pyspark.ml.featuress 包下。

（1）StringIndexer

StringIndexer 可以把一组字符串型标签编码成一组标签索引，索引的范围为 0 到标签数量。索引构建的顺序由标签的出现频率决定，优先编码出现频率较大的标签，所以出现频率最高标签的索引为 0。如果输入的数据是数值型的，则 StringIndexer 会将其转换成字符串型后再对其进行编码。

首先，引入所需要使用的类，代码如下。

```
>>> from pyspark.ml.feature import StringIndexer, IndexToString
>>> from pyspark.sql import SparkSession
```

其次，构建 1 个 DataFrame，设置 StringIndexer 的输入列和输出列的名称，代码如下。

```
#创建一个 SparkSession 对象（如果尚未创建）
>>> spark = SparkSession.builder.appName("example").getOrCreate()

#创建数据集
>>> data = [
    (0, "a"), (1, "b"), (2, "c"), (3, "a"), (4, "a"), (5, "c")
]

#将数据集转换为 DataFrame
>>> df1 = spark.createDataFrame(data, ["id", "category"])

#创建 StringIndexer 对象并设置输入列和输出列
>>> indexer = StringIndexer(inputCol = "category", outputCol = "categoryIndex")
```

这里首先用 StringIndexer 读取数据集中的 category 列，把字符串型标签转换成标签索引，然后输出到 categoryIndex 列上。

最后，通过 fit()方法进行模型训练，用训练出的模型对原数据集进行处理，并通过 indexed.show()进行展示，代码如下。

```
#对 DataFrame 进行索引
>>> indexed_df = indexer.fit(df1).transform(df1)

#显示 DataFrame
>>> indexed_df.show()
+---+--------+-------------+
| id|category|categoryIndex|
+---+--------+-------------+
|  0|       a|          0.0|
|  1|       b|          2.0|
|  2|       c|          1.0|
|  3|       a|          0.0|
|  4|       a|          0.0|
|  5|       c|          1.0|
+---+--------+-------------+
```

可以看到，StringIndexer 依次按照出现频率的高低对字符串型标签进行了排序，即出现最多的"a"被编码为 0.0，"c"被编码为 1.0，出现最少的"b"被编码为 2.0。

（2）IndexToString

与 StringIndexer 的作用相反，IndexToString 的作用是把一列标签索引重新映射回原有的字符串型标签。IndexToString 一般是与 StringIndexer 配合使用的。先用 StringIndexer 将字符串型标签转换成标签索引，进行模型训练，然后在预测标签的时候把标签索引转换成原有的字符串型标签。当然，Spark 也允许开发者使用自己提供的标签，下面是一段实例代码。

```
#创建一个 IndexToString 转换器
>>> index_to_string = IndexToString(inputCol = "categoryIndex", outputCol = "original
Category")

#使用转换器将索引列转换回原始类别列
>>> string_data = index_to_string.transform(indexed_df)

#显示 DataFrame 中的"id"和"originalCategory"列
>>> string_data.select("id", "originalCategory").show()

+---+----------------+
| id|originalCategory|
+---+----------------+
```

```
|  0|              a|
|  1|              b|
|  2|              c|
|  3|              a|
|  4|              a|
|  5|              c|
+---+---------------+
```

然后用 IndexToString 读取 categoryIndex 列上的标签索引，获得原有数据集的字符串型标签，输出到 originalCategory 列上。最后输出 originalCategory 列，我们就可以看到数据集中原有的字符串型标签。

（3）VectorIndexer

StringIndexer 对单个类别型特征进行转换。如果特征都已经被组织在一个向量中，用户又想对其中某些单个分量进行处理，此时可以利用 VectorIndexer 类进行转换。VectorIndexer 类的 maxCategories 参数可以自动识别类别型特征，并将原始值转换为类别索引，它基于特征值的数量来识别需要被类别化的特征。那些取值数最多不超过 maxCategories 的特征，将会被类别化并转换为索引。

下面的例子将实现读入一个数据集，使用 VectorIndexer 训练模型将类别型特征转换为索引。

首先，引入所需要的类，并构建数据集，代码如下。

```
>>> from pyspark.ml.feature import VectorIndexer
>>> from pyspark.ml.linalg import Vectors
>>> from pyspark.sql import SparkSession

#创建 Spark 会话
>>> spark = SparkSession.builder.appName("example").getOrCreate()

#创建示例数据
>>> data = [Vectors.dense(-1.0,1.0,1.0),
        Vectors.dense(-1.0,3.0,1.0),
        Vectors.dense(0.0,5.0,1.0)]

#创建 DataFrame 并指定列名
>>> df = spark.createDataFrame([(vector,) for vector in data], ["features"])
```

然后构建 VectorIndexer 转换器，设置输入列和输出列，并进行模型训练。

```
#创建 VectorIndexer 对象并设置输入列、输出列以及最大不同特征值的数量
>>> vector_indexer = VectorIndexer(inputCol = "features",outputCol = "indexedFeatures",
maxCategories = 2)

>>> indexerModel = vector_indexer.fit(df)
>>> indexedData = indexerModel.transform(df)

>>> indexedData.show()
+--------------+---------------+
|      features|indexedFeatures|
+--------------+---------------+
|[-1.0,1.0,1.0]|  [1.0,1.0,0.0]|
|[-1.0,3.0,1.0]|  [1.0,3.0,0.0]|
| [0.0,5.0,1.0]|  [0.0,5.0,0.0]|
+--------------+---------------+
```

这里设置 maxCategories 为 2，即只有种类数小于 2 的特征才会被认为是类别型特征，否则会被认为是连续型特征。

接下来通过 VectorIndexerModel 的 categoryMaps 成员来获得被转换的特征及其映射，代码如下。我们可以看到，共有两个特征被转换，分别是 0 号特征和 2 号特征。

```
#获取分类特征信息的索引
>>> categorical_features = set(indexerModel.categoryMaps.keys())

#输出分类特征信息
>>> print(f"Chose {len(categorical_features)} categorical features: {','.join(map(str,
categorical_features))}")
Chose 2 categorical features: 0,2
```

最后把模型应用于原有的数据，并输出结果。

```
#使用 VectorIndexerModel 对 DataFrame 进行特征列索引
>>> indexed = indexerModel.transform(df)

#显示 DataFrame
>>> indexed.show()
+--------------+-------------+
|      features|      indexed|
+--------------+-------------+
|[-1.0,1.0,1.0]|[1.0,1.0,0.0]|
|[-1.0,3.0,1.0]|[1.0,3.0,0.0]|
| [0.0,5.0,1.0]|[0.0,5.0,0.0]|
+--------------+-------------+
```

可以看出，只有种类数小于 2 的特征才会被认为是类别型特征，否则会被认为是连续型特征。第 0 列和第 3 列的特征由于种类数不超过 2，被划分成类别型特征，并被转换为索引；第 2 列特征有 3 个值，因此不被类别化，也被转换为索引。

9.6.3　特征选择

特征选择指的是在特征向量中选出"优秀"的特征，组成新的、更精简的特征向量的过程。它在高维数据分析中十分常用，可以剔除掉冗余和无关的特征，提高机器学习的性能。本小节介绍特征选择的基本操作，并给出实例。

特征选择

1. **特征选择操作**

（1）VectorSlicer

VectorSlicer 的作用类似于 MATLAB/NumPy 中的列切片，它可以根据给定的索引（整数索引或列名索引）选择特征向量中的部分列，并生成新的特征向量。

（2）Rformula

Rformula 提供了一种 R 语言风格的特征向量列选择功能，用户可以为其传入一个 R 表达式，它会根据该表达式，自动选择相应的特征向量列以形成新的特征向量。

（3）ChiSqSelector

ChiSqSelector 通过卡方选择方法进行特征选择，它的输入必须是一个已有标签的数据集。ChiSqSelector 会针对每一个特征与其标签的关系进行卡方检验，从而选出那些在统计意义上区分度较大的特征。

（4）UnivariateFeatureSelector

UnivariateFeatureSelector 可以看成 ChiSqSelector 的扩展版，它也支持对连续型数据的特征选择，Spark 会自动根据特征类型和标签类型来选择评估函数。当特征与标签都为类别型时，评估函数使用的是 chi-squared，此时 UnivariateFeatureSelector 的功能就相当于 ChiSqSelector 的功能。当特征为连续型、标签为类别型时，评估函数为 ANOVATest()。当特征与标签都为连续型时，评估函数使用的是 F-value()。

（5）VarianceThresholdSelector

VarianceThresholdSelector 会将方差值小于人为给定阈值的特征删除。阈值默认为 0，因此，只有方差为 0 的特征，即所有值都相同的特征，会被删除。

2. 特征选择操作的例子

卡方选择是统计学上常用的一种有监督特征选择方法，它通过对特征和真实标签进行卡方检验，来判断该特征与真实标签的关联程度，进而确定是否对特征进行选择。

与 spark.ml 包中的大多数机器学习方法一样，spark.ml 包中的卡方选择也是以"评估器+转换器"的形式出现的，主要由 ChiSqSelector 和 ChiSqSelectorModel 两个类来实现。

首先，进行环境的设置，引入卡方选择所需要使用的类，代码如下。

```
>>> from pyspark.sql import SparkSession
>>> from pyspark.ml.linalg import Vectors
>>> from pyspark.sql import Row
>>> from pyspark.ml.feature import ChiSqSelector
```

其次，创建实验数据，这是一个具有 3 个样本、4 个特征维度的数据集，标签有 1 和 0 两种，我们将在此数据集上进行卡方选择，代码如下。

```
#创建 Spark 会话
>>> spark = SparkSession.builder.appName("example").getOrCreate()

#创建数据集
>>> data = [
    (1,Vectors.dense(0.0,0.0,18.0,1.0),1),
    (2,Vectors.dense(0.0,1.0,12.0,0.0),0),
    (3,Vectors.dense(1.0,0.0,15.0,0.1),0)
]

#将数据集转换为 DataFrame
>>> df=spark.createDataFrame([Row(id=id,features=vec,label=label) for id,vec,label in data])
>>> df.show()
+---+-----------------+-----+
| id|         features|label|
+---+-----------------+-----+
|  1|[0.0,0.0,18.0,1.0]|    1|
|  2|[0.0,1.0,12.0,0.0]|    0|
|  3|[1.0,0.0,15.0,0.1]|    0|
+---+-----------------+-----+
```

然后，用卡方选择进行特征选择器的训练。为了便于观察，我们设置只选择与标签关联性最强的一个特征[可以通过 setNumTopFeatures()方法进行设置]代码如下。

```
#创建 ChiSqSelector 对象并设置属性
>>> selector=ChiSqSelector(
    numTopFeatures=1,
    featuresCol="features",
    labelCol="label",
    outputCol="selected-feature"
)
```

最后，用训练出的模型对原数据集进行处理，代码如下。我们可以看到，第 3 列特征作为最有用的特征列被选出。

```
#拟合 ChiSqSelector 模型
>>> selector_model=selector.fit(df)

#使用模型进行特征选择
>>> result=selector_model.transform(df)
```

```
#显示 DataFrame，不截断显示
>>> result.show(truncate=False)
+---+-----------------+-----+---------------+
|id |features         |label|selected-feature|
+---+-----------------+-----+---------------+
|1  |[0.0,0.0,18.0,1.0]|1   |[18.0]         |
|2  |[0.0,1.0,12.0,0.0]|0   |[12.0]         |
|3  |[1.0,0.0,15.0,0.1]|0   |[15.0]         |
+---+-----------------+-----+---------------+
```

9.6.4 局部敏感散列

局部敏感散列（Locality Sensitive Hashing，LSH）是一种被广泛应用于聚类、近似最近邻（Approximate Nearest Neighbor，ANN）、近似相似度连接（Approximate Similarity Join）等操作的散列方法，基本功能是将那些在特征空间中相邻的点尽可能地映射到同一个散列桶中。

spark.ml 包提供了两种 LSH 方法：第一种是 BucketedRandomProjectionLSH，使用欧氏距离作为距离度量方法；第二种是 MinHash，使用雅卡尔（Jaccard）距离作为距离度量方法。显然，根据雅卡尔相似度的性质，它只能够处理二元向量。

9.7 分类算法

分类是一种重要的机器学习和数据挖掘技术。分类的目的是根据数据集的特点构造一个分类函数或分类模型（也称作分类器），分类模型能把未知类别的样本映射到给定类别中。

分类的具体规则可描述如下：给定一组训练数据的集合 T，T 的每一条记录都是包含若干条属性的特征向量，用向量 $X = (x_1, x_2, \cdots, x_n)$ 表示。$x_i (i = 1, 2, \cdots, n)$ 可以有不同的值域，当一属性的值域为连续域时，该属性为连续属性（Numerical Attribute），否则为离散属性（Discrete Attribute）。用 $C = (c_1, c_2, \cdots, c_k)$ 表示类别属性，即数据集有 k 个不同的类别。那么，T 就隐含了一个从向量 X 到类别属性 C 的映射函数：$f(X) \to C$。分类的目的就是分析输入数据，通过在训练集中的数据表现出来的特性，为每一个类找到一种准确的分类函数或者分类模型，采用该分类函数或者分类模型将隐含的映射函数表示出来。

构造分类模型的过程一般分为训练和测试两个阶段。在构造模型之前，将数据集随机地分为训练数据集和测试数据集。先使用训练数据集来构造分类模型，然后使用测试数据集来评估模型的分类准确率。如果认为模型的准确率可接受，就可以用该模型对其他数据元组进行分类。一般来说，测试阶段的代价远低于训练阶段的代价。

分类算法具有多种类型，如支持向量机（Support Vector Machines，SVM）、决策树算法、贝叶斯算法等。spark.mllib 包支持各种分类算法，涉及的问题类型主要包含二分类、多分类和回归等。表 9-4 列出了 spark.mllib 包为不同类型问题提供的算法。

表 9-4　　　　　　　　　　spark.mllib 包为不同类型问题提供的算法

问题类型	支持的算法
二分类	线性支持向量机、逻辑斯谛回归、决策树、随机森林、梯度上升树、朴素贝叶斯
多分类	逻辑斯谛回归、决策树、随机森林、朴素贝叶斯
回归	线性最小二乘法、LASSO 回归、岭回归、决策树、随机森林、梯度上升树、保序回归

spark.mllib 包支持的算法较为完善，而且正逐步迁移到 spark.ml 包中。本节将介绍 spark.ml 包中一些典型的分类算法。

9.7.1　逻辑斯谛回归分类算法

逻辑斯谛回归是统计学习中的经典分类方法，其模型属于对数线性模型。逻辑斯谛回归的因变量可以是二分类的，也可以是多分类的。二项逻辑斯谛回归模型如下。

逻辑斯谛回归分类算法

$$P(Y=1|\boldsymbol{x}) = \frac{\exp(\boldsymbol{w}\cdot\boldsymbol{x}+b)}{1+\exp(\boldsymbol{w}\cdot\boldsymbol{x}+b)} \tag{9-7}$$

$$P(Y=0|\boldsymbol{x}) = \frac{1}{1+\exp(\boldsymbol{w}\cdot\boldsymbol{x}+b)} \tag{9-8}$$

其中，$\boldsymbol{x}\in\mathbf{R}^n$ 是输入，$Y\in\{0,1\}$ 是输出，$\boldsymbol{w}$ 称为权值向量，b 称为偏置，$\boldsymbol{w}\cdot\boldsymbol{x}$ 为 $\boldsymbol{w}$ 和 $\boldsymbol{x}$ 的内积。参数估计的方法是在给定训练样本点和已知的公式后，对于一个或多个未知参数枚举所有可能取值，找到最符合样本点分布的参数（或参数组合）。假设

$$P(Y=1|\boldsymbol{x})=\pi(\boldsymbol{x}),\quad P(Y=0|\boldsymbol{x})=1-\pi(\boldsymbol{x}) \tag{9-9}$$

则采用极大似然法来估计 $\boldsymbol{w}$ 和 b，似然函数为

$$\prod_{i=1}^{N}\left[\pi(x_i)\right]^{y_i}\left[1-\pi(x_i)\right]^{1-y_i} \tag{9-10}$$

其中，N 是训练样本的个数，(x_i,y_i) 表示样本变量 x_i 对应的值为 y_i。为方便求解，对其对数似然进行估计。

$$L(\boldsymbol{w})=\sum_{i=1}^{N}\{y_i\ln[\pi(x_i)]+(1-y_i)\lg[1-\pi(x_i)]\} \tag{9-11}$$

对 $L(\boldsymbol{w})$ 求极大值，得到 $\boldsymbol{w}$ 的估计值。为了避免过拟合的问题，一般会对成本 $L(\boldsymbol{w})$ 增加规范化项

$$J(\boldsymbol{w})=L(\boldsymbol{w})+\gamma\left[\alpha|\boldsymbol{w}|+(1-\alpha)\frac{1}{2}|\boldsymbol{w}|^2\right] \tag{9-12}$$

其中，参数 γ 称为规范化系数，用于定义规范化项的权重；α 称为 Elastic Net（弹性网络）参数，取值介于 0 和 1 之间。$\alpha=0$ 时采用 L2 规范化，$\alpha=1$ 时采用 L1 规范化。求极值的方法可以是梯度下降法、梯度上升法等。

本小节以 Iris 数据集为例进行分析。该数据集的下载位置为 UCI Machine Learning Repository，读者也可以直接到本书官方网站"下载专区"的"数据集"中下载。Iris 数据集以鸢尾花的特征作为数据来源，包含 150 条数据，分为 3 类，每类 50 条数据，每条数据包含 4 个属性，该数据集是在数据挖掘、数据分类中常用的测试集和训练集。下面给出具体实验过程。

第 1 步：导入本地向量 Vector 和 Vectors，导入所需要的类。

```
>>> from pyspark.ml.linalg import Vector, Vectors
>>> from pyspark.ml.feature import IndexToString, StringIndexer, VectorIndexer
>>> from pyspark.ml.classification import LogisticRegression
>>> from pyspark.ml import Pipeline, PipelineModel
>>> from pyspark.sql import Row
>>> from pyspark.ml.classification import LogisticRegressionModel
>>> from pyspark.ml.evaluation import MulticlassClassificationEvaluator
>>> from pyspark.ml.feature import VectorAssembler
>>> from pyspark.sql.types import DoubleType
```

第 2 步：使用 spark.read.csv() 方法读取 CSV 文件，再将 4 个特征转换为 Double 类型数据（转换为 Double 类型数据是为了适应文件末尾存在空行等情况），最后利用 VectorAssembler 将 4 个特征组合成特征向量。

```
#指定 CSV 文件路径
>>> path = "file:///usr/local/spark/iris.data"

#创建一个 SparkSession 对象（如果尚未创建）
>>> spark = SparkSession.builder.appName("example").getOrCreate()

#使用 Spark 读取 CSV 文件并推断列的数据类型，然后重命名列
>>> df_raw = spark.read.option("inferSchema","true").csv(path)
.toDF("c0","c1","c2","c3","label")

#将列的数据类型转换为 Double
>>> df_double = df_raw.select(
        df_raw["c0"].cast(DoubleType()),
        df_raw["c1"].cast(DoubleType()),
        df_raw["c2"].cast(DoubleType()),
        df_raw["c3"].cast(DoubleType()),
        df_raw["label"]
)

#创建 VectorAssembler 实例并设置输入列和输出列
>>> assembler = VectorAssembler(inputCols = ["c0","c1","c2","c3"], outputCol = "features")

#使用 VectorAssembler 将特征列组装成特征向量
>>> data = assembler.transform(df_double).select("features","label")

#显示 DataFrame
>>> data.show()
+-----------------+-----------+
|         features|      label|
+-----------------+-----------+
|[5.1,3.5,1.4,0.2]|Iris-setosa|
|[4.9,3.0,1.4,0.2]|Iris-setosa|
|[4.7,3.2,1.3,0.2]|Iris-setosa|
|[4.6,3.1,1.5,0.2]|Iris-setosa|
|[5.0,3.6,1.4,0.2]|Iris-setosa|
|[5.4,3.9,1.7,0.4]|Iris-setosa|
|[4.6,3.4,1.4,0.3]|Iris-setosa|
|[5.0,3.4,1.5,0.2]|Iris-setosa|
|[4.4,2.9,1.4,0.2]|Iris-setosa|
|[4.9,3.1,1.5,0.1]|Iris-setosa|
|[5.4,3.7,1.5,0.2]|Iris-setosa|
|[4.8,3.4,1.6,0.2]|Iris-setosa|
|[4.8,3.0,1.4,0.1]|Iris-setosa|
|[4.3,3.0,1.1,0.1]|Iris-setosa|
|[5.8,4.0,1.2,0.2]|Iris-setosa|
|[5.7,4.4,1.5,0.4]|Iris-setosa|
|[5.4,3.9,1.3,0.4]|Iris-setosa|
|[5.1,3.5,1.4,0.3]|Iris-setosa|
|[5.7,3.8,1.7,0.3]|Iris-setosa|
|[5.1,3.8,1.5,0.3]|Iris-setosa|
+-----------------+-----------+
only showing top 20 rows
```

第 3 步：分别获取标签列和特征列，进行索引并重命名。

```
#使用 StringIndexer 对标签列进行索引
```

243

```
>>> label_indexer=StringIndexer(inputCol="label",outputCol="indexedLabel").fit(data)

#使用 VectorIndexer() 对特征列进行索引
>>> feature_indexer=VectorIndexer(inputCol="features", outputCol = "indexedFeatures").
fit(data)
```

第4步：设置 LogisticRegression() 的参数。这里设置循环次数为 100 次、规范化项为 0.3 等。具体可以设置的参数，读者可以通过 explainParams() 来获取，还可以看到程序已经设置参数的结果。

```
#创建 LogisticRegression 模型并设置参数
>>> lr=LogisticRegression(
    labelCol="indexedLabel",
    featuresCol="indexedFeatures",
    maxIter=100,
    regParam=0.3,
    elasticNetParam=0.8
)

#输出 LogisticRegression 模型的参数说明
>>> print("LogisticRegression parameters:\n"+lr.explainParams()+"\n")
```

LogisticRegression() 的参数及其含义如表 9-5 所示。

表 9-5　　　　　　　　　　　　　LogisticRegression() 的参数及其含义

参数	含义
elasticNetParam	Elastic Net 参数 α，α 介于 0 和 1 之间，默认值为 0。当 α=0 时，采用 L2 规范化；当 α=1 时，采用 L1 规范化
family	用来设置描述模型的标签分类，可选项为 auto、binomial 和 multinomial，默认值为 auto。 auto：自动选择分类的数量，如果分类数等于 1 或 2，设置为 binomial（二分类），否则设置为 multinomial。 binomial：二元逻辑斯谛回归。 multinomial：多元逻辑斯谛回归（softmax）
featuresCol	用来设置特征列名，默认值为"features"
fitIntercept	用来设置是否匹配一个截距项，默认值为 true
labelCol	用来设置标签列名，默认值为"label"
maxIter	用来设置最大的迭代次数，默认值为 100
predictionCol	用来设置预测列名，默认值为"prediction"
probabilityCol	用来设置预测属于某一类的条件概率的列名，默认值为"probability"。因为不是所有的模型输出都是精确校准后的概率估计，所以这些概率应当视为置信度，而不是精确的概率估计
rawPredictionCol	用来设置原始预测值（也称为置信度）列名
regParam	用来设置正则化参数，默认值为 0
standardization	用来设置是否在模型拟合前对训练特征进行标准化处理，默认值为 true
threshold	用来设置二元分类预测的阈值，默认值为 0.5
thresholds	多元分类中用来调整每一个分类预测概率的阈值参数，未定义默认值。阈值参数（数组的形式）的长度要等于分类数，每一个值都要大于 0（最多只能有一个值可能等于 0），p/t 值最大的类成为预测的类，其中 p 是属于某一个分类的原始概率，t 是每个分类的阈值参数
tol	用来设置迭代算法的收敛阈值（大于等于 0），默认值为 1.0×10^{-6}
weightCol	用来设置权重列名，未定义默认值。如果没有设置或设置为空，则把所有实例的权重设置为 1

第5步：设置一个 IndexToString 转换器，把预测的类别重新转换成字符串型。构建一个机器学习流水线，设置各个阶段。上一个阶段的输出将作为本阶段的输入。

```
#创建 IndexToString 转换器并设置输入列、输出列以及标签
>>> label_converter=IndexToString(inputCol="prediction",outputCol="predictedLabel",
labels=label_indexer.labels)
```

```
#创建 Pipeline，并将每个阶段添加到 Pipeline 中
>>> lr_pipeline = Pipeline(stages=[label_indexer, feature_indexer,lr,label_converter])
```

第 6 步：把数据集随机分成训练集和测试集，其中训练集占 70%。Pipeline 本质上是一个评估器，当 Pipeline 调用 fit()的时候就产生了一个 PipelineModel，它是一个转换器。然后这个 PipelineModel 就可以通过调用 transform()来进行预测，生成一个新的 DataFrame，即利用训练得到的模型对测试集进行验证。

```
#将数据拆分为训练集和测试集
>>> training_data,test_data=data.randomSplit([0.7,0.3])

#拟合 Pipeline 模型
>>> lr_pipeline_model=lr_pipeline.fit(training_data)

#进行预测
>>> lr_predictions=lr_pipeline_model.transform(test_data)
```

第 7 步：输出预测的结果。用 select()选择要输出的列，用 collect()获取所有行的数据，用 for 循环把每行都输出。

```
#选择要显示的列，并遍历预测结果
>>> lr_predictions.select("predictedLabel","label","features","probability").collect()
>>> for row in lr_predictions.collect():
        predicted_label=row.predictedLabel
        label=row.label
        features=row.features
        prob=row.probability
        print(f"({label},{features})-->prob={prob},predicted label={predicted_label}")
(Iris-setosa, [4.4,2.9,1.4,0.2]) --> prob=[0.6116230067690759,0.21558269790029488,
0.17279429533062915], predicted Label=Iris-setosa
  (Iris-setosa, [4.4,3.0,1.3,0.2]) --> prob=[0.6184252581013114,0.21180862225720038,
0.16976787964148818], predicted Label=Iris-setosa
......
```

从上面的输出结果可以看出，其中输出了特征分别属于各个类的概率，并把概率最大的类作为预测值。

第 8 步：对训练的模型进行评估。创建一个 MulticlassClassificationEvaluator 实例，用 setter()方法对预测分类的列名和真实分类的列名进行设置，然后计算预测的准确率。

```
#创建 MulticlassClassificationEvaluator 实例并设置标签列和预测列
>>> evaluator = MulticlassClassificationEvaluator()
.setLabelCol("indexedLabel").setPredictionCol("prediction")

#计算模型的准确性
>>> lr_accuracy = evaluator.evaluate(lr_predictions)
>>> print("Logistic Regression Accuracy:",lr_accuracy)
Logistic Regression Accuracy: 0.8390640167577786
```

从上面的结果中可以看到，预测的准确率约为 0.839064。

第 9 步：通过 Pipeline Model 来获取训练得到的逻辑斯谛模型。lrPipelineModel 是一个 PipelineModel，因此，可以通过调用它的 stages()方法来获取模型，详细代码如下。

```
#获取 LogisticRegression 模型
>>> lr_model = lr_pipeline_model.stages[2]

#输出模型的系数矩阵、截距、类别数和特征数
```

```
>>> print("Coefficients: \n",lr_model.coefficientMatrix)
Coefficients:
 3 X 4 CSRMatrix
(0,2) -0.2873
(0,3) -0.3604
(1,3) 0.1404
>>> print("Intercept: ",lr_model.interceptVector)
Intercept: [1.0944864826554006,-0.4225827695767035,-0.6719037130786973]
>>> print("numClasses: ",lr_model.numClasses)
numClasses: 3
>>> print("numFeatures: ",lr_model.numFeatures)
numFeatures: 4
```

9.7.2 决策树分类算法

决策树（Decision Tree）是一种基本的分类与回归方法，这里主要介绍用于分类的决策树。决策树模型呈树状结构，其中每个内部节点表示一个属性上的测试，每个分支代表一个测试输出，每个叶节点代表一种类别。学习时利用训练数据，根据损失函数最小化的原则建立决策树模型；预测时，对新的数据利用决策树模型进行分类。决策树学习通常包括 3 个步骤：特征选择、决策树的生成和决策树的剪枝。

1. 特征选择

特征选择的目的在于选取对训练数据具有分类作用的特征，这样可以提高决策树学习的效率。通常，特征选择的准则是信息增益（或信息增益比、基尼指数等），每次计算每个特征的信息增益（或信息增益比、基尼指数等），并比较它们的大小，选择信息增益最大（或信息增益比最大、基尼指数最小等）的特征。下面介绍特征选择的几个准则。

首先定义信息论中广泛使用的一个度量标准——熵（Entropy），它表示随机变量不确定性的程度。熵越大，随机变量的不确定性就越大。信息熵（Informational Entropy）表示得知某一特征后使信息的不确定性减少的程度。简单地说，一个属性的信息增益，就是由于使用这个属性分割样例而导致的期望熵降低的程度。信息增益、信息增益比和基尼指数的具体定义如下。

信息增益：特征 A 对训练数据集 D 的信息增益 $g(D,A)$，定义为训练数据集 D 的经验熵 $H(D)$ 与特征 A 给定条件下训练数据集 D 的经验条件熵 $H(D|A)$ 之差，即

$$g(D,A) = H(D) - H(D|A) \tag{9-13}$$

信息增益比：特征 A 对训练数据集 D 的信息增益比 $g_R(D,A)$，定义为其信息增益 $g(D,A)$ 与训练数据集 D 关于特征 A 的经验熵 $H_A(D)$ 之比，即

$$g_R(D,A) = \frac{g(D,A)}{H_A(D)} \tag{9-14}$$

其中，$H_A(D) = -\sum_{i=1}^{n} \frac{|D_i|}{|D|} \log_2 \frac{|D_i|}{D}$，$n$ 是特征 A 取值的个数。

基尼指数：分类问题中，假设有 K 个类，样本点属于第 K 类的概率为 p_k，则概率分布的基尼指数定义为

$$\text{Gini}(p) = \sum_{k=1}^{K} p_k(1-p_k) = 1 - \sum_{k=1}^{K} p_k^2 \tag{9-15}$$

2. 决策树的生成

从根节点开始，对节点计算所有可能的特征的信息增益，选择信息增益最大的特征作为节点的特征，用该特征的不同取值建立子节点，再对子节点递归地重复以上操作，构建决策树；直到所有

特征的信息增益均很小或没有特征可以选择为止，最后得到一棵决策树。

决策树需要有停止条件来终止其生长。一般来说，要求最低的条件是：该节点下面的所有记录都属于同一类，或者所有的记录属性具有相同的值。这两种条件是停止决策树生长的必要条件，也是要求最低的条件。在实际运用中一般希望决策树提前停止生长，限定叶节点包含的最低数据量，以防止由于过度生长造成的过拟合问题。

3. 决策树的剪枝

决策树生成算法会递归地产生决策树，直到不能继续下去为止。这样产生的决策树往往对训练数据的分类很准确，对未知的测试数据的分类却没那么准确，即出现过拟合现象。解决这个问题的办法是考虑决策树的复杂度，对已生成的决策树进行简化，这个过程称为"剪枝"。

决策树的剪枝往往通过极小化决策树整体的损失函数来实现。一般来说，损失函数可以定义如下。

$$C_a(T) = C(T) + a|T| \tag{9-16}$$

其中，T 为任意子树，$C(T)$ 为对训练数据的预测误差（如基尼指数），$|T|$ 为子树的叶节点个数，$a \geq 0$ 且为参数，$C_a(T)$ 为参数是 a 时的子树 T 的整体损失，参数 a 权衡训练数据的拟合程度与模型的复杂度。对于固定的 a，一定存在使损失函数 $C_a(T)$ 的值最小的最优子树，将其表示为 T_a。当 a 大时，最优子树 T_a 偏小；当 a 小时，最优子树 T_a 偏大。

这里以 Iris 数据集为例进行决策树的聚类，下面给出具体步骤。

第 1 步：导入需要的包。

```
>>> from pyspark.ml.classification import DecisionTreeClassifier
>>> from pyspark.ml import Pipeline
>>> from pyspark.ml.evaluation import MulticlassClassificationEvaluator
>>> from pyspark.ml.feature import VectorAssembler
>>> from pyspark.sql.types import DoubleType
>>> from pyspark.sql.session import SparkSession
```

第 2 步：用 case 类定义一个数据类 Iris，创建一个 Iris 模式的 RDD 并转换成 DataFrame。

```
#创建 SparkSession 对象
>>> spark = SparkSession.builder.appName("example").getOrCreate()

#指定 CSV 文件路径
>>> path = "file:///usr/local/spark/iris.data"

#使用 Spark 读取 CSV 文件并推断列的数据类型，然后重命名列
>>> df_raw = spark.read.option("inferSchema", "true").csv(path).toDF("c0", "c1", "c2",
"c3", "label")

#将列的数据类型转换为 Double
>>> df_double = df_raw.select(
        df_raw["c0"].cast(DoubleType()),
        df_raw["c1"].cast(DoubleType()),
        df_raw["c2"].cast(DoubleType()),
        df_raw["c3"].cast(DoubleType()),
        df_raw["label"]
)

#创建 VectorAssembler 实例并设置输入列和输出列
>>> assembler = VectorAssembler(inputCols = ["c0", "c1", "c2", "c3"], outputCol =
"features")

#使用 VectorAssembler 实例将特征列组装成特征向量
>>> df = assembler.transform(df_double).select("features", "label")
```

第 3 步：进一步处理特征和标签，把数据集随机分成训练集和测试集，其中训练集占 70%。

```
#创建 StringIndexer 实例用于标签列
>>> labelIndexer = StringIndexer(inputCol = "label", outputCol = "indexedLabel").fit(df)

#创建 VectorIndexer 实例用于特征列
>>> featureIndexer = VectorIndexer(inputCol = "features", outputCol = "indexedFeatures",
maxCategories = 4).fit(df)

#创建 IndexToString 实例用于将预测的标签转换回原始标签
>>> labelConverter = IndexToString(inputCol = "prediction", outputCol = "predictedLabel",
labels = labelIndexer.labels)

#随机拆分数据集为训练集和测试集
>>> trainingData, testData = df.randomSplit([0.7, 0.3])
```

第 4 步：创建决策树模型［DecisionTreeClassifier()］，通过 setter()方法来设置决策树的参数，也可以用 ParamMap()来设置。这里仅需要设置特征列 FeaturesCol 和待预测列 LabelCol。具体可以设置的参数可以通过 explainParams()来获取。

```
#创建 DecisionTreeClassifier
>>> dtClassifier = DecisionTreeClassifier()
.setLabelCol("indexedLabel").setFeaturesCol("indexedFeatures")
```

DecisionTreeClassifier()的参数及其含义如表 9-6 所示。

表 9-6   DecisionTreeClassifier()的参数及其含义

参数	含义
checkpointInterval	用来设置检查点的区间（大于等于 1）或者使检查点不生效（-1），默认值为 10。例如，10 就意味着缓存中每隔 10 次循环进行一次检查
featuresCol	用来设置特征列名，默认值为"features"
impurity	用来设置信息增益的准则（大小写敏感），其值为"entropy"和"gini"，默认值为"gini"
labelCol	用来设置标签列名，默认值为"label"
maxBins	用来设置用于离散化连续型特征以及选择在每个节点上如何对特征进行分裂的最大箱数，一定要大于等于 2，并且大于等于任意类属特征的类别数量，默认值为 32
maxDepth	用来设置树的最大深度（大于等于 0），默认值为 5。例如，depth 设置为 0 是指只有一个根节点；depth 设置为 1 是指有一个根节点和两个叶子节点
minInfoGain	用来设置可以将数分裂成一个树节点的最小信息增益，要求大于等于 0，默认值为 0
minInstancesPerNode	用来设置分裂后每一个子节点上的最少实例数量，如果一次分裂会导致左孩子节点或右孩子节点的实例数量少于 minInstancesPerNode，则认为该次分裂是无效的，将舍弃该次分裂。要求大于等于 1，默认值为 1
predictionCol	用来设置预测列名，默认值为"prediction"
probabilityCol	用来设置预测属于某一类的条件概率的列名，默认值为"probability"。因为不是所有的模型输出都是精确校准后的概率估计，所以这些概率应当视为置信度，而不是精确的概率估计
rawPredictionCol	用来设置原始预测值（也称为置信度）的列名
seed	用来设置随机数种子，默认值为 159147643
thresholds	多元分类中用来调整每一个分类预测概率的阈值参数，未定义默认值。阈值参数（数组的形式）的长度要等于分类数，每一个值都要大于 0（最多只能有一个值可能等于 0），p/t 值最大的类成为预测的类，其中 p 是属于某一个分类的原始概率，t 是每个分类的阈值参数
weightCol	用来设置权重列名，未定义默认值，如果没有设置或设置为空，则把所有实例的权重设置为 1
minWeightFractionPerNode	每个孩子节点在拆分后必须拥有的加权样本数的最小分数。如果拆分导致左孩子节点或右孩子节点总权重的分数小于 minWeightFractionPerNode，则这次拆分将视为无效的而被丢弃。其值应在区间 [0.0,0.5)内，默认值为 0.0
leafCol	用来设置叶子节点索引列名。通过先序方式预测每棵树中每个实例的叶子节点索引（默认值为""）

第 5 步：构建机器学习流水线，在训练数据集上调用 fit()方法进行模型训练，并在测试数据集上调用 transform()方法进行预测。

```
#创建 Pipeline 实例，设置阶段
>>>dtPipeline=Pipeline(stages = [labelIndexer,featureIndexer,dtClassifier, labelConverter])
#训练 Pipeline 模型
>>> dtPipelineModel = dtPipeline.fit(trainingData)

#进行预测
>>> dtPredictions = dtPipelineModel.transform(testData)

#选择需要展示的列
>>> selected = dtPredictions.select("predictedLabel", "label", "features")

#显示前 100 行
>>> selected.show(100)
+---------------+---------------+-----------------+
| predictedLabel|          label|         features|
+---------------+---------------+-----------------+
|    Iris-setosa|    Iris-setosa|[4.3,3.0,1.1,0.1]|
|    Iris-setosa|    Iris-setosa|[4.4,3.2,1.3,0.2]|
|    Iris-setosa|    Iris-setosa|[4.5,2.3,1.3,0.3]|
|    Iris-setosa|    Iris-setosa|[4.6,3.2,1.4,0.2]|
|Iris-versicolor|Iris-versicolor|[4.9,2.4,3.3,1.0]|
|Iris-versicolor|Iris-versicolor|[5.0,2.3,3.3,1.0]|
|    Iris-setosa|    Iris-setosa|[5.0,3.5,1.3,0.3]|
|Iris-versicolor|Iris-versicolor|[5.1,2.5,3.0,1.1]|
|    Iris-setosa|    Iris-setosa|[5.1,3.5,1.4,0.3]|
|    Iris-setosa|    Iris-setosa|[5.1,3.7,1.5,0.4]|
|    Iris-setosa|    Iris-setosa|[5.1,3.8,1.9,0.4]|
|Iris-versicolor|Iris-versicolor|[5.2,2.7,3.9,1.4]|
|    Iris-setosa|    Iris-setosa|[5.2,3.5,1.5,0.2]|
|    Iris-setosa|    Iris-setosa|[5.4,3.4,1.5,0.4]|
|    Iris-setosa|    Iris-setosa|[5.4,3.9,1.3,0.4]|
|    Iris-setosa|    Iris-setosa|[5.4,3.9,1.7,0.4]|
|Iris-versicolor|Iris-versicolor|[5.5,2.3,4.0,1.3]|
|Iris-versicolor|Iris-versicolor|[5.5,2.4,3.7,1.0]|
|Iris-versicolor|Iris-versicolor|[5.5,2.4,3.8,1.1]|
|    Iris-setosa|    Iris-setosa|[5.5,4.2,1.4,0.2]|
|Iris-versicolor|Iris-versicolor|[5.6,2.7,4.2,1.3]|
|Iris-versicolor|Iris-versicolor|[5.6,3.0,4.5,1.5]|
...
| Iris-virginica| Iris-virginica|[7.2,3.6,6.1,2.5]|
| Iris-virginica| Iris-virginica|[7.7,3.0,6.1,2.3]|
+---------------+---------------+-----------------+
#创建多类别分类评估器并计算准确率
>>> evaluator = MulticlassClassificationEvaluator
(labelCol = "indexedLabel", predictionCol = "prediction")
>>> dtAccuracy = evaluator.evaluate(dtPredictions)
>>> print("Model Accuracy:", dtAccuracy)
Model Accuracy: 0.9575250312891115   //模型的预测准确率
```

第 6 步：通过调用 DecisionTreeClassificationModel 的 toDebugString()方法，查看训练的决策树模型结构。

```
#获取 DecisionTreeClassificationModel
>>> treeModelClassifier = dtPipelineModel.stages[2]
```

```
#输出学习到的分类树模型
>>> print("Learned classification tree model:\n" + treeModelClassifier.toDebugString)
Learned classification tree model:
DecisionTreeClassificationModel: uid=DecisionTreeClassifier_d30c1c6bc6be,
depth=4, numNodes=9, numClasses=3, numFeatures=4
  If (feature 2 <= 2.7)
   Predict: 0.0
  Else (feature 2 > 2.7)
   If (feature 2 <= 4.95)
    If (feature 3 <= 1.6)
     Predict: 1.0
    Else (feature 3 > 1.6)
     If (feature 1 <= 3.05)
      Predict: 2.0
     Else (feature 1 > 3.05)
      Predict: 1.0
   Else (feature 2 > 4.95)
    Predict: 2.0
```

9.8 聚类算法

聚类算法

聚类又称群分析，是一种重要的机器学习和数据挖掘技术。聚类的目的是将数据集中的数据对象划分到若干个簇中，并且保证每个簇的样本尽量接近，不同簇的样本尽量远离。通过聚类生成的簇是一组数据对象的集合，簇满足以下两个条件：

（1）每个簇至少包含一个数据对象；

（2）每个数据对象仅属于一个簇。

聚类算法可形式化描述如下：给定一组数据的集合 D，D 的每一条记录都是包含若干属性的特征向量，用向量 $\boldsymbol{x} = (x_1, x_2, \cdots, x_n)$ 表示。$x_i (i = 1, 2, \cdots, n)$ 可以有不同的值域，当某属性的值域为连续域时，该属性为连续属性，否则为离散属性。聚类算法将数据集 D 划分为 k 个不相交的簇 $\{C = c_1, c_2, \cdots, c_k\}$，其中 $c_i \cap c_j = \varnothing (i \neq j)$，且 $D = \bigcup_{i=1}^{k} c_i$。

聚类一般属于无监督分类的范畴，按照一定的要求和规律，在没有关于分类的先验知识的情况下，对数据进行区分和分类。聚类既可以作为一个单独过程，用于找寻数据内部的分布结构，也可以作为分类等其他学习任务的前驱过程。聚类算法可分为划分法（Partitioning Method）、层次法（Hierarchical Method）、基于密度的方法（Density-Based Method）、基于网格的方法（Grid-Based Method）、基于模型的方法（Model-Based Method）等。这些方法没有统一的评价指标，因为不同聚类算法的目标函数相差很大。有些聚类是基于距离的（如 K-Means），有些是假设先验分布的（如 GMM、LDA），有些是带有图聚类和谱分析性质的（如谱聚类），还有些是基于密度的（如 DBSCAN）。聚类算法应该嵌入问题中进行评价。

在 spark.ml 包中，已经实现的聚类算法包括 K 均值（K-Means）、潜在狄利克雷分布（Latent Dirichlet Allocation，LDA）、二分 K 均值（Bisecting K-Means）、高斯混合模型（Gaussian Mixture Model，GMM）等。本节介绍其中两种聚类算法，即 K-Means 聚类算法和 GMM 聚类算法。

K-Means 聚类算法

9.8.1 K-Means 聚类算法

K-Means 是一个迭代求解的聚类算法，属于划分法，即首先创建 K 个划分，然后迭代地将样本从一个划分转移到另一个划分来改善最终聚类的质量。其过程大致如下：

（1）根据给定的 *K* 值，选取 *K* 个样本点作为初始划分中心；

（2）计算所有样本点到每一个划分中心的距离，并将所有样本点划分到距离最近的划分中心；

（3）计算每个划分中样本点的平均值，将其作为新的中心；

（4）循环进行第（2）～（3）步，直至最大迭代次数或划分中心的变化小于某一预定义阈值。

显然，初始划分中心的选取在很大程度上决定了最终聚类的质量。spark.ml 包内置的 KMeans 类也提供了名为 "K-Means" 的初始划分中心选择方法，它是 KMeans++()方法的并行化版本，其原理是令初始划分中心尽可能地互相远离。

spark.ml 包下的 KMeans()方法位于 spark.ml.clustering 包下。这里仍然使用 Iris 数据集进行分析。Iris 数据集的样本容量为 150，有 4 个实数值的特征，分别代表花朵 4 个部位的尺寸，以及该样本对应鸢尾花的亚种类型（共有 3 种），如下所示。

```
5.1,3.5,1.4,0.2,setosa
……
5.4,3.0,4.5,1.5,versicolor
……
7.1,3.0,5.9,2.1,virginica
……
```

下面给出具体步骤。

第 1 步：引入必要的类。

```
>>> from pyspark.ml.linalg import Vectors
>>> from pyspark.ml.clustering import KMeans, KMeansModel
>>> from pyspark.ml.evaluation import ClusteringEvaluator
>>> from pyspark.ml.feature import VectorAssembler
>>> from pyspark.sql.types import DoubleType
>>> from pyspark.sql.session import SparkSession
```

第 2 步：创建数据集。使用 spark.read.csv()方法读取 CSV 文件，再将 4 个属性转换为 Double 类型，最后利用 VectorAssembler()将 4 个属性组合成向量。

```
#创建 SparkSession 对象
>>> spark = SparkSession.builder.appName("example").getOrCreate()

#加载数据
>>> path = "file:///usr/local/spark/iris.data"
>>> df_raw = spark.read.option("inferSchema", "true").csv(path).toDF("c0", "c1", "c2", "c3", "label")

#将列的数据类型转换为 Double
>>> df_double = df_raw.select(
        df_raw["c0"].cast(DoubleType()),
        df_raw["c1"].cast(DoubleType()),
        df_raw["c2"].cast(DoubleType()),
        df_raw["c3"].cast(DoubleType()),
        df_raw["label"]
)

#创建 VectorAssembler 实例
>>> assembler = VectorAssembler(inputCols = ["c0", "c1", "c2", "c3"], outputCol = "features")

#使用 VectorAssembler 实例转换数据
>>> df = assembler.transform(df_double).select("features")
```

第 3 步：数据构建好后，即可创建 **KMeans** 实例，并进行参数设置。

```
#创建 KMeans 实例
>>> kmeans = KMeans().setK(3)                        #设置簇的数量
>>> kmeans.setFeaturesCol("features")                #设置特征列
>>> kmeans.setPredictionCol("prediction")            #设置预测列

#训练 KMeans 模型
>>> kmeansmodel = kmeans.fit(df)
```

KMeans()的参数及其含义如表 9-7 所示。

表 9–7   KMeans()的参数及其含义

参数	含义
featuresCol	用于指明 DataFrame 中用以存储训练 KMeans 模型的特征列的名称，默认值为"features"
predictionCol	用于指明 DataFrame 中用以存储 KMeans 模型的预测结果列的名称，默认值为"prediction"
k	用于指明 KMeans 模型形成的簇的个数，默认值为 2
maxIter	用于指明 KMeans 模型训练时最大的迭代次数。超过该迭代次数，即使残差尚未收敛，训练过程也不再继续。默认值为 20
Seed	用于指明 KMeans（初始化）过程中产生随机数的种子，默认值为使用类名的 Long 类型散列值
tol	用于指明 KMeans 模型训练时的残差收敛阈值，默认值为 10^{-4}
initMode	用于指明 KMeans 模型训练时寻找初始划分中心的方法，默认值为 K-Means||()[即 KMeans++()的并行化版本]
InitSteps	用于指明使用 K-Means||()方法进行初始化时的步数，默认值为 2
weightCol	用于设置权重列名，未定义默认值。如果没有设置或将其设置为空，则把所有实例的权重设置为 1
distanceMeasure	用于指明计算样本距离的方式，取值可选"euclidean"和"cosine"

第 4 步：通过 transform()方法对存储在 df 中的数据集进行整体处理，生成带有预测簇标签的数据集。

```
#进行聚类预测
>>> results = kmeansmodel.transform(df)

#输出结果
>>> for result in results.collect():
        print(str(result.features) + " => cluster " + str(result.prediction))

[4.6,3.2,1.4,0.2] => cluster 1
[5.3,3.7,1.5,0.2] => cluster 1
[5.0,3.3,1.4,0.2] => cluster 1
[7.0,3.2,4.7,1.4] => cluster 0
[6.4,3.2,4.5,1.5] => cluster 0
[6.9,3.1,4.9,1.5] => cluster 2
[5.5,2.3,4.0,1.3] => cluster 0
[6.5,2.8,4.6,1.5] => cluster 0
......
```

第 5 步：通过 KMeansModel 类自带的 clusterCenters 属性获取模型的所有划分中心情况。

```
#输出 KMeans 模型的聚类中心
>>> for center in kmeansmodel.clusterCenters():
        print("Clustering Center: {}".format(center))
Clustering
Center:[5.883606557377049,2.740983606557377,4.388524590163936,1.4344262295081964]
Clustering
Center:[6.8538461538461535,3.076923076923076,5.715384615384614,2.053846153846153]
Clustering
Center:[5.005999999999999,3.4180000000000006,1.4640000000000002,0.2439999999999999]
```

第 6 步：使用 spark.ml.evaluation.ClusteringEvaluator() 计算 Silhouette 分数来度量聚类的有效性，该值属于区间[-1,1]，且越接近 1 表示簇内样本距离越小，不属于同一簇的样本距离越大。在 K 值未知的情况下，可利用该值选取合适的 K 值。

```
#创建聚类评估器
>>> evaluator = ClusteringEvaluator()

#计算轮廓系数
>>> silhouette = evaluator.evaluate(results)
>>> print("Silhouette Score:", silhouette)
Silhouette Score:0.7354567373091194
```

9.8.2　GMM 聚类算法

GMM 是一种概率式的聚类算法，属于生成式模型，它假设所有的数据样本都是由某一个给定参数的多元高斯分布所生成的。具体地，给定类个数 K，对于给定样本空间中的样本 $\boldsymbol{x}$，一个 GMM 的概率密度函数可以由 K 个多元高斯分布组合成的混合分布表示，即有

$$p(\boldsymbol{x}) = \sum_{i=1}^{K} w_i \cdot p(\boldsymbol{x} \mid \mu_i, \varSigma_i) \tag{9-17}$$

其中，$p(\boldsymbol{x} \mid \mu_i, \varSigma_i)$ 是以 $\boldsymbol{\mu}$ 为均值向量、$\varSigma$ 为协方差矩阵的多元高斯分布的概率密度函数。可以看出，GMM 由 K 个不同的多元高斯分布共同组成，每一个分布被称为 GMM 中的一个成分（Component），而 w_i 为第 i 个多元高斯分布在混合模型中的权重，且有 $\sum_{i=1}^{K} w_i = 1$。

假设存在一个 GMM，那么样本空间中样本的生成过程是，以 $w_1, w_2, \cdots, w_K$ 为概率选出一个混合成分，根据该混合成分的概率密度函数采样出相应的样本。实际上，权重可以被直观理解成相应成分产生的样本占总样本的比例。利用 GMM 进行聚类的过程便是利用 GMM 生成数据样本的逆过程：给定聚类簇数 K，通过给定的数据集，以某一种参数估计方法，推导出每一个混合成分的参数（即均值向量 $\boldsymbol{\mu}$、协方差矩阵 $\varSigma$ 和权重 $\boldsymbol{w}$），每一个多元高斯分布成分即对应聚类后的一个簇。

GMM 在训练时使用了极大似然估计法，最大化以下对数似然函数。

$$L = \ln \prod_{i=1}^{m} p(\boldsymbol{x}) \tag{9-18}$$

$$L = \sum_{i=1}^{m} \ln \left[\sum_{i=1}^{K} w_i \cdot p(\boldsymbol{x} \mid \mu_i, \varSigma_i) \right] \tag{9-19}$$

L 无法直接通过解析方式求得解，故可采用"期望-最大化"（Expectation-Maximization，EM）方法求解，具体过程如下。

（1）根据给定的 K 值，初始化 K 个多元高斯分布及其权重。

（2）根据贝叶斯定理，估计每个样本由每个成分生成的后验概率（EM 方法中的 E 步）。

（3）根据均值、协方差的定义及第（2）步中求出的后验概率，更新均值向量、协方差矩阵和权重（EM 方法中的 M 步）。

（4）重复第（2）步和第（3）步，直到对数似然函数增加值已小于收敛阈值或达到最大迭代次数。

参数估计过程完成后，对于每一个样本点，根据贝叶斯定理计算出其属于每一个簇的后验概率，并将样本划分到后验概率最大的簇上。相对于 K-Means 等直接给出样本点的簇划分的聚类算法，GMM 这种给出样本点属于每个簇的概率式的聚类算法，被称为软聚类（Soft Clustering / Soft Assignment）。

这里使用 Iris 数据集进行实验。下面给出具体实验步骤。

第 1 步：引入需要的包。GMM 在 spark.ml.clustering 包下，具体实现分为两个类：用于抽象 GMM

的超参数并进行训练的 GaussianMixture 类和训练后的模型 GaussianMixtureModel 类。

```
>>> from pyspark.ml.clustering import GaussianMixture, GaussianMixtureModel
>>> from pyspark.ml.linalg import Vectors
>>> from pyspark.sql.session import SparkSession
```

第 2 步：创建数据集。使用 spark.read.csv()方法读取 CSV 文件，再将 4 个属性转换为 Double 类型数据，最后利用 VectorAssemble 实例将 4 个属性组合成向量。

```
#创建 SparkSession 对象
>>> spark = SparkSession.builder.appName("example").getOrCreate()

#加载数据
>>> path = "file:///usr/local/spark/iris.data"
>>> df_raw = spark.read.option("inferSchema", "true").csv(path).toDF("c0", "c1", "c2",
"c3", "label")

#将列的数据类型转换为 Double
>>> df_double = df_raw.select(
        df_raw["c0"].cast(DoubleType()),
        df_raw["c1"].cast(DoubleType()),
        df_raw["c2"].cast(DoubleType()),
        df_raw["c3"].cast(DoubleType()),
        df_raw["label"]
)

#创建 VectorAssembler 实例
>>> assembler = VectorAssembler(inputCols = ["c0", "c1", "c2", "c3"], outputCol =
"features")

#使用 VectorAssembler 转换数据
>>> df = assembler.transform(df_double).select("features")
```

第 3 步：数据构建好后，即可创建一个 GaussianMixture 实例，设置相应的超参数，并调用 fit()方法来训练一个 GMM 模型 GaussianMixture。

```
#创建 GaussianMixture 实例
>>> gm = GaussianMixture().setK(3).setPredictionCol("Prediction")
.setProbabilityCol("Probability")

#训练模型
>>> gmm = gm.fit(df)
```

这里建立了一个简单的 GaussianMixture 对象并设置模型参数，设置其聚类数量为 3，其他参数取默认值。GaussianMixture()的参数及其含义如表 9-8 所示。

表 9-8   GaussianMixture()的参数及其含义

参数	含义
featuresCol	用于指明 DataFrame 中用以存储训练 GMM 的特征列的名称，默认值为"features"
predictionCol	用于指明 DataFrame 中用以存储 GMM 的预测结果列的名称，默认值为"prediction"
probabilityCol	用于指明 DataFrame 中用以存储 GMM 中每个样本的类条件概率（属于每一个簇的概率）向量的列名称，默认值为"probability"
k	用于指明 GMM 中独立高斯分布的个数，即其他聚类方法中的簇的个数，默认值为 2
maxIter	用于指明 GMM 训练时最大的迭代次数，超过该迭代次数，即使残差尚未收敛，训练过程也不再继续，默认值为 100
seed	用于指明 GMM 训练过程中产生随机数的种子，默认值是使用类名的 Long 类型散列值
tol	用于指明 GMM 训练时的残差收敛阈值，默认值为 10^{-2}
weightCol	用于设置权重列名，未定义默认值。如果没有设置或将其设置为空，则把所有实例的权重设置为 1

第 4 步：调用 transform() 方法处理数据集并进行输出。除了可以得到样本的聚簇归属预测，GMM 还可以得到样本属于各个聚簇的概率（Probability 列）。

```
#使用 GaussianMixture 模型进行聚类预测
>>> result = gmm.transform(df)

#显示结果
>>> result.show(150,truncate = False)
+---------------+----------+------------------------------------------------------------------+
|features       |Prediction|Probability                                                       |
+---------------+----------+------------------------------------------------------------------+
|[5.1,3.5,1.4,0.2]|0       |[0.9999999999999951,4.682229962936943E-17,4.868372929920407E-15] |
|...............|..        |...............................................................   |
|[5.6,2.8,4.9,2.0]|1       |[8.920203149708086E-16,0.5988576194515217,0.4011423805484774]    |
|...............|..        |...............................................................   |
|[6.3,2.7,4.9,1.8]|2       |[5.703158630226758E-16,0.022033640207248576,0.9779663597927509]  |
+---------------+----------+------------------------------------------------------------------+
```

第 5 步：得到模型后即可查看模型的相关参数。与 *K*-Means 不同，GMM 不直接给出划分中心，而是给出各个混合成分（多元高斯分布）的参数。GaussianMixtureModel 类的 weights 成员获取各个混合成分的权重，gaussians 成员获取各个混合成分。其中，GMM 的每一个混合成分都使用一个 MultivariateGaussian 类（位于 pyspark.ml.stat 包中）来存储，可以通过 gaussians 成员来获取各个混合成分的参数（均值向量和协方差矩阵）。

```
#获取聚类簇数
>>> k = gmm.getK()

#输出每个组件的权重、均值向量和协方差矩阵
>>> for i in range(k):
        print("Component {}: ".format(i))
        print("Weight: {}".format(gmm.weights[i]))
        print("Mu Vector: \n{}".format(gmm.gaussians[i].mean))
        print("Sigma Matrix: \n{}".format(gmm.gaussians[i].cov))
Component 0:
Weight: 0.12546708740088508
Mu Vector:
[6.721852396316658,2.7996898412653586,5.229488485659469,1.570225067661127]
Sigma Matrix:
DenseMatrix([[ 0.40089763,  0.06842869,  0.50528596,  0.17973192],
            [ 0.06842869,  0.06124048, -0.00228475,  0.00110913],
            [ 0.50528596, -0.00228475,  0.9129803 ,  0.2905964 ],
            [ 0.17973192,  0.00110913,  0.2905964 ,  0.10570587]])
Component 1:
Weight: 0.5412029763511748
Mu Vector:
[6.155383209846753,2.888765174842858,4.830983979377062,1.700513183480127]
Sigma Matrix:
DenseMatrix([[0.38247243, 0.14260242, 0.39328439, 0.17608763],
            [0.14260242, 0.11933761, 0.18134559, 0.0951517 ],
            [0.39328439, 0.18134559, 0.58972204, 0.29454179],
            [0.17608763, 0.0951517 , 0.29454179, 0.19234477]])
Component 2:
Weight: 0.3333299362479401
Mu Vector:
```

```
[5.006002149883481,3.4180031119033694,1.4640001282927495,0.2439994005789338]
Sigma Matrix:
DenseMatrix([[0.1217635 , 0.09829175, 0.01581558, 0.0103358 ],
            [0.09829175, 0.14227602, 0.01144781, 0.01120811],
            [0.01581558, 0.01144781, 0.02950388, 0.00558381],
            [0.0103358 , 0.01120811, 0.00558381, 0.01126387]])
```

9.9 频繁模式挖掘算法

频繁模式挖掘（Frequent Pattern Mining），又称关联规则挖掘，是一个重要的数据挖掘分析过程，它从各种数据库中找到频繁模式（Frequent Pattern）、关联或因果结构。给定一组交易或一组项目集合，频繁模式挖掘的目的是找到一些关联规则，使我们能够根据交易中其他项目来预测一个特定项目是否在该交易中。给定项目集合 $I = \{a_1, a_2, \cdots, a_m\}$，关联规则可表示为一种归纳形式的规则 $X \Rightarrow Y$，其中 $X, Y \subseteq I$，$X \cap Y = \varnothing$，$|X| \neq 0$，$|Y| \neq 0$，$|X|$ 和 $|Y|$ 表示集合包含的元素个数。这个规则表明如果交易中包含模式 X，则该交易很有可能包含模式 Y。

频繁模式挖掘可形式化描述为：给定包含交易的数据库 $DB = <T_1, T_2, \cdots, T_n>$，其中 $T_i \subseteq I, i \in [1, 2, \cdots, n]$。定义模式 $A \subseteq I$ 的支持度（support）为数据库 DB 中包含模式 A 的交易数量，记为 $\sup(A)$。给定最小支持阈值 ξ，若 $\sup(A) \geqslant \xi$，则称 A 为频繁模式。频繁模式挖掘的目标就是找出数据库 DB 中的所有频繁模式。

得到频繁模式后，给定置信度计算函数 conf 与置信度阈值 ξ_c，将包含项目数大于 1 的频繁模式划分为不相交的两个子集 X 和 Y。对所有可能的划分计算规则置信度 $\mathrm{conf}(X \Rightarrow Y)$，若 $\mathrm{conf}(X \Rightarrow Y) \geqslant \xi_c$，则将该规则保留。

在 spark.ml 包中，已经实现的频繁模式挖掘算法包括 FP-Growth 和 PrefixSpan。本节分别对这两种算法进行介绍。

9.9.1 FP-Growth 算法

FP-Growth 算法包含两项重要内容，分别是频繁模式树（Frequent Pattern Tree，FP-Tree）和基于频繁模式树的模式片段增长挖掘（Pattern Fragment Growth Mining）算法。前者是一种扩展的前缀树结构，是对数据库的压缩表示。树状结构不仅保留了数据库中的项目集，还记录了项目集之间的关联。这种压缩形式能够避免在寻找频繁模式时多次扫描数据库。后者是一种运用分治思想扫描 FP-Tree 获取频繁模式的算法。下面分别对这两项内容做进一步解释。

FP-Tree 的构建是通过将每个项目集逐一映射到树中的一个路径来实现的，而频繁项目则是路径上的节点。树上频繁出现的节点比不频繁出现的节点有更大的概率被共享。给定交易数据库 DB 与最小支持阈值 ξ，FP-Tree 的构建过程如下。

（1）扫描一次交易数据库 DB，收集频繁项目集 F 和项目对应的支持度。将 F 中的频繁项目按支持度降序排列得到 L，即降序的频繁项目列表。

（2）创建一个 FP-Tree 的根 T，并将其标记为"null"。对 DB 中的每个交易 t 执行以下步骤。

① 根据 L 的顺序，选择 t 中的频繁项目再排序。

② 记 t 中已排序的频繁项目列表为[p, P]，其中 p 是第一个元素，P 是列表剩余的元素。然后调用函数 insert_tree([p, P], T)。该函数的功能为：如果 T 有一个子节点 N 与 p 同属一个项目，则该子节点 N 计数加 1，否则创建一个（与 p 同属一个项目的）子节点 N 并将其计数置为 1；如果 P 非空，则递归调用 insert_tree(P, N)。

FP-Growth 算法

FP-Tree 构建完成后，FP-Growth 通过模式片段增长挖掘算法找到频繁模式。该算法从一个频繁项目开始，将其作为初始后缀模式（Suffix Pattern），得到其条件模式库（Conditional Pattern Base）。这是一个由与后缀模式共同出现的频繁项目集组成的"子数据库"，再据此构建其条件 FP-Tree（Conditional FP-Tree），并使用这样的树递归地执行挖掘。这里的条件 FP-Tree 可以由从树根开始到后缀模式（不含）的所有路径组合得到。模式的增长是通过连接后缀模式与由条件 FP-Tree 产生的新模式来实现的。定义 FP-Tree Tree、节点 α 与 FP-Growth 算法函数 FP-Growth(Tree,α)，该函数执行步骤如下。

（1）如果 Tree 只包含一条路径 P，那么对路径 P 的所有节点组合（记为 β）执行以下操作：生成模式 $\beta\bigcap\alpha$，且置 $\sup(\beta\bigcap\alpha)$ 为 β 中节点的最小支持度。

（2）否则，对 Tree 中每一个项目第一次加入 Tree 的节点 a_i 执行以下操作：

① 生成模式 $\beta=a_i\bigcap\alpha$，且置 $\sup(\beta)=\sup(a_i)$；

② 构建 β 的条件模式库与条件 FP-Tree Tree_β，如果 $\text{Tree}_\beta\ne\varnothing$，则调用 FP-Growth($\text{Tree}_\beta,\beta$)。

通过调用 FP-Growth(Tree, null) 即可搜索数据库中的所有频繁模式。

spark.ml 包下的 FP-Growth() 函数位于 pyspark.ml.fpm 包下。下面的例子采用 Spark 自带的 sample_fpgrowth 数据集，在 Spark 的安装目录下可以找到该文件。

```
/usr/local/spark/data/mllib/sample_fpgrowth.txt
```

其中，每行代表一次交易，交易中的项目以空格分开。此外，设置最小支持度 $\xi=0.5$、置信度阈值 $\xi_c=0.6$。下面给出具体步骤。

第 1 步：引入需要的包。

```
>>> from pyspark.ml.fpm import FPGrowth
>>> from pyspark.sql import SparkSession
```

第 2 步：读取 sample_fpgrowth 数据集中的每一行，并用空格分割其中的项目，将分割出的项目转换成列表。

```
#创建 SparkSession 对象
>>> spark = SparkSession.builder \
        .appName("example") \
        .getOrCreate()

#加载文本数据并创建 DataFrame
>>> data = spark.sparkContext.textFile
("file:///usr/local/spark/data/mllib/sample_fpgrowth.txt")
    .map(lambda t: (t.split(" "),))
    .toDF(["items"])

#显示 DataFrame
>>> data.show(truncate = False)
+-----------------------+
|items                  |
+-----------------------+
|[r, z, h, k, p]        |
|[z, y, x, w, v, u, t, s]|
|[s, x, o, n, r]        |
|[x, z, y, m, t, s, q, e]|
|[z]                    |
|[x, z, y, r, q, t, p]  |
+-----------------------+
```

第 3 步：数据构建好后，即可创建 FP-Growth 模型，并进行参数设置。

```
#创建 FPGrowth 模型
```

```
>>> fpgrowth = FPGrowth()
.setItemsCol("items").setMinSupport(0.5).setMinConfidence(0.6)

#拟合模型到数据集
>>> model = fpgrowth.fit(data)
```

FPGrowth()的参数及其含义如表 9-9 所示。

表 9-9 　　　　　　　　　　　**FPGrowth()的参数及其含义**

参数	含义
itemsCol	用于指明 DataFrame 中用以存储训练 FP-Growth 模型的特征列的名称，默认值为"items"
minConfidence	用于指明生成关联规则的最小置信度，默认值为 0.8
minSupport	用于指明频繁模式的最小支持度，取值属于[0.0,1.0]。任何出现次数超过 minSupport * size-of-the-dataset 的模式将被输出到频繁项集。默认值为 0.3
predictionCol	用于指明 DataFrame 中用于存储 FP-Growth 模型的预测结果列的名称，默认值为"prediction"

第 4 步：输出频繁模式集。

```
>>> model.freqItemsets.show()
+------------+----+
|       items|freq|
+------------+----+
|         [s]|   3|
|      [s, x]|   3|
|         [r]|   3|
|         [y]|   3|
|      [y, x]|   3|
|   [y, x, z]|   3|
|      [y, t]|   3|
|   [y, t, x]|   3|
|[y, t, x, z]|   3|
|   [y, t, z]|   3|
|      [y, z]|   3|
|         [x]|   4|
|      [x, z]|   3|
|         [t]|   3|
|      [t, x]|   3|
|   [t, x, z]|   3|
|      [t, z]|   3|
|         [z]|   5|
+------------+----+
```

第 5 步：输出生成的关联规则。

```
>>> model.associationRules.show()
+----------+----------+----------+------------------+-------+
|antecedent|consequent|confidence|              lift|support|
+----------+----------+----------+------------------+-------+
|       [t]|       [y]|       1.0|               2.0|    0.5|
|       [t]|       [x]|       1.0|               1.5|    0.5|
|       [t]|       [z]|       1.0|               1.2|    0.5|
| [y, t, x]|       [z]|       1.0|               1.2|    0.5|
|       [x]|       [s]|      0.75|               1.5|    0.5|
|       [x]|       [y]|      0.75|               1.5|    0.5|
|       [x]|       [z]|      0.75|0.8999999999999999|    0.5|
|       [x]|       [t]|      0.75|               1.5|    0.5|
```

```
|      [y, z]|       [x]|      1.0|                1.5|    0.5|
|      [y, z]|       [t]|      1.0|                2.0|    0.5|
|      [y, t]|       [x]|      1.0|                1.5|    0.5|
|      [y, t]|       [z]|      1.0|                1.2|    0.5|
|      [y, x]|       [z]|      1.0|                1.2|    0.5|
|      [y, x]|       [t]|      1.0|                2.0|    0.5|
|   [y, x, z]|       [t]|      1.0|                2.0|    0.5|
|   [y, t, z]|       [x]|      1.0|                1.5|    0.5|
|         [s]|       [x]|      1.0|                1.5|    0.5|
|         [y]|       [x]|      1.0|                1.5|    0.5|
|         [y]|       [t]|      1.0|                2.0|    0.5|
|         [y]|       [z]|      1.0|                1.2|    0.5|
+----------+----------+----------+------------------+-------+
only showing top 20 rows
```

第 6 步：对输入交易应用生成的关联规则，并将结果作为预测值输出。

```
>>> model.transform(data).show()
+--------------------+----------+
|               items|prediction|
+--------------------+----------+
|    [r, z, h, k, p]| [y, x, t]|
|[z, y, x, w, v,   u…|        []|
|    [s, x, o, n, r]| [y, z, t]|
|[x, z, y, m, t,    s…|        []|
|                 [z]| [y, x, t]|
|[x, z, y, r, q,    t…|       [s]|
+--------------------+----------+
```

9.9.2 PrefixSpan 算法

PrefixSpan 算法用于挖掘序列数据中的频繁序列模式。序列数据是由若干个数据项集组成的序列，项集之间有时间上的先后关系，如<a(bc)(bd)>，它由 a、bc、bd 共 3 个项集数据组成。频繁序列就是满足最小支持度要求的子序列，子序列的数学定义是：对于序列 $A = \{a_1, a_2, \cdots, a_m\}$ 和序列 $B = \{b_1, b_2, \cdots, b_n\}$，如果存在下标序列 $1 \leqslant i_1 \leqslant i_2 \leqslant \cdots \leqslant i_m \leqslant n$，满足 $a_1 \subseteq b_{i_1}, a_2 \subseteq b_{i_2}, \cdots, a_n \subseteq b_{i_m}$，则称 A 是 B 的子序列。通常来说，A 序列的每个元素必须按顺序的是 B 序列的对应元素的子集。

下面解释 PrefixSpan 算法中的重要概念，包括前缀、投影、后缀。

前缀的定义如下：对于序列 $A = \{a_1, a_2, \cdots, a_m\}$ 和序列 $B = \{b_1, b_2, \cdots, b_n\}$，如果满足① $a_1 = b_1, a_2 = b_2, \cdots, a_{m-1} = b_{m-1}$，② $a_m \subseteq b_m$，$m \leqslant n$，③ $(b_m - a_m)$ 中的元素按顺序都排列在 a_m 后面，则称 A 是 B 的前缀。通俗地讲，前缀要求 A 的前 $m-1$ 个元素都必须等于 B 的前 $m-1$ 个元素，A 的第 m 个元素是 B 的第 m 个元素前面的一部分。例如，<a>、<ab>、<abc>都是序列<a(bc)(bd)>的前缀，但<ac>不是<a(bc)(bd)>的前缀。

投影的定义如下：给定序列 A、B，且 A 是 B 的子序列，序列 C 是序列 B 的投影，当且仅当① C 是 B 的子序列，② C 包含前缀 A，③不存在比 C 更长的序列 D，使 D 是 B 的子序列，并且 D 包含前缀 A。特别注意：前缀这个概念是针对投影而言的。序列 A 是投影 C 的前缀，只需序列 A 是序列 B 的子序列。例如，<ac>不是序列 B=<a(bc)(bd)>的前缀，却是序列 B 关于<ac>的投影 C=<ac(bd)>的前缀。

每个前缀都有一个对应的后缀，即 B 的投影 C 减去前缀 A 所剩的序列，记作 B/A。如果前缀的最后一项是项集的一部分，则用一个 "_" 来占位表示。表 9-10 给出了指定前缀后的序列<a(bc)(bd)>的投影和后缀。

表 9-10 指定前缀后的序列<a(bc)(bd)>的投影和后缀

指定前缀	投影	后缀
<a>	<a(bc)(bd)>	<(bc)(bd)>
<ac>	<ac(bd)>	<(bd)>
<acb>	<ac(bd)>	<_d>

PrefixSpan 算法的目标是挖掘出满足给定的最小支持度要求的频繁序列。它采用分而治之的思想，先从长度为 1 的前缀开始，搜索对应的投影数据库得到长度为 1 的前缀对应的频繁序列。再对长度为 2 的前缀进行搜索，不断递归地进行搜索。以表 9-11 中的序列数据为例，支持度设置为 50%。

表 9-11 序列数据

序列 id	序列
1	<bac>
2	<c(ab)>
3	<a(bc)(bd)>
4	<cf>

算法的第一步是找出长度为 1 的频繁序列。因此，我们需要对表 9-11 中的序列数据进行统计，结果为<a>:3、<b>:3、<c>:4、<d>:1、<f>:1。<a>:3 的意思是在 4 条序列中，有 3 条包含子序列<a>。因为支持度是 50%，所以统计值小于 2 的子序列不属于频繁序列。在结果中，<d>和<f>的统计值只有 1，所以得到的长度为 1 的频繁序列为<a>、<b>、<c>。

PrefixSpan 的思想是分而治之，由第一步的结果可以将频繁序列的全体集合划分为 3 部分：①包含前缀<a>的频繁序列；②包含前缀<b>的频繁序列；③包含前缀<c>的频繁序列。下面以<a>为例解释递归挖掘的过程，其他节点同理。递归过程需要构造前缀<a>的投影数据库<c>、<_b>、<(bc)bd>、<>。

与第一步的做法相同，对<a>的投影数据库中的元素进行统计，结果为<b>:1、<_b>:1、<c>:2、<d>:1。这里要特别注意的是，<b>和<_b>是不同的，<b>与前缀<a >是不同项集，而<_b>与前缀<a>属于同一项集。除了<c>外，其他元素都不满足最小支持度的要求，所以第 2 轮得到的前缀为<a>的长度为 2 的频繁序列为<ac>。

根据递归搜索，第 3 轮需要构造出前缀<ac>的投影数据库。<ac>的投影只有一项，就是<bd>，元素<b>和<d>的计数都只有 1，都不满足支持度的要求，递归挖掘结束。前缀为<a>的频繁序列的全集为<a>、<ac>。仿照上述过程，可以依次求出前缀为<b>和前缀为<c>的频繁序列。

PrefixSpan 的算法流程总结如下。

（1）对长度为 1 的前缀进行计数，得到所有的频繁 1 项序列，长度 $L=1$。

（2）对于每个长度为 L 的、满足最小支持度要求的前缀进行递归挖掘。

① 如果前缀对应投影数据库为空，则递归返回。

② 统计对应投影数据库各项的支持度。如果各项支持度都小于阈值，则递归返回。

③ 将满足支持度阈值要求的各个单项和目前的前缀合并，得到若干个新的前缀。

④ $L=L+1$，前缀为第③步得到的新前缀，分别递归执行第②步。

PrefixSpan 算法位于 pyspark.ml.fpm 包下。下面给出 PrefixSpan 的具体例子，使用上文例子作为输入数据，1 对应 a，2 对应 b，以此类推。序列总共有 4 条，最小支持度设置为 0.5，这意味着只有出现频率至少为 22 的子序列才会被选中。

第 1 步：引入需要的包。

```
>>> from pyspark.ml.fpm import PrefixSpan
>>> from pyspark.sql import SparkSession
```

第 2 步：构造输入数据。

```
#创建 SparkSession 对象
```

```
>>> spark = SparkSession.builder \
        .appName("example") \
        .getOrCreate()

#定义小型测试数据
>>> small_test_data = [
        [[2], [1], [3]],
        [[3], [1, 2]],
        [[1], [2, 3], [2, 4]],
        [[3], [5]]
    ]

#转换为 DataFrame
>>> data = [(seq,) for seq in small_test_data]
>>> df = spark.createDataFrame(data, ["sequence"])
```

第3步：创建 PrefixSpan 模型，并进行参数设置。

```
#创建 PrefixSpan 模型
model = PrefixSpan() \
    .setMinSupport(0.5) \
    .setMaxPatternLength(5) \
    .setMaxLocalProjDBSize(32000000)
```

PrefixSpan()的参数及其含义如表 9-12 所示。

表 9-12　　　　　　　　　　　　PrefixSpan()的参数及其含义

参数	含义
MinSupport	用于指定某子序列被认定为频繁序列模式的最小支持度，取值属于[0.0, 1.0]，默认值为 0.1
MaxPatternLength	用于指定频繁序列模式的最大长度，默认值为 10
MaxLocalProjDBSize	用于指定在开始对投影数据库进行迭代处理之前，数据库中允许的最大项目数，默认值为 32000000
SequenceCol	用于指定数据集中 sequence 列的名称（默认值为 "sequence"），该列中的空行将被忽略

第4步：查找频繁序列模式。

```
>>> result = model.findFrequentSequentialPatterns(df)
```

第5步：输出结果。

```
>>> result.show()
+----------+----+
|  sequence|freq|
+----------+----+
|     [[3]]|   4|
|     [[1]]|   3|
|     [[2]]|   3|
|[[1], [3]]|   2|
|[[3], [2]]|   2|
+----------+----+
```

9.10　协同过滤算法

协同过滤推荐（Collaborative Filtering Recommendation）是在信息过滤和信息系统中一项很受欢迎的技术。它基于一组兴趣相同的用户或项目进行推荐，根据相似用户（与目标用户兴趣相似的用户）的偏好信息，产生针对目标用户的推荐列表；或者综合这些相似用户对某一信息的评价，形成系统对某一指定用户对此信息的喜好程度的预测。本节简要介绍协同过滤算法的原理，并给出算法实例。

协同过滤算法

9.10.1 协同过滤算法的原理

协同过滤算法主要分为基于用户的协同过滤（User-Based CF）算法和基于物品的协同过滤（Item-Based CF）算法。基于用户的协同过滤，通过不同用户对物品的评分来评测用户之间的相似性，并基于用户之间的相似性做出推荐。基于物品的协同过滤，通过用户对不同物品的评分来评测物品之间的相似性，并基于物品之间的相似性做出推荐。MLlib 当前支持基于模型的协同过滤，其中，用户和物品通过一组隐含因子进行表达，并且这些因子也用于预测缺失的元素。

在推荐过程中，用户的反馈有显性和隐性之分。显性反馈行为指的是那些用户明确表示对物品的喜好程度的行为，隐性反馈行为指的是那些不能明确反映用户喜好的行为。在现实生活的很多场景中，常常只能接触到隐性反馈行为，如页面浏览、单击、购买、喜欢、分享等。基于矩阵分解的协同过滤的标准方法，一般将用户物品矩阵中的元素作为用户对物品的显性偏好。

9.10.2 ALS 算法

ALS 是 Alternating Least Squares 的缩写，即交替最小二乘法。该方法常用于基于矩阵分解的推荐系统中。例如，将用户（User）对物品（Item）的评分矩阵分解为两个矩阵：一个是用户对物品隐含特征的偏好矩阵；另一个是物品所包含的隐含特征的矩阵。在这个矩阵分解的过程中，评分缺失项得到了填充，即可以基于填充的评分来给用户推荐物品。

具体而言，将用户-物品的评分矩阵 R 分解成两个隐含因子矩阵 P 和 Q，从而将用户和物品都投影到一个隐含因子的空间中。即对于 R（$m \times n$）的矩阵，ALS 旨在找到两个低维矩阵 P（$m \times k$）和矩阵 Q（$n \times k$）来近似逼近 R（$m \times n$）：

$$R_{m \times n} \approx P_{m \times k} Q_{n \times k}^{\mathrm{T}} \tag{9-20}$$

其中，$k \ll \min(m, n)$。这里相当于降维，矩阵 P 和 Q 也称为低秩矩阵。

为了使低秩矩阵 P 和 Q 尽可能地逼近 R，可以通过最小化下面的损失函数 L 来完成。

$$L(P,Q) = \Sigma_{u,i}(r_{ui} - p_u^{\mathrm{T}} q_i)^2 + \lambda(|p_u|^2 + |q_i|^2) \tag{9-21}$$

其中，p_u 表示用户 u 的偏好隐含特征向量，q_i 表示物品 i 包含的隐含特征向量，r_{ui} 表示用户 u 对物品 i 的评分，向量 p_u 和 q_i 的内积 $p_u^{\mathrm{T}} q_i$ 是用户 u 对物品 i 评分的近似。最小化该损失函数使两个隐含因子矩阵的乘积尽可能逼近原始的评分。同时，损失函数中增加了 L2 规范化项（Regularization Term），对较大的参数值进行惩罚，以减小过拟合造成的影响。

ALS 是求解 $L(P,Q)$ 的知名算法，其基本思想是：固定其中一类参数，使其变为单类变量优化问题，利用解析方法进行优化；反过来，固定先前优化过的参数，再优化另一组参数。此过程迭代进行，直到收敛。其具体求解过程如下。

（1）固定 Q，对 p_u 求偏导数并令偏导数为 0，即 $\dfrac{\partial L(P,Q)}{\partial p_u} = 0$，得到求解 p_u 的公式：

$$p_u = (Q^{\mathrm{T}}Q + \lambda I)^{-1} Q^{\mathrm{T}} r_u \tag{9-22}$$

其中，I 为单位矩阵。

（2）固定 P，对 q_i 求偏导数并令偏导数为 0，即 $\dfrac{\partial L(P,Q)}{\partial q_i} = 0$，得到求解 q_i 的公式：

$$q_i = (P^{\mathrm{T}}P + \lambda I)^{-1} P^{\mathrm{T}} r_i \tag{9-23}$$

实际运行时，程序会首先随机对 P、Q 进行初始化，随后根据以上过程，交替对 P、Q 进行优化，直到收敛。一直收敛的标准是均方根误差（Root Mean Squared Error，RMSE）小于某一预定义的阈值。

spark.ml 包提供了 ALS 来学习隐含因子并进行推荐。下面的例子采用 Spark 自带的 MovieLens 数据集，在 Spark 的安装目录下可以找到该文件。

```
/usr/local/spark/data/mllib/als/sample_movielens_ratings.txt
```

其中，每行包含一个用户、一部电影、一个该用户对该电影的评分及时间戳。这里使用默认的 ALS.train()方法来构建推荐模型，并进行模型评估。

下面给出具体步骤。

第 1 步：引入需要的包。

```
>>> from pyspark.ml.evaluation import RegressionEvaluator
>>> from pyspark.ml.recommendation import ALS
>>> from pyspark.sql import SparkSession
>>> from pyspark.sql import Row
```

第 2 步：创建一个 Rating 类和 parseRating()函数。parseRating()用于把读取的 MovieLens 数据集中的每一行转换成 Rating 类的对象。

```
#创建 Spark 会话
>>> spark = SparkSession.builder.appName("example").getOrCreate()

#定义 Rating 类
>>> class Rating:
        def __init__(self, userId, movieId, rating, timestamp):
            self.userId = userId
            self.movieId = movieId
            self.rating = rating
            self.timestamp = timestamp

#定义解析函数
>>> def parseRating(line):
        fields = line.split("::")
        assert len(fields) == 4
        return Rating(int(fields[0]), int(fields[1]), float(fields[2]), int(fields[3]))

#读取文件并转换为 DataFrame
>>> ratings = spark.sparkContext
    .textFile("file:///usr/local/spark/data/mllib/als/sample_movielens_ratings.txt") \
    .map(parseRating) \
    .map(lambda x: Row(userId=x.userId, movieId=x.movieId, rating = x.rating, timestamp
= x.timestamp)).toDF()

#显示 DataFrame 的前几行数据
>>> ratings.show()
+------+-------+------+----------+
|userId|movieId|rating| timestamp|
+------+-------+------+----------+
|     0|      2|   3.0|1424380312|
|     0|      3|   1.0|1424380312|
|     0|      5|   2.0|1424380312|
|     0|      9|   4.0|1424380312|
|     0|     11|   1.0|1424380312|
|     0|     12|   2.0|1424380312|
|     0|     15|   1.0|1424380312|
|     0|     17|   1.0|1424380312|
|     0|     19|   1.0|1424380312|
|     0|     21|   1.0|1424380312|
```

I

I

Spark 编程基础（Python 版 第 2 版）（附微课视频）

```
|      0|     23|   1.0|1424380312|
|      0|     26|   3.0|1424380312|
|      0|     27|   1.0|1424380312|
|      0|     28|   1.0|1424380312|
|      0|     29|   1.0|1424380312|
|      0|     30|   1.0|1424380312|
|      0|     31|   1.0|1424380312|
|      0|     34|   1.0|1424380312|
|      0|     37|   1.0|1424380312|
|      0|     41|   2.0|1424380312|
+------+-------+------+----------+
only showing top 20 rows
```

第 3 步：把 MovieLens 数据集划分为训练集和测试集，其中训练集占 80%，测试集占 20%。

```
#将数据集划分为训练集和测试集
>>> training, test = ratings.randomSplit([0.8, 0.2])
```

第 4 步：使用 ALS 来建立推荐模型。这里构建两个模型：一个是显性反馈模型；另一个是隐性反馈模型。

```
#创建显式评分的 ALS 模型
>>> alsExplicit=ALS(maxIter=5, regParam=0.01, userCol="userId", itemCol="movieId",
ratingCol="rating")

#创建隐式评分的 ALS 模型
>>> alsImplicit=ALS(maxIter=5, regParam=0.01, implicitPrefs=True, userCol="userId",
itemCol="movieId", ratingCol="rating")
```

ALS 的参数及其含义如表 9-13 所示。

表 9-13   ALS 的参数及其含义

参数	含义
alpha	是一个针对隐性反馈 ALS 的参数，这个参数决定偏好行为强度的基准，默认值为 1.0
checkpointInterval	用来设置检查点的区间（大于等于 1）或者使检查点不生效（-1）的参数，默认值为 10。例如，10 就意味着缓存中每隔 10 次循环进行一次检查
implicitPrefs	决定是用显性反馈 ALS 还是用隐性反馈 ALS，默认值为 false，即用显性反馈 ALS
itemCol	用来设置物品 id 列名，id 列的数据一定要是 Int 类型的。其他数值类型也是支持的，但只要它们落在 Int 域内，就会被强制转换成 Int 类型，默认值为"item"
maxIter	最大迭代次数，默认值为 10
nonnegative	决定是否对最小二乘法使用非负的限制，默认值为 false
numItemBlocks	物品的分块数，默认值为 10
numUserBlocks	用户的分块数，默认值为 10
predictionCol	用来设置预测列名，默认值为"prediction"
rank	矩阵分解的秩，即模型中隐含因子的个数，默认值为 10
ratingCol	用来设置评分列名，默认值为"rating"
regParam	正则化参数（大于等于 0），默认值为 0.1
seed	随机数种子，默认值为 1994790107
userCol	用来设置用户 id 列名，id 列的数据一定要是 Int 类型的。其他数值类型也是支持的，但只要它们落在 Int 域内，就会被强制转换成 Int 类型，默认值为"user"

我们可以通过调整这些参数，不断优化结果，使均方差变小。例如，imaxIter 越大，regParam 越小，均方差会越小，推荐结果越优。

264

第 5 步：把推荐模型放在训练数据上训练。

```
#使用训练数据拟合显式评分的 ALS 模型
>>> modelExplicit = alsExplicit.fit(training)
#使用训练数据拟合隐式评分的 ALS 模型
>>> modelImplicit = alsImplicit.fit(training)
```

第 6 步：对测试集中的用户-电影进行预测，得到预测评分的数据集。

```
#使用显式评分的 ALS 模型进行预测并移除 NaN 值
>>> predictionsExplicit = modelExplicit.transform(test).na.drop()
#使用隐式评分的 ALS 模型进行预测并移除 NaN 值
>>> predictionsImplicit = modelImplicit.transform(test).na.drop()
```

测试集中如果出现训练集中没有出现的用户，则此次算法将无法进行推荐和评分预测。因此，na.drop()将删除 modelExplicit.transform(test)返回结果的 DataFrame 中任何出现空值或 NaN 的行。

第 7 步：把结果输出，对比一下真实结果与预测结果。

```
>>> predictionsExplicit.show()
+------+-------+------+----------+----------+
|userId|movieId|rating| timestamp|prediction|
+------+-------+------+----------+----------+
|    12|     22|   2.0|1424380312| 3.2479236|
|    12|     35|   5.0|1424380312| -0.530218|
|    12|     45|   1.0|1424380312| 0.8344407|
|    12|     52|   1.0|1424380312|-2.1726284|
|    12|     75|   1.0|1424380312| 2.5783024|
|    12|     77|   1.0|1424380312|-3.2186246|
|    12|     92|   1.0|1424380312| 1.1895456|
|     1|      6|   1.0|1424380312|0.97735095|
|     1|     21|   3.0|1424380312| 0.9701156|
|     1|     28|   3.0|1424380312| 0.8518792|
|     1|     40|   1.0|1424380312| 1.9213806|
|     1|     44|   1.0|1424380312| 1.0629847|
|     1|     57|   1.0|1424380312| 1.9225161|
|     1|     60|   1.0|1424380312|  1.427048|
|     1|     76|   1.0|1424380312|0.53945637|
|     1|     86|   2.0|1424380312|0.74402493|
|     1|     88|   2.0|1424380312|  2.546386|
|    13|      5|   1.0|1424380312|0.72854286|
|    13|     26|   1.0|1424380312|0.61646223|
|    13|     52|   2.0|1424380312| 3.1166124|
+------+-------+------+----------+----------+
only showing top 20 rows
>>> predictionsImplicit.show()
+------+-------+------+----------+------------+
|userId|movieId|rating| timestamp|  prediction|
+------+-------+------+----------+------------+
|    12|     22|   2.0|1424380312|  0.22080728|
|    12|     35|   5.0|1424380312|  0.16498214|
|    12|     45|   1.0|1424380312|   0.4509022|
|    12|     52|   1.0|1424380312| 0.088703245|
|    12|     75|   1.0|1424380312|  0.43563348|
|    12|     77|   1.0|1424380312|-0.054829687|
|    12|     92|   1.0|1424380312|   0.3991751|
|     1|      6|   1.0|1424380312|   0.5279048|
|     1|     21|   3.0|1424380312|   0.9825162|
|     1|     28|   3.0|1424380312|   -0.483464|
|     1|     40|   1.0|1424380312|  0.48943865|
```

```
|     1|    44|  1.0|1424380312|   0.41318583|
|     1|    57|  1.0|1424380312|  -0.17878239|
|     1|    60|  1.0|1424380312|   0.20307416|
|     1|    76|  1.0|1424380312|   0.16549835|
|     1|    86|  2.0|1424380312|    0.4944438|
|     1|    88|  2.0|1424380312|    0.2217942|
|    13|     5|  1.0|1424380312| -0.035340693|
|    13|    26|  1.0|1424380312|   0.13647152|
|    13|    52|  2.0|1424380312| -2.259016E-5|
+------+------+------+----------+------------+
only showing top 20 rows
```

第 8 步：通过计算模型的均方根误差来对模型进行评估。均方根误差越小，模型越准确。

```
#创建回归评估器
>>> evaluator = RegressionEvaluator(metricName="rmse", labelCol = "rating", predictionCol = "prediction")

#使用评估器计算显式评分的 ALS 模型的 RMSE
>>> rmseExplicit = evaluator.evaluate(predictionsExplicit)

#使用评估器计算隐式评分的 ALS 模型的 RMSE
>>> rmseImplicit = evaluator.evaluate(predictionsImplicit)

>>> print("RMSE for Explicit Model: ", rmseExplicit)
RMSE for Explicit Model: 1.7802848438813463
>>> print("RMSE for Implicit Model: ", rmseImplicit)
RMSE for Implicit Model: 1.8752274536739975
```

可以看到评分的均方根误差值为 1.78 和 1.87 左右。由于本例的数据较少，预测的结果和实际的结果相比有一定的差距。

9.11 模型选择

在机器学习中非常重要的任务就是模型选择，或者使用数据来找到具体问题的理想模型和参数，这个过程也称为调优（Tuning）。调优可以在独立的评估器中（如逻辑斯谛回归）完成，也可以在包含多种算法、特征工程和其他步骤的流水线中完成。用户应该一次性调优整个流水线，而不是独立地调优流水线中的每个组成部分。

9.11.1 模型选择工具

MLlib 支持的模型选择工具有交叉验证（CrossValidator）和训练-验证切分（TrainValidationSplit）。使用这些工具要求模式包含以下对象：

（1）待调优的算法或流水线；

（2）一系列参数表（ParamMap），是可选参数，也称为参数网格搜索空间；

（3）评估模型拟合程度的准则或方法。

模型选择工具的工作原理如下。

（1）将输入数据划分为训练数据和测试数据。

（2）对于每个(训练数据,测试数据)，遍历一组 ParamMap。用每一个 ParamMap 参数来拟合评估器，得到训练后的模型，再使用评估器来评估模型表现。

（3）选择性能表现最优的模型所对应的 ParamMap。

模型选择工具

更具体地，CrossValidator 将数据集切分成 k 折叠数据集合，并被分别用于训练和测试。例如，$k=3$ 时，CrossValidator 会生成 3 个(训练数据,测试数据)，每一个(训练数据,测试数据)的训练数据占 2/3，测试数据占 1/3。为了评估一个 ParamMap，CrossValidator 会计算这 3 个不同的(训练数据,测试数据)在评估器拟合出的模型上的平均评估指标。在找出最好的 ParamMap 后，CrossValidator 会使用这个 ParamMap 和整个数据集来重新拟合评估器。也就是说，通过交叉验证找到最佳的 ParamMap，利用此 ParamMap 在整个训练集上可以训练出一个泛化能力强、误差小的最佳模型。

由于交叉验证的代价比较高昂，因此 Spark 也为超参数调优提供了 TrainValidationSplit。TrainValidationSplit 创建单一的(训练数据,测试数据)。它使用 trainRatio 参数将数据集切分成两部分。例如，当设置 trainRatio=0.75 时，TrainValidationSplit 会将数据切分出 75%作为训练集，25%作为测试集，来生成(训练数据,测试数据)，并最终使用最好的 ParamMap 和完整的数据集来拟合评估器。相对于 CrossValidator 对每一个参数进行 k 次评估，TrainValidationSplit 只对每个参数组合评估一次，因此，它的评估代价没有那么高。但是，当训练数据集不够大的时候，其结果相对不够可信。

9.11.2 用交叉验证选择模型

使用 CrossValidator 的代价可能会异常高。然而，对比启发式的手动调优，这是一种选择参数的行之有效的方法。下面通过一个实例来演示如何使用 CrossValidator 从整个网格的参数中选择合适的参数。

用交叉验证选择模型

第 1 步：导入必要的包。

```
>>> from pyspark.ml.feature import HashingTF, Tokenizer
>>> from pyspark.ml.tuning import CrossValidator, ParamGridBuilder
>>> from pyspark.sql import Row, SparkSession
>>> from pyspark.ml.evaluation import MulticlassClassificationEvaluator
>>> from pyspark.ml.feature import IndexToString, StringIndexer, VectorIndexer
>>> from pyspark.ml.classification import LogisticRegression, LogisticRegressionModel
>>> from pyspark.ml import Pipeline, PipelineModel
>>> from pyspark.ml.feature import VectorAssembler
>>> from pyspark.sql.types import DoubleType
>>> from pyspark.sql import SparkSession
```

第 2 步：读取 Iris 数据集，分别获取标签列和特征列，进行索引、重命名，并设置机器学习工作流。通过交叉验证把原始数据集划分为训练集与测试集。值得注意的是，只有训练集才可以用在模型的训练过程中，测试集则作为模型完成之后用来评估模型优劣的依据。此外，训练集中的样本数量必须足够大，一般至少要大于总样本数的 50%，且两个子集必须从完整集合中均匀取样。

```
#创建 Spark 会话
>>> spark = SparkSession.builder.appName("IrisClassification").getOrCreate()

#读取数据
>>> path = "file:///usr/local/spark/iris.data"
>>> df_raw = spark.read.option("inferSchema", "true").csv(path).toDF("c0", "c1", "c2",
"c3", "label")

#转换列数据类型为 Double
>>> df_double = df_raw.select(
        df_raw["c0"].cast(DoubleType()),
        df_raw["c1"].cast(DoubleType()),
        df_raw["c2"].cast(DoubleType()),
        df_raw["c3"].cast(DoubleType()),
        df_raw["label"]
)
```

```
#创建特征向量
>>> assembler = VectorAssembler(inputCols = ["c0", "c1", "c2", "c3"], outputCol =
"features")
>>> data = assembler.transform(df_double).select("features", "label")

#划分训练集和测试集
>>> trainingData, testData = data.randomSplit([0.7, 0.3])

#对标签进行索引
>>> labelIndexer = StringIndexer(inputCol = "label", outputCol = "indexedLabel").fit(data)

#对特征向量进行索引
>>> featureIndexer = VectorIndexer(inputCol = "features", outputCol = "indexedFeatures").
fit(data)

#创建 Logistic Regression 模型
>>> lr = LogisticRegression(labelCol = "indexedLabel", featuresCol = "indexedFeatures",
maxIter = 50)

#将预测结果转换为原始标签
>>> labelConverter = IndexToString(inputCol = "prediction", outputCol = "predictedLabel",
labels = labelIndexer.labels)

#创建 Pipeline 实例
>>> lrPipeline = Pipeline(stages = [labelIndexer, featureIndexer, lr, labelConverter])
```

第 3 步：使用 ParamGridBuilder()方法构造参数网格。其中，regParam 参数是式（9-12）中的 γ，用于定义规范化项的权重；elasticNetParam 参数是 α，称为 Elastic Net 参数，取值介于 0 和 1 之间。elasticNetParam 设置 2 个值，regParam 设置 3 个值，最终有 3×2＝6 个不同的模型将被训练。

```
#创建参数网格
>>> paramGrid = ParamGridBuilder() \
        .addGrid(lr.elasticNetParam, [0.2, 0.8]) \
        .addGrid(lr.regParam, [0.01, 0.1, 0.5]) \
        .build()
```

第 4 步：构建针对整个机器学习工作流的交叉验证类，定义验证模型、参数网格，以及数据集的折叠数，并调用 fit()方法进行模型训练。其中，对于回归问题，评估器可选择 RegressionEvaluator；对于二值数据，评估器可选择 BinaryClassificationEvaluator；对于多分类问题，评估器可选择 MulticlassClassificationEvaluator。评估器里默认的评估准则可通过 setMetricName()方法重写。

```
#创建交叉验证器
>>> cv = CrossValidator(estimator = lrPipeline, estimatorParamMaps = paramGrid, evaluator
= MulticlassClassificationEvaluator(labelCol = "indexedLabel", predictionCol = "prediction"),
numFolds = 3)

#在训练数据上进行交叉验证
>>> cvModel = cv.fit(trainingData)
```

第 5 步：调动 transform()方法对测试数据进行预测，并输出结果及精度。

```
#使用交叉验证模型进行预测
>>> lrPredictions = cvModel.transform(testData)

#显示前 20 个预测结果
>>> lrPredictions.select("predictedLabel", "label", "features", "probability").show(20)
```

```
#遍历并输出每个预测结果
>>> for row in lrPredictions.select("predictedLabel", "label", "features", "probability").
collect():
           predictedLabel = row["predictedLabel"]
           label = row["label"]
           features = row["features"]
           prob = row["probability"]
           print(f"({label}, {features}) --> prob = {prob}, predicted Label={predictedLabel}")
    (Iris-virginica, [7.2,3.6,6.1,2.5]) --> prob = [9.06268944830118e-05, 0.011707200060683584,
0.9882021730448335], predicted Label = Iris-virginica
    ……
    #创建多分类评估器
>>> evaluator = MulticlassClassificationEvaluator(labelCol = "indexedLabel", predictionCol
= "prediction")

#计算模型的准确度
>>> lrAccuracy = evaluator.evaluate(lrPredictions)
```

第 6 步：获取最优的逻辑斯谛回归模型，并查看其具体的参数。

```
#获取最佳模型
>>> bestModel = cvModel.bestModel

#获取 Logistic Regression 模型
>>> lrModel = bestModel.stages[2]

#输出模型的系数、截距、类别数和特征数
>>> print("Coefficients: " + str(lrModel.coefficientMatrix))
Coefficients: DenseMatrix([[-1.06361279, 2.97294569, -0.89434622, -1.89541913],
           [ 0.35660959, -0.9063756 , -0.11732231, -0.74760836],
           [ 0.40563085, -1.48954087, 1.14993765, 2.96398964]])
>>> print("Intercept: " + str(lrModel.interceptVector))
Intercept: [2.9478578061087863,3.9396489270310844,-6.887506733139871]
>>> print("numClasses: " + str(lrModel.numClasses))
numClasses: 3
>>> print("numFeatures: " + str(lrModel.numFeatures))
numFeatures: 4
#解释模型的 regParam 参数
>>> print(lrModel.explainParam("regParam"))
regParam: regularization parameter (>= 0). (default: 0.0, current: 0.01)
#解释模型的 elasticNetParam 参数
>>> print(lrModel.explainParam("elasticNetParam"))
elasticNetParam: the ElasticNet mixing parameter, in range [0, 1]. For alpha = 0, the penalty
is an L2 penalty. For alpha = 1, it is an L1 penalty. (default: 0.0, current: 0.2)
```

9.12   本章小结

Spark 在机器学习方面的发展非常快，目前已经支持主流的统计和机器学习算法。MLlib 以计算效率高而著称，是一个非常优秀的基于分布式架构的开源机器学习库，得到了业界的认可并被广泛使用。

MLlib 能有效简化机器学习的工程实践工作，并可被方便地扩展到大规模的数据集上进行模型训练和预测。MLlib 包括分类、回归、聚类、协同过滤、降维等通用的机器学习算法和工具，同时，还包括底层的优化原语和高层的流水线 API。本章首先介绍了 MLlib 的基本数据类型、机器学习流水线的概念和工作过程等；其次，对典型的机器学习算法和操作进行了详细的介绍，包括特征提取、特征转换和特征选择操作，以及分类算法、聚类算法、协同过滤算法等；接着，还演示了逻辑斯谛回归、决策树、*K*-Means、GMM、ALS 等经典机器学习算法在 MLlib 中的使用方法；最后，介绍了模型选择的具体方法。

9.13　习题

1. 与 MapReduce 框架相比，为何 Spark 更适合进行机器学习各算法的处理？
2. 简述流水线的几个部件及其主要作用。使用流水线来构建机器学习工作流有什么好处？
3. 基于 RDD 的机器学习 API 和基于 DataFrame 的机器学习 API 有什么不同点？请思考基于 DataFrame 进行机器学习的优点。
4. 简述协同过滤算法中使用 ALS 的流程，思考其实现的方法。
5. 在 UCI 数据集中自选一个数据集，将其载入一个 DataFrame 中，并根据数据集特征进行预处理。
6. 根据 UCI 数据集上建议的问题类型使用相应的算法，观察结果，体会使用 MLlib 进行机器学习任务的全过程。
7. 机器学习中模型选择的方法有哪些，MLlib 是如何进行模型选择的？
8. 配置含 3～4 台机器的 Spark 集群，并利用 MLlib 在大数据集上进行学习。观察其性能与单机性能的差异，并思考如何衡量一个并行化机器学习算法的效率。

实验 7　Spark MLlib 编程初级实践

一、实验目的

（1）通过实验掌握基本的 MLlib 编程方法。
（2）掌握用 MLlib 解决一些常见的数据分析问题，包括数据导入、成分分析、分类和预测等。

二、实验平台

操作系统：Ubuntu 16.04 及以上。
JDK 版本：1.8 或以上版本。
Spark 版本：3.4.0。
Python 版本：3.8.18。
数据集：从 UCI 数据集中下载 Adult 数据集，读者也可以直接到本书官方网站"下载专区"的"数据集"中下载。该数据集的数据从某国家公开的人口普查数据库抽取而来，可用来预测居民年收入是否超过 50000 美元。该数据集类变量为年收入是否超过 50000 美元，属性变量包含年龄、工种、学历、职业等重要信息。值得一提的是，14 个属性变量中有 7 个类别型变量。

三、实验内容和要求

1. 数据导入
从文件中导入数据，并将其转换为 DataFrame。

2. 进行 PCA

对 6 个连续型的数值型变量进行 PCA。PCA 是指通过正交变换把一组相关变量的观测值转换成一组线性无关的变量值，即主成分的一种方法。PCA 通过主成分把特征向量投影到低维空间，实现对特征向量的降维。请通过 setK() 方法将主成分数量设置为 3，把连续型的特征向量转换成一个三维的主成分。

3. 训练分类模型并预测居民收入

在 PCA 的基础上，采用逻辑斯谛回归模型或者决策树模型预测居民年收入是否超过 50000 美元；通过测试集进行验证。

4. 超参数调优

利用 CrossValidator 确定最优的参数，包括最优主成分的维数、分类模型自身的参数等。

四、实验报告

实验报告		
题目：	姓名：	日期：
实验环境：		
实验内容与完成情况：		
出现的问题：		
解决方案（列出遇到并解决的问题和解决方案，以及没有解决的问题）：		

参考文献

[1]林子雨. 大数据技术原理与应用[M]. 3 版. 北京：人民邮电出版社，2021.

[2]林子雨，赖永炫，陶继平. Spark 编程基础（Scala 版）[M]. 2 版. 北京：人民邮电出版社，2022.

[3]汪明. Flink 入门与实战[M]. 北京：清华大学出版社，2021.

[4]黄伟哲. Flink 核心技术——源码剖析与特性开发[M]. 北京：人民邮电出版社，2022.

[5]蔡斌，陈湘萍. Hadoop 技术内幕——深入解析 Hadoop Common 和 HDFS 架构设计与实现原理[M]. 北京：机械工业出版社，2013.

[6]于俊，向海，代其锋，等. Spark 核心技术与高级应用[M]. 北京：机械工业出版社. 2016.

[7]王道远. Spark 快速大数据分析[M]. 北京：人民邮电出版社，2015.

[8]鸟哥. 鸟哥的 Linux 私房菜基础学习篇[M]. 3 版. 北京：人民邮电出版社，2010.

[9]王飞飞，崔洋，贺亚茹. MySQL 数据库应用从入门到精通[M]. 北京：中国铁道出版社，2016.

[10]C.S.霍斯曼. 快学 Scala[M]. 2 版. 高宇翔，译. 北京：电子工业出版社，2016.

[11]李刚. 疯狂 Python 讲义[M]. 北京：电子工业出版社，2018.

[12]李佳宇. 零基础入门学习 Python[M]. 北京：清华大学出版社，2016.

[13]埃里克·马瑟斯. Python 编程——从入门到实践[M]. 袁国忠，译. 北京：人民邮电出版社，2016.

[14]明日科技. Python 从入门到精通[M]. 北京：清华大学出版社，2018.

[15]卫斯理·J.春. Python 核心编程[M]. 2 版. 宋吉广，译. 北京：人民邮电出版社，2008.

[16]周志华. 机器学习[M]. 北京：清华大学出版社. 2016.